高职计算机类精品教材 / MOOC示范项目成果配套教材

Access
数据库应用技术（2010版） MOOC

主　编　庄　彦　未　培
副主编　李德杰　琚松苗
参　编　茹兴旺　王玲玲　关金金　徐颖颖

中国科学技术大学出版社

内 容 简 介

本书以培养 Access 数据库技术项目开发能力为目标，重点培养数据库的应用能力。通过一个完整的项目，企业工资管理数据库应用系统开发，对 Access 数据库知识点进行了精心的编排，内容涉及数据库基础知识、创建数据库、表的创建与维护、表之间关系的创建、查询、窗体、报表、宏、模块、数据库的安全机制、综合项目等知识模块。每个知识模块由“学习情境”、若干“任务”、“课堂案例”、“项目实训”等组成。

本书的作者长期从事数据库技术的教学与开发工作，具有丰富的经验，并将这些经验融入本书中。本书适合作为高等院校各专业计算机公共基础数据库类课程教材，还可作为计算机等级考试的培训教材及自学人员的参考用书。

图书在版编目(CIP)数据

Access 数据库应用技术/庄彦，未培主编. —合肥：中国科学技术大学出版社，2017.6
ISBN 978-7-312-04234-8

Ⅰ. A… Ⅱ. ①庄… ②未… Ⅲ. 关系数据库系统 Ⅳ. TP311.138

中国版本图书馆 CIP 数据核字(2017)第 174765 号

出版 中国科学技术大学出版社
安徽省合肥市金寨路 96 号，230026
http://press.ustc.edu.cn
https://zgkxjsdxcbs.tmall.com
印刷 安徽国文彩印有限公司
发行 中国科学技术大学出版社
经销 全国新华书店
开本 787 mm×1092 mm 1/16
印张 18.5
字数 450 千
版次 2017 年 6 月第 1 版
印次 2017 年 6 月第 1 次印刷
定价 42.00 元

前　言

Access 数据库应用技术是学习数据库知识的入门课程，是计算机、物联网等相关专业的专业基础课。Access 数据库是一个中小型数据库管理系统，可以用来做数据分析和软件开发，目前在市场上有广泛的应用。学生通过这门课程的学习，能够了解数据库的基础理论知识，掌握 Access 数据库及其各对象的创建与应用，同时学生还可以通过学习这门课程参加全国计算机等级考试二级 Access 类，取得相应的计算机等级证书。

本书的内容安排由浅入深、循序渐进。以“企业工资管理数据库应用系统”项目贯穿全书，对项目采取“总→分→总”的编排方式，在各个子项目建设中引入相关的理论知识，并从学习情境引入实际应用，充分体现出相应知识点在实际工作中的应用情况。另外，本书主要的知识点都配有实训内容，学生在学习过程中，可以通过完成相应的实训练习，达到巩固所学知识的目的。

全书共设置 11 个学习情境，其中学习情境 1 和学习情境 11 由安徽工商职业学院庄彦老师编写，学习情境 2 和学习情境 10 由安徽工商职业学院未培老师编写，学习情境 3 由安徽工商职业学院徐颖颖老师编写，学习情境 4 由安徽工商职业学院茹兴旺老师编写，学习情境 5 由安徽工商职业学院李德杰老师编写，学习情境 6 和学习情境 7 由安徽工商职业学院王玲玲老师编写，学习情境 8 由安徽林业职业技术学院琚松苗老师编写，学习情境 9 由安徽工商职业学院关金金老师编写。庄彦负责全书的总体设计和统稿，未培负责对全书进行审读。

本书对应的 MOOC 教学视频在安徽省网络课程学习中心“e 会学”平台上线运行，同时本书是 2016 年安徽省高校优秀青年人才支持计划重点项目(gxyqZD2016436)、2015 年安徽省高等学校省级质量工程项目“信息类卓越技能型人才计划”(2015zjjh067)、2015 年安徽省高等学校省级质量工程项目大规模在线开放课程“数据库技术”(2015mooc179)的阶段性成果。

本书适合作为高等院校各专业计算机公共基础课程数据库类课程的教材,还可作为计算机等级考试的培训教材及自学人员的参考用书。由于时间仓促和编者的水平有限,书中难免会存在疏漏和不妥之处,诚望读者不吝赐教,对疏漏、不妥之处给以批评指正。

编　者

2017年3月

目　　录

前言 ……………………………………………………………………………………………… (ⅰ)
学习情境1　数据库基础知识 …………………………………………………………………… (1)
任务1　了解数据库的基础知识 ……………………………………………………………… (1)
1.1.1　数据库基本概念 ………………………………………………………………… (1)
1.1.2　数据管理技术的发展历程 ……………………………………………………… (2)
任务2　数据模型 ……………………………………………………………………………… (3)
1.2.1　概念模型 ………………………………………………………………………… (4)
1.2.2　三种数据模型 …………………………………………………………………… (5)
任务3　认识关系型数据库 …………………………………………………………………… (6)
1.3.1　关系型数据库基本概念 ………………………………………………………… (9)
1.3.2　关系运算 ………………………………………………………………………… (10)
1.3.3　E-R图转换成关系模式 ………………………………………………………… (10)
任务4　认识Access 2010 ……………………………………………………………………… (11)
1.4.1　Access 2010简介 ………………………………………………………………… (11)
1.4.2　Access 2010的启动与退出 ……………………………………………………… (11)
1.4.3　Access 2010的主工作界面 ……………………………………………………… (12)
学习情境2　创建数据库 ………………………………………………………………………… (15)
任务1　创建数据库 …………………………………………………………………………… (15)
任务2　认识Access数据库各对象 …………………………………………………………… (18)
任务3　数据库的基本操作 …………………………………………………………………… (21)
2.3.1　打开数据库 ……………………………………………………………………… (22)
2.3.2　关闭数据库 ……………………………………………………………………… (23)
2.3.3　数据库对象的复制 ……………………………………………………………… (23)
学习情境3　表的创建与维护 …………………………………………………………………… (25)
任务1　创建表 ………………………………………………………………………………… (25)
3.1.1　新建数据库时直接创建表 ……………………………………………………… (33)
3.1.2　使用设计视图创建表 …………………………………………………………… (33)
任务2　表的导入、导出与链接 ……………………………………………………………… (37)
3.2.1　表的导入、导出 ………………………………………………………………… (42)
3.2.2　表的链接 ………………………………………………………………………… (42)
任务3　表结构的维护 ………………………………………………………………………… (43)
3.3.1　在表设计视图中移动字段 ……………………………………………………… (44)

3.3.2 在表设计视图中插入 ………………………………………………………… (44)
3.3.3 在表设计视图中修改字段名 ……………………………………………… (44)
任务 4 在表的数据视图中录入和编辑数据 ……………………………………………… (44)
3.4.1 录入数据 ……………………………………………………………………… (49)
3.4.2 修改数据 ……………………………………………………………………… (49)
3.4.3 数据的查找和替换 …………………………………………………………… (49)
3.4.4 数据的排序和筛选 …………………………………………………………… (50)
3.4.5 表的行列操作 ………………………………………………………………… (50)
学习情境 4 表之间关系的创建 …………………………………………………………… (52)
任务 1 定义表之间的关系 ………………………………………………………………… (52)
4.1.1 主键和外键 …………………………………………………………………… (57)
4.1.2 表的关联类型 ………………………………………………………………… (57)
4.1.3 创建表之间的关系 …………………………………………………………… (58)
任务 2 设置参照完整性 …………………………………………………………………… (58)
学习情境 5 查询 …………………………………………………………………………… (62)
任务 1 创建选择查询 ……………………………………………………………………… (62)
5.1.1 使用向导创建选择查询 ……………………………………………………… (71)
5.1.2 使用设计器创建选择查询 …………………………………………………… (71)
5.1.3 多表查询 ……………………………………………………………………… (72)
5.1.4 设置查询表达式 ……………………………………………………………… (73)
5.1.5 创建参数查询 ………………………………………………………………… (75)
任务 2 创建交叉表查询 …………………………………………………………………… (75)
5.2.1 使用向导创建交叉表查询 …………………………………………………… (80)
5.2.2 使用设计器创建交叉表查询 ………………………………………………… (80)
任务 3 创建带计算字段的查询 …………………………………………………………… (80)
5.3.1 自定义计算查询 ……………………………………………………………… (83)
5.3.2 汇总查询 ……………………………………………………………………… (83)
任务 4 创建操作查询 ……………………………………………………………………… (84)
5.4.1 创建更新查询 ………………………………………………………………… (89)
5.4.2 创建删除查询 ………………………………………………………………… (89)
5.4.3 创建追加查询 ………………………………………………………………… (89)
5.4.4 创建生成表查询 ……………………………………………………………… (89)
任务 5 创建 SQL 查询 ……………………………………………………………………… (89)
5.5.1 SQL 语句介绍 ………………………………………………………………… (92)
5.5.2 创建 SQL 特定查询 …………………………………………………………… (93)
5.5.3 SQL 知识扩展 ………………………………………………………………… (93)
学习情境 6 窗体 …………………………………………………………………………… (97)
任务 1 了解窗体的作用和分类 …………………………………………………………… (97)
6.1.1 窗体的作用 …………………………………………………………………… (100)

6.1.2　窗体的分类 …… (101)
任务 2　创建窗体 …… (104)
6.2.1　使用向导创建窗体 …… (112)
6.2.2　使用设计视图创建窗体 …… (113)
任务 3　窗体中常用控件的使用 …… (113)
6.3.1　控件介绍 …… (130)
6.3.2　常用控件的使用方法 …… (130)
任务 4　窗体外观设计 …… (131)
6.4.1　调整控件的位置和大小 …… (133)
6.4.2　调整控件间的对齐方式和距离 …… (134)

学习情境 7　报表 …… (137)
任务 1　创建报表 …… (137)
7.1.1　使用报表向导创建报表 …… (147)
7.1.2　使用设计视图创建报表 …… (148)
任务 2　创建增强报表 …… (148)
7.2.1　对记录分组和排序 …… (156)
7.2.2　使用条件格式 …… (156)
7.2.3　使用控件和函数 …… (156)
任务 3　创建特殊报表 …… (157)

学习情境 8　宏 …… (166)
任务 1　宏的基本概念 …… (166)
8.1.1　宏的基本概念 …… (168)
8.1.2　常见的宏操作命令 …… (168)
任务 2　创建宏 …… (169)
8.2.1　创建与设计用户界面宏 …… (198)
8.2.2　创建与设计独立宏 …… (198)
8.2.3　创建与设计宏组 …… (198)
8.2.4　创建与设计条件宏 …… (198)
8.2.5　创建与设计嵌入式宏 …… (198)
8.2.6　创建数据宏 …… (199)
任务 3　Autoexec 宏和 AutoKeys 宏组的创建和应用 …… (200)
8.3.1　创建 Autoexec 宏 …… (204)
8.3.2　创建与设计 AutoKeys 宏组 …… (205)
任务 4　使用宏创建菜单 …… (205)
任务 5　宏操作介绍 …… (210)
8.5.1　添加宏操作 …… (219)
8.5.2　删除宏操作 …… (220)
8.5.3　移动操作 …… (221)
8.5.4　复制和粘贴宏操作 …… (223)

8.5.5 添加注释 …… (223)
任务 6 宏的运行和调试 …… (224)
8.6.1 宏运行 …… (224)
8.6.2 调试宏 …… (226)
学习情境 9 模块 …… (231)
任务 1 模块创建 …… (231)
9.1.1 模块 …… (232)
9.1.2 过程 …… (232)
任务 2 在窗体和报表中调用已创建模块 …… (233)
9.2.1 VBA 的数据类型 …… (236)
9.2.2 VBA 程序设计三种基本结构 …… (239)
任务 3 宏转换为 VBA 代码 …… (242)
学习情境 10 数据库的安全机制 …… (245)
任务 1 Access 安全性的新增功能 …… (245)
10.1.1 Access 2010 安全性的新增功能 …… (251)
10.1.2 使用受信任位置中的数据库 …… (252)
10.1.3 数据库的打包、签名和分发 …… (252)
任务 2 Access 2010 数据库的加密与解密 …… (252)
10.2.1 加密数据库 …… (255)
10.2.2 解密数据库 …… (256)
10.2.3 修改数据库密码 …… (256)
任务 3 维护数据库 …… (256)
10.3.1 数据库备份 …… (259)
10.3.2 用备份副本还原数据库 …… (259)
10.3.3 压缩和修复数据库 …… (259)
任务 4 生成.accde 文件 …… (259)
任务 5 创建切换面板 …… (261)
学习情境 11 综合项目 …… (269)
任务 1 企业工资管理系统的构建 …… (269)
任务 2 企业工资管理系统的数据库设计 …… (272)
任务 3 企业工资管理系统的详细设计 …… (275)

学习情境 1　数据库基础知识

小明在一家小型文化公司工作，工作的主要内容是对该公司的员工进行基本信息及工资的管理，其中工资的管理包括平时奖惩情况的记录及月工资的核算。面对需要处理的一堆数据，小明打算自己开发一个用于员工基本信息和工资管理的数据库应用软件，以帮助自己进行数据管理。该公司有一台已经安装好 Access 2010 数据库管理系统的电脑，目前小明首要的任务是建立一个合适的数据库，但他要建立好数据库，必须要先了解一下有关数据库的基础知识。

教学目标

◇ 了解数据库的基础知识。
◇ 理解数据库的设计基础。
◇ 掌握关系型数据库的基本概念。
◇ 了解 Access 2010 的特点及功能。

任务 1　了解数据库的基础知识

1.1.1　数据库基本概念

1. 数据

数据(Data)是对客观事物及其活动进行描述的抽象符号或存储在某一种媒体上可以鉴别的符号资料。如人的姓名、年龄、性别等。

2. 信息

信息(Information)是消化理解了的数据,是对客观世界的认识,即知识。如通过一个人的年龄可判断出他是少年、青年、中年还是老年。

3. 数据与信息的关系

数据是信息的载体,没有数据,也就没有信息,而信息则是人们通过对数据的分析与理解而得到的,是一种已经被加工成为特定形式的数据。

4. 数据处理

数据处理(Data Processing)是对数据进行加工的过程或是将数据转换成信息的过程,是对各种形式的数据进行收集、存储、分类、计算、加工、检索、传输和制表等处理的总称。

5. 数据库

数据库(Database)就是在计算机存储设备上合理存放的相关联的数据集合,即存放数据的仓库。

6. 数据库管理系统

数据库管理系统(Database Management System,简称 DBMS)是位于用户与操作系统之间的一层数据管理软件,通过 DBMS 可以科学地组织和存储数据,高效地获取和维护数据。如 Access 2010、Sql Server 2008、Oracle 等都是数据库管理系统。

7. 数据库应用系统

数据库应用系统(Database Application System,简称 DBAS)是用户利用数据库管理系统开发出来的应用软件。

8. 数据库系统

数据库系统(Database System,简称 DBS)是指在计算机系统中引入数据库后的系统。

数据库系统一般由数据库、数据库管理系统及其开发工具、应用系统、数据库管理员和用户构成。

1.1.2 数据管理技术的发展历程

数据管理是计算机处理的核心问题,计算机对数据的管理是指如何对数据进行分类、组织、编码、存储、检索和维护。计算机在数据管理方面经历了由低级到高级的发展过程,数据管理技术的发展经历了人工管理、文件系统管理和数据库系统管理 3 个阶段。

1. 人工管理阶段

在 20 世纪 50 年代中期以前,计算机主要用于科学计算,无直接存储设备,没有操作系统,主要采取批处理的操作方式,更没有专门管理数据的软件,数据由计算或处理数据的程序自行携带,所以数据管理的任务主要由人工来完成。

2. 文件系统管理阶段

20 世纪 50 年代后期到 60 年代中期,计算机已应用于管理,在硬件上出现了磁鼓、磁盘等数据存储设备;在软件方面,操作系统中已经有了专门的数据管理软件,一般称为文件系统;处理方式上不仅有了文件批处理,而且能够实现联机实时处理。在文件系统管理阶段,程序和数据有了一定的独立性,程序和数据分开存储,数据文件可以长期保存在外存储器上被多次存取,但数据的共享性较差,并且数据冗余量大。

3. 数据库系统管理阶段

20世纪60年代中后期以后,计算机更广泛地应用于各个领域,数据共享要求越来越高,在用户和操作系统之间,出现了数据库管理系统来对数据进行统一管理。

数据库系统阶段有如下特点:

(1) 数据的结构化

数据结构化是数据库系统和文件系统的根本区别,同一数据库系统中的数据文件是有联系的,且整体服从一定的结构形式。

(2) 数据共享

数据可实现跨机构、跨地域共享。

(3) 数据独立性

数据与程序的相关程度降低,数据库具有高度的物理独立性和一定的逻辑独立性。

(4) 可控数据冗余度

数据冗余度可由设计者综合考虑查询效率等因素有效控制。

(5) 统一的数据管理和控制

数据库中,可通过数据管理系统软件对数据进行统一控制和管理。

任务2 数 据 模 型

【课堂案例1.1】 为企业工资管理数据库建立合适的E-R模型。

解决方案:

步骤1:根据关系数据库的设计步骤,首先对企业工资管理数据库进行需求分析,所需的基本实体有部门、职工、基本工资标准(根据职称进行基本工资发放)、奖惩机制等,其中基本工资标准和奖惩机制属于概念上的实体。

步骤2:对以上实体之间的关系进行分析,部门和职工之间存在一对多的关系,基本工资标准和职工之间存在一对多的关系,奖惩机制和职工之间存在多对多的关系。

步骤3:根据对系统的分析,设计出E-R图,如图1.1所示。

模型是对现实世界的抽象,在数据库技术中对客观对象的抽象过程可以分成两个步骤:先是把现实世界中的客观对象抽象为概念模型,再把概念模型转换为某一DBMS支持的结构数据模型。

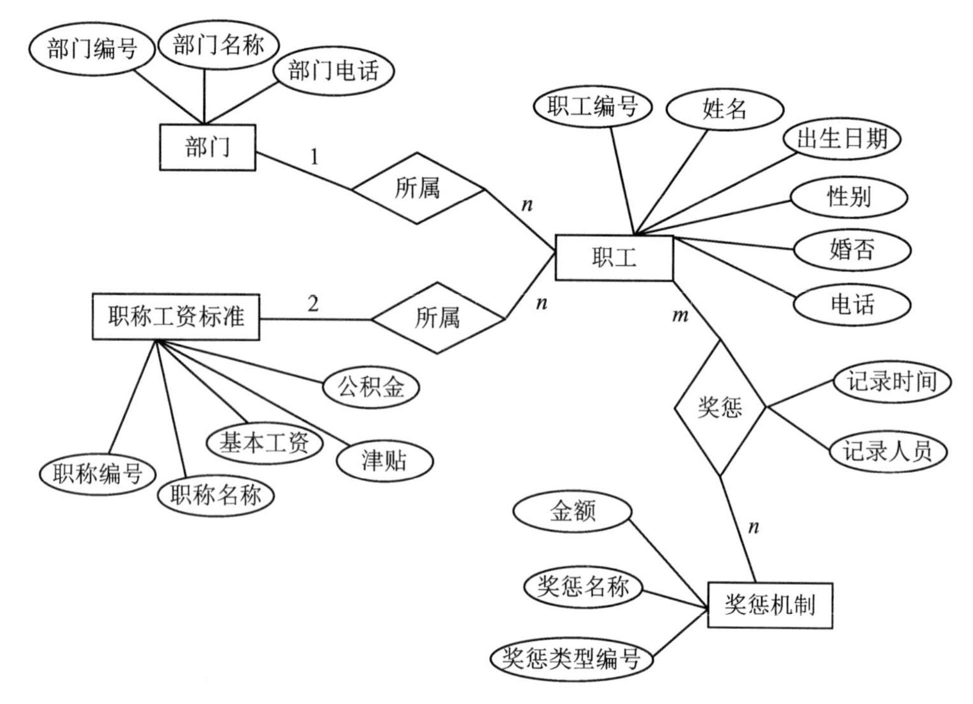

图 1.1 企业工资管理数据库 E-R 图

1.2.1 概念模型

概念模型是现实世界到机器世界的一个中间层次,在概念模型中需了解一些基本术语。

1. 基本术语

(1) 实体

现实世界中任何可区分、可识别的事物称为实体。实体可以是具体的人或物(如:衣服、水杯、电脑),也可以是抽象概念(如:交通法规)。

(2) 属性

实体具有许多特性,实体所具有的特性称为属性(Attribute)。如:一件衣服有颜色、尺寸、面料等属性。一个实体可用若干属性来刻画。每个属性都有特定的取值范围即值域(Domain),值域的类型可以是整数型、实数型、字符型等。

(3) 实体型和实体集

属性值的集合表示一个实体,而属性的集合表示一种实体的类型,称为实体型。

性质相同的同类实体的集合称为实体集。如:一个班的学生。

(4) 码(Key)

能唯一标识实体集中每个实体的属性或属性集,称为实体的码。如:学生的学号。

(5) 联系(Relationship)

现实世界中事物内部以及事物之间的联系在信息世界中反映为实体内部的联系和实体之间的联系。

实体型间的联系一般分为三种:

① 一对一(1∶1)联系。如果对于实体集A中的每一个实体,实体集B中有且只有一个实体与之联系,反之亦然,则称实体集A与实体集B具有一对一联系。例如,一个班级只有一个班长,一个班长只能管理一个班级,班级和班长之间的联系就是一对一联系。

② 一对多(1∶n)联系。对于实体集A中的每一个实体,实体集B中有多个实体与之联系,而对于实体集B中的每一个实体,实体集A中至多只有一个实体与之联系,则称实体集A与实体集B有一对多联系。例如,一个班级中可以有多名学生,而一个学生只能属于一个班级,班级和学生之间的联系就是一对多联系。

③ 多对多(m∶n)联系。对于实体集A中的每一个实体,实体集B中有多个实体与之联系,而对于实体集B中的每一个实体,实体集A中也有多个实体与之联系,则称实体集A与实体集B之间有多对多联系。例如,一个学生可以选修多门课程,一门课程可以被多名学生选修,学生和课程之间的联系就是多对多联系。

2. 概念模型图示法

概念模型最常用的表示方法是E-R模型,如图1.1所示,E-R模型中常用的符号及含义如图1.2所示。

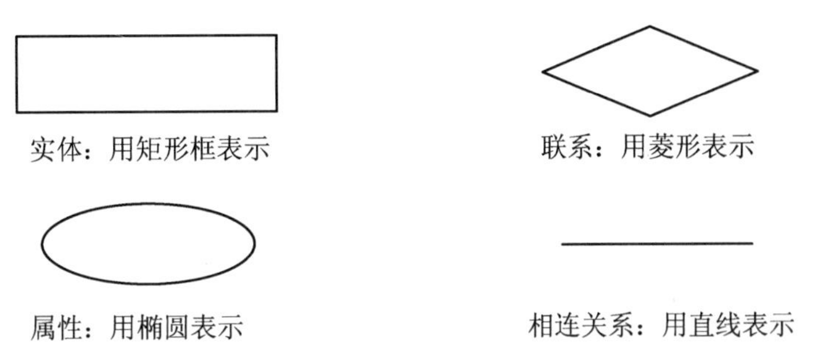

图1.2　E-R模型基本符号

1.2.2　三种数据模型

数据模型是数据特征的抽象,是用来抽象地表示和处理现实世界中数据和信息的工具。常用的数据模型有三种,分别是层次模型、网状模型和关系模型。

1. 层次模型

层次数据模型将现实世界实体彼此之间的联系抽象成一种自上而下的层次关系,是使用树形结构表示实体与实体间联系的模型。层次模型示例如图1.3所示。层次模型具有以下两个特点:

(1) 有且仅有一个结点无父结点,这个结点即为树的根。

(2) 其他结点有且仅有一个父结点。

2. 网状模型

用有向图结构表示实体类型及实体间联系的数据模型称为网状模型。网状数据模型将每个记录当成一个结点,结点和结点之间可以建立联系,形成一个复杂的网状结构。网状模型示例如图 1.4 所示。网状数据模型关联性比较复杂,数据库关联性的维护非常麻烦。

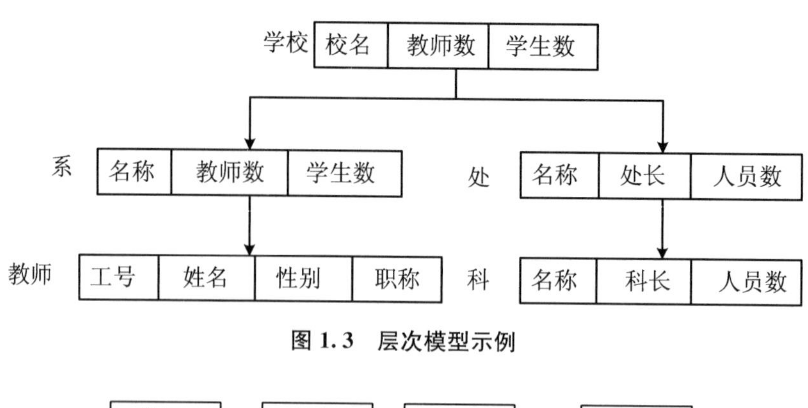

图 1.3 层次模型示例

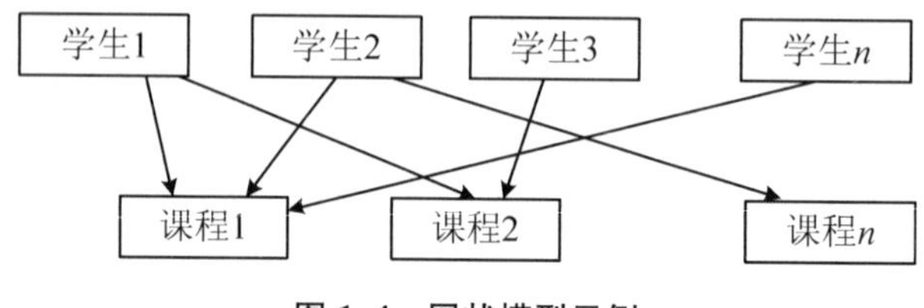

图 1.4 网状模型示例

3. 关系模型

关系数据模型用二维表格形式来表示实体集。每个二维表称为一个“关系”(对应一个实体集),表的每一行称为一个元组(对应一个实体),表的每一列称为一个属性。关系模型示例如表 1.1 所示。(注:本书中的个人信息均为虚拟信息。)

表 1.1 关系模型示例

学号	姓名	年龄	性别	系别
20160001	李 磊	17	男	电子信息
20160002	张小兵	18	男	工商管理
20160003	王倩倩	17	女	旅游管理
20160004	倪悦悦	17	女	生物科学

任务 3 认识关系型数据库

【课堂案例 1.2】 按要求对职工表(表 1.2)和部门表(表 1.3)进行选择、投影和连接运算。

表 1.2　职工表

职工编号	姓名	性别	婚否	出生日期	部门编号
001	曹军	男	已婚	1981/11/25	103
002	胡凤	女	未婚	1985/05/19	101
003	王永康	男	已婚	1970/01/05	102
004	张历历	女	已婚	1981/11/28	106
005	刘名军	男	已婚	1983/03/16	101
006	张强	男	已婚	1975/02/05	103
007	魏贝贝	女	未婚	1987/12/12	105
008	王新月	女	未婚	1986/10/25	105
009	倪虎	男	未婚	1987/05/06	101
010	魏英	女	已婚	1976/05/16	103
011	张琼	女	未婚	1990/01/05	104
012	吴睛	女	未婚	1990/10/01	102
013	邵志元	男	未婚	1988/12/05	106
014	何春	男	已婚	1975/06/01	106
015	方琴	女	已婚	1976/05/04	104

表 1.3　部门表

部门编号	部门名称	部门电话
101	人事部	0551—5659222
102	市场部	0551—1234568
103	开发部	0551—7894561
104	服务部	0551—7894562
105	行政部	0551—5658132
106	外协部	0551—5659220

解决方案：

步骤 1：在表 1.2 中查找出女性职工的基本信息。

从职工表中查找出女性职工的基本信息需要进行的是选择运算，结果如表 1.4 所示。

表 1.4　$\sigma_{性别=“女”}$(职工表)

职工编号	姓名	性别	婚否	出生日期	部门编号
012	吴睛	女	未婚	1990/10/01	102
015	方琴	女	已婚	1976/05/04	104
002	胡凤	女	未婚	1985/05/19	101

续表

职工编号	姓名	性别	婚否	出生日期	部门编号
004	张历历	女	已婚	1981/11/28	106
007	魏贝贝	女	未婚	1987/12/12	105
008	王新月	女	未婚	1986/10/25	105
010	魏英	女	已婚	1976/05/16	103
011	张琼	女	未婚	1990/01/05	104

步骤 2:在表 1.2 中查找出所有职工的职工编号、姓名和性别。

从职工表中查找出所有职工的职工编号、姓名和性别需要进行的是投影运算,结果如表 1.5 所示。

表 1.5　$\Pi_{职工编号,姓名,性别}$(职工表)

职工编号	姓名	性别
001	曹军	男
002	胡凤	女
003	王永康	男
004	张历历	女
005	刘名军	男
006	张强	男
007	魏贝贝	女
008	王新月	女
009	倪虎	男
010	魏英	女
011	张琼	女
012	吴睛	女
013	邵志元	男
014	何春	男
015	方琴	女

步骤 3:对职工表和部门表进行连接运算。

关系之间的连接是指通过两个关系中的公共字段相连接,这里用到的是等值连接运算,结果如表 1.6 所示。

表 1.6　职工表与部门表

职工编号	姓名	性别	婚否	出生日期	部门编号	部门名称	部门电话
012	吴睛	女	未婚	1990/10/01	102	市场部	0551—1234568
013	邵志元	男	未婚	1988/12/05	106	外协部	0551—5659220
014	何春	男	已婚	1975/06/01	106	外协部	0551—5659220
015	方琴	女	已婚	1976/05/04	104	服务部	0551—7894562
001	曹军	男	已婚	1981/11/25	103	开发部	0551—7894561
002	胡凤	女	未婚	1985/05/19	101	人事部	0551—5659222
003	王永康	男	已婚	1970/01/05	102	市场部	0551—1234568
004	张历历	女	已婚	1981/11/28	106	外协部	0551—5659220
005	刘名军	男	已婚	1983/03/16	101	人事部	0551—5659222
006	张强	男	已婚	1975/02/05	103	开发部	0551—7894561
007	魏贝贝	女	未婚	1987/12/12	105	行政部	0551—5658132
008	王新月	女	未婚	1986/10/25	105	行政部	0551—5658132
009	倪虎	男	未婚	1987/05/06	101	人事部	0551—5659222
010	魏英	女	已婚	1976/05/16	103	开发部	0551—7894561
011	张琼	女	未婚	1990/01/05	104	服务部	0551—7894562

【课堂案例 1.3】 将企业工资管理数据库 E-R 图转换为对应的关系模式。

解决方案：

根据 E-R 图转换为关系模式的相关规则，图 1.1 可以转换为如下 5 个关系模式：

(1) 部门表(部门编号、部门名称、部门电话)。

(2) 职工表(职工编号、姓名、出生日期、性别、婚否、电话，部门编号，职称编号)。

(3) 职称工资标准表(职称编号、职称名称、基本工资、津贴、公积金)。

(4) 奖惩机制表(奖惩类型编号、奖惩名称、金额)。

(5) 奖惩记录表(职工编号，奖惩类型编号，记录时间、记录人员)。

1.3.1　关系型数据库基本概念

1. 基本概念

(1) 关系(Relation)：关系型数据库中用二维表格表示实体集，一个关系对应通常所说的一张表。

(2) 元组(Tuple)：表中的一行称为一个元组，也称为一条记录。

(3) 属性(Attribute):表中的一列称为一个属性,也称为一个字段,给每一个属性起一个名称即为属性名。

(4) 域(Domain):域指的是属性的取值范围。

(5) 主键(Primary Key):主键由一个或一组字段组成,这些字段的值对每条记录来说必须是唯一的。每张表必须有一个主键,并且主键值不能为空(null),如学生表中可以选择学号字段作为主键。

(6) 外键(Foreign Key):数据表之间的关联是通过键值匹配来确定的。如果表中的一个字段是另一个表的主键字段,那么这个字段在表中被称为外键。

(7) 关系模式:对关系的描述,包括关系名、组成该关系的属性名及属性到域的映像,即:关系名(属性 1,属性 2,…,属性 n)。如:职工(职工编号,姓名,年龄,性别,部门,职称)。

2. 关系的基本性质

(1) 关系必须规范化,字段不可再分割。即每个属性值必须是不可分割的最小数据单元。

(2) 在同一个关系中不允许出现相同的属性名。

(3) 一个关系中不允许有完全相同的元组,并且元组的个数是有限的。

(4) 在同一关系中元组及属性的顺序可以任意调整。

1.3.2 关系运算

专门的关系运算有选择、投影和连接,数据库中很多复杂的查询通常是这三种运算的综合。

1. 选择运算

选择运算是从指定的关系中取出满足给定条件的若干元组以构成一个新关系的运算,见课堂案例 1.2。

2. 投影运算

投影运算是从指定的关系中选取指定的若干字段从而构成一个新关系的运算,见课堂案例 1.2。

3. 连接运算

连接运算是选取若干个指定关系中的字段,且满足给定条件的元组从左至右连接,从而构成一个新关系的运算,见课堂案例 1.2。

1.3.3 E-R 图转换成关系模式

E-R 图中的主要成分是实体类型和联系类型,E-R 图转换成关系模式就是把实体类型、联系类型转换成关系模式。E-R 图中一个实体转换为一个关系模式,实体的属性就是关系的属性,实体的码就是关系的码;联系类型转换时根据不同的情况处理,这里主要指的是两元关系的转换,分为一对一、一对多和多对多三种情况。

（1）一对一：将联系与任意端实体所对应的关系模式合并，加入另一端实体的码和联系的属性。

（2）一对多：将联系与 N 端实体所对应的关系模式合并，加入一端实体的码和联系的属性。

（3）多对多：将联系转换成一个关系模式。该联系相连的各实体的码和联系本身的属性转换为关系的属性。

具体应用见课堂案例 1.3。

任务 4　认识 Access 2010

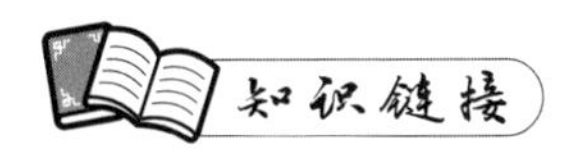

1.4.1　Access 2010 简介

Access 2010 是微软公司推出的 Office 2010 中的一个组件，功能非常强大而且使用方便，可以帮助用户轻而易举地建立数据库应用系统，应用非常广泛，目前很多小型的动态网站都采用 Access 作为后台数据库。Access 2010 具有方便快捷的可视化开发工具，支持面向对象的开发方式，集成了 OLE 特性，具有强大的编程语言，不仅是一个桌面数据库管理系统，还可以作为前端开发工具来完成 Access 项目。

1.4.2　Access 2010 的启动与退出

1. 启动 Access 2010

Access 2010 的启动可以通过如下方法进行：

（1）通过“开始”菜单启动。

（2）双击桌面快捷方式启动。

（3）双击打开一个 Access 数据库文件启动。

Access 2010 启动后的工作界面如图 1.5 所示。

2. 退出 Access 2010

Access 2010 的退出可以通过如下方法进行：

（1）单击 Access 2010 主窗口的“关闭”按钮。

（2）执行菜单“文件”→“退出”。

（3）双击标题栏中的“控制菜单”按钮。

（4）按快捷键“ALT”+“F4”。

图 1.5　Access 2010 启动界面

1.4.3　Access 2010 的主工作界面

Access 2010 的主工作界面包括标题栏、快速访问工具栏、主选项卡、功能区、导航窗格、工作区、状态栏等组成部分。图 1.6 为打开工资管理系统数据库时的工作界面。

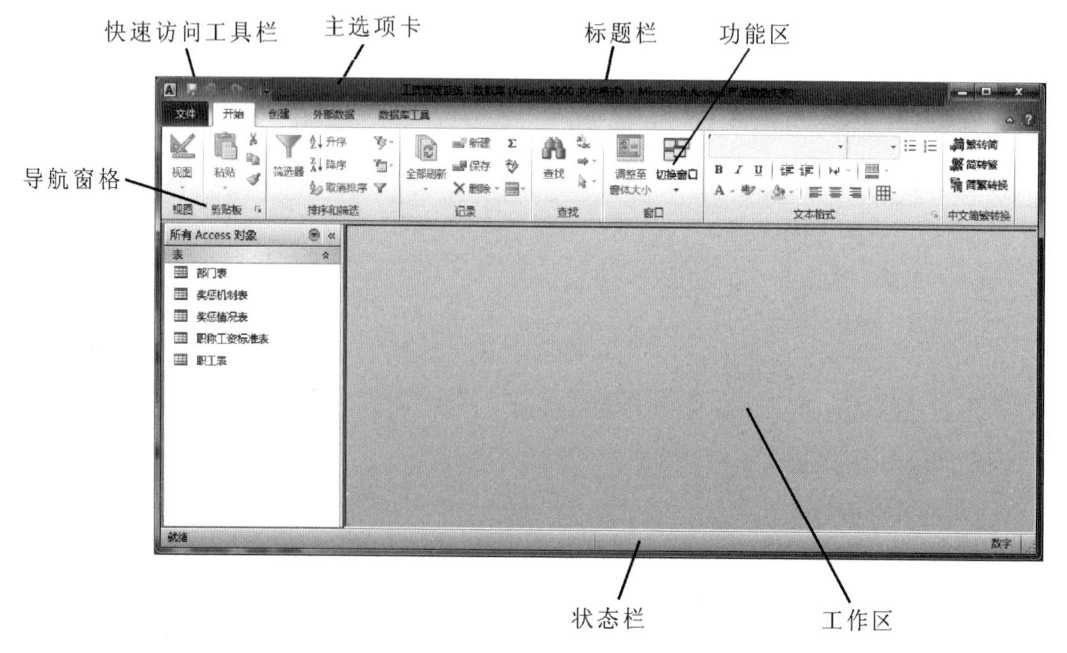

图 1.6　Access 2010 的主工作界面

实训1　关系数据库设计。

(1) 通过所学的知识设计图书管理数据库,找出相关的实体、属性、关键字及实体之间的关系等。

(2) 画出图书管理数据库的E-R图。

(3) 将图书管理数据库的E-R图转换成对应的关系模式。

实训2　熟悉Access 2010的基本操作。

(1) 打开Access 2010,熟悉Access 2010的主工作界面。

(2) 使用Access 2010的帮助系统,查找数据库的创建方法,尝试通过帮助系统的学习创建工资管理数据库。

小　　结

在本学习情境中,主要介绍了有关数据库的基础知识、数据管理技术的发展历程及数据库相关概念。重点介绍了关系数据库的设计过程、基本E-R图的画法及E-R图和关系模式之间的转换,并对Access 2010的基本操作做了简要介绍。使用Access 2010建立数据库管理系统比用其他编程语言来实现显得更容易简单,它甚至不需要用户编写太复杂的程序,只需通过一定的操作步骤就能构造出实用的数据库管理系统,避免了复杂的代码编写和程序调试,功能强大,操作简单。

练　习　题

一、选择题

1. DBMS是指(　　)。

A. 数据库　B. 数据库管理系统　C. 数据处理系统　D. 数据库系统

2. DBS是指(　　)。

A. 数据库系统　B. 数据　C. 数据库　D. 数据库管理系统

3. 根据规范化理论,设计数据库可以分为4个阶段,以下不属于这4个阶段的是(　　)。

A. 需求分析　B. 逻辑结构设计

C. 物理设计　D. 开发数据库应用系统

4. 数据库系统的特点是(　　),数据独立,减少了数据冗余,避免了数据不一致和加强了数据保护。

A. 数据共享　B. 数据存储　C. 数据保密　D. 数据应用

5. 在数据库中,下列说法(　　)是不正确的。

A. 数据库避免了一切数据的重复

B. 若系统是完全可以控制的,则系统可确保更新时的一致性

C. 数据库中的数据可以共享

D. 数据库减少了数据冗余

6. 层次模型的定义是(　　)。

A. 可以有一个以上结点无双亲

B. 有且仅有一个结点无双亲

C. 有且仅有一个结点无双亲且其他结点有且仅有一个双亲

D. 有且仅有一个结点无双亲或其他结点有且仅有一个双亲

7. 关系型数据库管理系统中所谓的关系是指(　　)。

A. 各条记录中的数据彼此有一定的关系

B. 一个数据库文件与另一个数据库文件之间有一定的关系

C. 数据模型符合满足一定条件的二维表格式

D. 数据库中各个字段之间彼此有一定的关系

8. 在关系数据模型中,域是指(　　)。

A. 字段　　B. 记录　　C. 属性的取值范围　　D. 属性

9. 关系数据库任何检索操作的实现都是由(　　)三种基本操作组合而成的。

A. 选择、投影和扫描　　B. 选择、投影和连接

C. 选择、运算和投影　　D. 选择、投影和比较

10. 要在学生关系中查询学生的姓名和班级,需要进行的关系运算是(　　)。

A. 求交　　B. 选择　　C. 投影　　D. 连接

二、填空题

1. 数据管理技术发展经历了__________、文件系统和__________三个阶段,其中数据独立性最高的阶段是__________。

2. 数据库管理员的英文缩写是__________。

3. 用二维表的形式来表示实体之间联系的数据模型叫作__________。

4. 关系数据库中,关系也被称为__________,元组也被称为__________,属性也被称为__________。

5. 关系代数运算中,专门的关系运算有__________、__________、__________。

6. 在关系数据库的基本操作中,从表中取出满足条件的元组的操作称为__________。

7. 在关系数据库中,把数据表示成二维表,每一个二维表称为__________。

8. 在关系模型中,操作的对象和结果都是__________。

三、简答题

1. 简述数据库的概念及作用。

2. 简述数据管理技术的几个发展阶段。

学习情境 2　创建数据库

小明了解了数据库的基础理论知识后，开始动手开发自己的工资管理数据库了。他首先需要建立一个空库，了解数据库中各个对象的功能后才能进行其他对象的建立和设置。在本学习情境中，大家将了解创建数据库的方法、数据库的基本操作及数据库中的各个对象。

教学目标

◇ 掌握创建数据库的方法。

◇ 掌握数据库的基本操作。

◇ 了解数据库中的各个对象。

数据库即存放数据的“仓库”，但数据库中的数据并不是随意堆积存放的，而是有结构的。在 Access 2010 中提供了使用模板创建数据库和创建空白数据库两种方法来创建数据库。

任务 1　创建数据库

【课堂案例 2.1】　使用模板创建“销售渠道”数据库。

解决方案：

步骤 1：启动 Access 2010，在弹出的 Microsoft Access 窗口中选择“样本模板”，如图 2.1 所示。

步骤 2：在图 2.2 所示界面右侧单击“销售渠道”，在图 2.3 所示的位置输入所创建数据库的名称及数据库文件的存储路径。

步骤 3：在图 2.3 所示界面中单击“创建”按钮，即可得到如图 2.4 所示的销售渠道数据库。

【课堂案例 2.2】　创建的空数据库文件保存在 D 盘，并以“工资管理数据库”命名。

解决方案：

图 2.1 使用样本模板创建数据库

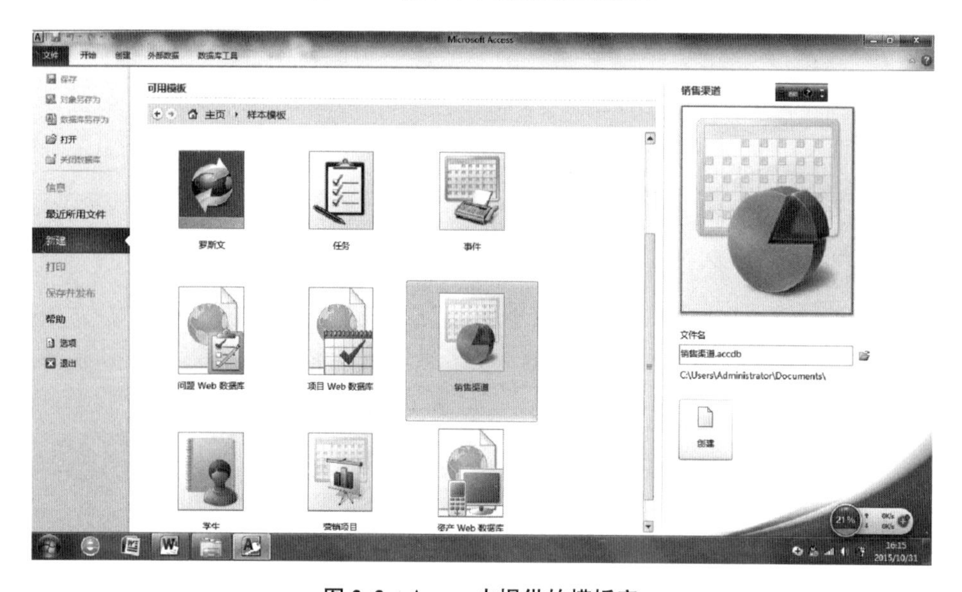

图 2.2 Access 中提供的模板库

图 2.3 设置数据库名称及存储路径

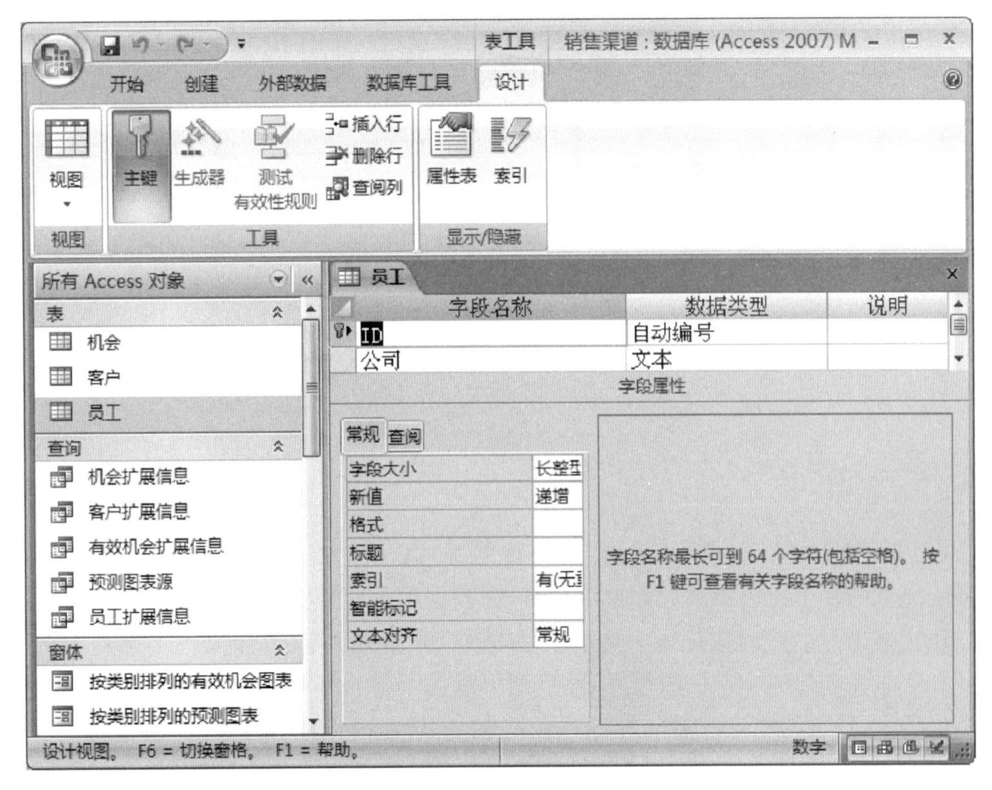

图 2.4　销售渠道数据库

步骤 1:在图 2.5 所示界面中单击“空白数据库”。

图 2.5　创建空数据库

步骤 2:按照图 2.6 所示界面中设置数据库文件名及保存路径,然后单击“创建”按钮即可。

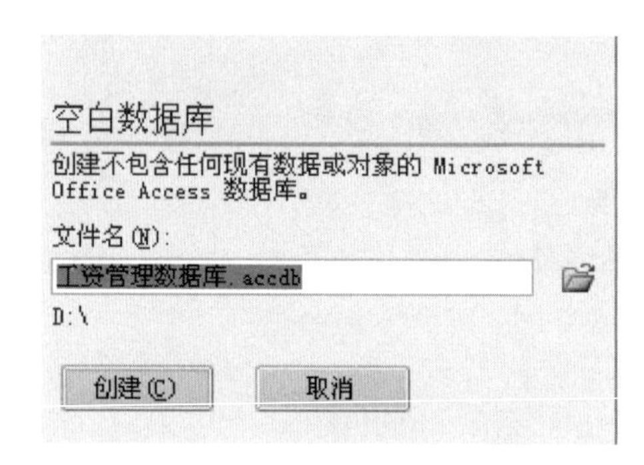

图 2.6 创建工资管理数据库

在 Access 2010 中创建数据库主要有两种方法:第一种方法是使用模板创建数据库,即利用系统提供的多个比较标准的数据库模板,在数据库向导的提示下进行一些简单的操作,即可快速创建出一个新的数据库。这种方法简单,适合初学者,具体操作见课堂案例 2.1。第二种方法是先创建一个空白数据库,然后逐步添加所需的表、查询、窗体、报表等对象。这种方法灵活,可以创建出用户需要的各种数据库,但后期操作比较复杂,详细操作见课堂案例 2.2。不管使用哪种方法创建数据库,都要注意设置数据库的名称及数据库文件的保存路径,Access 2010 数据库文件的扩展名为.accdb。

任务 2 认识 Access 数据库各对象

【课堂案例 2.3】 找出销售渠道数据库中有哪几个表对象。

解决方案:

步骤 1:打开销售渠道数据库。

步骤 2:在销售渠道数据库窗口左侧“导航窗格”中找到表对象,如图 2.7 所示。

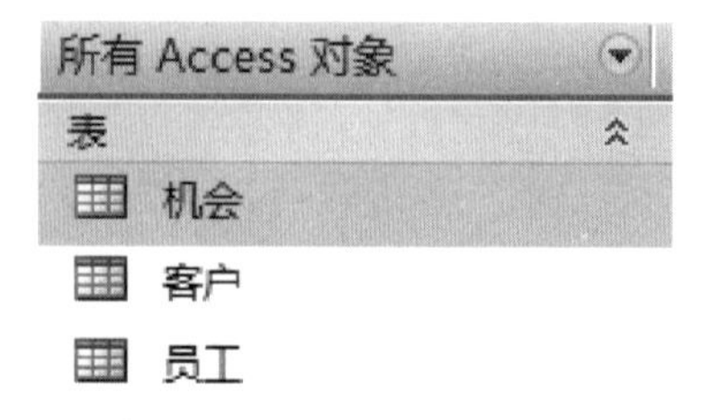

图 2.7 销售渠道数据库中的表对象

步骤 3:从图 2.7 可以看出,销售渠道数据库中有客户表、员工表、机会表等。

Access 是一个简单的可视化的数据库管理系统，对数据库的操作均可以通过界面实现。要实现数据库的具体功能，需要对数据库中各个对象进行操作，Access 2010 数据库的主要对象有表、查询、窗体、报表、宏和模块等。

1. 表

表是用来存储数据的基本单元，是数据库的核心与基础。表中的列为字段，行为记录。例如，存放有职工基本信息的表对象：职工表，如图 2.8 所示。

职工表

职工编号	姓名	性别	婚否	出生日期	部门编号	职称编号	电话
001	曹军	男	已婚	1981-11-25	103	b	13356921997
002	胡凤	女	未婚	1985-05-19	101	a	15926251478
003	王永康	男	已婚	1970-01-05	102	c	15125562365
004	张历历	女	已婚	1981-11-28	106	b	18756893214
005	刘名军	男	已婚	1983-03-16	101	a	15936982514
006	张强	男	已婚	1975-02-05	103	b	13645789587
007	王新月	女	未婚	1986-10-25	105	a	15125456589

记录：第 1 项(共 19 项　无筛选器　搜索

图 2.8　职工表

2. 查询

查询是数据的核心操作，利用查询可以按照一定的条件从一个或多个表中筛选出需要的数据信息，查询的结果显示在一个虚拟的数据表窗口中。查询案例如图 2.9 所示。

查询1

职工编号	name	职称名称	部门名称	固定工资
012	吴晴	初级	市场部	¥2,000.00
013	邵志元	初级	外协部	¥2,000.00
014	何春	高级	外协部	¥3,800.00
015	方琴	中级	服务部	¥2,200.00
001	曹军	中级	开发部	¥2,200.00
002	胡凤	初级	人事部	¥2,000.00
003	王永康	高级	市场部	¥3,800.00
004	张历历	中级	外协部	¥2,200.00
005	刘名军	初级	人事部	¥2,000.00
006	张强	中级	开发部	¥2,200.00
007	魏贝贝	初级	行政部	¥2,000.00
008	王新月	初级	行政部	¥2,000.00
009	倪虎	初级	人事部	¥2,000.00
010	魏英	高级	开发部	¥3,800.00
011	张琼	初级	服务部	¥2,000.00

图 2.9　查询对象

3. 窗体

窗体对象是数据库与用户进行交互操作的界面，其数据源可以是表或查询。图 2.10 为一显示职工基本情况的窗体。

图 2.10 职工基本信息窗体

4. 报表

报表对象用于生成报表和打印报表，可以将数据库中需要的数据提取出来进行分析、整理和计算，并将数据以格式化的方式打印输出。图 2.11 就是一个报表对象。

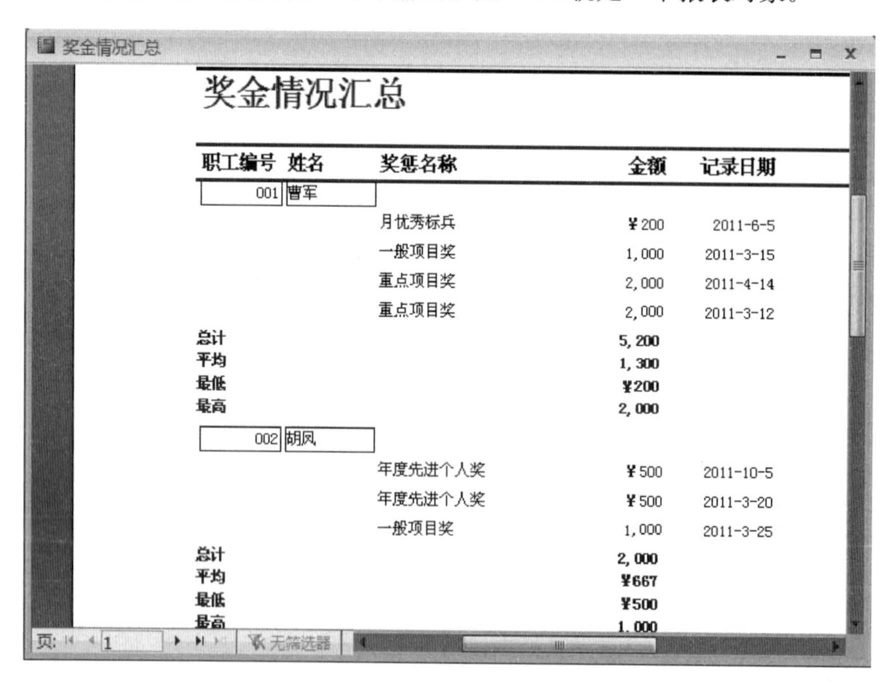

奖金情况汇总

职工编号	姓名	奖惩名称	金额	记录日期
001	曹军			
		月优秀标兵	¥200	2011-6-5
		一般项目奖	1,000	2011-3-15
		重点项目奖	2,000	2011-4-14
		重点项目奖	2,000	2011-3-12
总计			5,200	
平均			1,300	
最低			¥200	
最高			2,000	
002	胡凤			
		年度先进个人奖	¥500	2011-10-5
		年度先进个人奖	¥500	2011-3-20
		一般项目奖	1,000	2011-3-25
总计			2,000	
平均			¥667	
最低			¥500	
最高			1,000	

图 2.11 奖金情况汇总报表

5. 宏

宏是一个或多个操作的集合，其中每个操作都能实现特定的功能。

6. 模块

模块对象是用 VBA(Visual Basic for Application)语言编写的程序段,它以 Visual Basic 为内置的数据库程序语言。对于数据库的一些较为复杂或高级的应用功能,需要使用 VBA 代码编程实现。

任务 3　数据库的基本操作

【课堂案例 2.4】 在销售渠道数据库中复制员工表为其建立副本。

解决方案:

步骤 1:打开销售渠道数据库。

步骤 2:在导航窗格中找到销售渠道数据库的表对象,并选中员工表进行复制,如图 2.12 所示。

图 2.12　复制员工表

步骤 3:在表对象区域内进行粘贴,会出现"粘贴表方式"对话框,如图 2.13 所示。

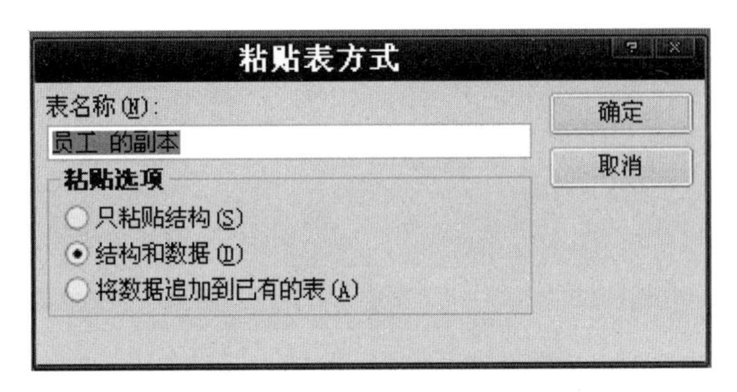

图 2.13　粘贴表方式对话框

步骤 4:在图 2.13 所示界面中选择粘贴表的方式,然后单击"确定"按钮即可。

(1) 只粘贴结构:粘贴后的表和原来被复制的表结构相同,但粘贴后得到的表是空表。

(2) 结构和数据:粘贴后的表和原来被复制的表结构、数据均相同。

(3) 将数据追加到已有的表:选择此项,需要确定一个表作为目标表,将被复制表中的数据追加到目标表中,不会再产生新表。

【课堂案例 2.5】 将“销售渠道”数据库中的员工表复制到“工资管理”数据库中。

步骤 1:打开销售渠道数据库,在图 2.12 所示界面中复制员工表。

步骤 2:打开工资管理数据库,在表对象区域进行粘贴即可。粘贴方式如图 2.13 所示。

【课堂案例 2.6】 将“销售渠道”数据库中的员工表复制到 Excel 中。

步骤 1:打开销售渠道数据库,在图 2.12 所示界面中复制员工表。

步骤 2:创建 Excel 文件。

步骤 3:打开 Excel 文件,进行粘贴即可。

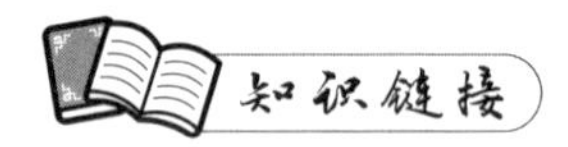

2.3.1 打开数据库

数据库可以用以下三种方法打开:

(1) 找到数据库文件,直接双击打开。

(2) 启动 Access 2010,在 Microsoft Access 界面中,在最近的数据库中选择进行打开。

(3) 通过 Office 菜单打开数据库,在当前数据库中单击“Office”按钮,如图 2.14 所示,然后单击“打开”。

在打开数据库时,应注意数据库的打开方式,如图 2.15 所示。

图 2.14　打开数据库

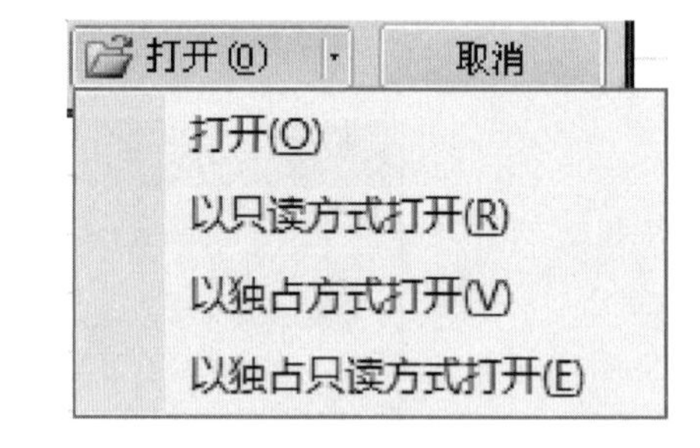

图 2.15　数据库的打开方式

① 打开:以共享方式打开数据库文件,这是默认的打开方式。使用这种方式,网络上的其他用户可以再次打开这个数据库,而且可以同时编辑和访问数据库中的数据。

② 以只读方式打开:选择这种方式用户只能查看数据库中的数据,不能编辑和修改数据库。

③ 以独占方式打开:若要在打开数据库时禁止其他用户再次打开该数据库,可采用此

方式。

④ 以独占只读方式打开：防止其他用户打开的同时，自己只能查看而不能编辑或修改这个数据库。

2.3.2　关闭数据库

数据库的关闭可以采取如下方法：

(1) 单击“Office”按钮，在弹出的菜单中选择“关闭数据库”或退出“Access”均可。

(2) 单击 Access 软件界面的“关闭”按钮。

(3) 按快捷键“Alt”+“F4”。

2.3.3　数据库对象的复制

数据库对象支持以下三种情况的复制：

(1) 在 Access 数据库内部复制对象，见课堂案例 2.4。

(2) 在 Access 数据库之间复制对象，见课堂案例 2.5。

(3) 将数据库对象复制到其他 Office 文档中，见课堂案例 2.6。

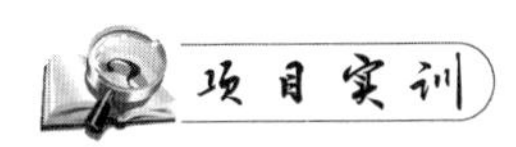

实训 1　创建.accdb 数据库。

(1) 使用本地模板创建“联系人”数据库，并找出所创建数据库中的各个对象。

(2) 分析企业工资管理系统的需求，设计企业工资管理数据库的基本结构，并创建空数据库“企业工资管理数据库”。

(3) 在线下载“资产”数据库模板，并以该模板创建“资产”数据库。

实训 2　操作数据库。

(1) 在“联系人”数据库中复制联系人表，并为其创建副本。

(2) 将“联系人”数据库中的联系人表复制到企业工资管理数据库中。

(3) 将“企业工资管理数据库”中的联系人表重命名为职工表。

(4) 将“联系人”数据库中的“联系人电话列表”报表删除。

小　　结

在本学习情境中，主要介绍了创建数据库的方法、Access 数据库中各个对象的用途及特点以及数据库中各个对象的基本操作，包括数据库的打开、关闭，数据库对象的复制等。同学们可以通过模板数据库，认识数据库中的各个对象。本学习情境只对各对象做了简略的介绍，各对象的详细创建、使用方法在后面的学习情境中将逐步介绍。

练　习　题

一、选择题

1. Access 是一个(　　)。
   A. 数据库文件系统　　B. 数据库系统
   C. 数据库应用系统　　D. 数据库管理系统
2. Access 的数据库类型是(　　)。
   A. 层次数据库　　B. 网状数据库
   C. 关系数据库　　D. 面向对象数据库
3. 数据库系统的核心是(　　)。
   A. 数据模型　　B. 数据库管理系统　　C. 数据库　　D. 数据库管理员
4. Access 中表和数据库的关系是(　　)。
   A. 一个数据库中包含多个表　　B. 一个表只能包含两个数据库
   C. 一个表可以包含多个数据库　　D. 一个数据库只能包含一个表
5. Access 2010 数据库存储在扩展名为(　　)的文件中。
   A. .accdb　　B. .adp　　C. .txt　　D. .exe
6. 以下叙述中正确的是(　　)。
   A. Access 2010 支持面向对象程序开发,并能创建复杂的数据库应用系统
   B. Access 2010 不具备程序设计能力
   C. Access 2010 只具备模块化程序设计能力
   D. Access 2010 只能使用系统菜单创建数据库应用系统

二、填空题

1. 创建数据库的方法有__________和__________两种。
2. Access 2010 数据库包含的对象有____________________。
3. Access 2010 是__________软件。
4. 退出 Access 2010 数据库管理系统可以使用的快捷键是__________。

三、简答题

1. 简述 Access 2010 数据库中的各个对象及其作用。
2. 简述使用模板创建数据库和创建空的数据库的区别。

学习情境3　表的创建与维护

在学习情境2中，小明已经掌握了数据库的创建，但数据库里的数据是存放在二维表中的，要想把需要处理的数据合理入库，需要掌握数据库表的创建与维护，在本学习情境中小明就可以通过多个课堂案例学习表的创建、表结构和表数据的维护。

教学目标

◇ 理解数据表的概念。
◇ 掌握数据表的创建方法。
◇ 理解各种数据类型的使用。
◇ 掌握数据表字段属性的设置。
◇ 掌握数据表数据的编辑。

数据表是Access数据库的核心，是存储数据的基本单元，也是后续数据库对象查询、窗体、报表等工作的基础。每一个数据表都有一个表名，有若干行和列构成。

任务1　创　建　表

【课堂案例3.1】　新建工资管理系统数据库的同时创建“部门”表，其结构如表3.1所示。

表3.1　部门表表结构

字段名称	数据类型	说明
部门编号	文本	字段大小为8
部门名称	文本	字段大小为20
部门电话	文本	字段大小为13

解决方案：

步骤1：启动Access 2010，在启动后的工作界面中，建立“工资管理系统”数据库，Access

会自动创建一个空表,默认表名为“表 1”,如图 3.1 所示。

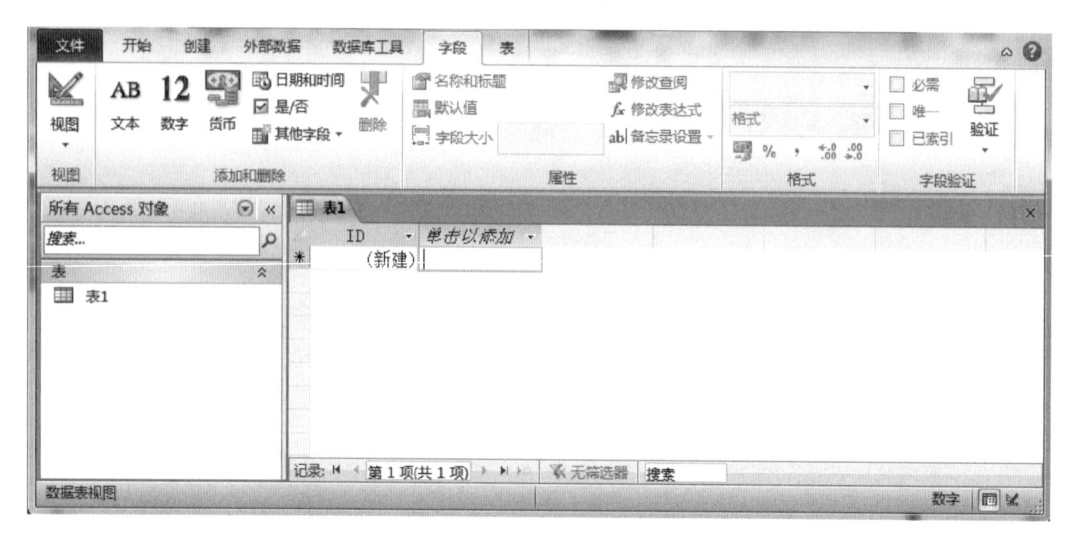

图 3.1　创建数据库自动创建的空表“表 1”

步骤 2:当前“表 1”是空表,空表中有一个字段“ID”,右击“ID”列,在弹出的菜单中选择“重命名字段”,将名称修改为“部门编号”。然后选择“表格工具”→“字段”选项卡,修改“格式”组中的“数据类型”为“文本”,在“属性”组中修改“字段大小”为 8,如图 3.2 所示。

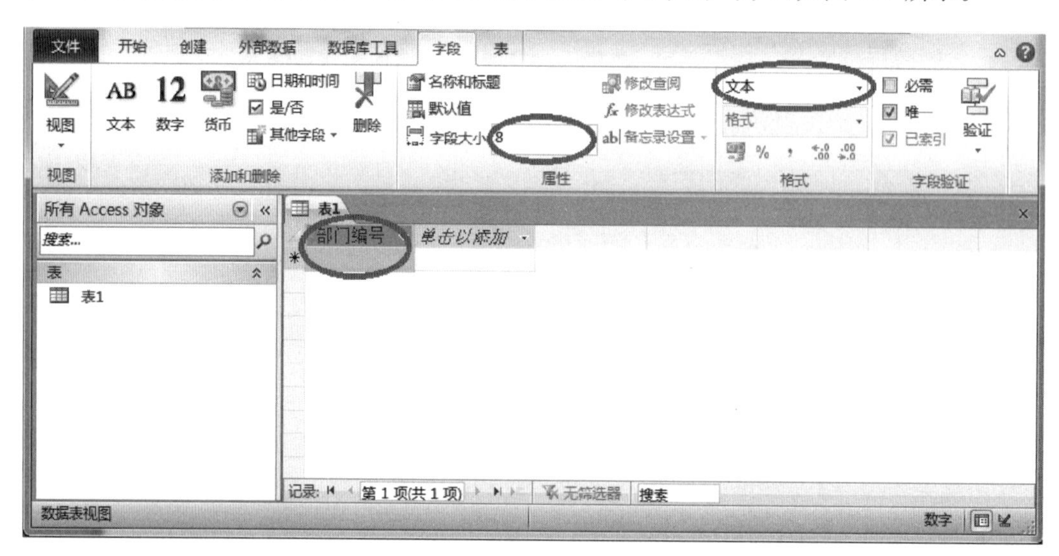

图 3.2　在“表 1”中修改字段

步骤 3:单击“部门编号”右侧的“单击以添加”,在弹出的快捷菜单里选择“文本”命令,Access 会添加一个新字段“字段 1”,修改该字段名为“部门名称”,将“字段大小”修改为 20,如图 3.3 所示。

步骤 4:同步骤 3,再添加“部门电话”字段,“数据类型”设为“文本”,“字段大小”设为 13,点击“文件”→“保存”,将数据表存储为“部门表”,如图 3.4 所示。

【课堂案例 3.2】　在“工资管理系统”数据库中使用设计视图创建“职工表”,职工表表结构如表 3.2 所示。

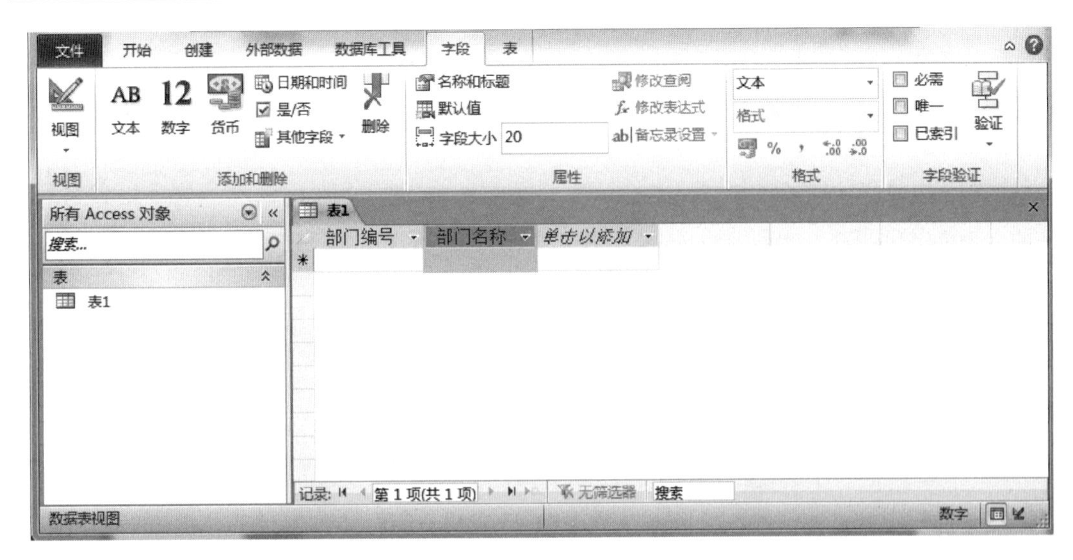

图 3.3　添加“部门名称”字段

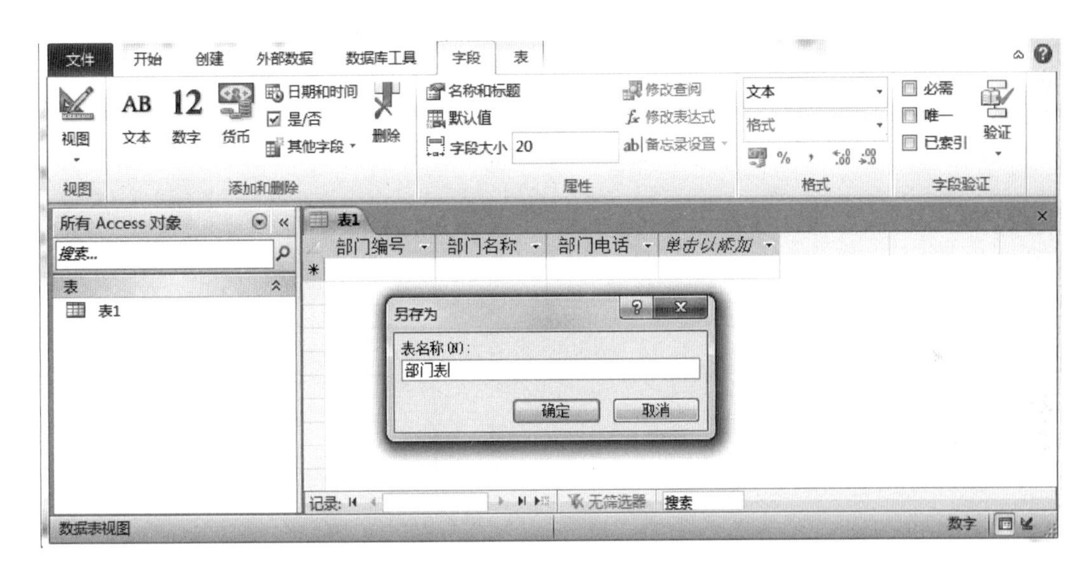

图 3.4　添加“部门电话”字段并保存表

表 3.2　职工表表结构

字段名称	数据类型	字段属性说明
职工编号	文本	字段大小:8;显示要求:右对齐;设置为主键
姓名	文本	字段大小:10
性别	文本	字段大小:1;数据输入要求:只能输入“男”或者“女”
婚否	是/否	输入及显示要求:当输入非 0 值时显示“已婚”,输入 0 时显示“未婚”
出生日期	日期/时间	
部门编号	文本	数据来源于部门表的部门编号
电话	文本	电话号码位数最多不超过 13,只能输入数字和空格

解决方案:

步骤 1:打开课堂案例 3.1 创建的工资管理系统数据库,并单击“创建”选项卡,进一步单击“表设计器”,进入如图 3.5 所示的表设计器窗口。

图 3.5 表设计器视图

步骤 2:在图 3.5 所示界面中为职工表各字段添加字段名和数据类型,如图 3.6 所示。

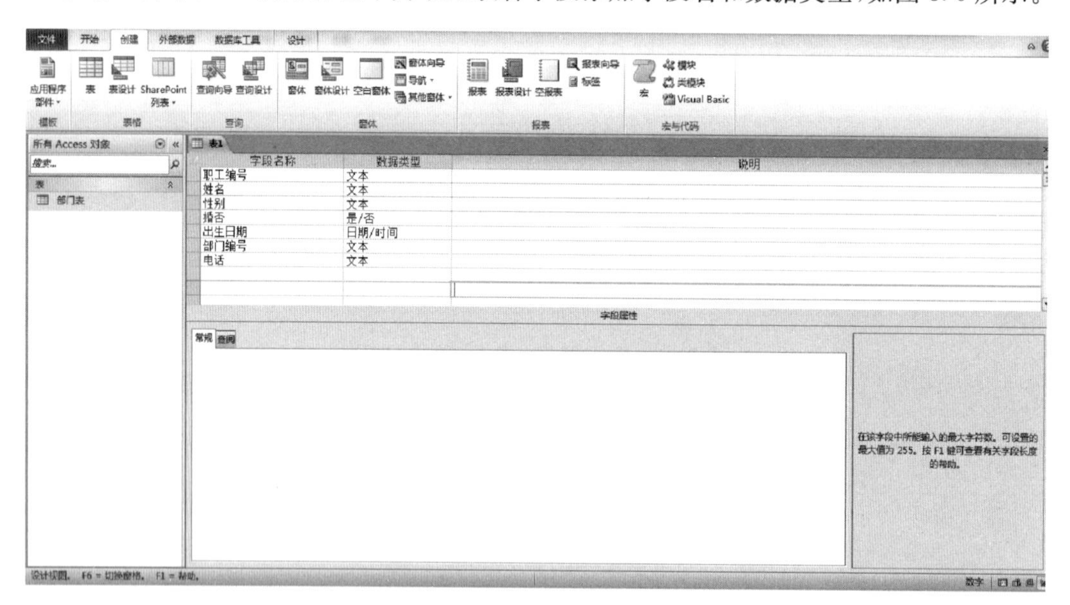

图 3.6 使用表设计器创建职工表

步骤 3:设置“职工编号”字段属性,选中职工编号字段,右击鼠标在弹出的快捷菜单中选择主键,在图 3.7 所示界面下方“常规”选项卡中设置字段大小为 8,格式中“-”表示右对齐。

步骤 4:设置“姓名”字段大小为 8。

步骤 5:设置“性别”字段属性,首先设置字段大小为 1,再按照图 3.8 所示界面中设置有效性规则和有效性文本即可。

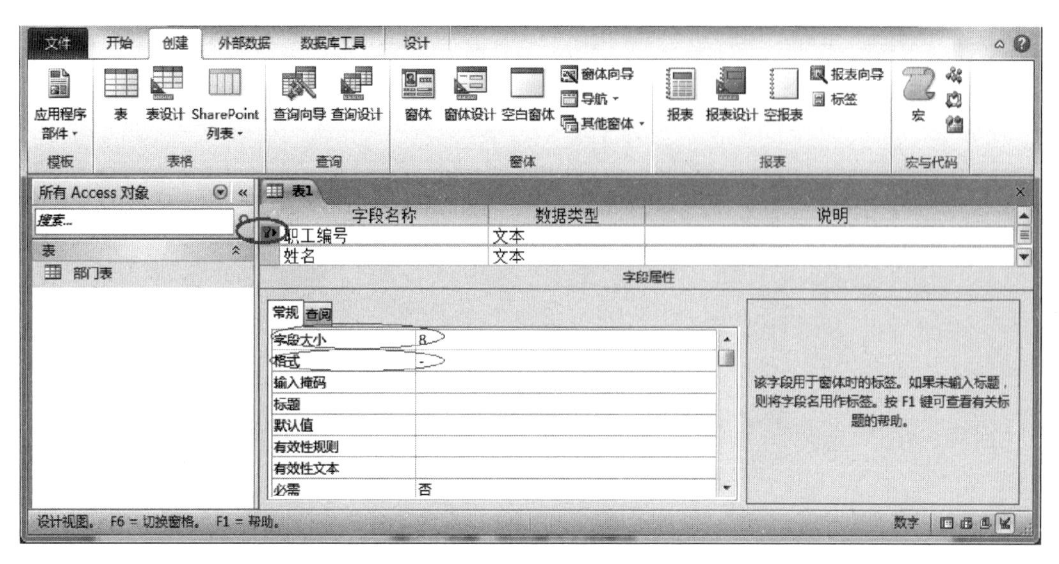

图 3.7　设置“职工编号”字段属性

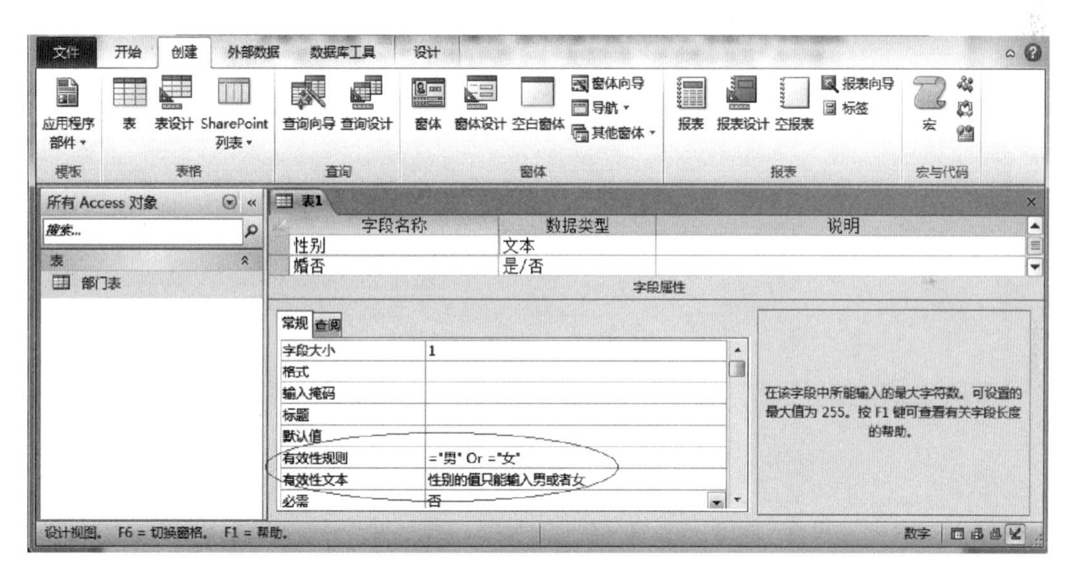

图 3.8　设置“性别”字段属性

步骤 6：设置“婚否”字段属性。首先在图 3.9 所示界面中设置婚否字段的显示控件为“文本框”，再在图 3.10 所示界面中设置婚否的字段格式为：;“已婚”;“未婚”。

步骤 7：设置部门编号字段属性。首先在部门编号数据类处按照图 3.11 所示界面选择“查阅向导……”，在弹出的图 3.12 所示的对话框中选择“使用查阅字段获取其他表或查询中的值”，单击“下一步”，进入图 3.13 所示界面选择为查阅字段提供数值的表为“部门表”，再单击“下一步”命令按钮，进入图 3.14 所示界面后选择“部门编号”为查阅字段中的列，依次单击“下一步”按钮，再根据提示进行设置，进入图 3.15 所示界面后单击“完成”命令按钮，会弹出如图 3.16 所示的对话框，单击“是”，同时弹出图 3.17 所示界面，输入表名后保存即可。设置职工表中的部门编号来源于部门表的同时建立了两个表之间的关系。

图 3.9 设置婚否字段的显示控件

图 3.10 设置婚否字段格式

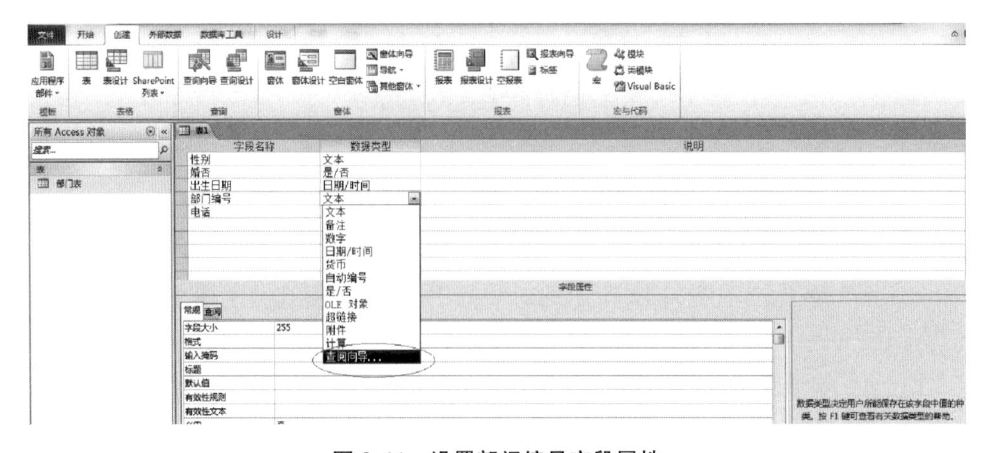

图 3.11 设置部门编号字段属性

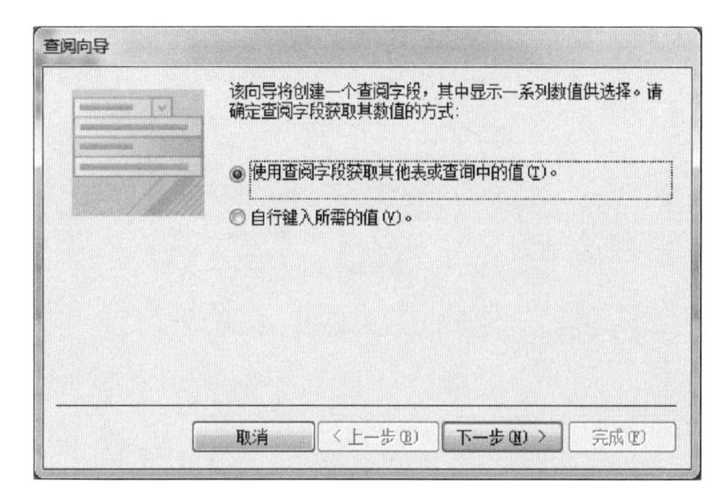

图 3.12　查阅向导对话框-1

图 3.13　查阅向导对话框-2

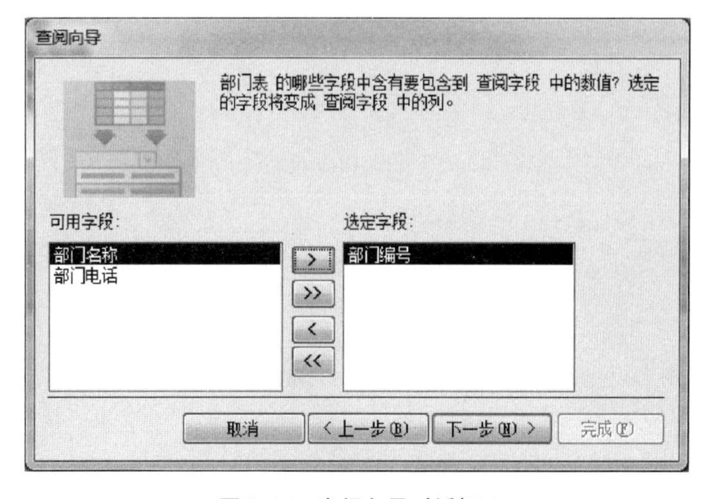

图 3.14　查阅向导对话框-3

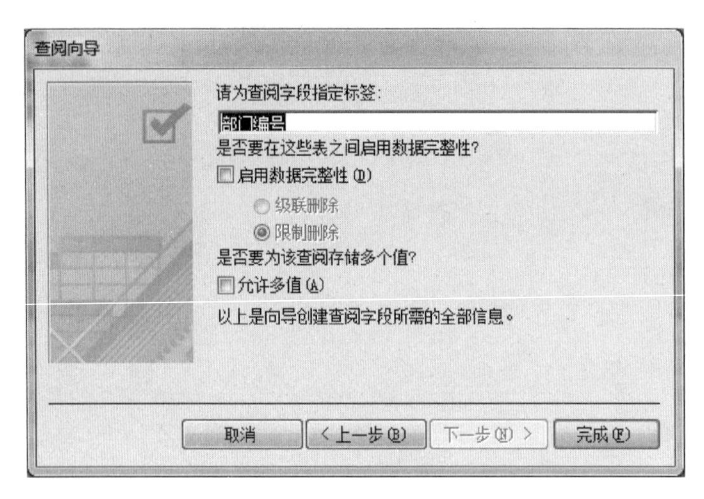

图 3.15　查阅向导对话框-4

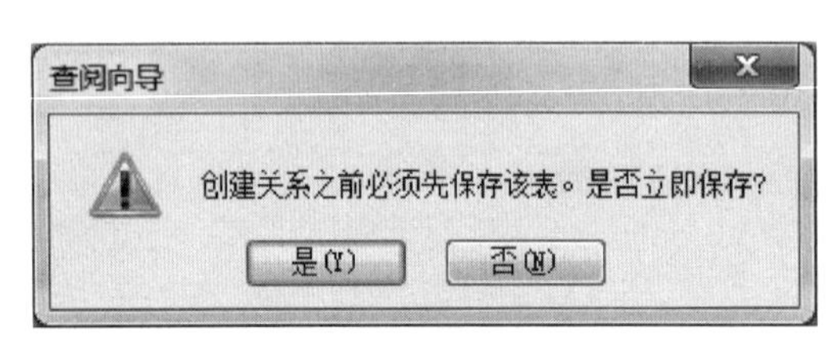

图 3.16　查阅向导对话框-5

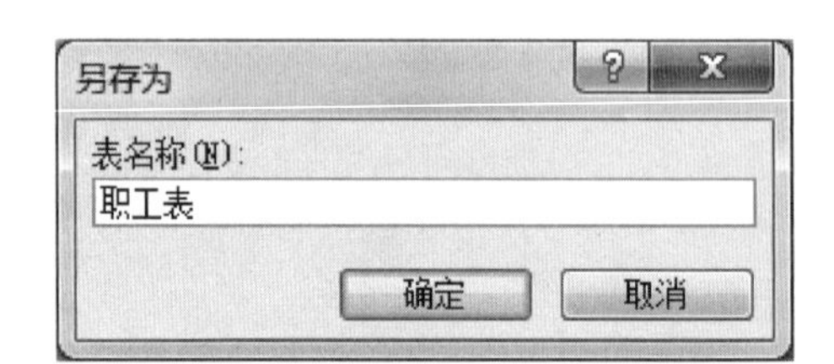

图 3.17　保存职工表对话框

步骤 8:设置“电话”电话字段属性。电话的字段属性只需要设置其输入掩码为“9999999999999”即可,如图 3.18 所示。

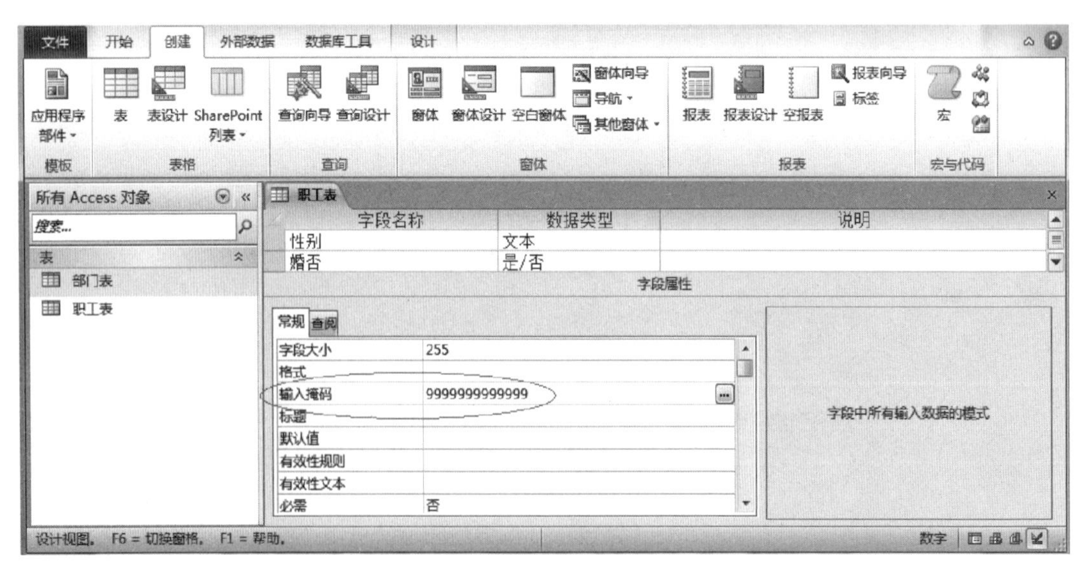

图 3.18　设置电话字段的输入掩码

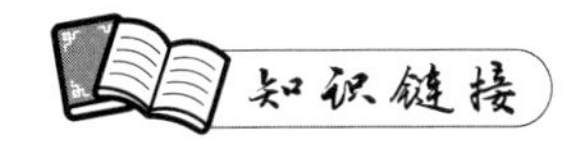

3.1.1 新建数据库时直接创建表

在 Access 2010 中，新建数据库时会自动地创建一张数据表。这种方法简单明了，适合初学者。具体操作见课堂案例 3.1。系统自动创建的数据表名称为“表 1”，用户可根据界面，修改默认字段、添加新字段。在保存时对“表 1”重命名。这种方法虽简单，但并不常用。最常用的方法还是使用设计视图创建表。

3.1.2 使用设计视图创建表

在 Access 2010 中，最常用的创建表的方法是使用在设计视图下创建表。较之第一种方法，在设计视图下创建表具有更灵活、更全面、更符合用户的使用习惯和使用诉求的特点。下面介绍一下在课堂案例 3.2 中出现的数据表中的概念。

1. 字段名

每个字段都有自己的名称，并且该字段名称在数据表中应当具有唯一性，不能重复，唯一标识此字段。在 Access 2010 中，对字段命名的具体规则如下：

(1) 长度不超过 64 个字符。

(2) 由字母、数字、空格及特殊字符(除. ！‘ []外)组成。

(3) 不能以空格开头。

(4) 不包含控制字符。

同时，应注意的是，在对字段命名时，应注意见名知意，无论是在创建和修改时都能起到事半功倍的作用。而且，字段够用就可以，不宜有过多冗余字段来占据数据表的空间。

2. 字段的数据类型

数据表中的数据虽然千差万别，但都可以归类到不同的数据类型下。某一种数据类型具有相同的数据特征，决定了用户在字段中保存值的种类。Access 2010 中提供的数据类型如表 3.3 所示。

表 3.3　字段的数据类型

数据类型	用法说明
文本	文本、文本化的数字(无需计算的数字)，最多 255 个字符
备注	长文本和文本型数字，常用于说明等文字
数字	进行算术计算的数据
日期/时间	日期和时间的存储，长度为 8 个字符
货币	货币值的存储，长度为 8 个字符
自动编号	添加记录时自动插入唯一的数值，存储长度为 4 个字节

续表

数据类型	用法说明
是/否	逻辑判断值的存储,不允许 null 值
OLE 对象	其他程序创建对象的存储
附件	数字图像等二进制文件的存储
超链接	超链接的存储
查阅向导	使用组合框来选择其他表或值列表的值

3. 字段属性

字段属性主要用于设置字段数据的存储、处理、输入和显示等,如表 3.4 所示。

表 3.4 常用字段属性及用法

字段属性	用法说明
字段大小	设置文本型和数字型数据的宽度
格式	设置数据显示和打印的格式
输入掩码	规范用户的数据输入
标题	设置字段在数据表视图中显示的列标题
默认值	用户不输入字段值时的缺省值
有效性规则	用户输入数据必须满足的表达式
有效性文本	错误输入时的提示文字
必需	是否允许 null
索引	是否使用索引及索引的类型

下面就各属性进行具体说明:

(1) 字段大小

设置文本型和数字型数据的宽度。

"字段大小"属性只对文本型和数字型字段进行设置。文本型字段的默认大小为 50 个字符,最大为 255 个字符。若超过 255 个字符,应当使用备注型字段。值得注意的是,在 Access 2010 中,一个汉字和一个字母都是一个字符。例如:设置"姓名"字段为文本型,"字段大小"设置为 5,则汉字和字母最多只能输入 5 个。

数字型字段默认是长整型。具体使用如表 3.5 所示。

表 3.5 数字型字段的使用范围

类型	可输入数值的范围	小数位	占用空间
字节	0~255(无小数位)		1 个字节
整型	−32768~32767(无小数位)		2 个字节
长整型	−2147483648~2147483647(无小数位)		4 个字节
单精度型	负值:$-3.4\times10^{38}\sim-1.4\times10^{-45}$ 正值:$1.4\times10^{-45}\sim3.4\times10^{38}$	7	4 个字节

续表

类型	可输入数值的范围	小数位	占用空间
双精度型	负值：$-1.8\times10^{308}\sim-4.9\times10^{-324}$ 正值：$4.9\times10^{-32}\sim1.8\times10^{308}$	15	8个字节
同步复制ID	全球唯一的标识符(GUID)		16个字节
小数	$-10^{38}\sim10^{38}-1$的数字(Access项目) $-10^{28}\sim10^{28}-1$的数字(Access数据库)	28	12个字节

(2) 格式

设置数据显示和打印的格式。用户可以根据自己的需要，选择Access自带的预定义格式，也可以自定义格式。"格式"属性对于数据的影响仅仅在于显示，而对数据存储并无影响。

① 日期/时间格式。

日期/时间型字段格式的预定义格式如表3.6所示。

表3.6 日期/时间型字段格式的预定义格式

预定义格式	格式示例
常规日期	2014-8-21 07：52：00
长日期	2014年8月21日
中日期	14-08-21
短日期	2014-8-21
长时间	07：52：00
中时间	上午7：52
短时间	07：52

一般而言，Access 2010提供的日期/时间预定义格式能满足用户需求，若需要自定义格式，可使用帮助文件中关于格式的说明。

② 数字与货币格式。

货币型字段格式的预定义格式如表3.7所示。

表3.7 货币型字段格式的预定义格式

预定义格式	说 明
常规数字	以输入方式显示
货币	使用千位分隔符
欧元	使用欧元符号
固定	至少显示以为数字
百分比	加上百分号
科学记数	标准科学记数

③ 文本和备注格式。

文本和备注类型数据没有预定义格式，用户可以自定义。

④ 是/否格式。

“是/否”类型数据的预定义格式有三种：真/假，是/否，开/关。

(3) 输入掩码

输入掩码是定义向字段中输入数据的模式。输入掩码可控制用户输入的值，使数据的输入更简便、提高输入的正确性，常用的输入掩码格式符号如表 3.8 所示。

表 3.8　输入掩码格式符

字　符	说　明
0	必须输入数字(0～9)
9	可以选择输入数字或空格
#	可以选择输入数据、空格、加号或减号，如果没有输入会存储空格
L	必须输入字母(A～Z)
?	可以选择输入字母(A～Z)，如果没有输入则不存储任何内容
A	必须输入字母或数字
a	可以选择输入字母或数字，如果没有输入则不存储任何内容
&	必须输入一个任意的字符或一个空格
C	可以选择输入一个任意的字符或一个空格，如果没有输入则不存储任何内容
. : ; - /	小数点占位符及千位、日期与时间的分隔符(实际的字符将根据 Windows 控制面板中“区域设置属性”的设置而定)
＞	将所有字符转换为小写
＜	将所有字符转换为大写
!	使输入掩码从右到左显示，而不是从左到右显示
\	使接下来的字符以原义字符显示(例如，\A 只显示 A)

自定义输入掩码最多由三个部分组成，完整的形式为“输入掩码本身；0、1 或空白；空格所显示的字符”。如：输入掩码为“9999\年 99\月 99\日；0；#”，则输入时将显示“####年##月##日”。

(4) 小数位数

小数位数是在数据输入时对小数位数的规范。

(5) 标题

标题是设置字段在数据表视图中显示的列标题。

(6) 默认值

默认值指的是不输入字段值时的默认输入。

(7) 有效性规则和有效性文本

用户在“有效性规则”属性中定义一个条件表达式，当输入数据不符合表达式规范以及错误输入时，Access 会拒绝接受该输入并显示有效性文本的内容。

（8）索引

索引类似书籍的目录，用于实现快速检索的数据结构。索引属性用于设置单字段索引，有以下三种选择：

① 无：没有索引。

② 有（有重复）：允许索引字段有重复值。

③ 有（无重复）：不允许索引字段有重复值。

（9）主键

主键是唯一标识数据表中一条记录的字段或字段组合。主键的作用非常重要，这一点将在学习情境 4 当中学习。

（10）创建查阅列表

创建查阅列表后，用户的输入必须在指定范围内选择。查阅列表的下拉菜单的内容可以自行键入所需的值，也可以使用查阅字段获取其他表或查询中的值。

任务 2　表的导入、导出与链接

【课堂案例 3.3】 使用 Access 2010 的导入与导出功能，将 Excel 导入到数据库中。

解决方案：

步骤 1：单击“外部数据”→“Excel”，单击“浏览”，选择需要导入的外部数据表的路径，如图 3.19 所示。

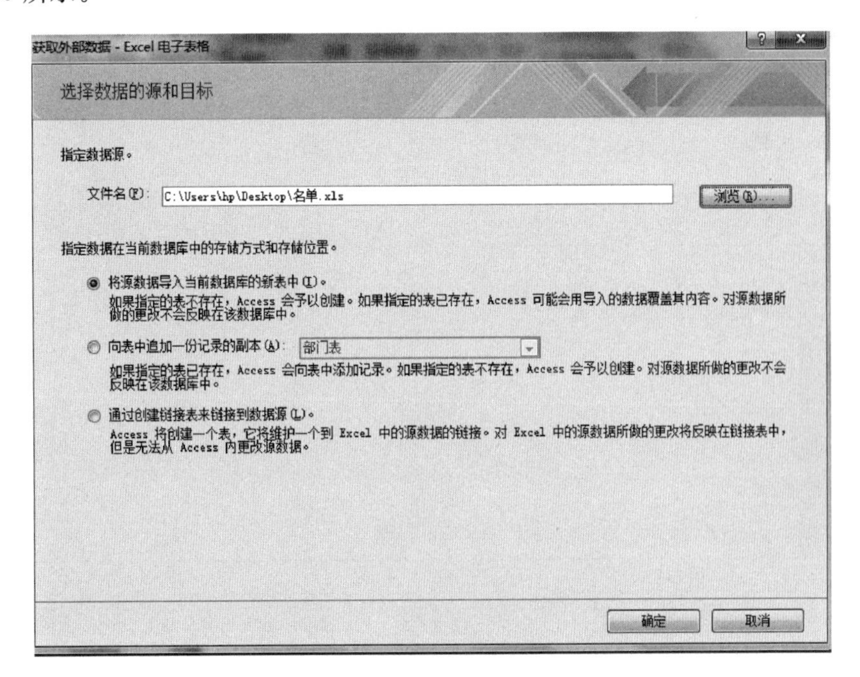

图 3.19　导入外部数据表“名单.xls”

步骤 2:单击“确定”,弹出界面如图 3.20 所示。

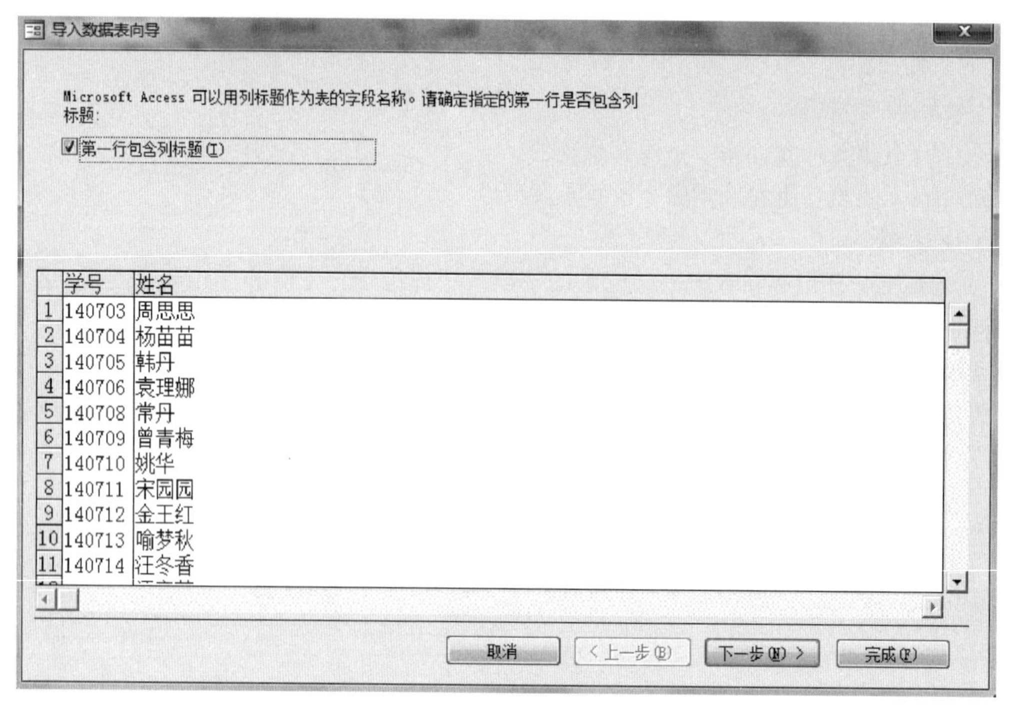

图 3.20　外部数据表的导入-1

步骤 3:单击“下一步”,弹出界面如图 3.21 所示,注意选择“第一行包含标题”。

导入数据表向导

可以指定有关正在导入的每一字段的信息。在下面列表中选择字段,然后在“字段选项”框内对字段信息进行必要的更改。

字段选项

字段名称(M): 学号　　数据类型(T): 文本

索引(I): 无　　不导入字段(跳过)(S)

	学号	姓名
1	140703	周思思
2	140704	杨苗苗
3	140705	韩丹
4	140706	袁理娜
5	140708	常丹
6	140709	曾青梅
7	140710	姚华
8	140711	宋园园
9	140712	金王红
10	140713	喻梦秋
11	140714	汪冬香

取消　< 上一步(B)　下一步(N) >　完成(F)

图 3.21　外部数据表的导入-2

步骤 4:单击“下一步”,弹出界面如图 3.22 所示,选择“我自己选择主键”。

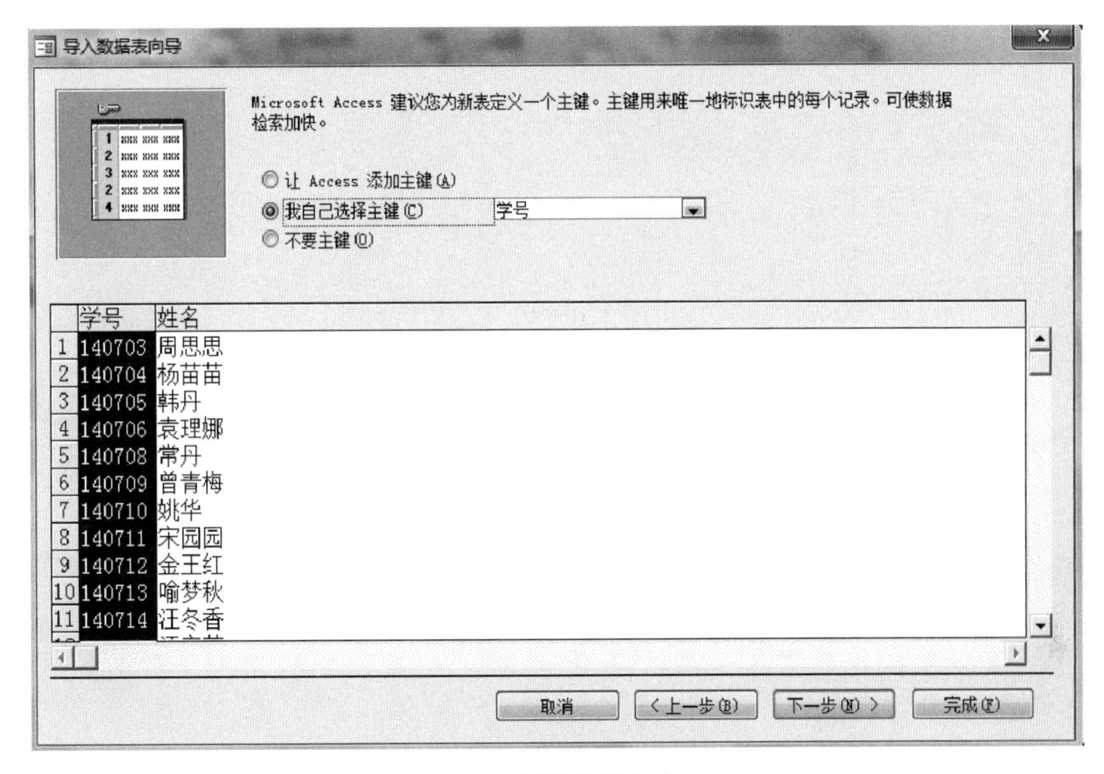

图 3.22　外部数据表的导入-3

步骤 5:单击“完成”,弹出界面如图 3.23 所示。

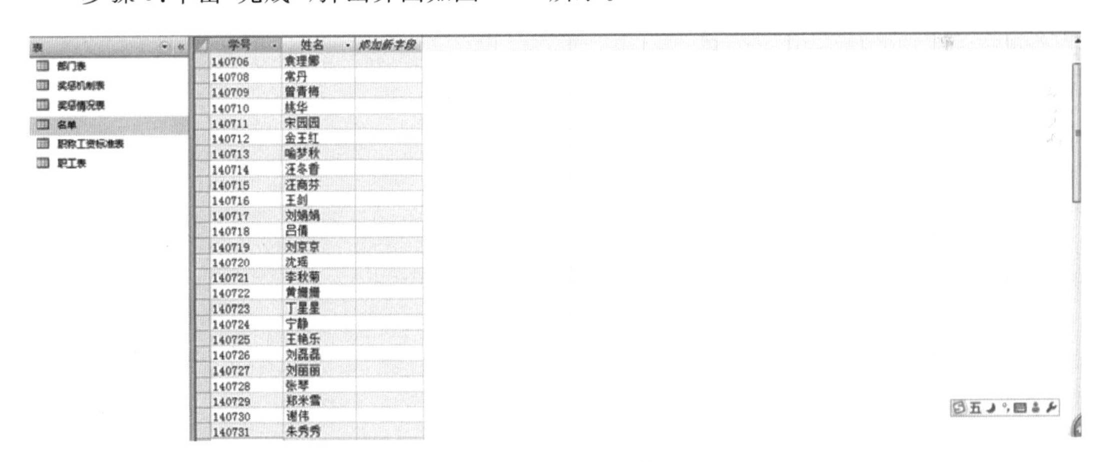

图 3.23　导入完成

【课堂案例 3.4】 将“工资管理系统”数据库中的“部门表”导出成为 Excel 表格。

解决方案:

步骤 1:选择“部门表”,单击右键,在弹出的菜单中选择“导出”→“Excel”,如图 3.24 所示。

步骤 2:单击“浏览”,选择导出文件名、文件格式及保存路径,然后单击“确定”,如图 3.25 所示。

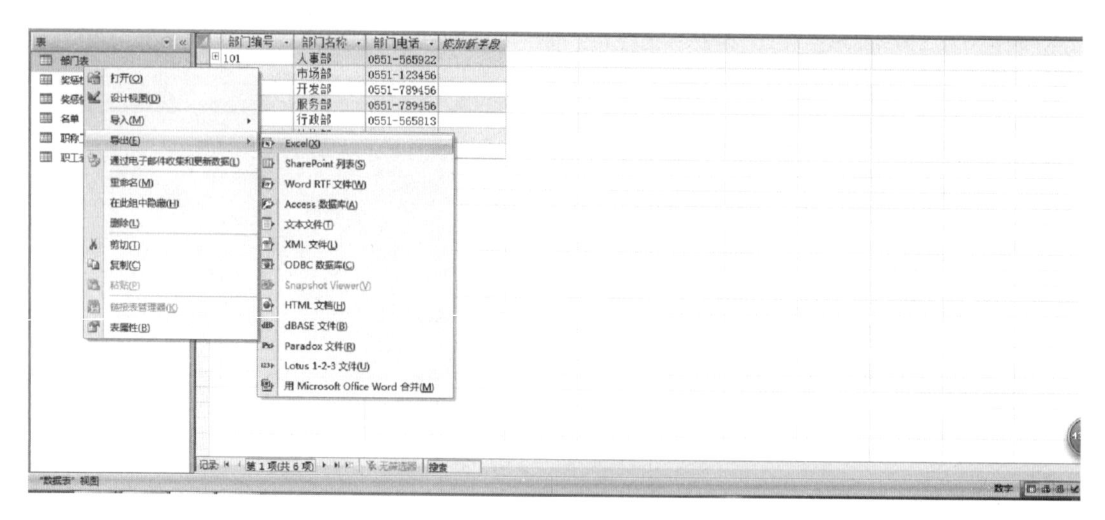

图 3.24　导出数据表-1

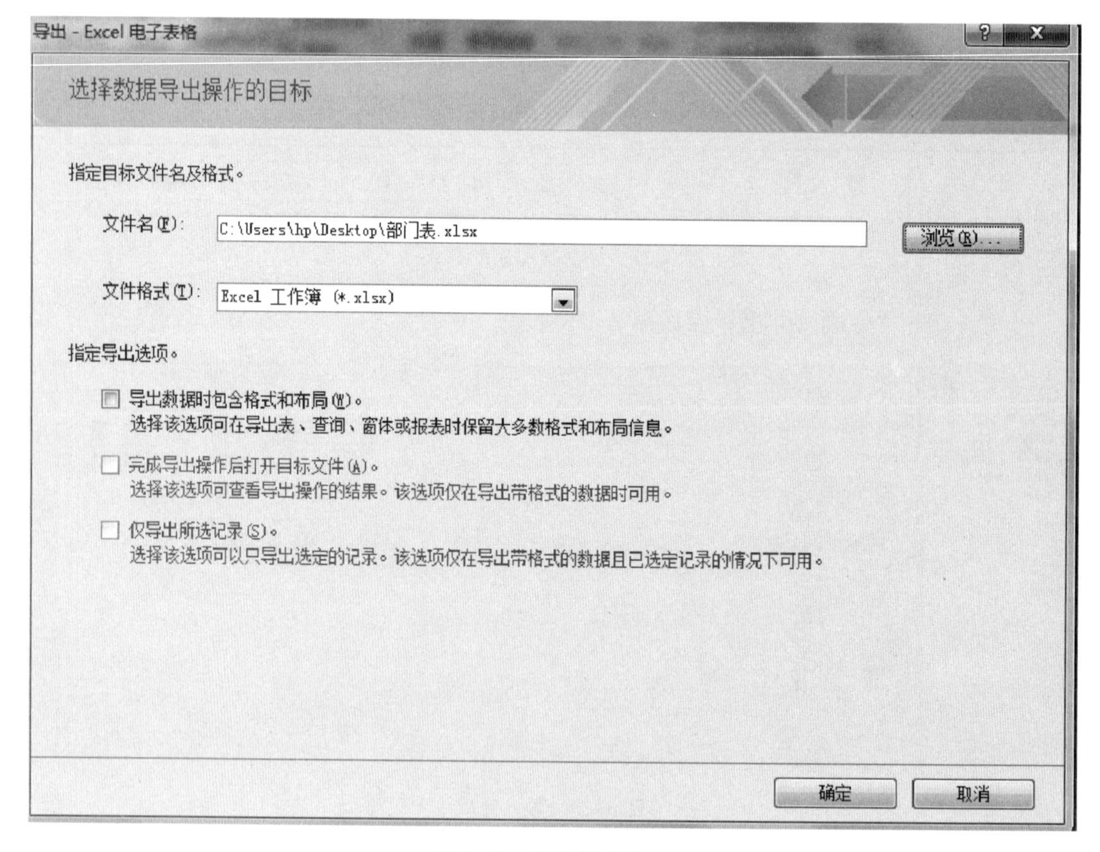

图 3.25　导出数据表-2

步骤 3:导出的 Excel 文件如图 3.26 所示。

【课堂案例 3.5】 将“工资管理系统”数据库中的“部门表”链接到“职工管理系统”数据库中。

解决方案:

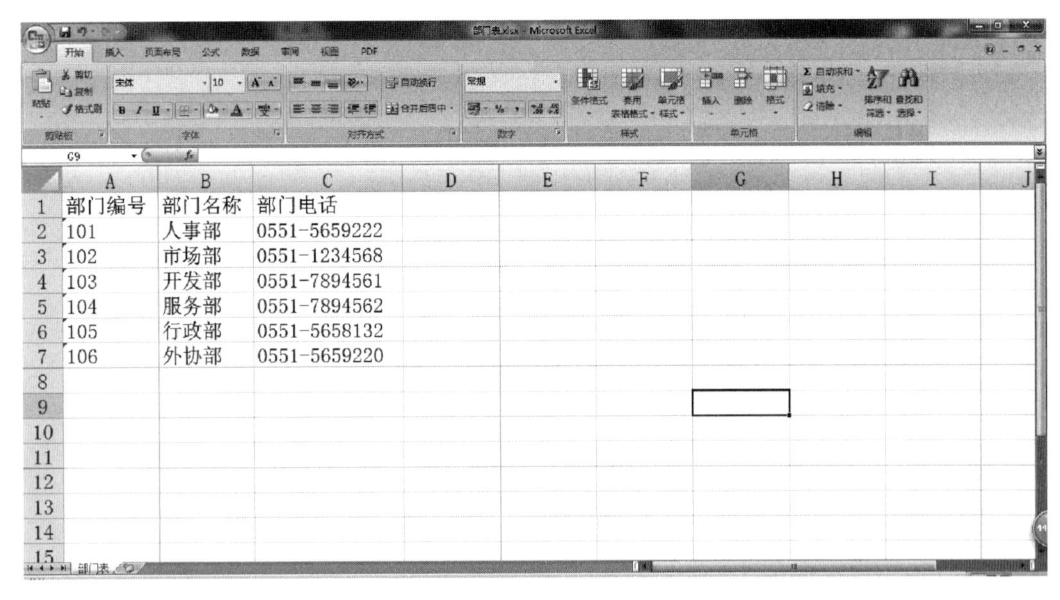

图 3.26　导出完成

步骤 1:打开“职工管理系统”数据库,单击功能区“导入并链接”→“导入 Access 数据库”,打开“获取外部数据”→“Access 数据库”对话框,如图 3.27 所示。

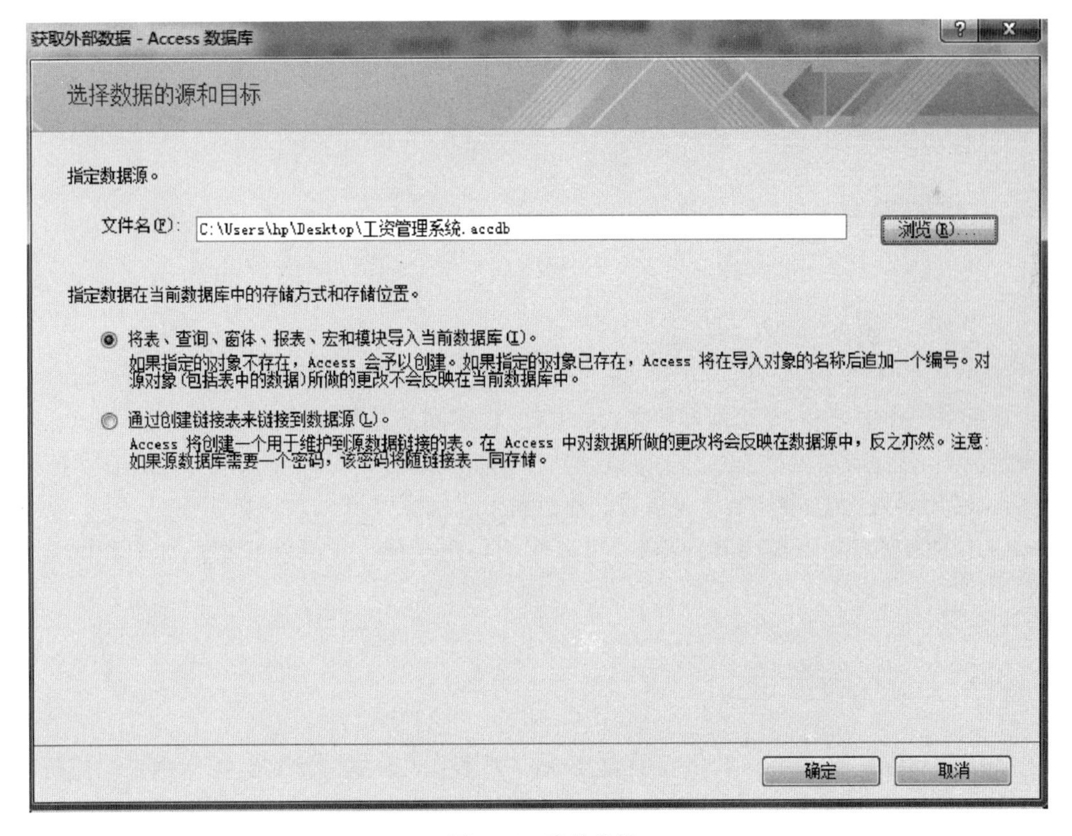

图 3.27　表的链接

步骤 2:在弹出的“链接表”的“部门表”中,单击“确定”即可,如图 3.28 所示。

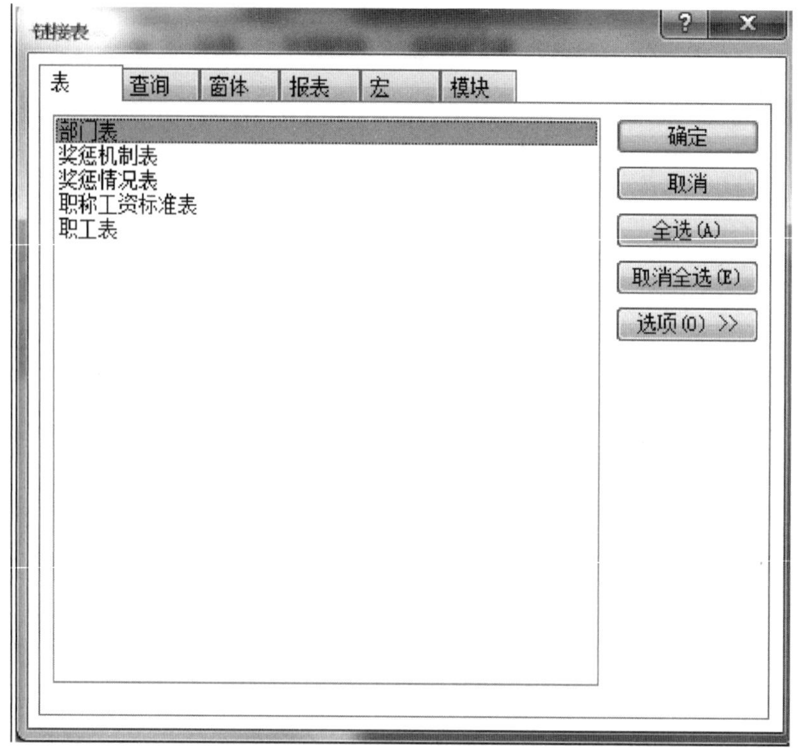

图 3.28　选择要链接的表

3.2.1　表的导入、导出

在日常工作中,我们要用到多种样式的数据,在不同情况下需要不同的数据库格式。在这种情况下,就需要转换数据。现在的数据表之间,大部分都可以导入和导出。在 Access 中,可以使用导入功能,将 Excel 表格或其他数据库表格导入到 Access 数据库中;相反,如果 Access 中的表格需要转换为其他格式,可以使用导出功能。详见课堂案例 3.3 和课堂案例 3.4。

3.2.2　表的链接

链接表可将其他 Access 数据库中表、Excel 文件中的数据链接到数据库中来。值得注意的是,Access 仅存储链接,真正数据仍在原对象中,因而这种方式更便于共享数据。同时,如数据更新,链接表中的数据也能有所反映。详见课堂案例 3.5。

任务 3　表结构的维护

【课堂案例 3.6】 修改课堂案例 3.2 所创建的职工表的表结构，添加职称编号字段，字段类型为文本型，字段大小为 10，并将职称编号字段放在部门编号字段和电话字段之间。

解决方案：

步骤 1：打开课堂案例 3.2 所创建的职工表的表结构，并添加职称编号字段，如图 3.29 所示。

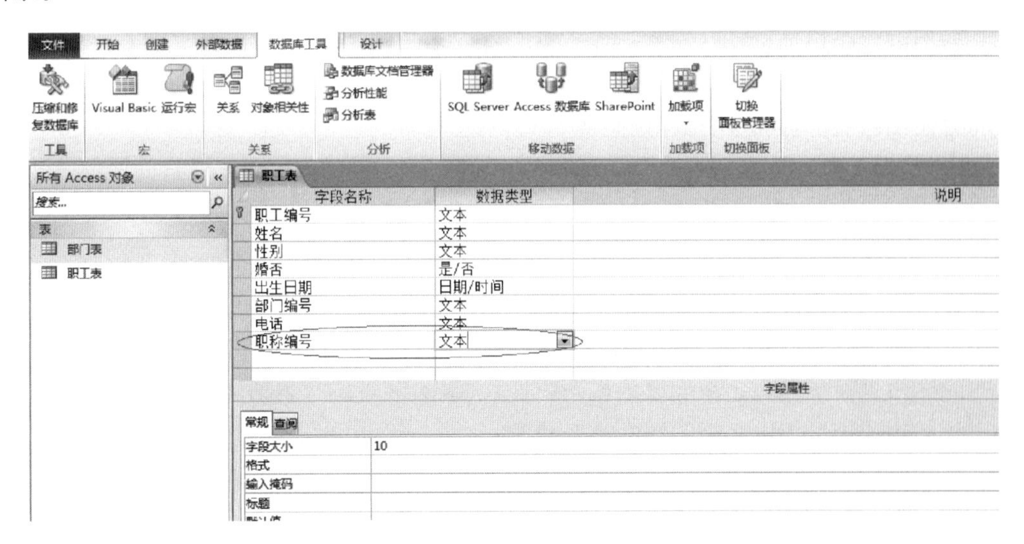

图 3.29　添加“职称编号”字段

步骤 2：在图 3.29 中，选中职称编号，按下鼠标左键拖动职称编号至部门编号和电话之间即可，如图 3.30 所示。

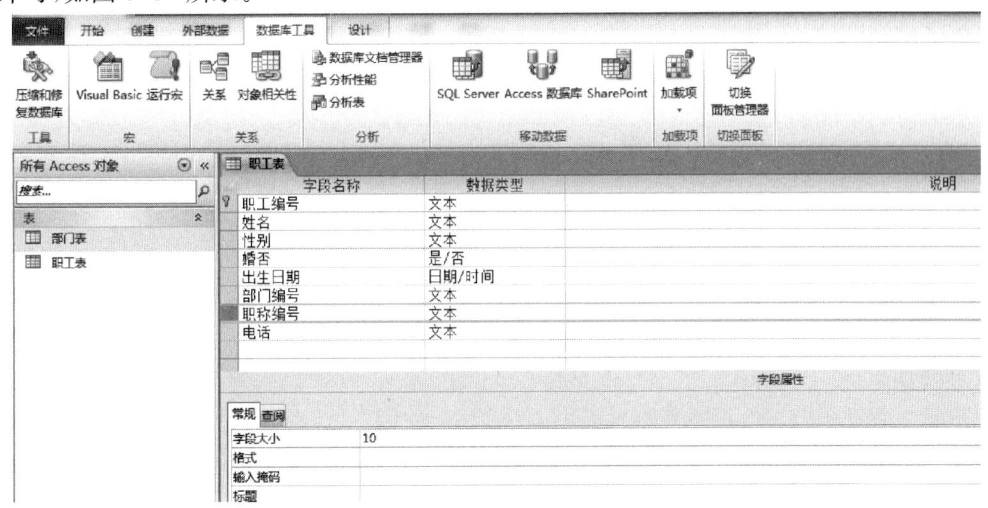

图 3.30　移动“职称编号”字段

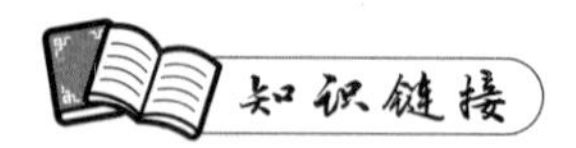

3.3.1 在表设计视图中移动字段

一个完整的表是由表结构和表记录两部分构成的。定义表结构就是确定表中的字段,主要是为每个字段指定名称、数据类型和宽度,这些信息决定了数据在表中是如何被标识和保存的。

在实际使用过程中,表的结构一般不会一蹴而就,往往要根据实际情况进行修改。一般数据表结构的修改包括:移动、插入、删除、修改等。这些操作在表设计视图中很方便。

字段的移动,主要是针对在初次设计过程中,对各个已存在的字段的位置进行调整,使得更符合使用需要,具体应用见课堂案例 3.6。

3.3.2 在表设计视图中插入、删除字段

在实际使用过程中,根据使用的不同情况,各字段也会根据系统的使用情况发生变化。如果发现现有字段不能满足全部需求,就需要插入新字段。同理,如有冗余字段,在使用过程中也应当根据需要删除。在表设计视图中插入、删除字段是对表结构的进一步完善,是对表的设计后在使用过程中发现问题的重新修改。

3.3.3 在表设计视图中修改字段名、字段数据类型的属性

在实际使用过程中,有些字段的名称可能不符合习惯、要求,就需要重命名字段。而字段数据类型,在初步设计时也可能存在各种考虑不周的问题,在使用过程中发现问题就应当及时修改,以便后期使用。

任务 4　在表的数据视图中录入和编辑数据

【课堂案例 3.7】 在表的数据视图下向课堂案例 3.2 所创建的职工表中输入数据并编辑。

解决方案:

步骤 1:打开职工表,并进入职工表的数据视图,如图 3.31 所示。

步骤 2:单击 * 所在行,可直接输入数据即可,录入数据完成后的数据表,如图 3.32 所示。

步骤 3:选择需要修改的数据,当其呈现高亮状态时,直接修改,如图 3.33 所示。

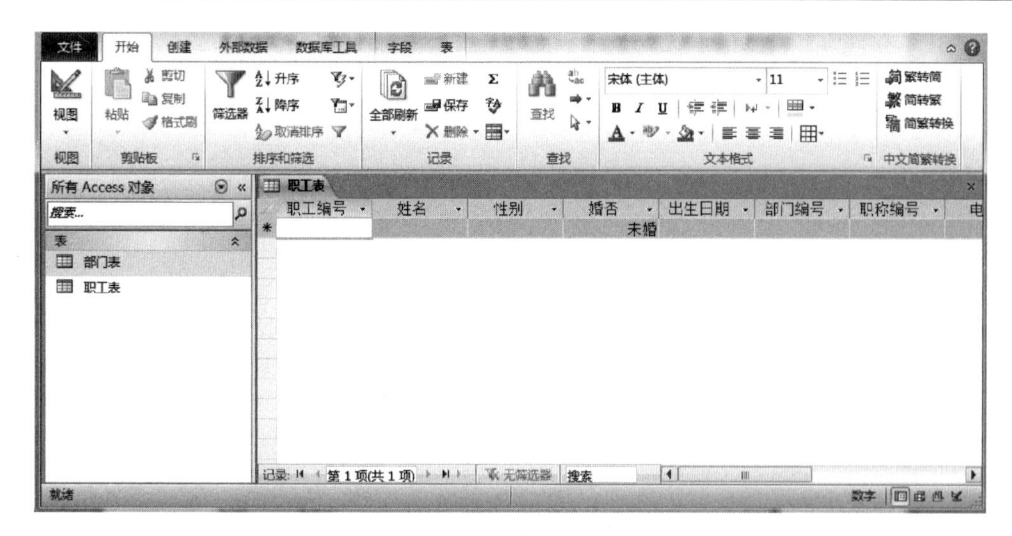

图 3.31　职工表数据表视图

职工表

职工编号	name	性别	婚否	出生日期	部门编号	职称编号	电话
001	曹军	男	已婚	1981/11/25	103	b	13356921997
002	胡凤	女	未婚	1985/05/19	101	a	15926251478
003	王永康	男	已婚	1970/01/05	102	c	15125562365
004	张历历	女	已婚	1981/11/28	106	b	18756893214
005	刘名军	男	已婚	1983/03/16	101	a	15936982514
006	张强	男	已婚	1975/02/05	103	b	13645789587
007	魏贝贝	女	未婚	1987/12/12	105	a	15589369874
008	王新月	女	未婚	1986/10/25	105	a	15125456589
009	倪虎	男	未婚	1987/05/06	101	a	15125457896
010	魏英	女	已婚	1976/05/16	103	c	15998652317
011	张琼	女	未婚	1990/01/05	104	a	18256362550
012	吴晴	女	未婚	1990/10/01	102	a	15936981447
013	邵志元	男	未婚	1988/12/05	106	a	18712345698
014	何春	男	已婚	1975/06/01	106	c	13000101010
015	方琴	女	已婚	1976/05/04	104	b	13325631478

记录: 第 1 项(共 15 项　无筛选器　搜索

图 3.32　向职工表中录入数据

职工表

职工编号	name	性别	婚否	出生日期	部门编号	职称编号	电话
001	曹军	男	已婚	1981/11/25	103	b	13356921997
002	胡凤	女	未婚	1985/05/19	101	a	15926251478
003	王永康	男	已婚	1970/01/05	102	c	15125562365
004	张历历	女	已婚	1981/11/28	106	b	18756893214
005	刘名军	男	已婚	1983/03/16	101	a	15936982514
006	张	男	已婚	1975/02/05	103	b	13645789587
007	魏		婚	1987/12/12	105	a	15589369874
008	王		婚	1986/10/25	105	a	15125456589
009	倪		婚	1987/05/06	101	a	15125457896
010	魏英	女	已婚	1976/05/16	103	c	15998652317
011	张琼	女	未婚	1990/01/05	104	a	18256362550
012	吴晴	女	未婚	1990/10/01	102	a	15936981447
013	邵志元	男	未婚	1988/12/05	106	a	18712345698
014	何春	男	已婚	1975/06/01	106	c	13000101010
015	方琴	女	已婚	1976/05/04	104	b	13325631478

fei
1 非　2 费　3 飞　4 菲　5 肥

记录: 第 6 项(共 15 项　无筛选器　搜索

图 3.33　修改职工表中的数据

【课堂案例 3.8】　在职工表中对数据的查找和替换、排序和筛选。

解决方案：

步骤 1：打开已录入数据的职工表，选择“数据表视图”，选中“姓名”列。在“开始”→“查找”→“替换”，打开“查找和替换”按钮，如图 3.34 所示。

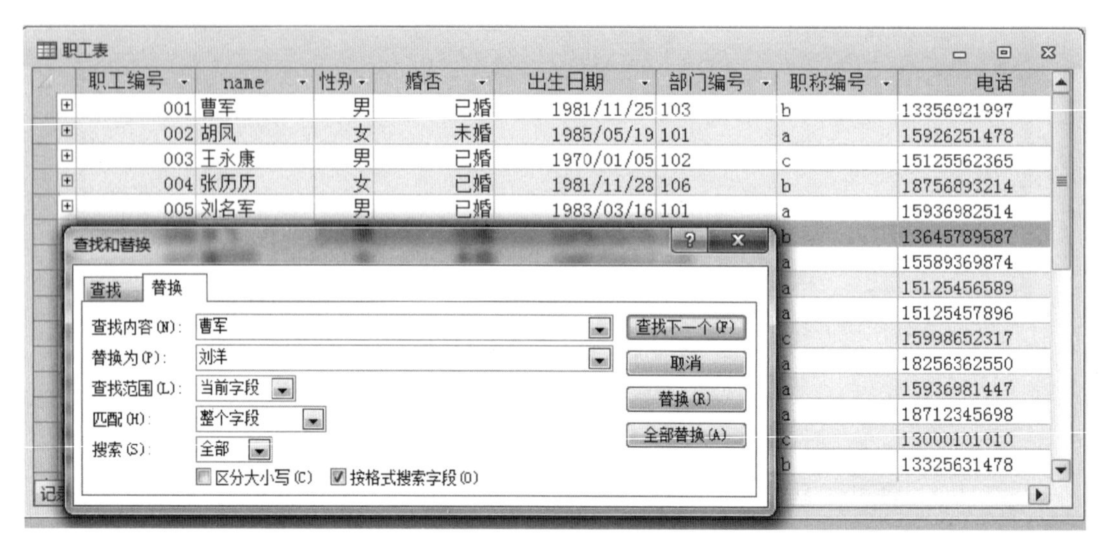

图 3.34　数据查找和替换

步骤 2：单击“全部替换”，效果如图 3.35 所示。

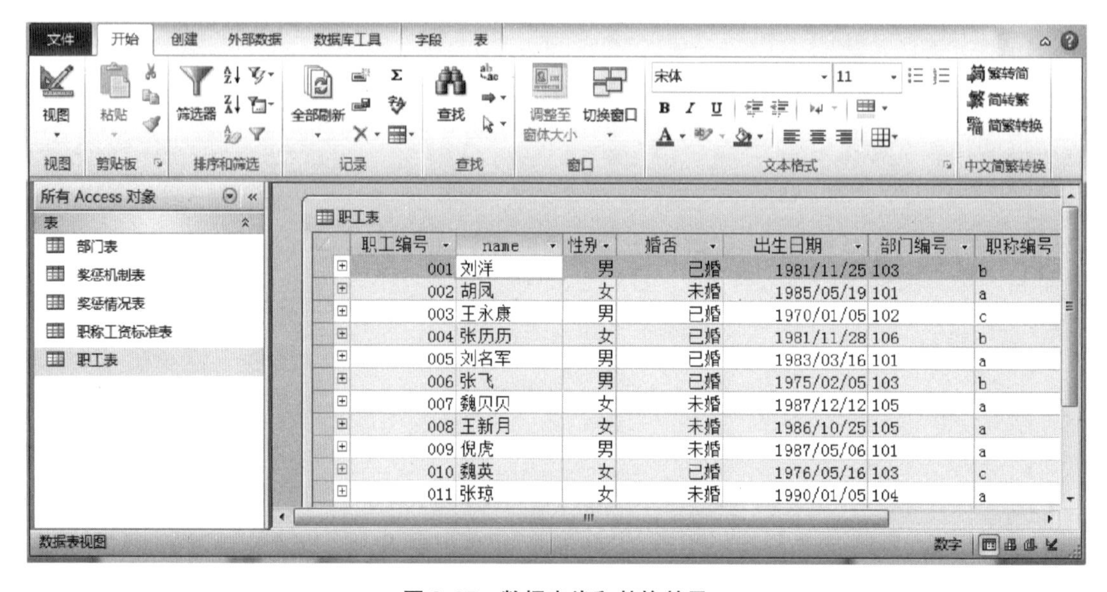

图 3.35　数据查找和替换效果

步骤 3：单击功能区“筛选与排序”组中的“高级”，从弹出的菜单中选择“高级筛选/排序”，打开如图 3.36 所示的对话框，设置按性别的升序进行排序。

步骤 4：排序完成，如图 3.37 所示。

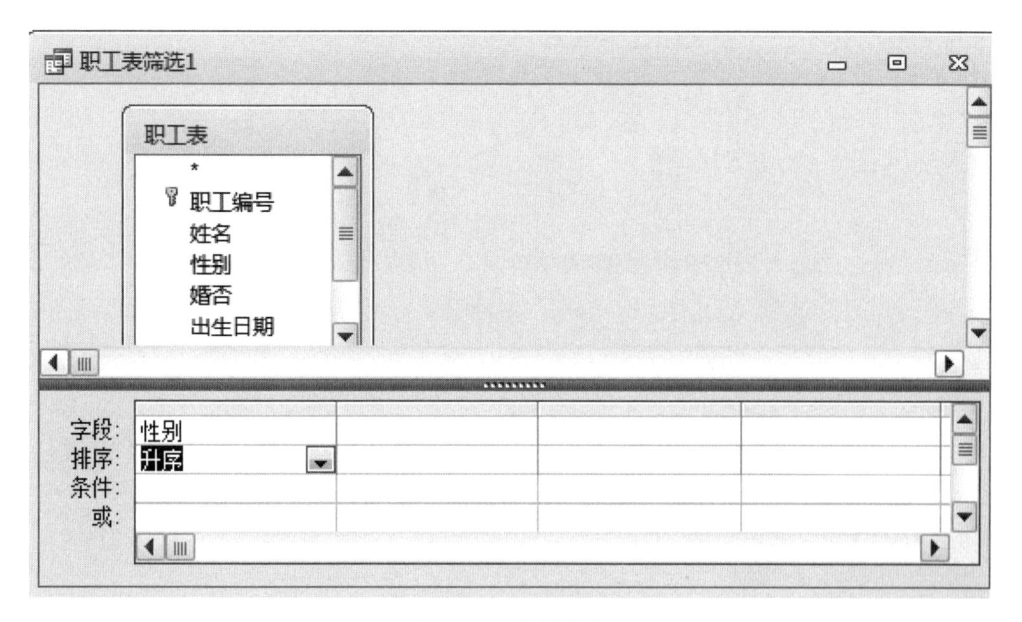

图 3.36　数据排序

职工表

职工编号	姓名	性别	婚否	出生日期	部门编号	职称编号	电话
009	倪虎	男	未婚	1987/05/06	101	a	15125457896
006	张飞	男	已婚	1975/02/05	103	b	13645789587
005	刘名军	男	已婚	1983/03/16	101	a	15936982514
003	王永康	男	已婚	1970/01/05	102	c	15125562365
001	刘洋	男	已婚	1981/11/25	103	b	13356921997
014	何春	男	已婚	1975/06/01	106	c	13000101010
013	邵志元	男	未婚	1988/12/05	106	a	18712345698
011	张琼	女	未婚	1990/01/05	104	a	18256362550
010	魏英	女	已婚	1976/05/16	103	c	15998652317
008	王新月	女	未婚	1986/10/25	105	a	15125456589
007	魏贝贝	女	未婚	1987/12/12	105	a	15589369874
004	张历历	女	已婚	1981/11/28	106	b	18756893214
002	胡凤	女	未婚	1985/05/19	101	a	15926251478
015	方琴	女	已婚	1976/05/04	104	b	13325631478
012	吴晴	女	未婚	1990/10/01	102	a	15936981447

记录: 第 1 项(共 15 项　无筛选器　搜索

图 3.37　按性别进行排序结果

步骤 5:同步骤 3,定义高级筛选条件,筛选出性别为“男”的且出生年月在 1980 年 1 月 1 日之后的所有数据,如图 3.38 所示。

步骤 6:选择“切换筛选”,完成筛选,如图 3.39 所示。

【课堂案例 3.9】　对“职工表”进行的行列操作。

解决方案:

步骤 1:对“职工表”的行操作,即对数据表的一条数据进行操作,如图 3.40 所示。

步骤 2:对“职工表”的列操作,即对数据表的某字段进行操作,如图 3.41 所示。

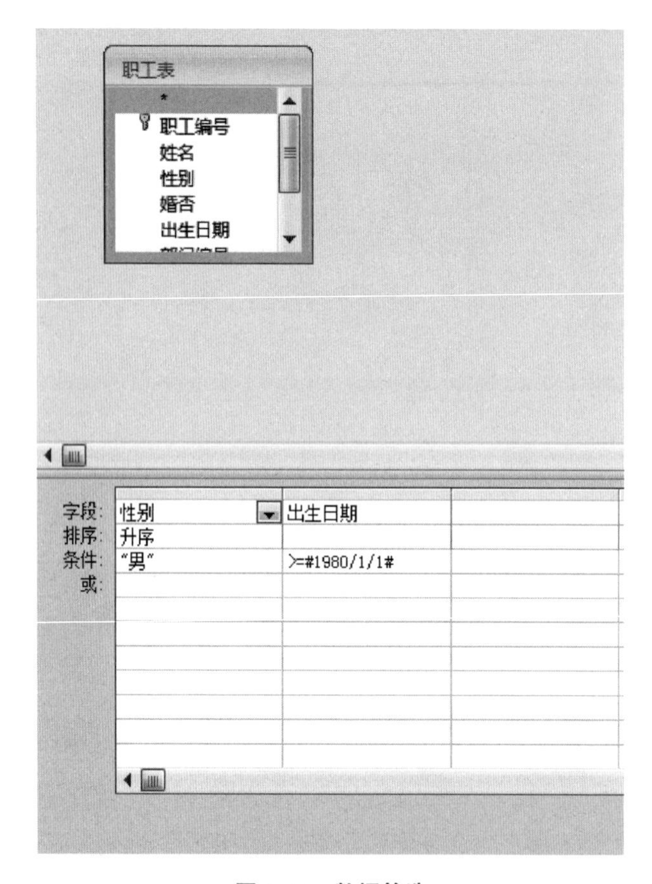

图 3.38 数据筛选

职工编号	姓名	性别	婚否	出生日期	部门编号	职称编号	电话	添加新字段
009	倪虎	男	未婚	1987/05/06	101	a	15125457896	
005	刘名军	男	已婚	1983/03/16	101	a	15936982514	
001	刘洋	男	已婚	1981/11/25	103	b	13356921997	
013	邵志元	男	未婚	1988/12/05	106	a	18712345698	
	noname							

图 3.39 筛选完成

新记录(W)
删除记录(R)
剪切(T)
复制(C)
粘贴(P)
行高(R)...

职工编号	姓名	性别	婚否	出生日期	部门编号	职称编号	电话	添加新字段
	虎	男	未婚	1987/05/06	101	a	15125457896	
	强	男	已婚	1975/02/05	103	b	13645789587	
	名军	男	已婚	1983/03/16	101	a	15936982514	
	永康	男	已婚	1970/01/05	102	c	15125562365	
	洋	男	已婚	1981/11/25	103	b	13356921997	
	春	男	已婚	1975/06/01	106	c	13000101010	
	志元	男	未婚	1988/12/05	106	a	18712345698	
	琼	女	未婚	1990/01/05	104	a	18256362550	
	英	女	已婚	1976/05/16	103	c	15998652317	
008	王新月	女	未婚	1986/10/25	105	a	15125456589	
007	魏贝贝	女	未婚	1987/12/12	105	a	15589369874	
004	张历历	女	已婚	1981/11/28	106	b	18756893214	
002	胡凤	女	未婚	1985/05/19	101	a	15926251478	
015	方琴	女	已婚	1976/05/04	104	b	13325631478	
012	吴晴	女	未婚	1990/10/01	102	a	15936981447	
	noname							

图 3.40 行操作

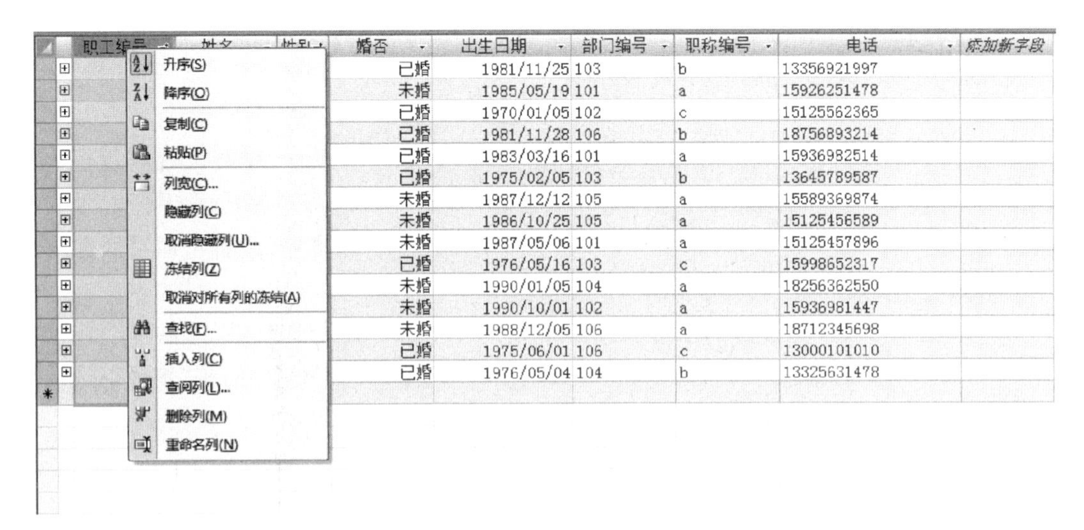

图 3.41　列操作

3.4.1　录入数据

一个完整的表是由表结构和表记录两部分构成的。在 Access 2010 中录入数据是在表结构建立之后。添加记录可以直接单击数据表视图下的最后一行。输入数据时，文本、数字型数据可直接输入，输入日期/时间型数据应当注意格式。详见课堂案例 3.7。

3.4.2　修改数据

对数据的修改包括删除记录以及修改记录。删除记录可单击记录行，在弹出的快捷菜单中选择“删除记录”即可，也可选择需要删除的行，并直接点击“Delete”键。需要修改的数据，则需选择数据所在的位置到高亮状态，并直接修改。

3.4.3　数据的查找和替换

当数据表中数据量比较大，需要查找相应的数据，不需要去寻找，直接使用查找和替换功能能够达到事半功倍的效果。“查找”功能可以快速定位数据所在位置，“替换”功能则是在“查找”功能基础上，实现对数据的修改。

除了在课堂案例 3.8 中使用菜单方式弹出“查找和修改”界面，也可以直接使用“Ctrl”+“F”功能键，弹出相应界面。

3.4.4 数据的排序和筛选

数据表中的数据量一般都比较大,在查看的时候如果没有顺序,可能很难满足用户需求。在 Access 2010 中提供的排序就是为了解决这一问题。根据某一字段进行排序,或者通过多字段排序都可以实现。在课堂案例 3.9 中使用的是单字段排序,读者可以试着使用一下多字段排序,用法、操作方法都相同。

筛选则是为了更方便地罗列出满足条件的记录。在 Access 2010 中,提供了筛选器筛选、选定内容筛选、窗体筛选、高级筛选的方式。在课堂案例 3.8 中使用的是"高级筛选",读者可自行选定需要的筛选方式。

3.4.5 表的行列操作

数据表的行列操作,与 Excel 中的数据表的行列操作有相似之处,而在任务 3 中,也有详细的知识点的说明,读者可参考。对表的行、列操作可轻松实现表中字段的移动、插入、删除、修改等操作,具体应用见课堂案例 3.9。

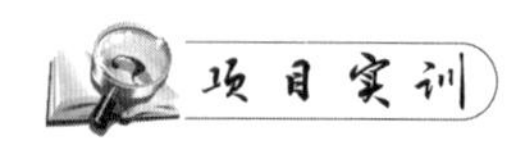

实训 1 创建数据表。

(1) 创建一数据库,取名为"工资管理系统"数据库,并在数据库中使用表设计器创建表的方法完成职工表和部门表的创建。

(2) 自行设计职称工资标准表、奖惩机制表及奖惩记录表的表结构,在工资关系系统中完成这三个表的创建。

实训 2 "职工表"的导入、导出。

(1) 将 Access 中创建好的"职工表"导出转换为 Excel 格式。

(2) 在 Excel 中输入数据,制作职工表,并将其导入到 Access 中。

实训 3 "职工表"结构的维护。

(1) 在表设计视图中将"职工编号"字段移动到"姓名"字段后。

(2) 在表设计视图中插入"家庭住址"字段。

(3) 在表设计视图中设置家庭住址字段数据类型为文本,大小为 50。

(4) 设置职工表中的职称编号字段的值来自于职称工资标准表中的职称编号。

实训 4 在表的数据视图中录入和编辑数据。

(1) 根据图 3.42 所示,录入相应数据,也可自行编辑数据录入。

(2) 对局部输入错误的数据进行勘察和修改。

(3) 对整张表格中的数据进行排序和筛选。

职工编号	name	性别	婚否	出生日期	部门编号	职称编号	电话
001	曹军	男	已婚	1981/11/25	103	b	13356921997
002	胡凤	女	未婚	1985/05/19	101	a	15926251478
003	王永康	男	已婚	1970/01/05	102	c	15125562365
004	张历历	女	已婚	1981/11/28	106	b	18756893214
005	刘名军	男	已婚	1983/03/16	101	a	15936982514
006	张强	男	已婚	1975/02/05	103	b	13645789587
007	魏贝贝	女	未婚	1987/12/12	105	a	15589369874
008	王新月	女	未婚	1986/10/25	105	a	15125456589
009	倪虎	男	未婚	1987/05/06	101	a	15125457896
010	魏英	女	已婚	1976/05/16	103	c	15998652317
011	张琼	女	未婚	1990/01/05	104	a	18256362550
012	吴晴	女	未婚	1990/10/01	102	a	15936981447
013	邵志元	男	未婚	1988/12/05	106	a	18712345698
014	何春	男	已婚	1975/06/01	106	c	13000101010
015	方琴	女	已婚	1976/05/04	104	b	13325631478

图3.42

小　结

在本学习情境中，主要介绍了数据库中数据表的创建，表的导入、导出和链接，表结构的维护，在表的数据视图中录入和编辑数据。重点在于对字段概念的理解，对字段的数据类型、字段属性等知识点的学习。同学们应当在本学习情境中认真揣摩，对新创建的数据表有仔细深入的研究，为后续知识点的学习打下坚实基础。

练 习 题

一、填空题

1. 在Access中数据类型主要包括：自动编号、__________、__________、__________、备注、OLE对象、__________、__________、__________和查阅向导。

2. 一个完整的表是__________和__________两部分构成的。定义__________就是确定表中的字段。主要是为每个字段指定名称、数据类型和宽度，这些信息决定了数据在表中是如何被标识和保存的。

3. 能够唯一标识表中每条记录的字段称为__________。

4. 筛选记录是在__________视图下完成的。

5. Access提供了两种字段数据类型保存文本或文本和数字组合的数据，这两种数据类型是__________和__________。

二、选择题

1. Access在同一时间，可打开(　　)个数据库。

A. 1　　B. 2　　C. 3　　D. 4

2. 文本类型的字段最多可容纳(　　)个中文字。

A. 255　　B. 256　　C. 128　　D. 127

3. 创建表时可以在(　　)中进行。

A. 报表设计器　　B. 表浏览器　　C. 表设计器　　D. 查询设计器

学习情境4　表之间关系的创建

通过前面的学习，小明已经建立了数据库，并且根据数据库的设计，在数据库中建立了各个表格，不同实体的信息存放在不同的表格之中。但如果需要获取多个表中的数据信息时，怎么将数据库中的多个表格联系起来呢？小明要想要建立起表和表之间的关系，必须要先了解一下有关表和表之间关系的基础知识。

教学目标

◇ 了解表中的主键、外键。

◇ 了解表的关联类型。

◇ 掌握表之间关系的基本操作。

◇ 掌握设置参照完整性的方法。

数据表是数据库中一个非常重要的对象，是其他对象的基础。根据信息的分类情况，一个数据库中可能包含若干个数据表。在设计关系型数据库时，最主要的一部分工作是将数据元素如何分配到各个关系数据表中。一旦完成了对这些数据元素的分类，对于数据的操作将依赖于这些数据表之间的关系，通过这些数据表之间的关系，就可以将这些数据通过某种有意义的方式联系在一起。

任务1　定义表之间的关系

【课堂案例4.1】 把工资管理数据库中的职工表的主键设置为职工编号。

解决方案：

步骤1：打开工资管理数据库。

步骤2：在图4.1所示界面左侧右击“职工表”，点击“设计视图”。

步骤3：在图4.2所示界面右侧右击“职工编号”，点击“主键”，就把职工表的主键设置为职工编号。

【课堂案例4.2】 打开工资管理数据库中的职工表和部门表，指出两表中的主键和外键。

图 4.1　设置职工表的设计视图

图 4.2　设置职工编号为职工表的主键

解决方案：

步骤 1:打开工资管理数据库。

步骤 2:在图 4.1 所示界面左侧右击“职工表”,点击“设计视图”。打开如图 4.3 所示的职工表的设计视图。

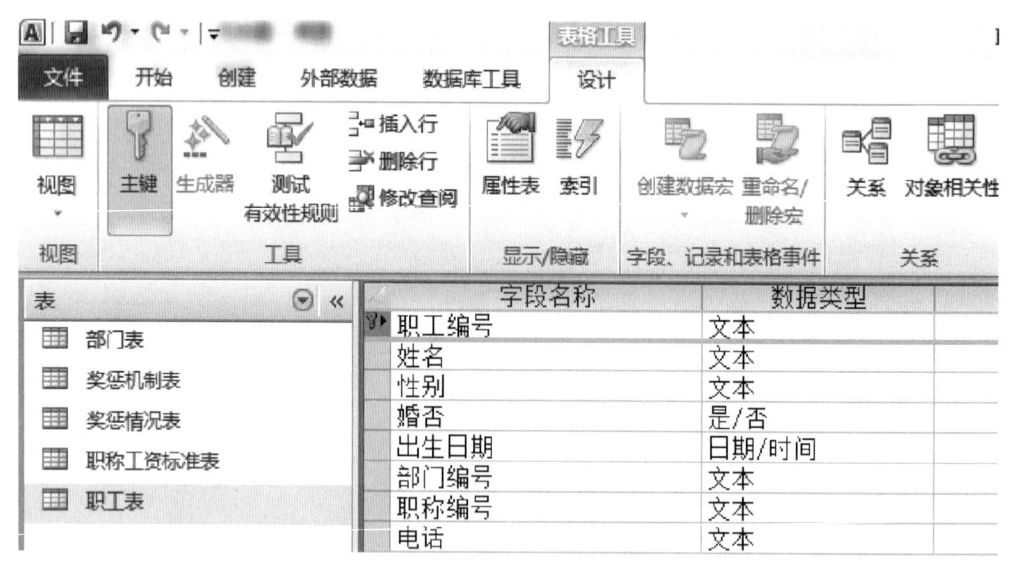

图 4.3　职工表的设计视图

步骤 3:在图 4.1 所示界面左侧右击“部门表”,点击“设计视图”。打开如图 4.4 所示的部门表的设计视图。

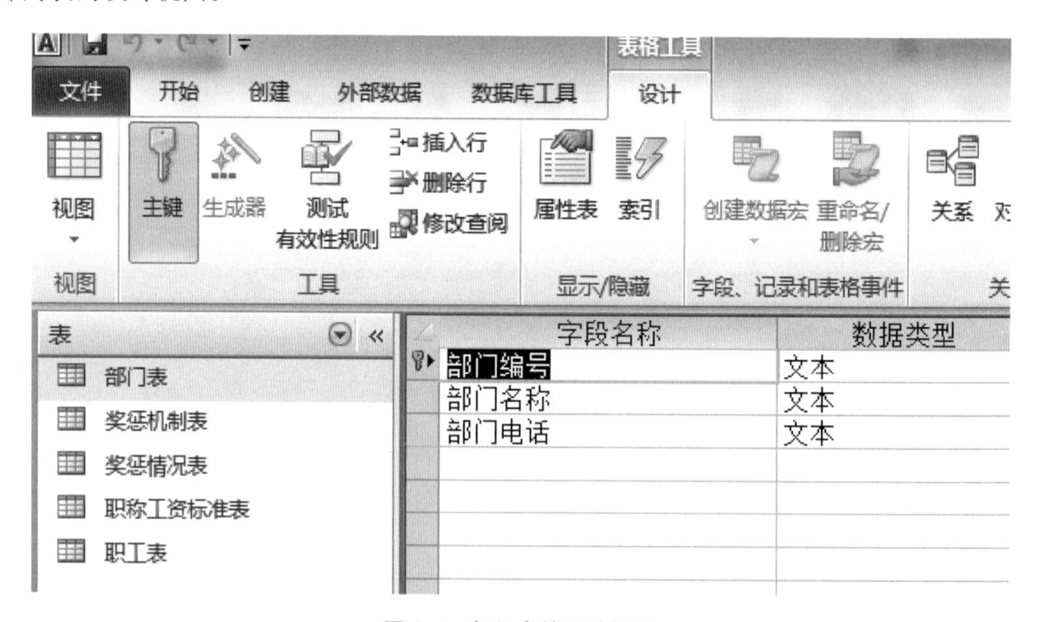

图 4.4　部门表的设计视图

职工表和部门表的主键分别为职工编号和部门编号。由于职工表的部门编号字段是部门表的主键字段,所以部门编号在职工表中是外键。

【课堂案例 4.3】　创建工资管理数据库中的“部门表”和“职工表”的一对多关系。

解决方案:

步骤 1:打开工资管理数据库,关闭所有打开的表设计视图,仅仅打开表所在的数据库窗口。

步骤 2:在图 4.5 所示界面中单击“数据库工具”,点击“关系”。打开如图 4.6 所示的“关系”窗口。

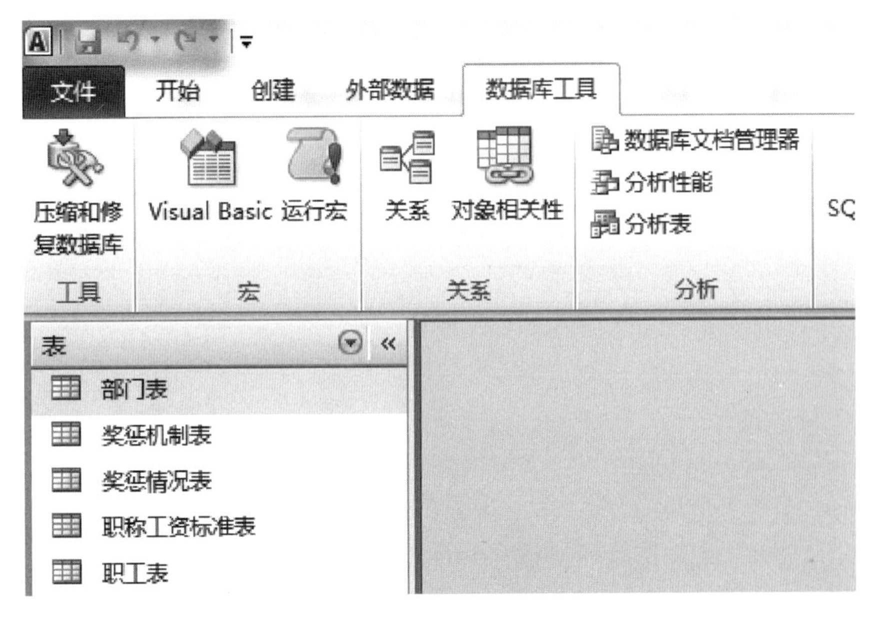

图 4.5　数据库工具窗口

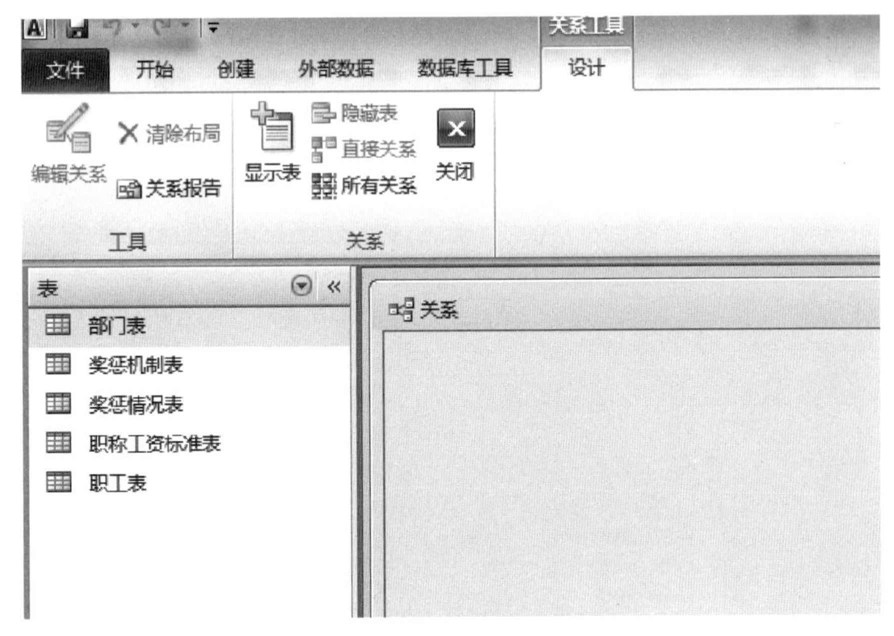

图 4.6　“关系”窗口

步骤 3:在“关系”窗口中添加职工表和部门表,添加效果如图 4.7 所示。

步骤 4:在“关系”窗口中添加关系,在关系窗口中选择“部门表”的“部门编号”字段,并按住鼠标的左键不放拖到“职工表”的“职工编号”字段上,在“编辑关系”窗口中,如图 4.8 所示,可以看到“部门表”与“职工表”之间的对应关系为一对多关系,“部门表”中的一条记录对应“职工表”的多条记录,即多个职工(一个以上)属于一个部门,建立的“关系”的结果如图 4.9 所示。

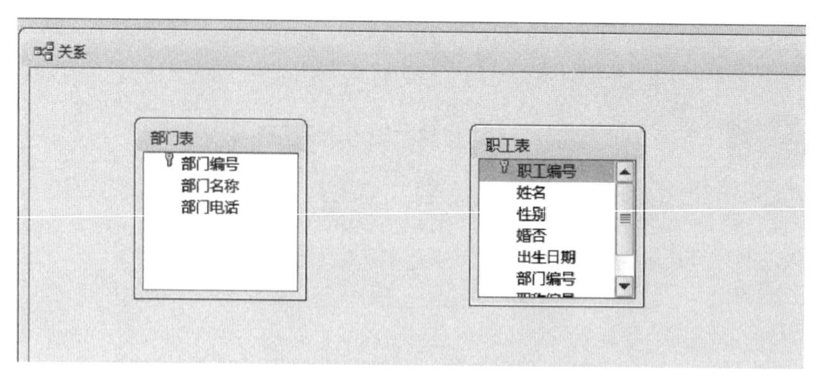

图 4.7　在关系窗口中添加两个表

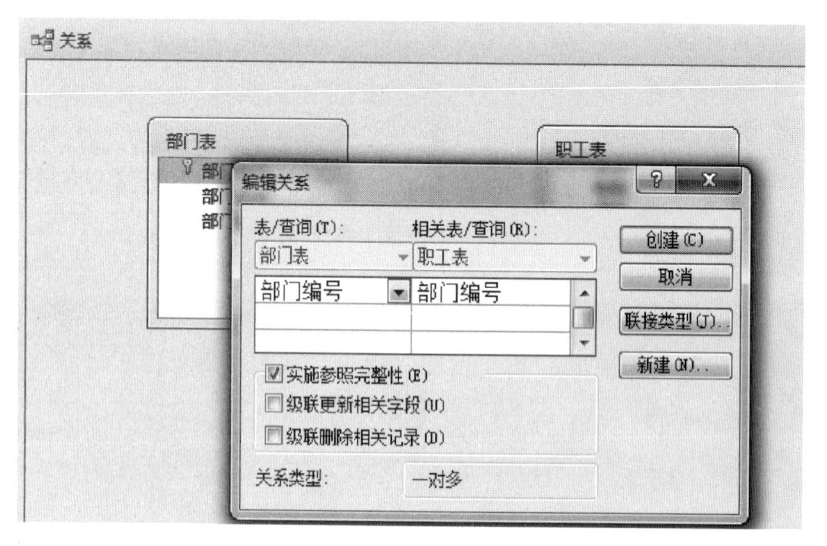

图 4.8　“编辑关系”窗口

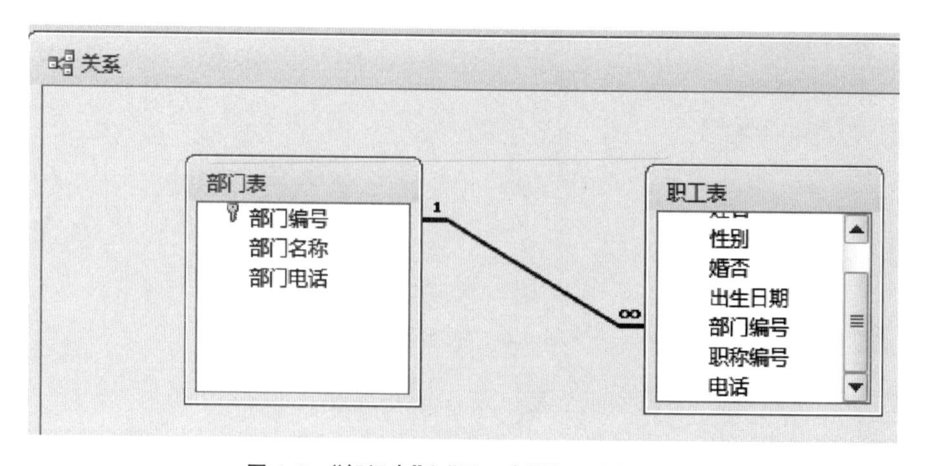

图 4.9　“部门表”和“职工表”的一对多关系

4.1.1　主键和外键

1. 主键

主键是指能够唯一表示数据表中的每个记录的字段或者字段的组合。一个主键是唯一识别一个表的每一行记录，但这只是其作用的一部分，主键的主要作用是将记录和存放在其他表中的数据进行关联，在这一点上，主键是不同表中各记录间的简单指针，主键约束就是确定表中的每一条记录，主键不能是空值，唯一约束是用于指定一个或多个列的组合值具有唯一性，以防止在列中输入重复的值。

2. 外键

若有表A和表B。如果字段C是表A的主键，而表B中也有C字段，则C字段就是表B的外键，外键约束主要用来维护两个表之间数据的一致性。

4.1.2　表的关联类型

在Access数据库中，数据表关联是指在两个数据表中相同域上的属性（字段）之间建立一对一、一对多或多对多联系，这个过程称为建立表间关系。通过定义数据表关联，用户可以创建能够同时显示多个数据表中数据的查询、窗体及报表等。

在家中，你与其他的成员一起存在着许多关系。例如，你和你的母亲是有关系的，你只有一位母亲，但是你母亲可能会有好几个孩子。你和你的兄弟姐妹是有关系的，你可能有很多兄弟和姐妹，同样，他们也有很多兄弟和姐妹。在数据表这一级，数据库关系和上面所描述现象中的联系非常相似。有三种不同类型的关系：一对一，一对多，多对多。

1. 一对一关系

在这种关系中，关系表的每一边都只能存在一个记录。每个数据表中的关键字在对应的关系表中只能存在一个记录或者没有对应的记录。这种关系和一对配偶之间的关系非常相似，要么你已经结婚，你和你的配偶只能有一个配偶；要么你没有结婚没有配偶。大多数的一对一的关系都是某种商业规则约束的结果，而不是按照数据的自然属性得到的。如果没有这些规则的约束，你通常可以把两个数据表合并进一个数据表，而且不会打破任何规范化的规则。

2. 一对多关系

主键数据表中只能含有一个记录，而在其关系表中这条记录可以与一个或者多个记录相关，也可以没有记录与之相关。这种关系类似于你和你的父母之间的关系。你只有一位母亲，但是你母亲可以有几个孩子。

3. 多对多关系

两个数据表里的每条记录都可以和另一个数据表里任意数量的记录(或者没有记录)相关。例如,如果你有多个兄弟姐妹,这对你的兄弟姐妹也是一样(有多个兄弟姐妹),多对多这种关系需要引入第三个数据表,这种数据表称为联系表或者链接表,因为关系型系统不能直接实现这种关系。

4.1.3 创建表之间的关系

创建表之间的关系步骤如下:

(1) 关闭所有打开的数据表(在已经打开的数据表之间,不能建立或修改关系)。

(2) 单击"数据库工具",点击"关系"菜单。

(3) 把数据表添加到关系窗口中。

数据库中没有任何关系时,系统会自动显示"显示表"对话框。在已有关系中添加表,使用工具栏上的"显示表"按钮或使用快捷菜单。在已有关系中删除表,单击"表",使用关系菜单或快捷菜单"隐藏表"。

(4) 建立关联(使用鼠标拖动)。

(5) 在"关系"对话框中,可以设置"连接类型和参照完整性",单击"创建"。

(6) 单击"关闭"按钮,将建立好的关系保存在数据库中。

任务 2 设置参照完整性

【课堂案例 4.4】 设置工资管理数据库中的"部门表"和"职工表"的参照完整性和级联更新相关字段。

解决方案:

步骤 1:如课堂案例 4.3 创建工资管理数据库中的"部门表"和"职工表"的一对多的关系。

步骤 2:在"关系"窗口中右击"关系线",如图 4.10 所示,在弹出的窗口中选择"编辑关系"。

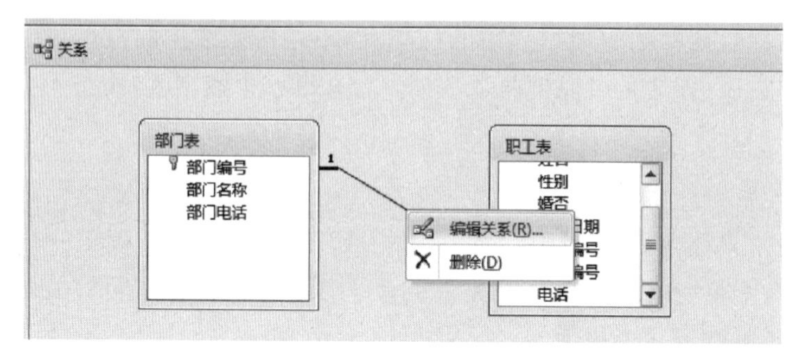

图 4.10 "关系"窗口

步骤3:在“编辑关系”窗口中,选择“实施参照完整性”和“级联更新相关字段”。

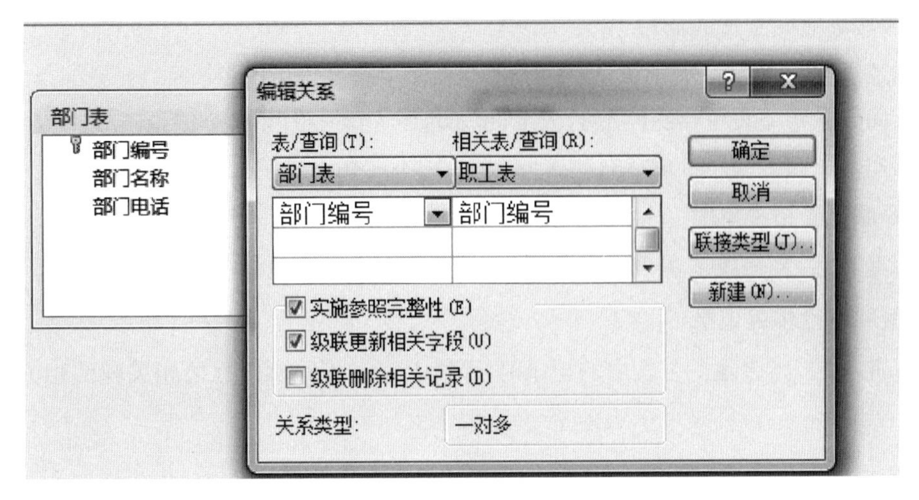

图4.11　“编辑关系”窗口

参照完整性属于表间规则。对于永久关系的相关表,在更新、插入或删除记录时,如果只改其一不改其二,就会影响数据的完整性。例如,修改父表中关键字值后,子表关键字值未做相应改变;删除父表的某记录后,子表的相应记录未删除,致使这些记录成为孤立记录;对于子表插入的记录,父表中没有相应关键字值的记录等。对于这些设置表间数据的完整性,统称为参照完整性。

如果实施了参照完整性,那么当主表中没有相关记录时,就不能将记录添加到相关表中,也不能在相关表中存在匹配的记录时删除主表中的记录,更不能在相关表中有相关记录时,更改主表中的主键值。也就是说,实施了参照完整性后,对表中主键字段进行操作时系统会自动地检查主键字段,看看该字段是否被添加、修改、删除。如果对主键的修改违背了参照完整性的要求,那么系统就会自动强制执行参照完整性。

1. 实施参照完整性的条件

(1) 来自于主表的匹配字段是主关键字或具有唯一的索引。

(2) 相关的字段都有相同的数据类型,或是符合匹配要求的不同类型。

(3) 两个表应该都属于同一个Access数据库。如果是链接表,它们必须是Access格式的表,不能对数据库中其他格式的链接表实施参照完整性。

2. 实施参照完整性后必须遵守的规则

(1) 在相关表的外部关键字字段中,除空值(null)外,在主表的主关键字段中不能有不存在的数据。

(2) 如果在相关表中存在匹配的记录,不能只删除主表中的这个记录。

(3) 如果某个记录有相关的记录,则不能在主表中更改主关键字。

(4) 如果需要Access为某个关系实施这些规则,在创建关系时,请选择“实施参照完整性”。如果破坏了这个规则,系统会自动显示提示信息。

3. 实施参照完整性的作用

(1) 不能在相关表的外键字段中输入不存在于主表主键中的值。

(2) 如果在相关表中存在匹配的记录,也不能从主表中删除这个记录。

(3) 如果主表中的一个记录有相关的记录,则不能在主表中更改主键值。

4. 级联更新相关字段

选择此项后,当修改了主表中的主键值时,系统会自动更新相关表中的外键值。

5. 级联删除相关记录

选择此项后,当删除了主表中的记录时,系统会自动删除所有与之相关联的相关表中的记录。

实训 1 打开工资管理数据库。

(1) 设置部门表的主键为部门编号。

(2) 分析工资管理数据库中 5 个表存在的关系。

(3) 创建工资管理数据库中表之间的关系。

实训 2 参照完整性。

(1) 设置部门表和职工表之间的参照完整性,并设置级联更新和级联删除。

(2) 在部门表中将人事处的部门编号改为“001”,观察职工表中对应的部门编号做如何变化。

(3) 设置职称工资标准表与职工表之间的参照完整性,如果把职称工资标准表中“初级”职称的职称编号改为“x”可以吗?请尝试,如果不行,请分析原因。

小 结

在本学习情境中,主要介绍了表中的主键创建的方法、表的关联类型和表之间关系的基本操作以及如何设置参照完整性基本操作。主键用于唯一的标识表中的每一条记录。学习时注意主键的类型,表中确定为主键的字段,Access 将防止在该字段中输入重复的值或 null 值。定义表间的关系,可以把表中的信息合并在一起。参照完整性是相关联的两个表之间的约束,如果在两个表之间建立了关联关系,则对一个关系进行的操作要影响到另一个表中的记录。

练 习 题

一、选择题

1. 在 Access 中,将“部门表”的部门编号和“职工表”的部门编号建立关系,且两个表中的记录都是唯一的,则这两个表之间的关系是(　　)

A. 一对一　　B. 一对多　　C. 多对一　　D. 多对多

2. 若在两个表之间的关系连线上标记了 1∶∞,表示启动了(　　)。

A. 实施参照完整性　　B. 级联更新相关记录

C. 级联删除相关记录　　D. 不需要启动任何设置

二、填空题

1. 在 Access 中,表间的关系有__________、一对多及多对多。

2. 用于建立两表之间关联的两个字段必须具有相同的__________。

三、问答题

1. 表间关系的作用是什么?

2. 在表关系中,参照完整性的作用是什么?设置参照完整性后对主表和从表的限制是什么?

3. “级联更新相关字段”和“级联删除相关记录”各起什么作用?

学习情境5　查　　询

通过前面的学习，小明已经掌握了数据库和表的基本操作，已经能设计好企业工资管理数据库并且把数据合理入库。接下来需要解决的问题是如何从现有数据库中检索出所需要的数据信息。例如：小明如果想从企业工资管理数据库中检索出2016年3月份公司的奖惩记录，该怎样操作呢？在这个学习情境中，主要的任务就是使用不同的方法创建查询，从而从数据库中找到自己想要的数据信息。

教学目标

◇ 理解查询的概念和作用。
◇ 掌握查询的类型和创建方法。
◇ 掌握通过向导和设计视图创建查询和修改查询。
◇ 掌握SQL语言的基本知识。
◇ 掌握SQL查询的使用。

任务1　创建选择查询

【课堂案例5.1】　使用向导创建一个"职工基本情况查询"的选择查询，查询出每位职工的职工编号、姓名、性别和婚否。

解决方案：

步骤1：打开工资管理数据库。

步骤2：单击"创建"选项卡"查询"列中的"查询向导"命令，在弹出的"新建查询"对话框中选择"简单查询向导"，如图5.1所示。

步骤3：单击"确定"，打开"简单查询向导"对话框，如图5.2所示。

步骤4：在"表/查询"下拉列表框中选择"表：职工表"，分别选中"职工编号""姓名""性别""婚否"字段，加入到"选定字段"列表中，如图5.3所示。

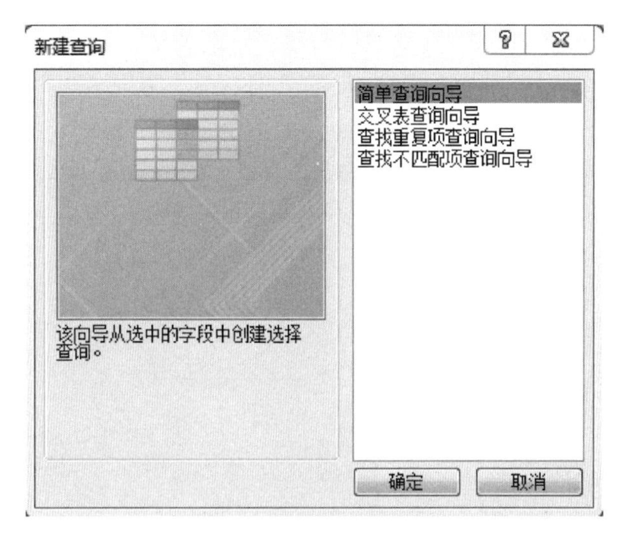

图 5.1　“新建查询”对话框

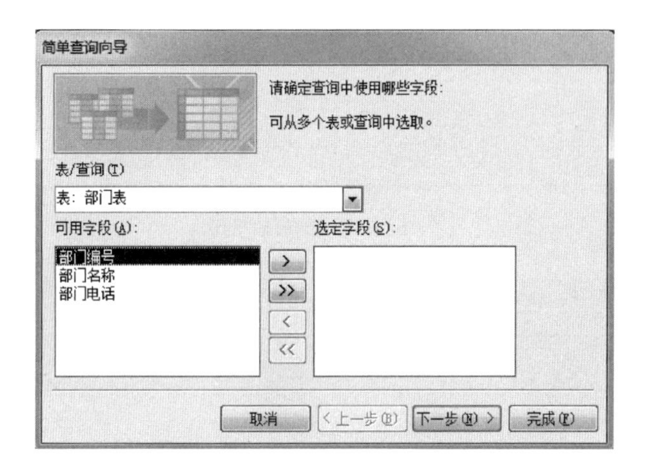

图 5.2　“简单查询向导”对话框

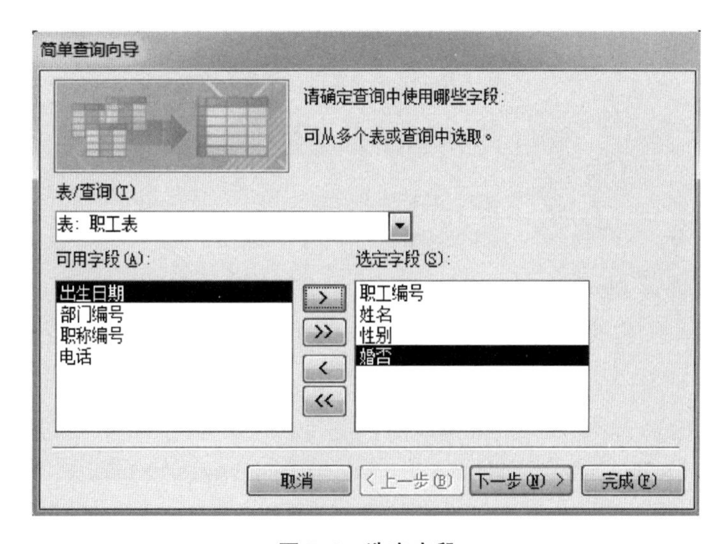

图 5.3　选定字段

步骤 5:单击“下一步”,显示图 5.4 所示的对话框来确定明细还是汇总(步骤 4 中选择有数字型的字段需要确定采用明细查询还是汇总查询),本步骤中采用默认。

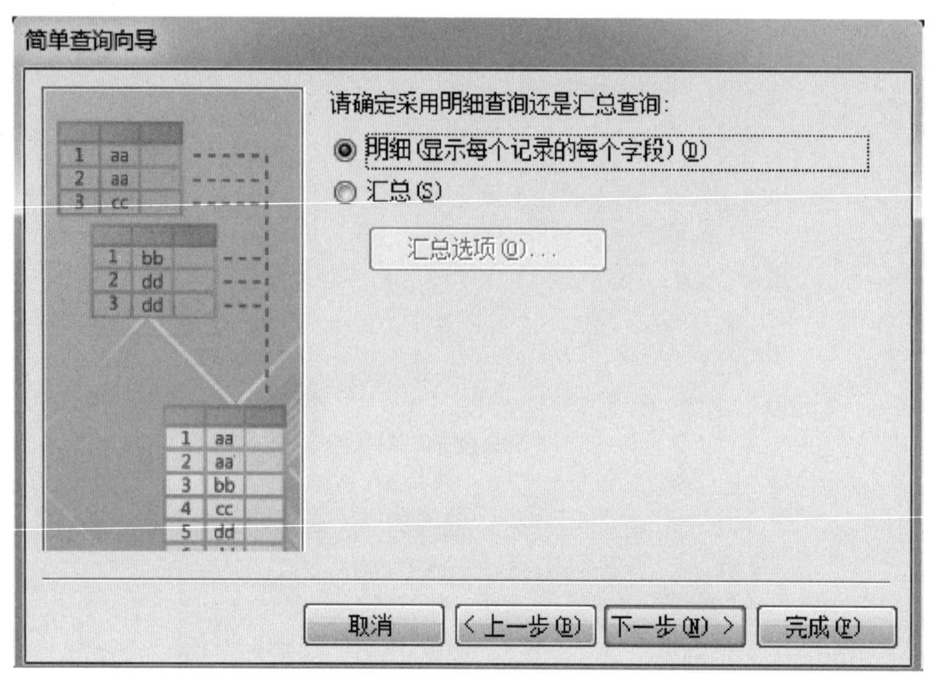

图 5.4　选择查询方式

步骤 6:单击“下一步”,为查询命名为“职工基本情况查询”,如图 5.5 所示。

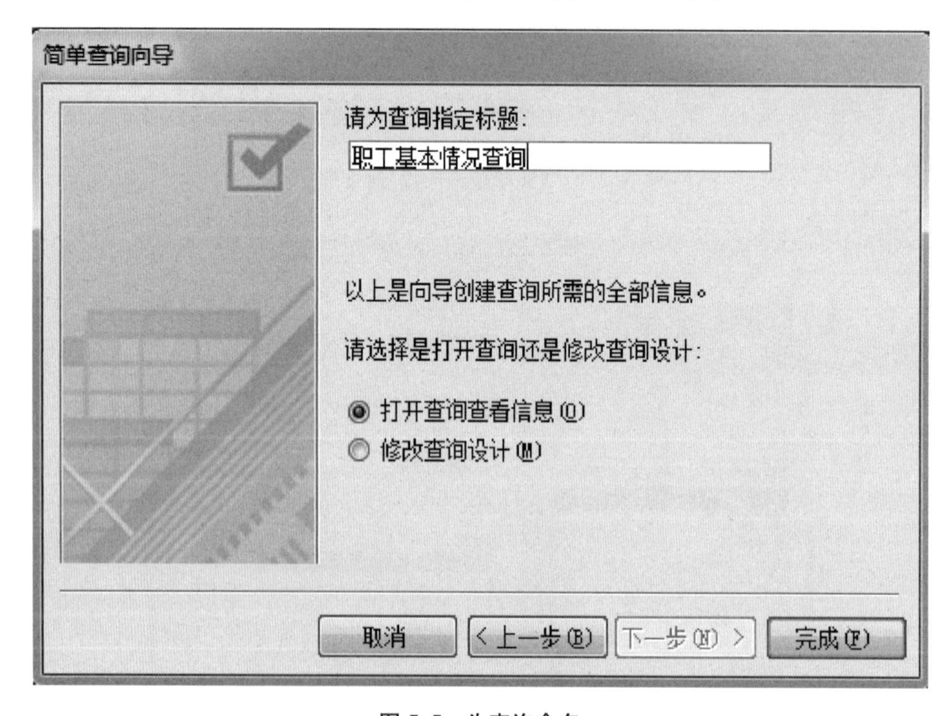

图 5.5　为查询命名

步骤7:单击“完成”,自动打开查询,显示查询结果,如图5.6所示。

职工基本情况查询

职工编号	name	性别	婚否
001	曹军	男	已婚
002	胡凤	女	未婚
003	王永康	男	已婚
004	张历历	女	已婚
005	刘名军	男	已婚
006	张强	男	已婚
007	魏贝贝	女	未婚
008	王新月	女	未婚
009	倪虎	男	未婚
010	魏英	女	已婚
011	张琼	女	未婚
012	吴晴	女	未婚
013	邵志元	男	未婚
014	何春	男	已婚
015	方琴	女	已婚
*	noname		

记录: 第1项(共15项　无筛选器　搜索

图5.6　查询结果

【课堂案例5.2】　使用设计器创建一个“女职工基本情况”的查询,查询出每位女职工的职工编号、姓名、婚否和出生日期,并按“姓名”降序对查询结果进行排序。

解决方案:

步骤1:打开工资管理数据库。

步骤2:单击“创建”选项卡“查询”列中的“查询设计”命令,同时弹出查询设计视图和“显示表”两个对话框,如图5.7所示。

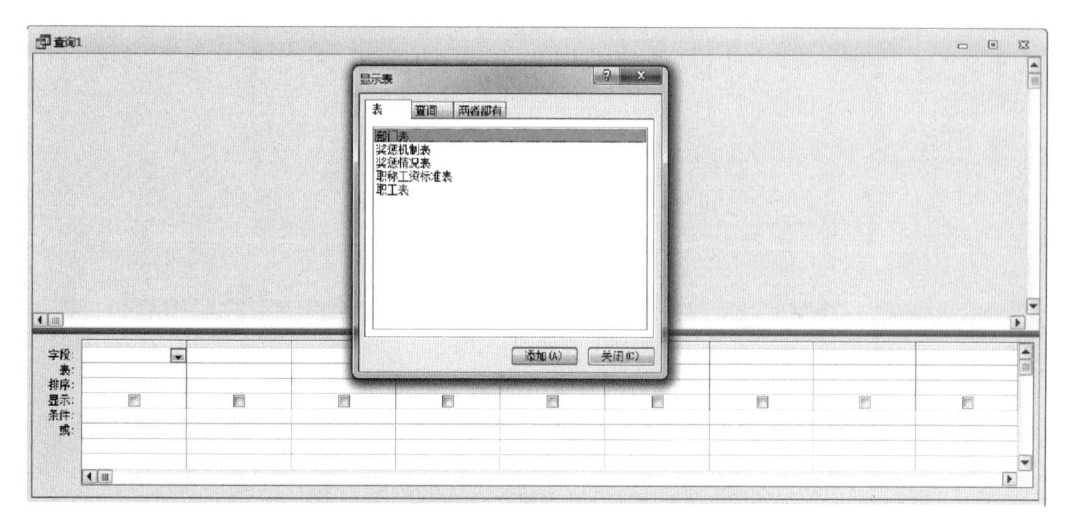

图5.7　查询设计视图窗口和“显示表”对话框

步骤 3:在“显示表”对话框中,将“职工表”添加到查询设计视图中,如图 5.8 所示。

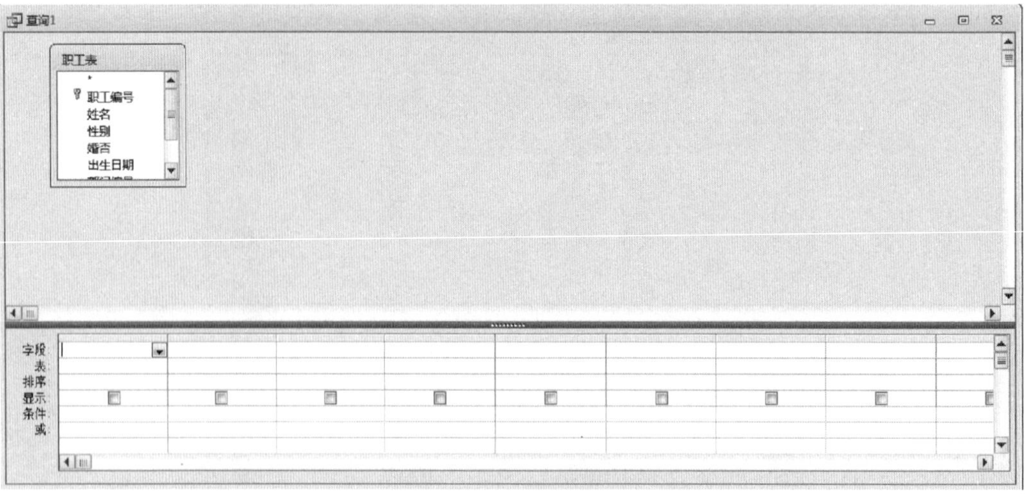

图 5.8　查询设计视图

(1) 选中“职工表”,单击“添加”按钮。

(2) 直接双击“职工表”。

步骤 4:向查询中添加“职工编号”、“姓名”、“婚否”和“出生日期”字段。

(1) 在“字段”行的某个单元格单击向下箭头并选择所需字段。

(2) 在“职工表”字段列表中双击要添加到查询中的字段的名称。若要添加全部字段,只需双击字段列表顶部的星号“ * ”。

(3) 从字段列表中将要添加的字段拖到“字段”行的某列中。

步骤 5:设置查询条件。因“性别”字段不在“字段”行中,先添加“性别”字段到“字段”行中,然后在“性别”字段的“条件”单元格中输入“女”,如图 5.9 所示。

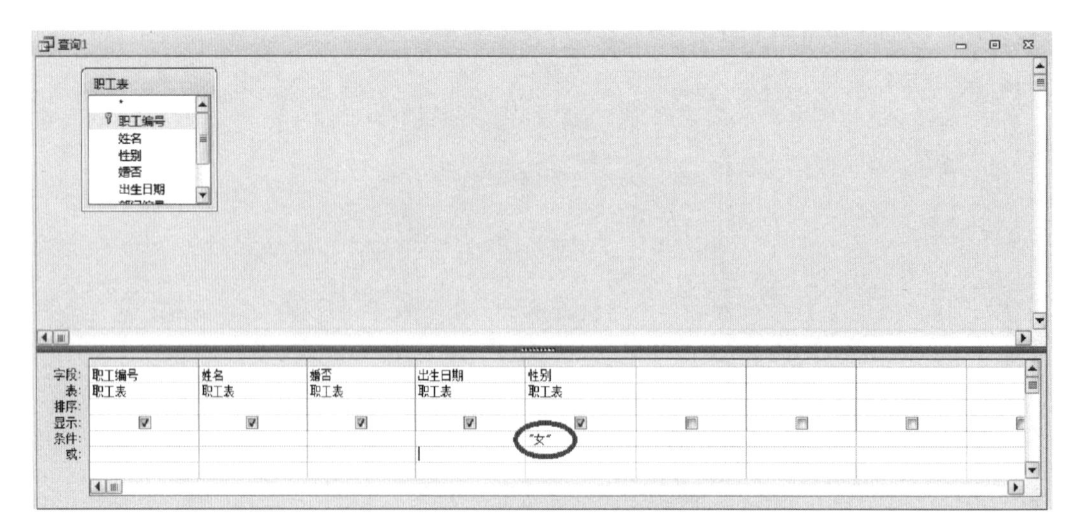

图 5.9　设置查询条件

步骤 6:设置排序字段。单击“姓名”字段中的“排序”单元格,在列表中选择降序,如图 5.10 所示。

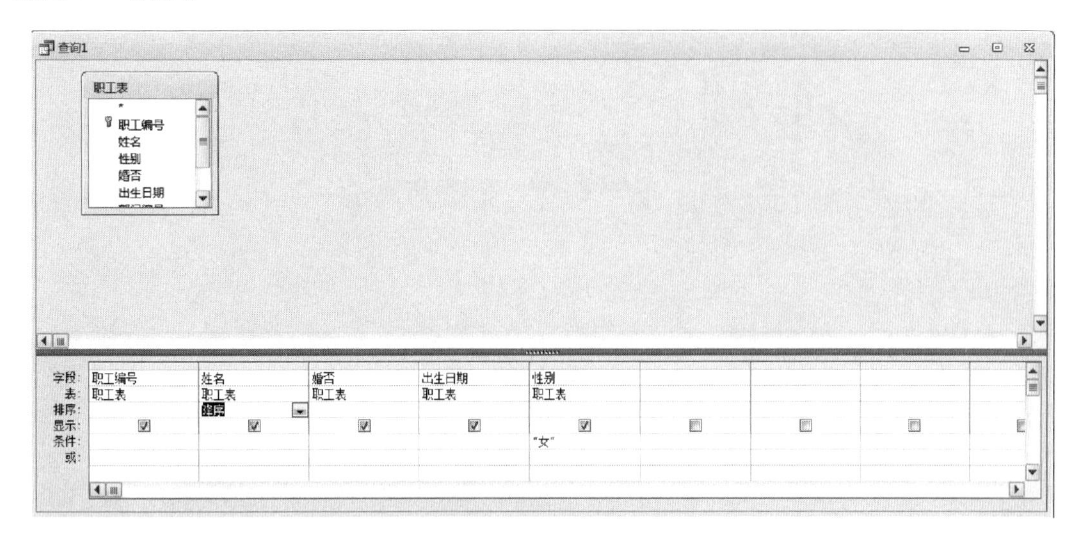

图 5.10　设置排序字段

步骤 7：单击“查询工具”→“设计”选项卡“结果”列中的“运行”命令可以查看查询结果，如图 5.11 所示。

查询1

职工编号	name	婚否	出生日期	性别
011	张琼	未婚	1990/01/05	女
004	张历历	已婚	1981/11/28	女
012	吴晴	未婚	1990/10/01	女
010	魏英	已婚	1976/05/16	女
007	魏贝贝	未婚	1987/12/12	女
008	王新月	未婚	1986/10/25	女
002	胡凤	未婚	1985/05/19	女
015	方琴	已婚	1976/05/04	女
*	noname			

记录：第 1 项(共 8 项)　无筛选器　搜索

图 5.11　在数据表视图中查看结果

步骤 8：查询结果保存。如果对查询结果满意，可以单击“保存”命令按钮，在“另存为”对话框输入“女职工基本情况查询”，单击“确定”后将已查询文件保存到数据库中。

【课堂案例 5.3】　使用设计器创建一个“职工部门”的查询，查询出每个职工的职工编号、姓名、所在部门的部门名称及部门编号。

解决方案：

步骤 1：打开工资管理数据库。

步骤 2：单击“创建”选项卡“查询”列中的“查询设计”命令，同时弹出查询设计视图和“显示表”两个对话框。向查询中添加“部门表”和“职工表”，如图 5.12 所示。关闭“显示表”对话框,进入查询设计视图。

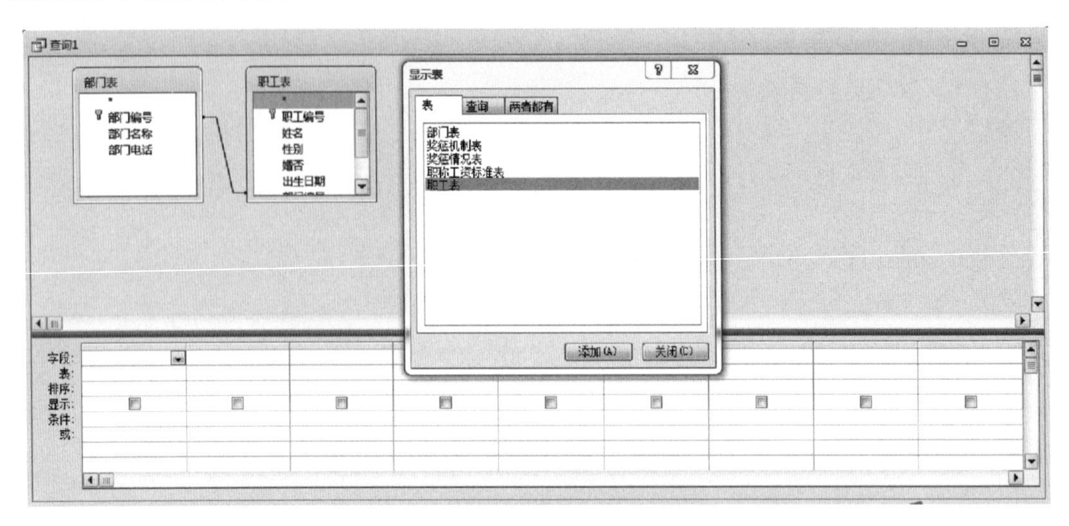

图 5.12　将多个表添加到查询中

步骤 3:向查询中添加来自“职工表”的“职工编号”“姓名”字段,添加来自“部门表”的“部门编号”“部门名称”字段。

步骤 4:单击“查询工具”→“设计”选项卡“结果”列中的“运行”命令可以查看查询结果,如图 5.13 所示。

查询1

职工编号	name	部门编号	部门名称
012	吴晴	102	市场部
013	邵志元	106	外协部
014	何春	106	外协部
015	方琴	104	服务部
001	曹军	103	开发部
002	胡凤	101	人事部
003	王永康	102	市场部
004	张历历	106	外协部
005	刘名军	101	人事部
006	张强	103	开发部
007	魏贝贝	105	行政部
008	王新月	105	行政部
009	倪虎	101	人事部
010	魏英	103	开发部
011	张琼	104	服务部
*	noname		

记录: 第 1 项(共 15 项　无筛选器　搜索

图 5.13　查看查询结果

步骤 5:保存查询结果。如果对查询结果满意,可以单击“保存”命令按钮,在“另存为”对话框中输入“女职工基本情况查询”,单击“确定”后将以查询文件保存到数据库中。

【课堂案例 5.4】　使用设计器创建一个“85 后女职工”的查询,查询出 1985 年之后出生的女职工的姓名、出生日期、性别和电话。

解决方案：

步骤 1：打开工资管理数据库。

步骤 2：单击“创建”选项卡“查询”列中的“查询设计”命令，同时弹出查询设计视图和“显示表”两个对话框。在“显示表”对话框中，将“职工表”添加到查询设计视图中。

步骤 3：向查询中添加 “姓名”“出生日期”“性别”和“电话”字段。

步骤 4：在设计窗格中单击“出生年月”字段的“条件” 单元格，键入“year([出生日期])＞1985”；在“性别”字段的“条件”单元格中键入“女”，如图 5.14 所示。

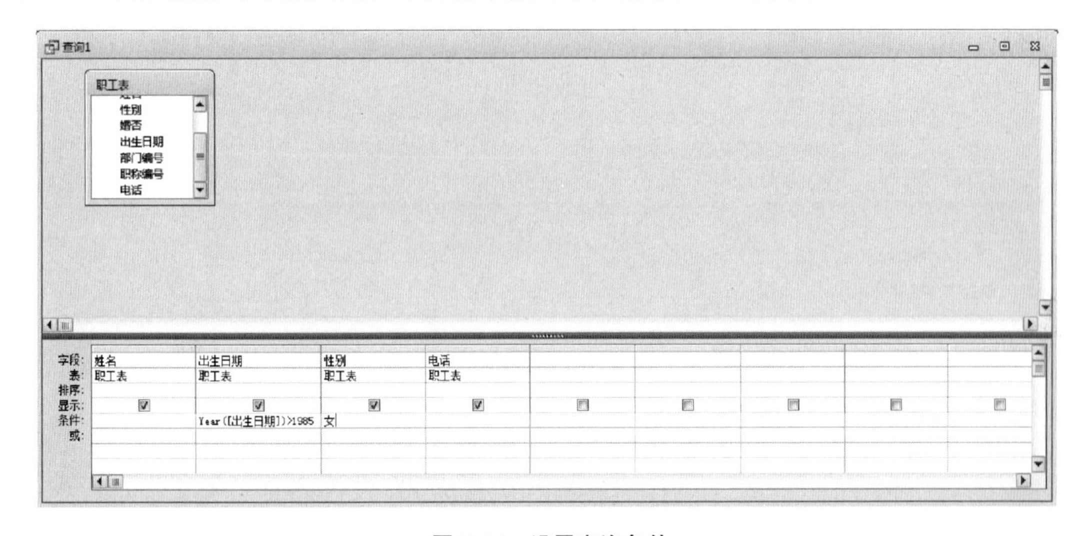

图 5.14　设置查询条件

步骤 5：单击“查询工具”→“设计”选项卡“结果”列中的“运行”命令查看查询结果，如图 5.15 所示。

查询1

name	出生日期	性别	电话
吴晴	1990/10/01	女	15936981447
魏贝贝	1987/12/12	女	15589369874
王新月	1986/10/25	女	15125456589
张琼	1990/01/05	女	18256362550
noname			

记录：第 1 项(共 4 项)　无筛选器　搜索

图 5.15　查询结果

步骤 6：保存查询结果。如果对查询结果满意，可以单击“保存”命令按钮，在“另存为”对话框中输入“85 后女职工”，单击“确定”后将已查询文件保存到数据库中。

【课堂案例 5.5】 使用设计器创建一个“按部门名称检索部门职工”的参数查询，根据输入的部门名称查找出该部门职工的职工编号、姓名及职称名称。

解决方案：

步骤 1：打开工资管理数据库。

步骤 2:单击“创建”选项卡“查询”列中的“查询设计”命令,在“显示表”对话框中,将“职工表”“部门表”和“职称工资标准表”添加到查询设计视图中。

步骤 3:向查询中添加 “部门名称”“职工编号”“姓名”和“职称名称”字段。

步骤 4:设置提示参数值的查询条件,用于接收部门名称。单击“部门名称”字段的“条件”单元格,键入“[请输入要查询的部门名称:]”,如图 5.16 所示。

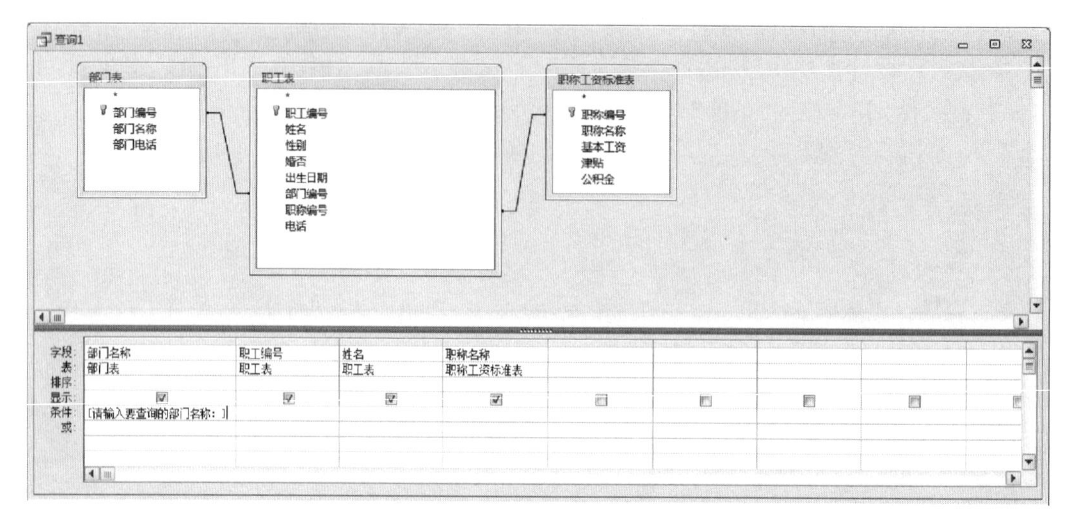

图 5.16 设置提示参数的查询条件

步骤 5:单击“查询工具”→“设计”选项卡“结果”列中的“运行”命令浏览查询结果,如图 5.16 所示。

步骤 6:在图 5.17 所示的“输入参数值”对话框中输入所要查询的参数值,单击“确定”按钮,数据表视图中显示参数查询的运行结果,如图 5.18 所示。

图 5.17 输入要查询的参数值

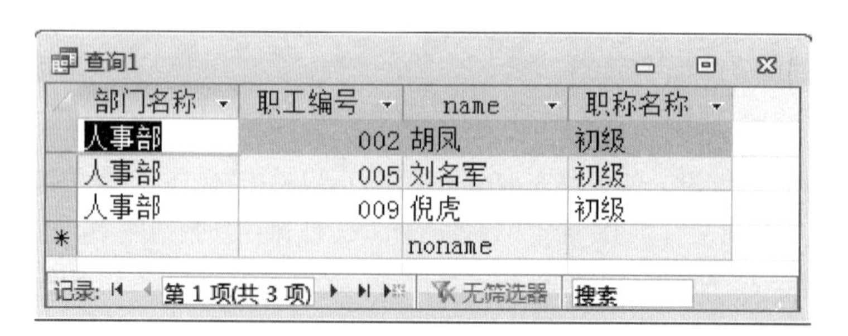

图 5.18 参数查询的运行结果

5.1.1　使用向导创建选择查询

选择查询是 Access 中最常用的一种查询类型，它从一个或多个表中检索数据，检索出的结果是一组数据记录，并且在可以更新记录的数据表中显示结果。

使用查询向导可以方面地为用户建立简单的选择查询，它能够实现从一个或多个表中检索数据，并将记录分组，进行计数、总和、求平均值等计算，需要注意的是如果查询的数据源是多个表，需要事先建立好表之间的关系。见课堂案例 5.1。

5.1.2　使用设计器创建选择查询

使用设计器创建选择查询有三个步骤：

(1) 从当前数据库中选择一个或多个表，查询作为新建查询的数据源。

(2) 从数据源中选择要在查询中使用的字段。

(3) 设置字段相关参数，如排序、显示、条件等。

使用设计器创建选择查询在查询设计视图中完成。设计视图被分为上下两部分，如图 5.19 所示，上部为数据源显示区；下部为参数设置区，有字段、表、排序、显示和条件五个参数行组成，各参数的含义见表 5.1。

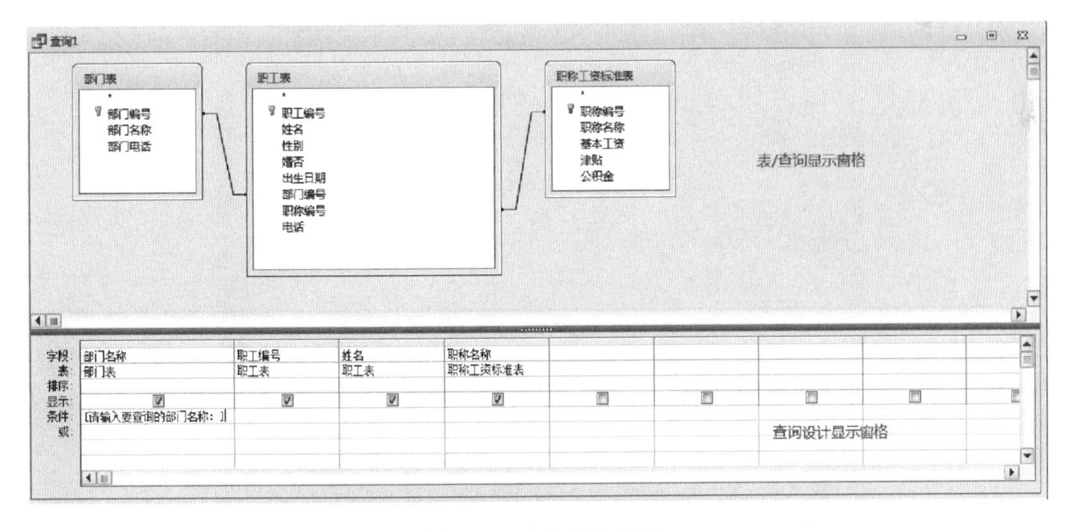

图 5.19　查询设计视图

表 5.1 查询设计显示窗格的参数

行	描 述
字段	查询结果集中显示的字段名称
表	字段所属的表或查询对象的名称
排序	字段的排列顺序
显示	选择是否在查询结果集中显示该字段
条件	检索数据的限制性条件
或	附件的限制性条件

5.1.3 多表查询

多表查询是基于多个数据源的查询。若要创建多表查询,需要在“显示表”对话框中逐一将各个数据源添加到查询设计视图的数据源列表区内,见课堂案例 3。若在关闭“显示表”对话框后,还需添加数据源,可在数据源列表区内右击鼠标,在弹出的快捷菜单上单击“显示表”命令,或在查询设计视图中单击“查询工具”→“设计”选项卡中的“显示表”命令,均可再次打开“显示表”对话框,如图 5.20 所示。

图 5.20 “显示表”对话框

在查询设计视图中,选择确定多个数据源后,必须保证各个数据源数据间存在必要的连接关系。表与表间的连接如果已在数据库视图中通过建立表间关系形成,则这些关系将被继承在查询设计视图中。如果连接关系不存在,则必须在查询设计视图中指定,但指定的关系仅在本查询中有效。

5.1.4　设置查询表达式

正确设置查询条件是创建查询的关键,查询条件有各种运算符号和操作数组成的条件表达式构成。可以在查询设计视图的“条件”单元格中输入条件表达式来限制结果集中的记录。

1. 算术运算

算术运算符用于数值型数据间的运算,运算结果也是数值型数据。常用的算术运算符见表 5.2,运算的优先级别有低到高。

表 5.2　算术运算符

运算符	说　明	示　例
+、-	加、减	25+10-5,值为 30
Mod	求余	10 Mod 3,值为 1
\	整除	9 \ 2,值为 4
*、/	乘、除	3 * 4/2,值为 6
-	负号	-(6+5),值为-11
^	乘方	4^2,值为 16

2. 比较运算

比较运算用于比较同种类型操作对象的值,如果关系成立,比较运算结果取值为真,否则取值为假。在 Access 中,用 True 代表真,用 False 代表假。比较运算符的用法如表 5.3 所示。

表 5.3　比较运算符

运算符	说　明	示　例
＞	大于	25＞30,值为 False
＜	小于	“123”＜“abc”,值为 True
＞=	大于等于	125＞=100,值为 True
＜=	小于等于	#2/12/2016#＜=#2/12/2015#,值为 False
＜＞	不等于	“li” ＜＞“李”,值为 True
=	等于	“ABC” = “abc”, 值为 False
Between…And	用于设定范围,在……间	Between 0 And 100,在 0 到 100 之间
Like	用于通配设定	姓名 Like “李 * ”,姓名以李开头
In	用于设定集合	Left(姓名,1) in (“李”,“王”),姓李和姓张的

说明:

(1) 所有的运算符前后数据的数据类型必须一致,如果不一致,将会产生数据类型不匹配的错误。

(2) 运算符 Like 用于测试一个字符串是否与给定的模式匹配,模式通常是由普通字符和通配字符组成的一种特殊字符串。在查询中使用 Like 运算符和通配符,可以搜索部分匹配或完全匹配的内容,其用法见表 5.4。

表 5.4 通配符的使用方法

通配符	使用方法	示 例
*	表示由 0 个或任意多个字符组成的字符串	Like"a *"、Like *23
?	表示任意一个字符	Like"李? 莹"
[ ]	表示位于方括号内的任意一个字符	Like"[赵钱孙] *"
[!]	表示不在方括号内的任意一个字符	Like"[! 赵钱孙] *"
[−]	表示指定范围内的任意一个字符(必须以升序排列字母范围)	Like"[a − f] *"
#	表示任意一个数字字符	Like"201608# #"

3. 逻辑运算

逻辑运算符用于实现逻辑运算,通常与比较运算符一起使用构成用于判断比较的表达式,表达式的值为 True 或 False。逻辑运算符的用法见表 5.5。

表 5.5 常见逻辑运算符的用法

运算符	说 明	示 例
Not	非	Not(25>30),值为 True
And	并且	("123">"abc") and (26 >18) ,值为 False
Or	或	("123">"abc") Or (26 >18),值为 True

4. 连接运算

连接运算符主要用于字符串连接,运算符用"&"或"+"表示。字符串要包含在英文双引号内。常见用法见表 5.6。

表 5.6 连接运算符

运算符	示 例
&	"Access 数据库" & "应用技术",值为"Access 数据库应用技术"
&	"Access 数据库版本" & 2010,值为"Access 数据库版本 2010"
&	3 & 5,值为 35
+	"Access 数据库"+ "应用技术",值为"Access 数据库应用技术"
+	"Access 数据库版本" + 2010,值为"Access 数据库版本 2010"
+	3 + 5,值为 8

5.1.5 创建参数查询

参数查询可以显示一个或多个提示参数值的预定义对话框，也可以创建提示查询参数的自定义对话框，提示输入参数值，进行问答式的查询。当用户在创建查询时不确定自己所要查询的值，而需要在查询时输入参数的情况下很有用。

创建参数查询的方法是，在“条件”行或“或”行相应字段的单元格中键入一个放在“[]”内的提示短语。见课堂案例5.5。

任务2　创建交叉表查询

【课堂案例5.6】 使用交叉表查询向导创建一个“男女职工人数_交叉表查询”的查询，统计出各个部门男女职工的人数。

解决方案：

步骤1：打开工资管理数据库。

步骤2：使用设计器创建一个“男女职工人数”的选择查询，该查询中包含将要使用的部门名称、姓名和性别。

步骤3：单击“创建”选项卡“查询”列中的“查询向导”命令，在弹出的“新建查询”对话框中选择“交叉表查询向导”，如图5.21所示。

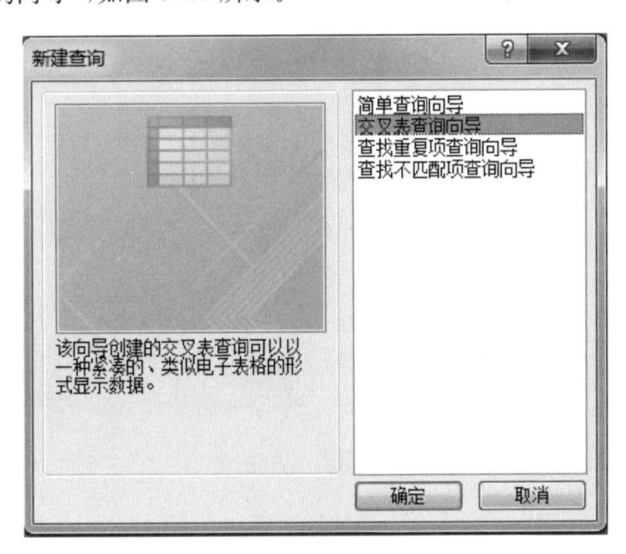

图5.21　选择“交叉表查询向导”

步骤4：单击“确定”后，为交叉表查询选择数据源。在“视图”栏中选择“查询”，然后在上部的列表中选择步骤2中创建的“男女职工人数”查询，以这个多表查询作为新建交叉表的数据源，如图5.22所示。

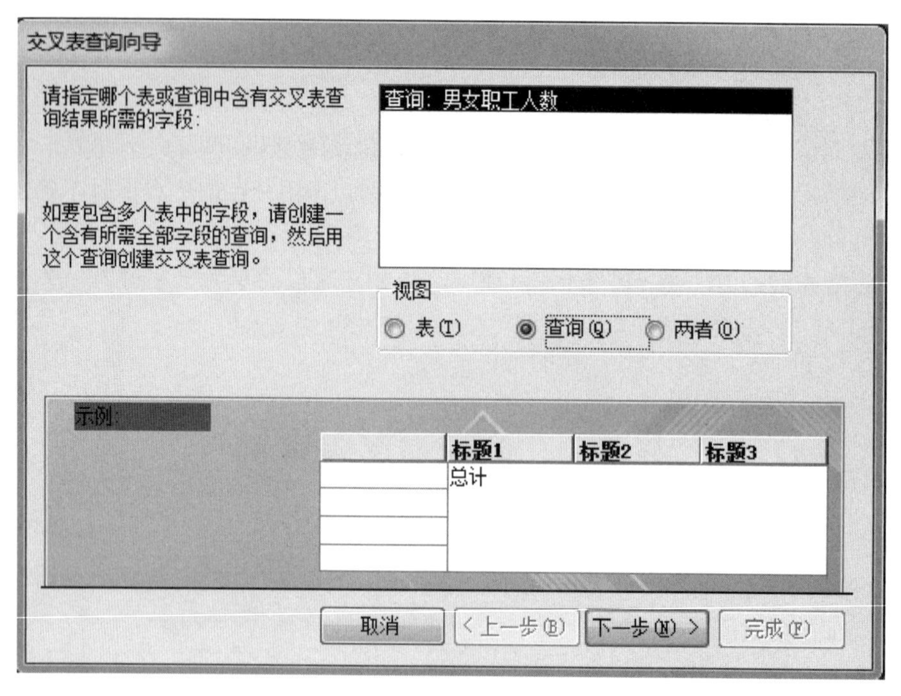

图 5.22 选择已有查询作为交叉表查询的数据源

步骤 5:单击“下一步”,选择行标题。在“可用字段”中选择“部门名称”,并将这个字段添加到“选定字段”列表框中,将其作为交叉表的行标题,如图 5.23 所示。

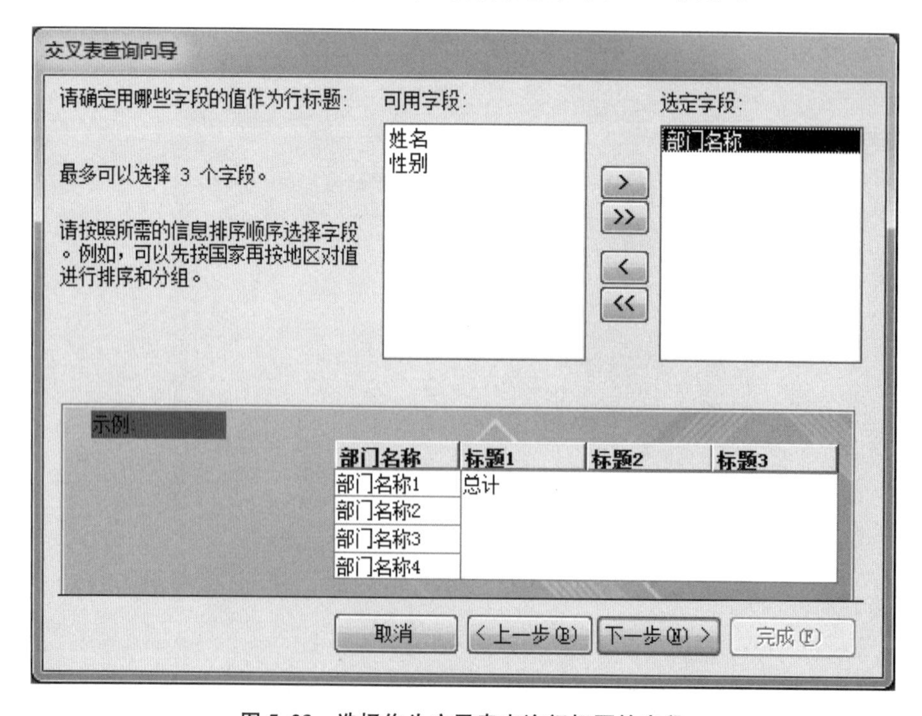

图 5.23 选择作为交叉表查询行标题的字段

步骤 6:单击“下一步”,选择作为交叉表列标题的字段。选择“性别”作为交叉表的列标题，如图 5.24 所示。

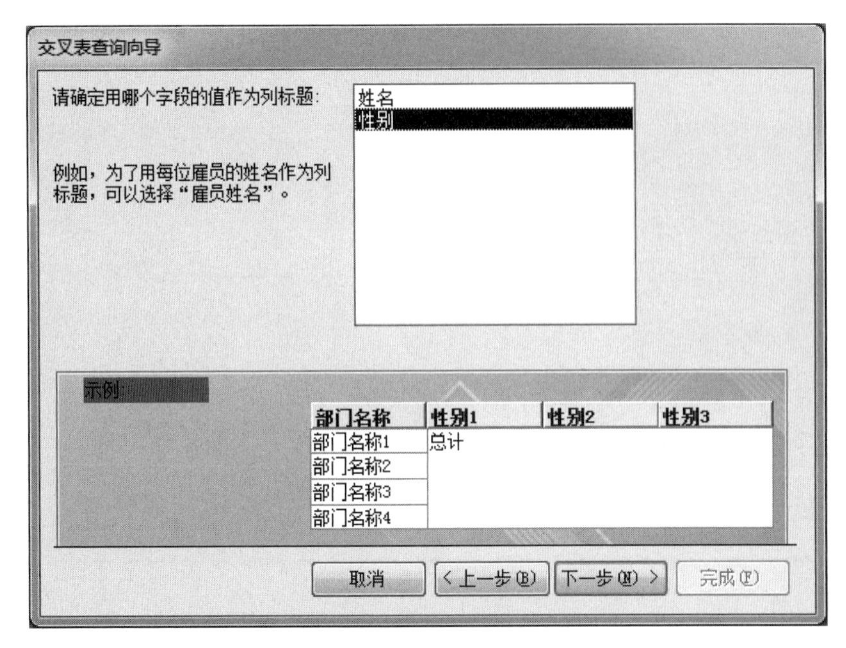

图 5.24　选择作为交叉表查询列标题的字段

步骤 7：单击“下一步”，选择行列交叉处的单元格采取何种计算。本案例只需统计男女职工的人数，所以在“函数”列表中选择“Count”，并取消“是，包含各行小计”复选框，如图 5.25 所示。

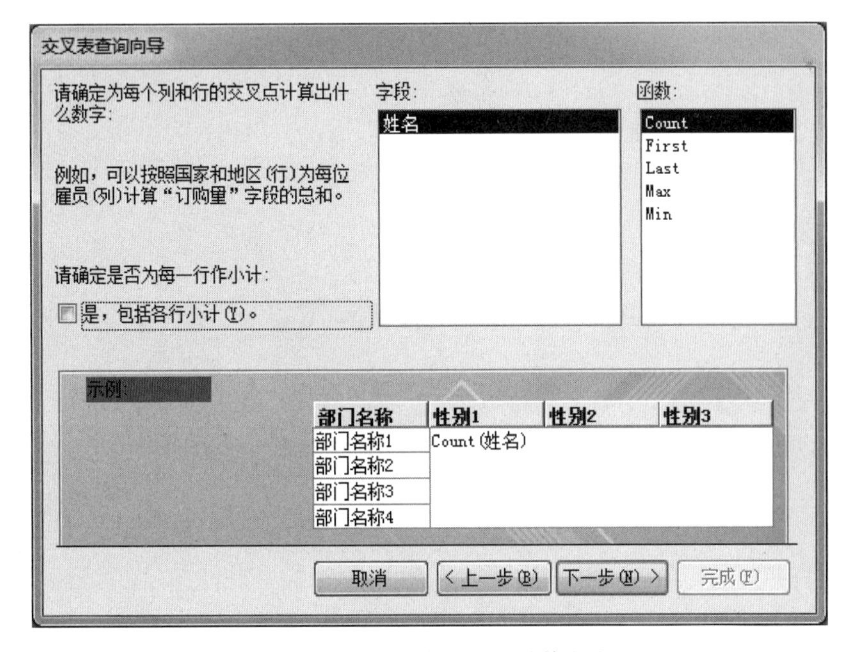

图 5.25　选择计算字段和计算方法

步骤 8：单击“下一步”，在对话框中输入查询的名称“男女职工人数_交叉表查询”，然后选择“查看查询”选项，如图 5.26 所示。单击“完成”按钮，可以查看查询结果，如图 5.27

所示。

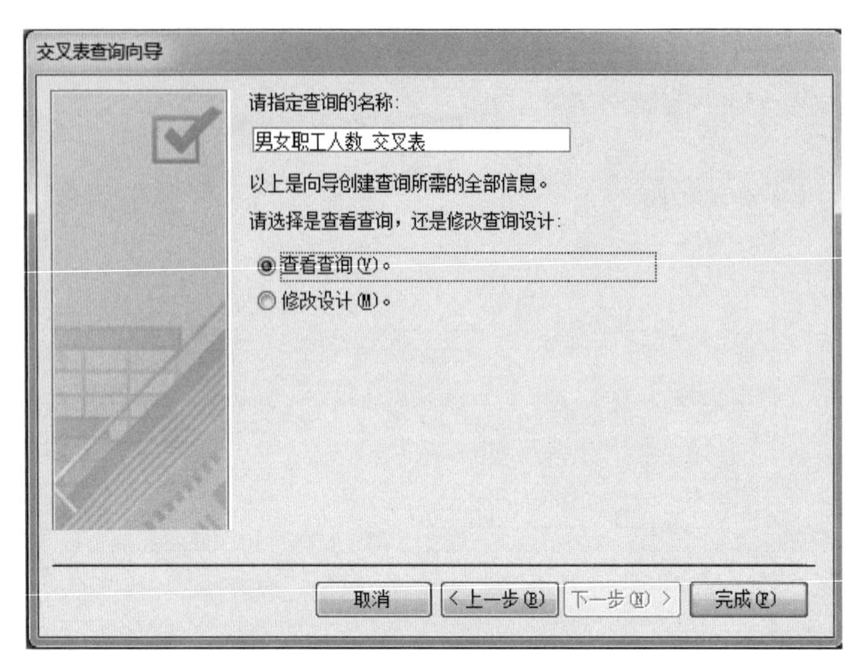

图 5.26　指定交叉表查询的名称

男女职工人数_交叉表

部门名称	男	女
服务部		2
开发部	2	1
人事部	2	1
市场部	1	1
外协部	2	1
行政部		2

记录: 第 1 项(共 6 项)　无筛选器　搜索

图 5.27　交叉表查询结果

【课堂案例 5.7】 使用设计器创建一个"统计出各个部门各类职称的职工人数"的交叉表查询。

解决方案:

步骤 1:打开工资管理数据库。

步骤 2:单击"创建"选项卡"查询"列中的"查询设计"命令,在"显示表"对话框中,将"职工表""部门表"和"职称工资标准表"添加到查询设计视图中,关闭"显示表"对话框。

步骤 3:根据要求,向查询中添加"部门名称"和"职称名称"两个字段。

步骤 4:在新增的"查询工具"的"设计"选项卡"查询类型"栏中,选择"交叉表"命令,将当前的选择查询更改为交叉表查询，此时查询设计窗格中将出现“总计”和“交叉表”行，如图 5.28 所示。

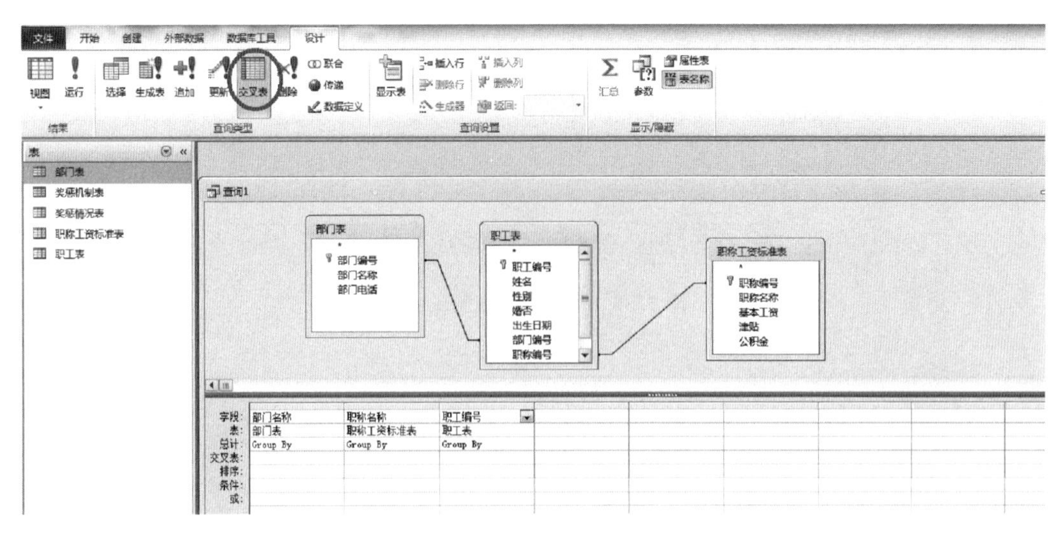

图 5.28　更改查询类型为交叉表查询

步骤 5：设置标题行。在“部门编号”的“总计”单元格中保留“group By”字段，在“交叉表”单元格中单击向下箭头，选择“行标题”选项。

步骤 6：设置列标题。在“职称名称”的“总计”单元格中保留“group By”字段，在“交叉表”单元格中单击向下箭头，选择“列标题”选项。

步骤 7：设置行和列交叉点上显示的计算值。在“职工编号”列 “总计”单元格中选择“计数”选项，并在该字段的“交叉表”单元格中单击向下箭头，选择“值”选项，如图 5.29 所示。

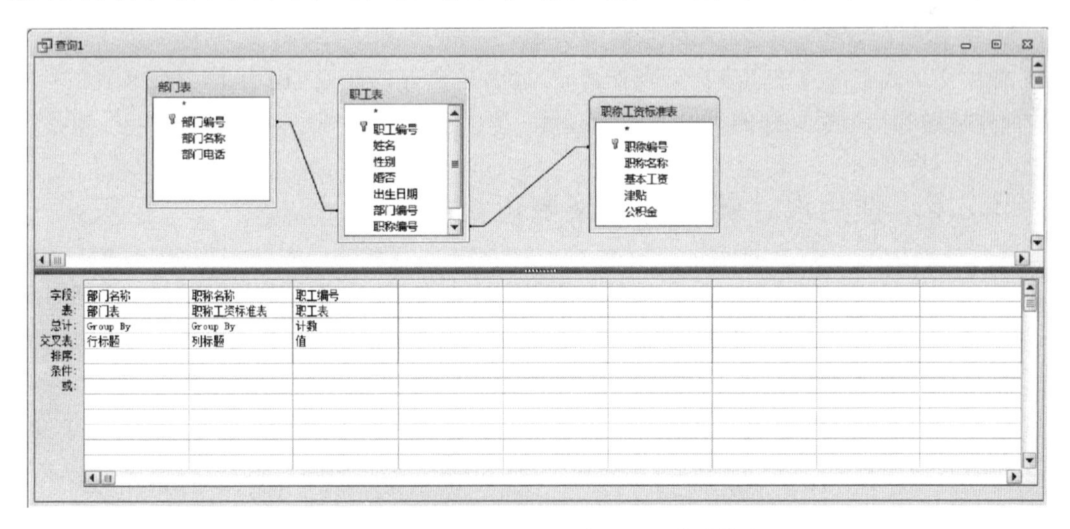

图 5.29　设置行和列交叉点上显示的计算值

步骤 8：单击“查询工具”→“设计”选项卡中的“运行”命令浏览结果，如图 5.30 所示。

步骤 9：保存查询结果。

部门名称	初级	高级	中级
服务部	1		1
开发部		1	2
人事部	3		
市场部	1	1	
外协部	1	1	1
行政部	2		

图 5.30　查看交叉表查询结果

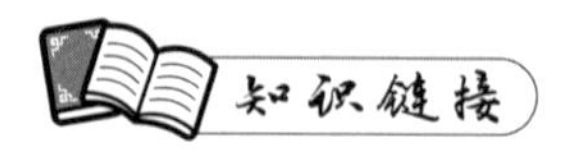

5.2.1　使用向导创建交叉表查询

交叉表查询是 Access 2010 支持的另一类查询，显示来源于表中某个字段的汇总值(合计、计数以及平均值等)，类似在电子表格中查看计算值，一组列在查询表的左侧，一组列在查询表的上部。

使用交叉表查询向导可以快速生成一个交叉表查询，然后再进入交叉表查询设计视图进行设计修改操作。如果使用交叉表查询向导创建交叉表查询，必须注意它所基于的字段需处于同一个表或查询中，如果不在同一个表或查询中，则必须先建立一个查询，将要创建的交叉表中的字段放在一起。见课堂案例 5.6。

使用交叉表查询向导创建交叉表查询时，最多只允许选择三个字段作为交叉表的行标题，而列标题和行列交叉处的字段都只能选择一个。

5.2.2　使用设计器创建交叉表查询

使用向导只能创建基于一个表或查询的交叉表查询，并且查询中行标题最多只能出现三个，而使用设计器可以创建基于多个表或查询的交叉表查询，并且在查询中设置行标题的字段允许在三个以上，见课堂案例 5.7。

使用设计器创建交叉表查询是在选择查询的基础上选择交叉表进行的，并且当行列交叉处的值带有条件时，需要把值在查询窗口中再次添加一遍进行条件设置。

任务 3　创建带计算字段的查询

【课堂案例 5.8】　使用设计器创建一个名为“职工年龄”的查询，查询出所有职工的职工编号、姓名和年龄。

解决方案：

步骤 1：打开工资管理数据库。

步骤 2：单击“创建”选项卡“查询”列中的“查询设计”命令，在“显示表”对话框中，将“职工表”添加到查询设计视图中，关闭“显示表”对话框。

步骤 3：将“职工表”中的“职工编号”和“姓名”字段添加到查询中。

步骤 4：单击 “查询工具”→“设计”选项卡下的“汇总”命令，设计窗格中新增的一行“总计”行。在“总计”行的“职工编号”和“姓名”字段单元格中保留默认的“Group By”选项。

步骤 5：在设计窗格中单击第三列的“字段”单元格，输入“职工年龄：year(date())-year([出生日期])”来定义名为“职工年龄”的计算字段，如图 5.31 所示。

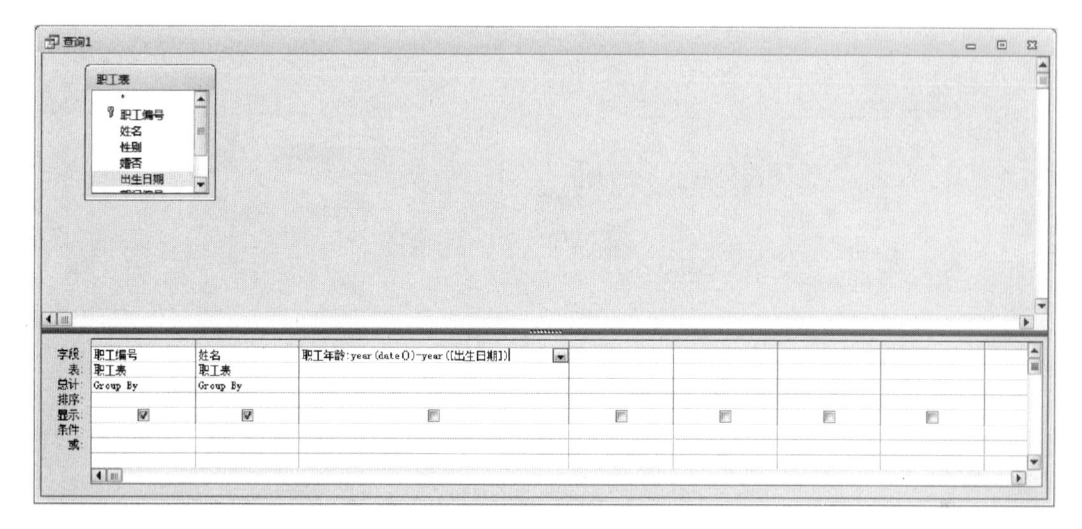

图 5.31　定义计算字段

步骤 6：单击“查询工具”→“设计”选项卡中的“运行”命令浏览结果，如图 5.32 所示。

查询2

职工编号	name	职工年龄
001	曹军	35
002	胡凤	31
003	王永康	46
004	张历历	35
005	刘名军	33
006	张强	41
007	魏贝贝	29
009	倪虎	29
010	魏英	40
011	张琼	26
012	吴晴	26
014	何春	41
015	方琴	40

记录：第 1 项(共 13 项　无筛选器　搜索

图 5.32　查看计算字段的运行结果

步骤 7：保存查询结果为“职工年龄”。

【课堂案例 5.9】 使用设计器创建一个名为“奖惩金额”的查询，查询出所有职工所有奖惩金额的数量。

解决方案:

步骤 1:打开工资管理数据库。

步骤 2:单击“创建”选项卡“查询”列中的“查询设计”命令,在“显示表”对话框中,将“职工表”“奖惩情况表”和“奖惩机制表”添加到查询设计视图中,关闭“显示表”对话框。

步骤 3:将“职工表”中的“职工编号”和“姓名”字段,“奖惩机制表”中的“奖惩名称”和“金额”字段添加到查询中。

步骤 4:单击 “查询工具”→“设计”选项卡下的“汇总”命令,设计窗格中新增的一行“总计”行。在“总计”行中,“职工编号”“姓名”和“奖惩名称”字段单元格中保留默认的“Group By”选项。

步骤 5:在设计窗格中单击“金额”字段的“总计”单元格,从下拉列表框中选择“合计”以统计出所有奖惩的金额,如图 5.33 所示。

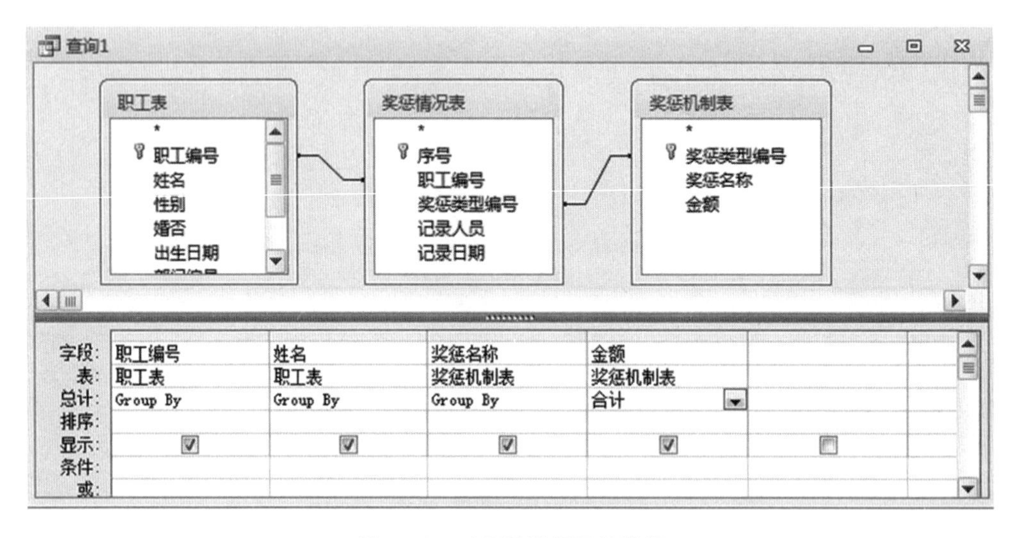

图 5.33 对记录进行汇总计算

步骤 6:在“金额”字段单元格中输入“奖惩金额:[金额]”, 为汇总字段指定别名,如图 5.34 所示。

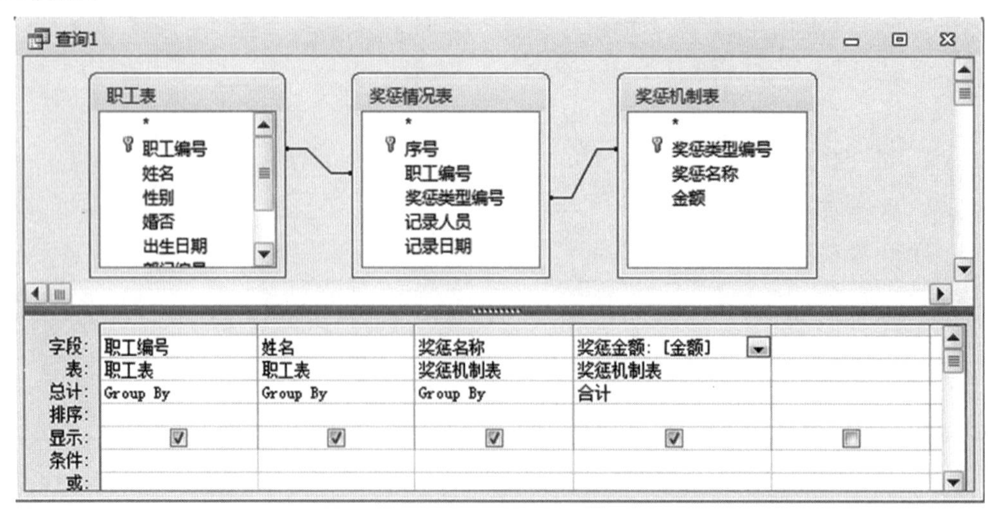

图 5.34 为汇总字段指定别名

步骤7:单击“查询工具”→“设计”选项卡中的“运行”命令浏览结果,如图5.35所示。

查询1

职工编号	name	奖惩名称	奖惩金额
001	曹军	一般项目奖	¥1,000.00
001	曹军	重点项目奖	¥4,000.00
002	胡凤	年度先进个人奖	¥500.00
002	胡凤	一般项目奖	¥1,000.00
003	王永康	旷工一天罚款	¥100.00
005	刘名军	迟到罚款	¥50.00
005	刘名军	旷工一天罚款	¥100.00
006	张强	迟到罚款	¥50.00
008	王新月	旷工一天罚款	¥100.00
008	王新月	一般项目奖	¥1,000.00
009	倪虎	年度先进个人奖	¥500.00
011	张琼	迟到罚款	¥50.00
011	张琼	月优秀标兵	¥200.00
014	何春	一般项目奖	¥1,000.00
015	方琴	重点项目奖	¥2,000.00

记录: 第 1 项(共 15 项　无筛选器　搜索

图5.35　查看汇总计算查询的运行结果

步骤8:保存查询结果为“奖惩金额”。

5.3.1　自定义计算查询

一般所使用的字段值都是表中值,在实际查询中往往需要对原有的数据进行适当的加工,以便显示实际需要的结果,这就需要在查询中执行计算。完成计算操作是通过在查询对象中设立计算查询列实现的,当查询运行时,计算查询列就如同一个字段一样。对于自定义查询,必须直接在设计窗格中创建新的计算字段。见课堂案例5.8。

5.3.2　汇总查询

汇总查询也是一种选择查询,不同的是:若要建立汇总查询,应在打开的选择查询设计视图中单击“查询工具”→“设计”选项卡下的“汇总”命令,设计窗格中出现“总计”行。

“总计”行用于为参与汇总计算的所有字段设置汇总选项。要进行汇总查询,必须为查询中使用的每个字段从“总计”行的下拉列表中选择一个选项。“总计”行共有12个选项,常用的有6个,介绍如下。

(1)“分组(Group By)”选项:用于指定分组汇总字段。

(2)“总计(Sum)”选项:为每一组中指定的字段进行求和运算。

(3)“平均值(Avg)”选项:为每一组中指定的字段进行求平均值运算。

(4)“最小值(Min)”选项:为每一组中指定的字段进行求最小值运算。

(5)“最大值(Max)”选项:为每一组中指定的字段进行求最大值运算。

(6)“计算(Count)”选项:根据指定的字段计算每一组中记录的个数。

任务 4 创建操作查询

【课堂案例 5.10】 创建一个更新查询,将职称工资标准表中各类职称对应的公积金加 100 元。

解决方案:

步骤 1:打开工资管理数据库。

步骤 2:单击“创建”选项卡“查询”列中的“查询设计”命令,在“显示表”对话框中,将“职称工资标准表”添加到查询设计视图中,关闭“显示表”对话框。

步骤 3:将“职称工资标准表”中的“公积金”字段添加到查询中。

步骤 4:更改查询类型。在“查询工具”→“设计”选项卡中选择“更新”命令,将当前的选择查询更改为更新查询,如图 5.36 所示。

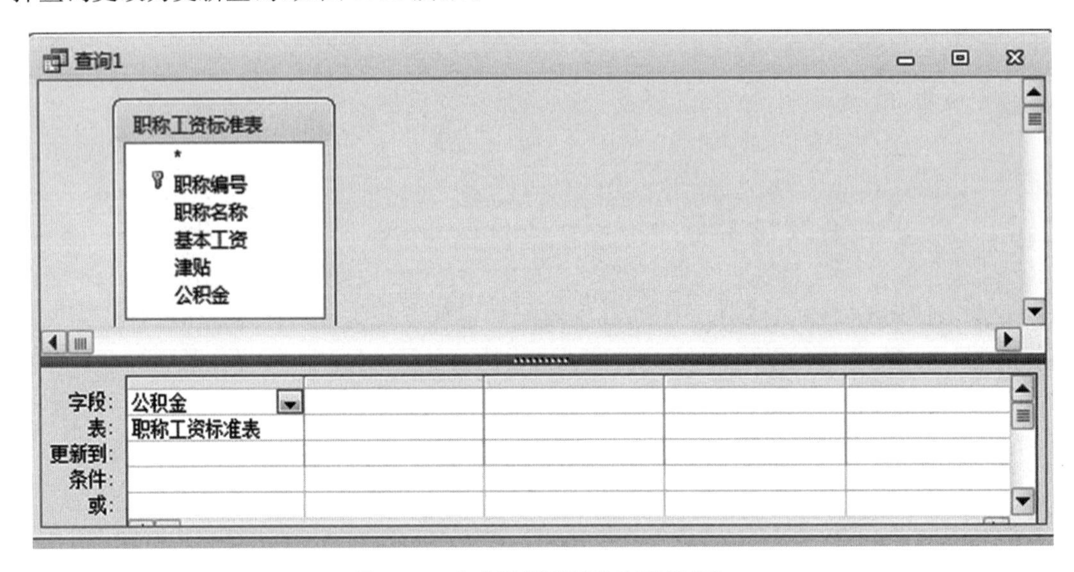

图 5.36 将查询类型更改为更新查询

步骤 5:在“公积金”字段的“更新到”单元格中输入“[公积金]+100”,如图 5.37 所示。

步骤 6:单击“查询工具”→“设计”选项卡中的“运行”命令,显示如图 5.38 所示的对话框。单击“是”按钮,则会更新对话框所示的行,并且不能用“撤销”命令来恢复更改;单击“否”,不会进行更新操作。

步骤 7:保存查询设计并为它命名。

【课堂案例 5.11】 创建一个用于删除“职工表”中“姓名”字段为空的记录。

解决方案:

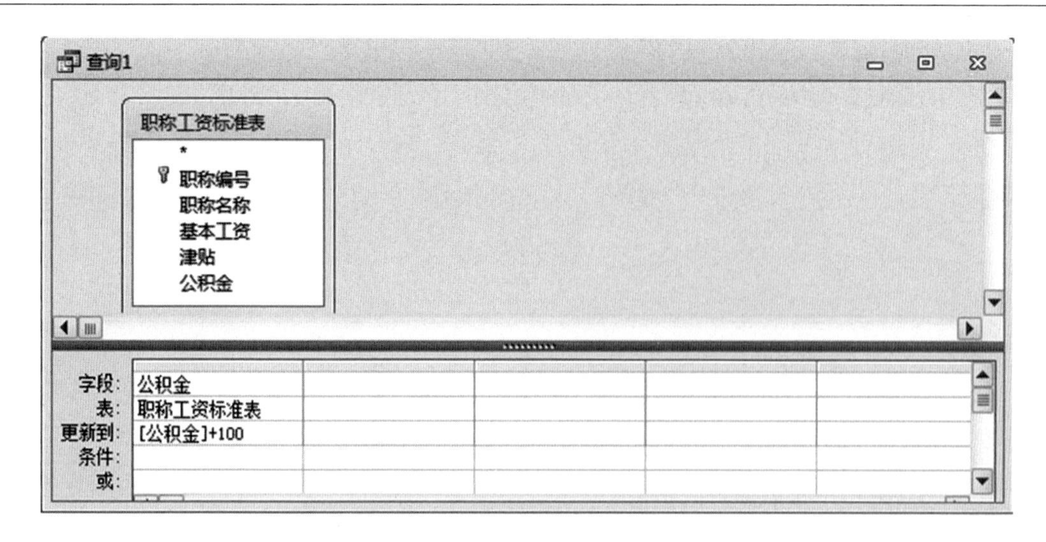

图 5.37　设置更新查询条件

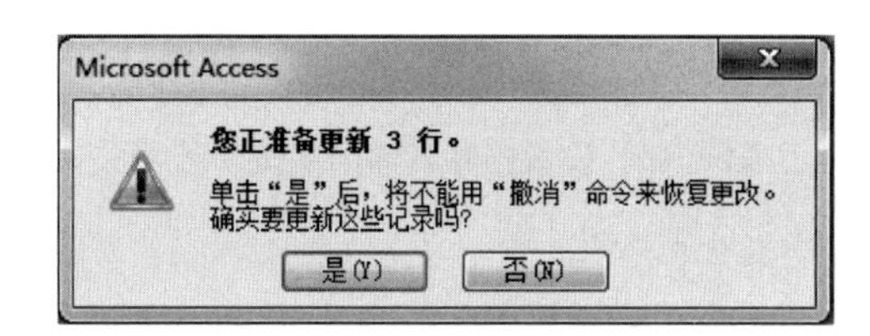

图 5.38　更新确认

步骤 1:打开工资管理数据库。

步骤 2:单击"创建"选项卡"查询"列中的"查询设计"命令，在"显示表"对话框中，将"职工表"添加到查询设计视图中，关闭"显示表"对话框。

步骤 3:更改查询类型。在"查询工具"→"设计"选项卡中选择"删除"命令，将当前的选择查询更改为删除查询，此时查询设计窗格中出现一个"删除"行，如图 5.39 所示。

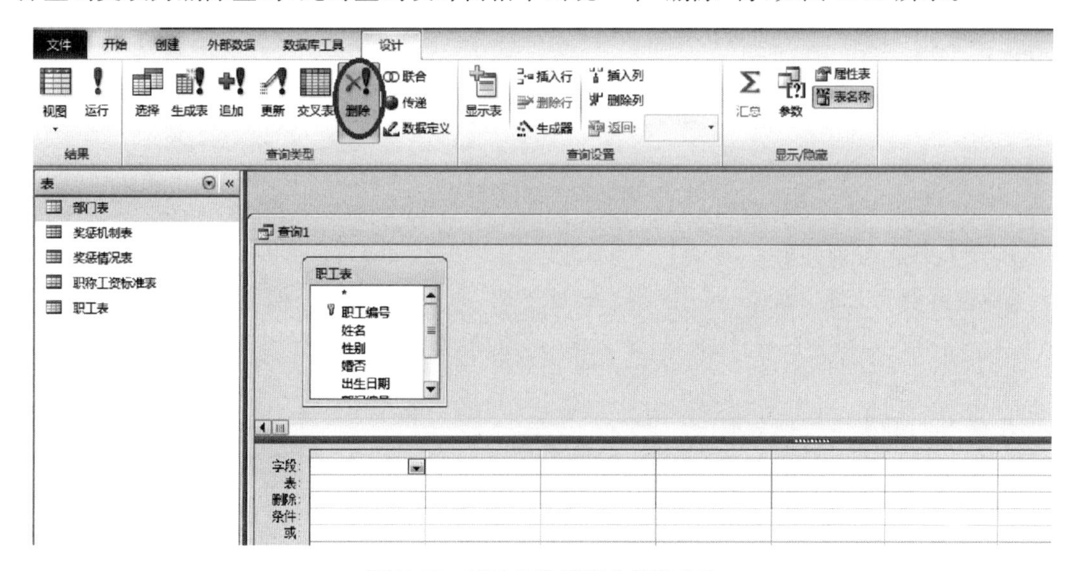

图 5.39　更改查询类型为删除查询

步骤 4:向查询中添加“姓名”字段。

步骤 5:设置查询条件,在“姓名”字段的“条件”单元格中输入“null”或“Is null”,如图 5.40 所示。

图 5.40　设置删除查询的字段和条件

步骤 6:单击“查询工具”→“设计”选项卡中的“运行”命令,显示如图 5.41 所示的对话框。单击“是”按钮,则会删除符合条件的记录,并且不能用“撤销”命令来恢复更改;单击“否”,不会进行更新操作。

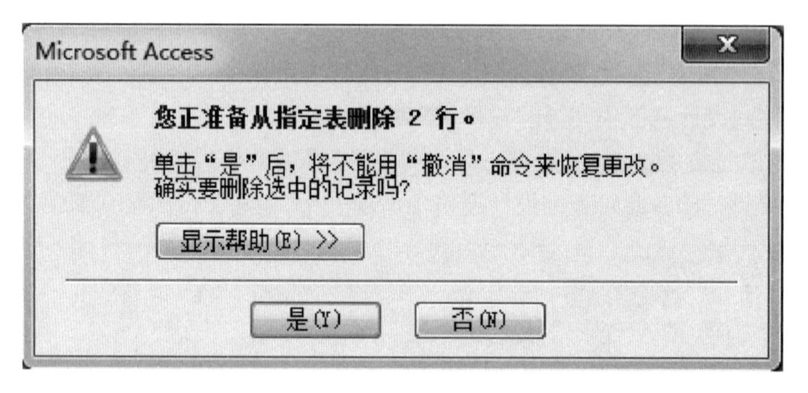

图 5.41　删除确认

步骤 7:保存查询并为它命名。

【课堂案例 5.12】 创建一个用于检查“职工表”中每一个“职工编号”是否已经在“奖惩情况表”中存在,如果不存在,则将该“职工编号”添加到“奖惩情况表”中。

解决方案:

步骤 1:打开工资管理数据库。

步骤 2:单击“创建”选项卡“查询”列中的“查询设计”命令,在“显示表”对话框中,将“职工表”添加到查询设计视图中,关闭“显示表”对话框。

步骤 3:更改查询类型。在“查询工具”→“设计”选项卡中选择“追加”命令,出现如图 5.42 所示的“追加”对话框。在“追加到”的“表名称”中输入“奖惩情况表”,单击“确定”按钮关闭对话框。

图 5.42　选择将记录追加到相应表

步骤 4:向查询中添加“职工编号”字段。

步骤 5:在“职工编号”字段的“条件”单元格中输入“not in (select 奖惩情况表.职工编号 from 奖惩情况表)”,如图 5.43 所示。

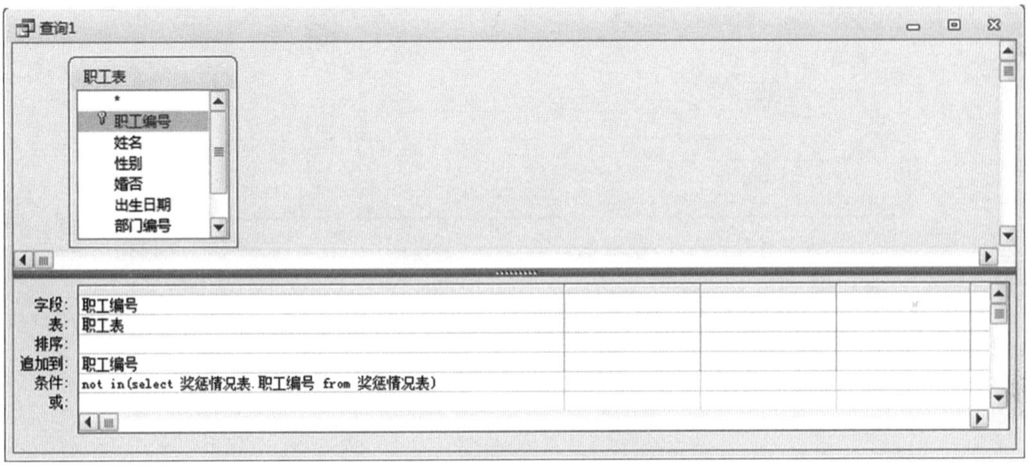

图 5.43　设置追加查询的字段和条件

步骤 6:单击“查询工具”→“设计”选项卡中的“运行”命令,显示如图 5.44 所示的对话框。单击“是”按钮,则会追加满足条件的记录,并且不能用“撤销”命令来恢复更改;单击“否”,不会进行更新操作。

步骤 7:保存查询并为它命名。

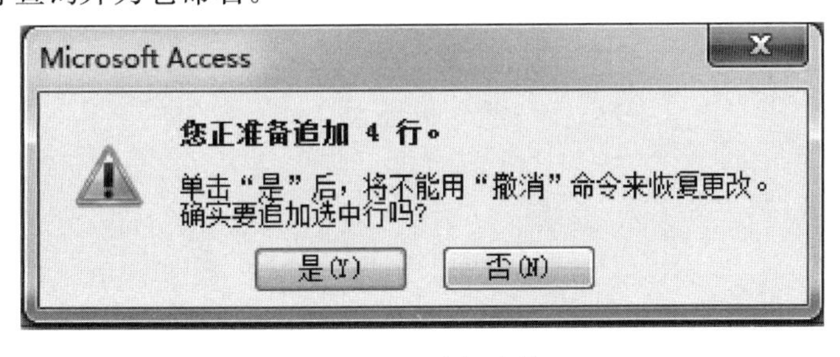

图 5.44　追加确认

【课堂案例 5.13】 创建一个用于查询出已婚职工的职工编号、姓名、性别、职称名称及部门名称，并生成新表“已婚职工情况表”。

解决方案：

步骤 1：打开工资管理数据库。

步骤 2：单击“创建”选项卡“查询”列中的“查询设计”命令，在“显示表”对话框中，将“职工表”“部门表”“职称工资标准表”添加到查询设计视图中，关闭“显示表”对话框。

步骤 3：根据要求，向查询中添加“职工编号”“姓名”“性别”“职称名称”“部门名称”和“婚否”字段(去除“婚否”字段的“显示”单元格中的选中标志)。

步骤 4：在“婚否”字段的“条件”单元格中输入“True”。

步骤 5：在“查询工具”→“设计”选项卡中选择“生成表”命令，出现如图 5.45 所示的“生成表”对话框。在“生成新表”的“表名称”中输入“已婚职工情况表”，单击“确定”按钮，关闭对话框。

图 5.45 “生成表”对话框

步骤 6：单击“查询工具”→“设计”选项卡中的“运行”命令，显示如图 5.46 所示的对话框。单击“是”按钮，将会向新表中粘贴满足条件的记录，并且不能用“撤销”命令来恢复更改。

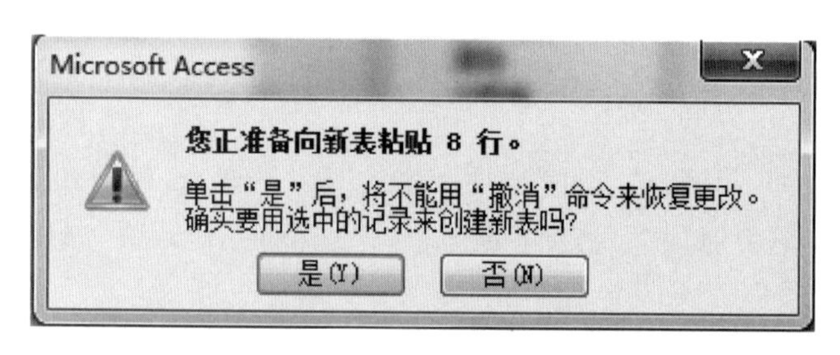

图 5.46 确认粘贴操作

步骤 7：保存查询。

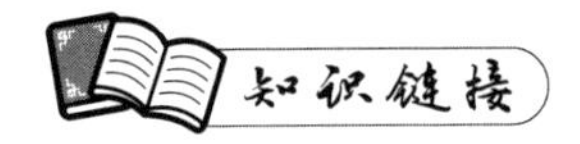

5.4.1　创建更新查询

更新查询可以对一个或多个表中的一组记录做全局更改。例如，将职称工资标准表中所有职称级别的基本工资都上调 10%。如果人工逐条修改，既浪费时间，又容易发生错误，使用更新查询，可以批量更改数据表中已有的数据。

5.4.2　创建删除查询

删除查询是指删除符合设定条件的记录的查询。在数据库的使用中，随着时间的推移，需要将一些过时的、无效的数据筛选出来进行删除。删除查询可以帮助用户方便地一次删除一组记录，而不需要到数据表中一条条的挑选删除，这样就极大地提高了数据管理的效率。删除查询不但可以从一个表中删除记录，也可以从多个相互关联的表中删除记录。

5.4.3　创建追加查询

追加查询可以将满足查询条件的数据从一个表或多个表添加到一个存在的表的末尾，该表可以是当前数据库中的一个表，也可以是另外一个数据库中的表。例如，如果每天需要将当天的职工的奖惩金额添加到备份表中，可以使用追加查询实现。

5.4.4　创建生成表查询

查询本身并不存储数据记录，只是在运行查询时，才从查询源中获取数据，也不像数据表那样将结果真正地存储在物理设备中，而只是以一定的逻辑顺序保存在数据库中，并随着数据表中数据的变化而变化。如果希望查询所形成的动态数据长期保存，则可以使用生产表查询。

任务 5　创建 SQL 查询

【课堂案例 5.14】　查询所有未婚女职工的姓名和性别，结果按姓名降序显示。

解决方案：

步骤 1：打开工资管理数据库。

步骤 2：单击“创建”选项卡“查询”列中的“查询设计”命令，关闭“显示表”对话框，打开查询设计视图。

步骤 3:在出现的“查询工具”→“设计”选项卡下,单击“SQL”或单击“视图”,在展开的菜单中选择“SQL 视图”,打开 SQL 视图,如图 5.47 所示。

图 5.47　SQL 查询视图

步骤 4:输入 SQL 语句,如图 5.48 所示。

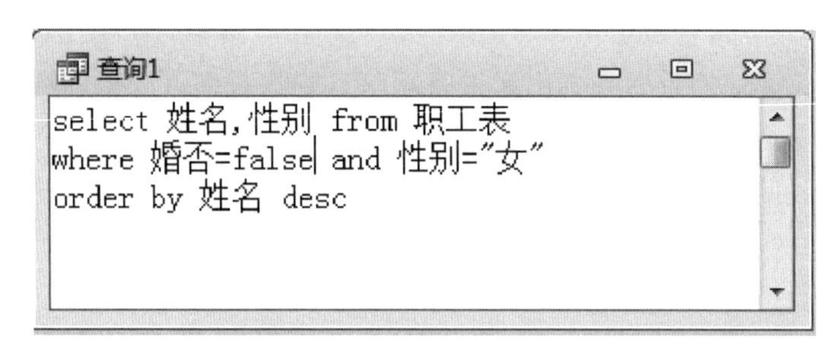

图 5.48　在 SQL 视图中输入 SELECT 语句

步骤 5:单击“查询工具”的“设计”选项卡中的“运行”命令,显示如图 5.49 所示查询结果。

图 5.49　SQL 语句查询结果

步骤 6:保存查询。

【课堂案例 5.15】　分别查询出 2011 年 3 月和 2011 年 4 月有奖励记录的职工的编号,并将查询结果合并起来。

解决方案:

步骤 1:打开工资管理数据库。

步骤 2:单击“创建”选项卡“查询”列中的“查询设计”命令,关闭“显示表”对话框,打开查询设计视图。

步骤 3:在出现的“查询工具”→“设计”选项卡下,单击“SQL”或单击“视图”,在展开的菜单中选择“SQL 视图”，打开 SQL 视图，如图 5.47 所示。

步骤 4：输入 SQL 语句，如图 5.50 所示。

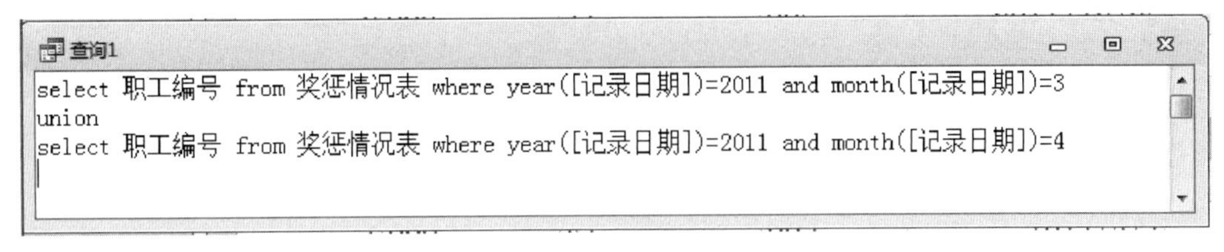

图 5.50　联合查询的 SQL 语句

步骤 5：单击“查询工具”的“设计”选项卡中的“运行”命令，显示如图 5.51 所示查询结果。

步骤 6：保存查询。

职工编号
001
002
003
005
006

记录：第 1 项(共 5 项)

图 5.51　联合查询结果

【课堂案例 5.16】　查询胡凤所在部门职工的职工编号、姓名、性别。

解决方案：

步骤 1：打开工资管理数据库。

步骤 2：单击“创建”选项卡“查询”列中的“查询设计”命令，关闭“显示表”对话框，打开查询设计视图。

步骤 3：在出现的“查询工具”→“设计”选项卡下，单击“SQL”或单击“视图”，在展开的菜单中选择“SQL 视图”，打开 SQL 视图，如图 5.47 所示。

步骤 4：输入 SQL 语句，如图 5.52 所示。

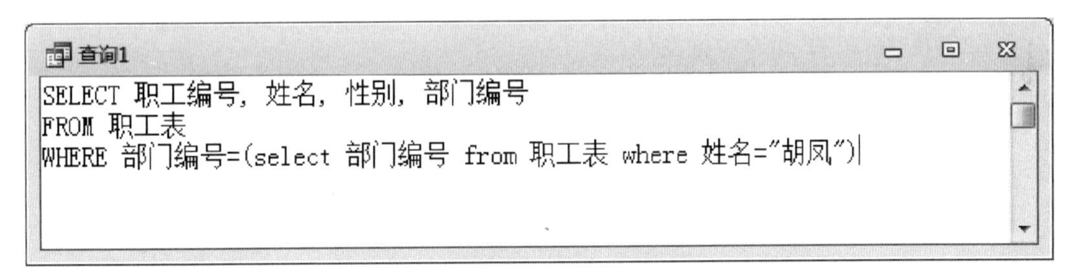

图 5.52　子查询的 SELECT 语句

步骤 5：单击“查询工具”的“设计”选项卡中的“运行”命令，显示如图 5.53 所示的查询结果。

职工编号	name	性别	部门编号
002	胡凤	女	101
005	刘名军	男	101
009	倪虎	男	101
*	noname		

记录：第 1 项(共 3 项)　无筛选器　搜索

图 5.53　子查询的查询结果

步骤 6:保存查询。

5.5.1 SQL 语句介绍

在数据库中,所有的查询都可以通过 SQL(Structured Query Language)语句实现,SQL 查询是使用 SQL 语句创建的结构化查询。在通过向导或设计视图创建查询时,Access 自动在后台生成相应的 SQL 语句。

查询是 SQL 语言的核心,用于表达 SQL 查询的 SELECT 语句则是功能最强,也是最为复杂的 SQL 语句。它的语法包括五个主要子句,分别为 FROM、WHERE、GROUP BY、HAVING、ORDER BY 子句。

SELECT 语句的结构如下:

SELECT [ALL | DISTINCT]列名;

FROM 表名;

[WHERE 查询条件];

[GROUP BY 进行分组的列名[HAVING 分组条件]];

[ORDER BY 要排序的列名 [ASC | DESC]]。

其中,

(1) SELECT 子句:指定要显示的属性列;

(2) FROM 子句:指定查询对象(基本表或试图);

(3) WHERE 子句:指定查询条件;

(4) GROUP BY 子句:对查询结果按指定列的值分组,该属性列值相等的元组为一组;

(5) HAVING 子句:筛选出满足指定条件的组;

(6) ORDER BY 子句:对查询结果表按指定列的值升序或降序排序。

可以使用 SELECT 语句建立各种查询,格式如下:

(1) 查询表中所有的列。

SELECT * FROM 表名

(2) 查询表中指定的列。

SELECT 列名 1,列名 2,…… FROM 表名

(3) 在某一列前面加入字符串。

SELECT"字符串",列名 FROM 表名

(4) 使用别名,在查询结果中用指定的字符串代替原列名。

SELECT 列名 as 别名 FROM 表名

(5) 查询表中特定记录。

SELECT * FROM 表名 WHERE 条件(如职工号="001")

(6) 设置查询结果中显示的记录数。

SELECT　TOP N[PERCENT] *　FROM 表名

(7) 消除查询结果中的重复行。

SELECT DISTINCT　列名　FROM　表名

(8) 对查询结果进行分组

SELECT　列名,……

FROM　表

GROUP　分组表达式

(9) 对查询结果进行排序。

SELECT　*　FROM　表名　ORDER BY　列名　DESC

(10) 连接查询

SELECT　列名　FROM 表 1,表 2

WHERE　表 1. 字段值=表 2. 字段值

或

SELECT　列名 FROM　表 1　INNER　JOIN　表 2

ON 表 1. 字段值=表 2. 字段值

5.5.2　创建 SQL 特定查询

某些不能在设计窗格中创建的 SQL 查询称为 SQL 特定查询,包括传递查询、数据定义查询和联合查询,必须直接在 SQL 视图中创建 SQL 语句。

1. 联合查询

联合查询可将两个以上的表或查询所对应的多个字段合并为一个字段。执行联合查询时,将返回所包含的表或查询中对应字段的记录。见课堂案例 5.15。

2. 传递查询

Access 传递查询可直接将命令发送到 ODBC 数据库服务器(如 SQL Server 2008)。使用传递查询,不必链接到服务器上的表便可直接使用服务器上的表。

3. 数据定义查询

这种类型的查询用于创建、删除、更改表或创建数据库中的索引,Access 支持的数据定义语句包括:创建表、修改表、删除表、创建索引。

5.5.3　SQL 知识扩展

子查询是指某种类型的查询中包含另一个选择查询或操作查询中的 SQL SELECT 语句。见课堂案例 5.16。可以在查询设计窗格的“字段”行输入这些语句来定义新字段,或在“条件”行来定义字段的准则。一般情况下,我们会在以下方面使用子查询:

(1) 使用 EXISTS 或 NOT EXISTS 测试子查询的某些结果是否存在。

(2) 使用 ANY、IN 或 ALL 在主查询中查找任何等于、大于或小于子查询返回的值。

(3) 在子查询中创建子查询。

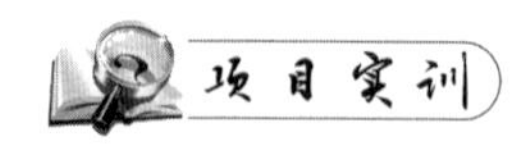

实训1 使用设计器创建查询。

(1) 使用向导创建选择查询,查询出每个职工的职工编号、姓名、所在部门的部门名称及职称名称。

(2) 使用查询设计器创建选择查询,查询出1985年10月出生的女职工的姓名、出生日期、性别和电话。

(3) 使用查询设计器创建选择查询,查询出年龄最大的两位职工的基本信息。

(4) 使用查询设计器创建选择查询,查询出所有姓张的职工的工号、姓名、性别和职称名称。

(5) 使用查询设计器创建选择查询,查询出2016年所有职工的职工编号、姓名、部门名称、职称名称、奖惩名称、金额,并且将查询结果按照记录日期的升序进行排序。

实训2 创建参数查询。

(1) 创建参数查询,根据输入的部门名称查找出该部门职工的职工编号、姓名及职称。

(2) 创建参数查询,根据输入的职称编号和出生的年份查找职工的姓名、电话及婚姻状况。

(3) 创建参数查询,根据输入的职工编号和年份查找该职工的姓名、奖惩名称、金额和记录日期。

实训3 创建交叉表查询。

(1) 使用向导创建交叉表查询,统计出各个部门男女职工的人数。

(2) 使用设计器创建交叉表查询,统计出各个部门具有各类职称的职工人数。

(3) 使用设计器创建交叉表查询,统计出各员工2016年获得各类奖金的情况。

实训4 创建带计算字段的查询。

(1) 创建计算字段查询,查询出所有职工的职工编号、姓名和年龄。

(2) 创建计算字段查询,查询出所有职工的职工编号、姓名和固定工资(基本工资+津贴-公积金)

(3) 创建汇总查询,汇总出各职工2016年3月的奖金情况。

实训5 创建操作查询。

(1) 创建更新查询,将职称工资标准表中各类职称对应的公积金提高10%。

(2) 创建生成表查询,查询出未婚职工的职工编号、姓名、性别、职称名称及部门名称,并生成新表“未婚职工情况表”。

(3) 创建追加查询,查询出所有女职工的职工编号、性别,并追加到“未婚职工情况表”中。

(4) 创建删除查询,通过执行查询,删除“未婚职工情况表”中姓名不为空的记录。

实训6 创建SQL查询。

(1) 查询出所有职工的姓名和性别。

（2）查询出年龄最大的 3 个职工的信息。

（3）查询出 1985 年之前出生的职工的姓名、性别和出生日期。

（4）查询出姓张和姓陈的已婚职工的职工编号、姓名、性别、婚否。

（5）查询出 2010 年 10 月公司奖金的总额及奖励次数。

（6）查询出男女职工的人数。

（7）查询出各类职称对应的女职工人数，并且只输出人数超过 1 人的情况。

（8）查询出所有职工的姓名、性别、所在部门名称。

（9）查询出各部门的编号、名称及 2010 年奖金小计。

（10）从奖惩记录表中查找 2010 年有过奖惩记录的职工编号，并去掉重复值。

（11）查询张毛毛所在部门职工的职工编号、姓名、性别。

（12）分别查询出 2010 年 11 月和 2010 年 10 月有奖励记录的职工编号，并将查询结果合并起来。

小　结

在本学习情境中，主要介绍了查询的基本概念和 Access 中各种类型的查询，介绍了选择查询、参数查询、交叉表查询、操作查询和 SQL 查询的创建方法及操作步骤。通过这些类型查询的学习，可以对数据进行分类和组合并可产生新的更为有用的数据。选择适当的查询方法，有助于目标的快速实现，从而达到事半功倍的效果。

练 习 题

一、选择题

1. 使用查询向导不能创建（　　）。

   A. 带条件的查询　B. 不带条件的查询　C. 单表查询　D. 多表查询

2. 下列不是操作查询的是（　　）。

   A. 生成表查询　B. 参数查询　C. 更新查询　D. 删除查询

3. 如果在数据库中已有同名的表，（　　）查询将覆盖原有的表。

   A. 追加　B. 生成表　C. 更新　D. 交叉表

4. SELECT 命令中用于返回查询的非重复记录的关键字是（　　）。

   A. TOP　B. GROUP　C. DISTINCT　D. ORDER

5. 建立一个基于“职工表”的查询，要查找出生日期在 1981/11/25 和 1987/05/06 间的学生，在“出生年月”字段对应的条件文本框中应输入表达式（　　）。

   A. between 1981/11/25 and 1987/05/06

   B. between 1981/11/25 or 1987/05/06

   C. between ＃1981/11/25＃ or ＃1987/05/06＃

   D. between ＃1981/11/25＃ and ＃1987/05/06＃

6. 计算机系统当前的日期为 2016 年 11 月 20 日，表达式“year(date())－year(＃2016/10/20＃)”的结果为（　　）。

A. 0　　B. 2　　C. 1　　D. 2016

7. 在查询中要统计记录的个数,应使用的函数是(　　)。

A. SUM　　B. COUNT(列名)　　C. Count(*)　　D. AVG

8. 下列对 Access 查询,叙述错误的是(　　)。

A. 查询的数据源来自于表或已有的查询

B. 查询的结果可以作为其他数据库对象的数据源

C. Access 的查询可以分析、追加、更改、删除数据

D. 查询不能生成新的数据表

9. 利用对话框提示用户输入查询条件的查询是(　　)。

A. 选择查询　　B. 参数查询　　C. 删除查询　　D. 追加查询

10. 下列(　　)不是 SQL 特定查询。

A. 选择查询　　B. 联合查询　　C. 传递查询　　D. 数据定义查询

二、填空题

1. 查询也是一个表,是以________为数据源的再生表。

2. 查询的三种视图分别是:设计视图、________视图和________视图。

3. ________查询可以对数据源中的数据进行更改、编辑和维护。

4. Access 常用运算符有算术运算符、________、________和特殊运算符。

5. 在查询设计视图中设置查询条件时,同行的条件之间是________关系,不同行的条件之间是________关系。

6. 在交叉表查询中,"值"字段最多可以设置________个。

7. SQL 中 SELECT 命令通过________语句实现对查询结果进行排序。

8. Sum 函数用于________,Avg 函数用于________。

9. 特殊运算符 Is null 用于指定一个字段为________。

10. 在 Access 数据库中创建新表的 SQL 语句是________。

三、思考题

1. 查询的作用是什么?与表相比,查询有什么优点?

2. 筛选和查询的区别是什么?

3. SQL 中的数据更新包括哪几种?它们的语句格式分别是什么?

4. 选择查询、交叉表查询和参数查询有什么区别?

5. SELECT 查询命令的作用是什么?SELECT 语句由哪些子句组成?

学习情境6　窗　　体

小明理解了表的创建与维护、表之间关系的创建、查询等知识后，开始动手设计自己的工资管理系统前台可视化界面，即窗体。小明首先需要根据系统的功能需求了解窗体的作用和分类后，才能创建各种不同类型的窗体，并通过控件来美化窗体，增加窗体的功能。在本学习情境中，大家将学习创建窗体的方法、窗体中常用控件的使用及窗体外观设计。

教学目标

◇ 了解窗体的作用及分类。

◇ 了解窗体的组成结构。

◇ 掌握使用向导创建窗体的方法。

◇ 掌握使用窗体设计视图创建窗体的方法。

◇ 掌握窗体中常用控件的属性设置和使用方法。

◇ 掌握窗体外观设计的方法。

“窗体”对象是数据库与用户进行交互操作的界面，其数据源可以是“表”对象、“查询”对象和 SQL 语句。一般情况下，用户不直接操作表，而是通过窗体来实现对数据的显示、添加、修改、删除等操作，这样做可以更直观、方便地显示数据，使用户查看、编辑数据既简单又容易掌握。

任务1　了解窗体的作用和分类

【课堂案例 6.1】　使用窗体向导自动创建用于显示职工基本信息的窗体。

解决方案：

步骤 1：选择“创建”选项卡，单击功能区“窗体”组中的“窗体向导”按钮，启动窗体向导，如图 6.1 所示。

步骤 2：在弹出的窗体向导中，从“表/查询”下拉列表框中选择“表：职工表”选项，从“可用字段”列表框中选择“职工编号”“姓名”“性别”“婚否”“出生日期”和“电话”字段,添加到“选定字段”列表框中,如图6.2所示。

图6.1　启动窗体向导

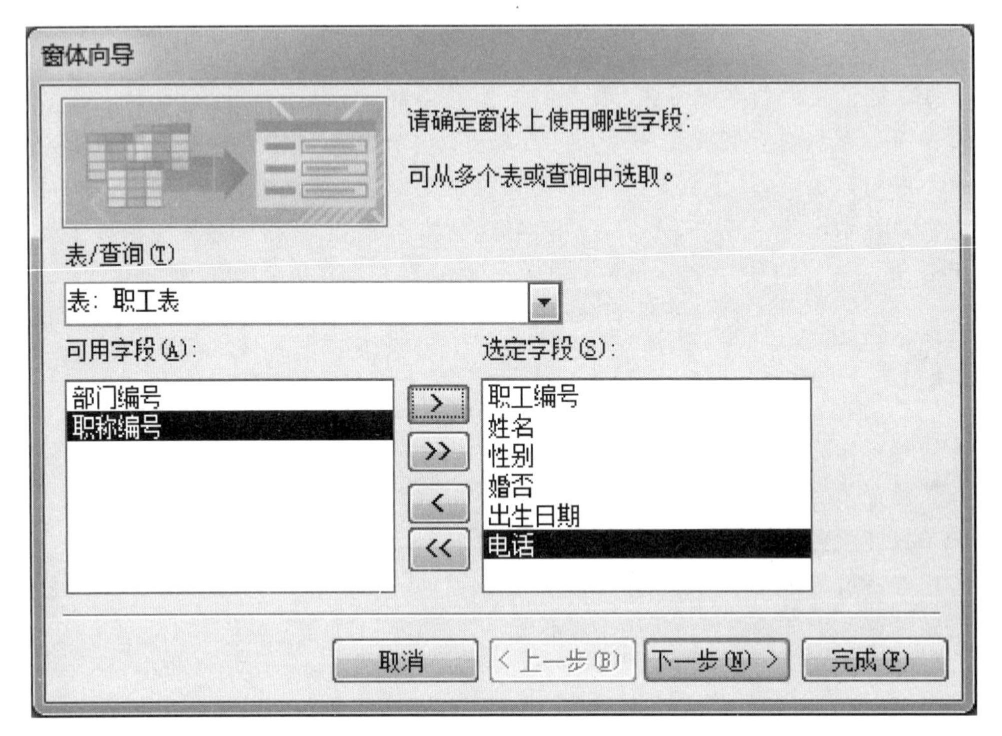

图6.2　选择表和字段

(1) > :将选中的单个字段从“可用字段”列表框添加到“选定字段”列表框中。

(2) >> :将“可用字段”列表框中的所有字段添加到“选定字段”列表框中。

(3) < :将选中的单个字段从“选定字段”列表框添加到“可用字段”列表框中,即删除已选中的字段。

(4) << :将“选定字段”列表框中的所有字段添加到“可用字段”列表框中,即删除所有已选中的字段。

步骤3:单击“下一步”按钮,选择“纵栏式”方式作为窗体中控件的布局方式,如图6.3所示。

步骤4:单击“下一步”按钮,输入窗体的标题为“职工基本信息”,此标题也作为窗体的名称,同时选择“打开窗体查看或输入信息”单选按钮,如图6.4所示。

步骤5:单击“完成”按钮,查看窗体视图下的显示效果,如图6.5所示。

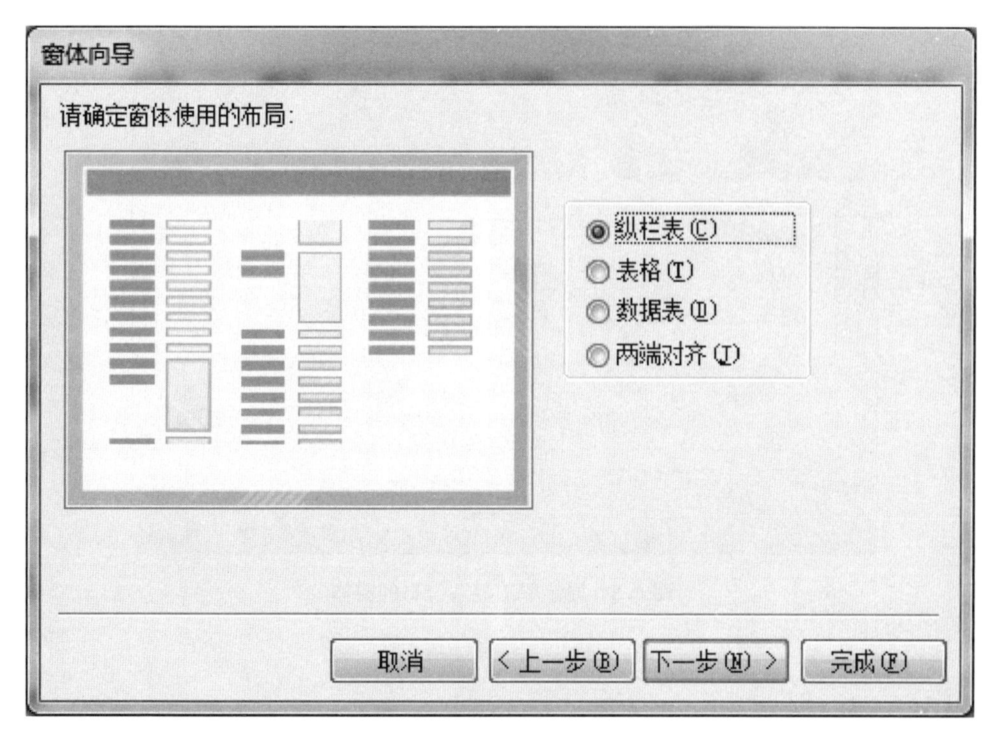

图 6.3　选择窗体的布局方式

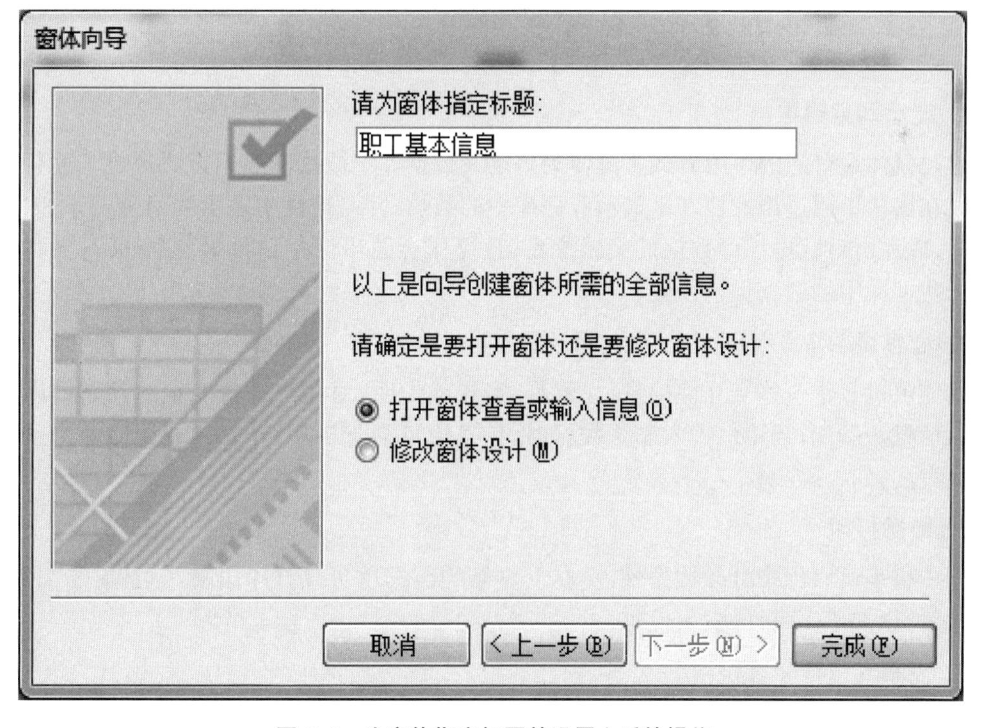

图 6.4　为窗体指定标题并设置之后的操作

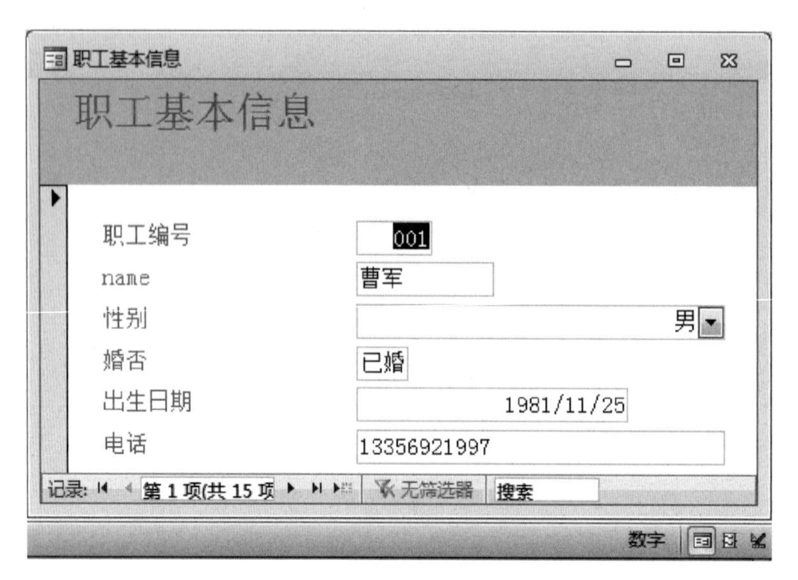

图 6.5　显示职工基本信息的窗体

6.1.1　窗体的作用

1. 显示和编辑数据

这是窗体最普遍的应用方式。窗体为自定义数据库中数据的表示方式提供了途径。用户可以在窗体中通过添加控件来显示数据库中的数据,并对控件中显示的值进行添加、修改和删除,以完成对数据库中数据的编辑操作,且操作会同步保存到数据表中,通过级联操作使整个数据库中的数据保持一致。

2. 信息显示

窗体可以显示一些交互性信息,如解释、警告或说明,对用户即将发生的动作给出警告和提示信息。例如,当用户输入非法数据时,信息窗口会告诉用户“输入错误”,并提示正确的输入方法。

3. 数据打印

除了报表可以用来打印数据外,窗体上显示的数据也可以打印出来,但是需要为“命令按钮”控件添加单击事件,输入代码。

4. 控制应用程序流程

窗体上可以放置各种“命令按钮”控件。通过窗体上的“命令按钮”控件将各种对象紧密结合起来,从而实现通过“命令按钮”控件对其他对象的操作,还可以与“宏”对象、“模块”对象一起配合使用,来引导过程动作的流程。例如,利用“命令按钮”控件实现打开窗体、打印报表、运行查询等操作。

6.1.2　窗体的分类

1. 纵栏式窗体

纵栏式窗体的界面如图 6.6 所示。布局非常清晰，每次只显示一条记录，记录中的每一个字段都占用独立的一行，并且通过窗体下方的记录导航按钮可以查看记录源中的其他记录信息。

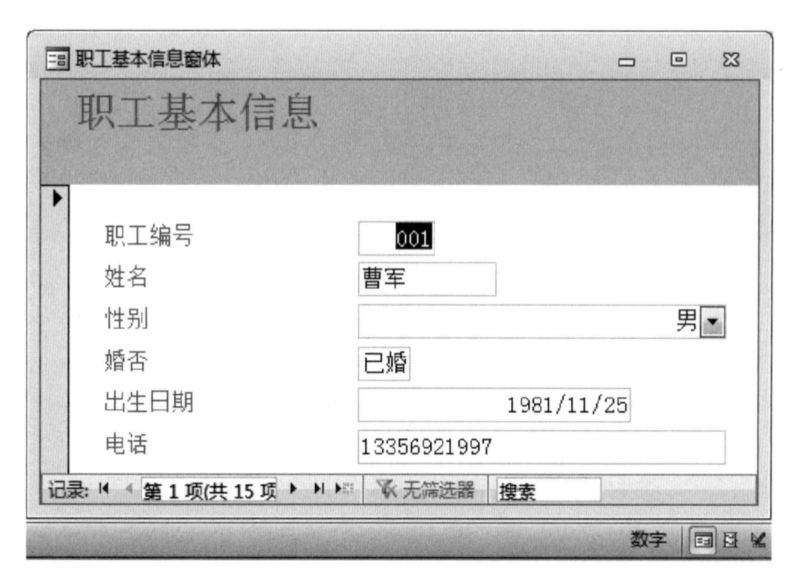

图 6.6　纵栏式窗体

2. 表格式窗体

表格式窗体的界面如图 6.7 所示，可以在一个窗体中显示多条记录，又称为连续窗体。所有的字段名称出现在窗体的顶端。

部门信息窗体

部门信息

部门编号	部门名称	部门电话
101	人事部	0551-5659222
102	市场部	0551-1234568
103	开发部	0551-7894561
104	服务部	0551-7894562
105	行政部	0551-5658132
106	外协部	0551-5659220

记录: 第 1 项(共 6 项)　无筛选器　搜索

数字

图 6.7　表格式窗体

3. 数据表窗体

数据表窗体的界面如图 6.8 所示。数据表窗体实质就是窗体的数据表视图,每条记录显示为一行,所有的字段名称出现在窗体的顶端,每个字段显示为一列。

奖惩机制窗体

奖惩类型编号	奖惩名称	金额
F1	迟到罚款	￥50
F2	早退罚款	￥50
F3	旷工一天罚款	￥100
J1	一般项目奖	￥1,000
J2	重点项目奖	￥2,000
J3	年度先进个人奖	￥500
J4	月优秀标兵	￥200

记录: 第 1 项(共 7 项) 无筛选器 搜索

数字

图 6.8　数据表窗体

4. 主/子窗体

主/子窗体主要用于显示表之间具有一对多关系的数据。若在主窗体中采用嵌入的方式显示子窗体,称为嵌入式子窗体,界面如图 6.9 所示。若采用单独的窗体显示,当单击主窗体中的"命令按钮"控件时弹出该窗体,称为弹出式子窗体,界面如图 6.10 所示。主窗体显示一对多关系中"一"方的数据表中的数据,一般采用纵栏式窗体。子窗体显示一对多关系中"多"方的数据表中的数据,一般采用数据表窗体或表格式窗体。

图 6.9　嵌入式子窗体

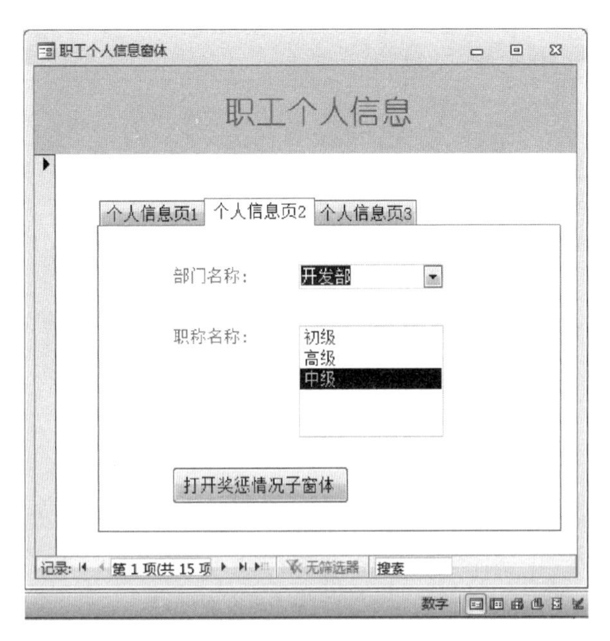

图 6.10　弹出式子窗体

5. 数据透视窗体

数据透视窗体分为数据透视表窗体和数据透视图窗体。数据透视表窗体的界面如图 6.11 所示。可以根据行字段和列字段的排列方式以及选用的计算方法，汇总大量交叉式的数据，以便进行交互式数据分析。数据透视图窗体的界面如图 6.12 所示。可以利用图表的方式显示汇总信息，以便直观地进行数据对比。

各部门男、女职称固定工资之和窗体

将筛选字段拖至此处

		部门名称						
		服务部	开发部	人事部	市场部	外协部	行政部	总计
性别	职称名称	固定工资	固定工资	固定工资	固定工资	固定工资	固定工资	固定工资 的和
男	初级			¥2,600.00		¥2,600.00		¥7,800.00
				¥2,600.00				
				¥5,200.00		¥2,600.00		
	高级				¥6,200.00	¥6,200.00		¥12,400.00
					¥6,200.00	¥6,200.00		
	中级		¥3,800.00					¥7,600.00
			¥3,800.00					
			¥7,600.00					
	汇总		¥7,600.00	¥5,200.00	¥6,200.00	¥8,800.00		¥27,800.00
女	初级	¥2,600.00		¥2,600.00	¥2,600.00		¥2,600.00	¥13,000.00
							¥2,600.00	
		¥2,600.00		¥2,600.00	¥2,600.00		¥5,200.00	
	高级		¥6,200.00					¥6,200.00
			¥6,200.00					
	中级	¥3,800.00				¥3,800.00		¥7,600.00
		¥3,800.00				¥3,800.00		
	汇总	¥6,400.00	¥6,200.00	¥2,600.00	¥2,600.00	¥3,800.00	¥5,200.00	¥26,800.00
总计		¥6,400.00	¥13,800.00	¥7,800.00	¥8,800.00	¥12,600.00	¥5,200.00	¥54,600.00

数字

图 6.11　数据透视表窗体

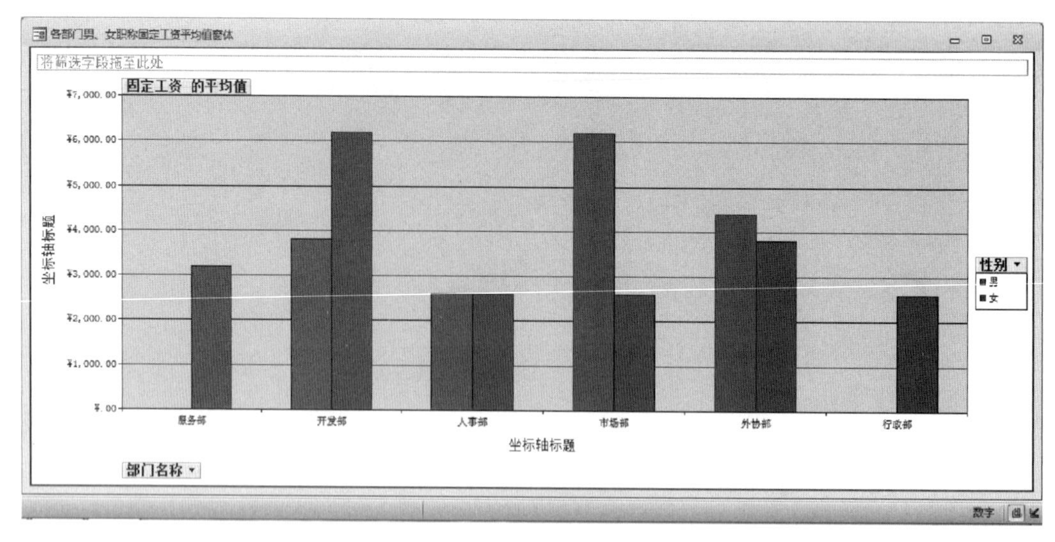

图 6.12　数据透视图窗体

任务 2　创 建 窗 体

【课堂案例 6.2】　创建用于显示职工的职工编号、姓名、性别、职称名称、基本工资、津贴和公积金信息的窗体。要求使用窗体向导创建窗体,并注意创建基于多表的窗体时的显示方式。

解决方案:

步骤 1:选择“创建”选项卡,单击功能区“窗体”组中的“窗体向导”按钮,启动窗体向导。

步骤 2:在弹出的窗体向导中为窗体选择需要的表和需要显示的字段,如图 6.13 所示。

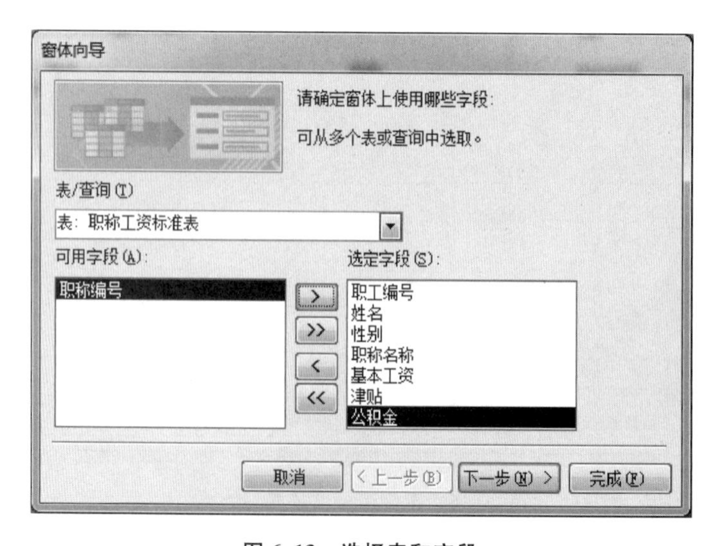

图 6.13　选择表和字段

首先从“表/查询”下拉列表框中选择“表:职工表”选项，从“可用字段”列表框中选择“职工编号”“姓名”和“性别”字段，添加到“选定字段”列表框中。然后从“表/查询”下拉列表框中选择“表:职称工资标准表”选项，从“可用字段”列表框中选择“职称名称”“基本工资”“津贴”和“公积金”字段，添加到“选定字段”列表框中。

步骤3:单击“下一步”按钮，在弹出的界面中选择“职称工资标准表”方式查看数据，并将“职工表”中的数据以“带有子窗体的窗体”方式显示，如图6.14所示。

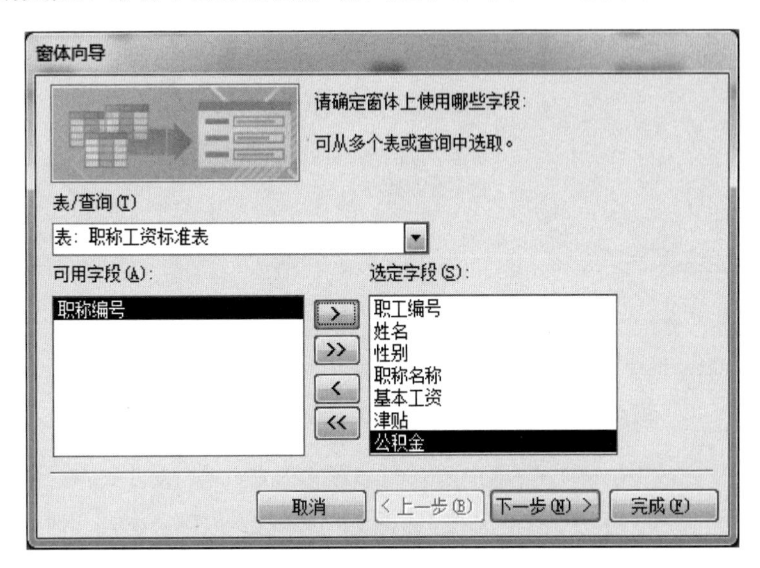

图6.14　选择查看数据的方式

(1) 带有子窗体的窗体:将“职工表”中的数据以“嵌入式子窗体”的方式显示。

(2) 链接窗体:将“职工表”中的数据以“弹出式子窗体”的方式显示。

步骤4:单击“下一步”按钮，在弹出的界面中选择“数据表”单选按钮，如图6.15所示。

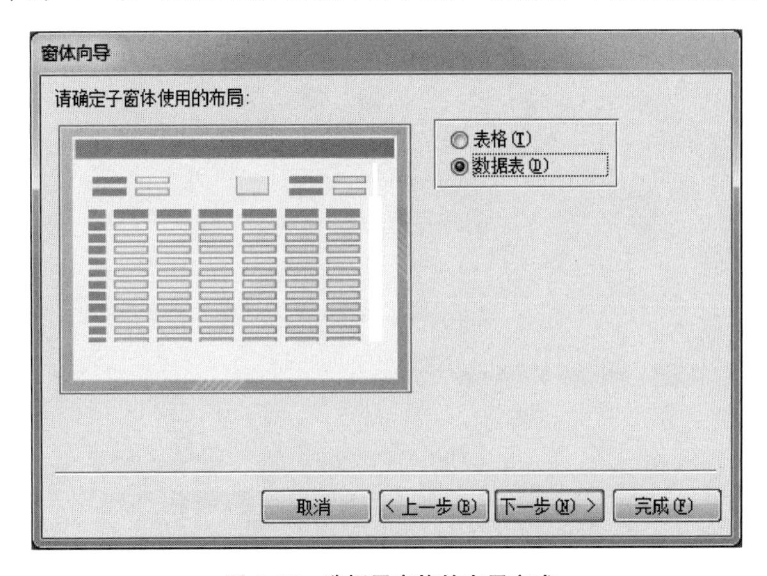

图6.15　选择子窗体的布局方式

步骤5:单击“下一步”按钮，在弹出的界面中为生成的窗体和子窗体输入标题信息，这里分别输入“职称工资标准”和“职工 子窗体”,并选择“打开窗体查看或输入信息”单选按钮,如图 6.16 所示。

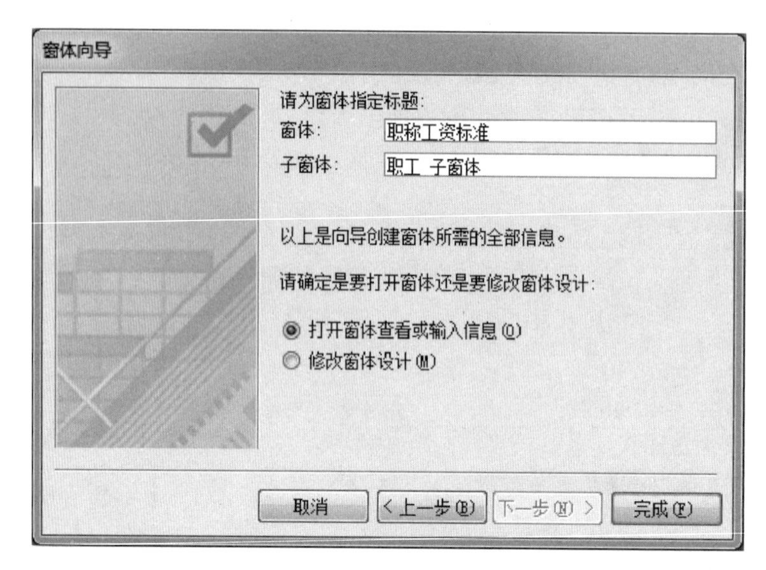

图 6.16 为窗体和子窗体指定标题并设置之后的操作

步骤 6:单击“完成”按钮,得到用户要求的显示多个表中数据的窗体。窗体视图下在子窗体的“职工编号”下拉列表中选择“升序”选项,实现按职工编号从小到大的顺序显示当前窗体中的所有记录,如图 6.17 所示。

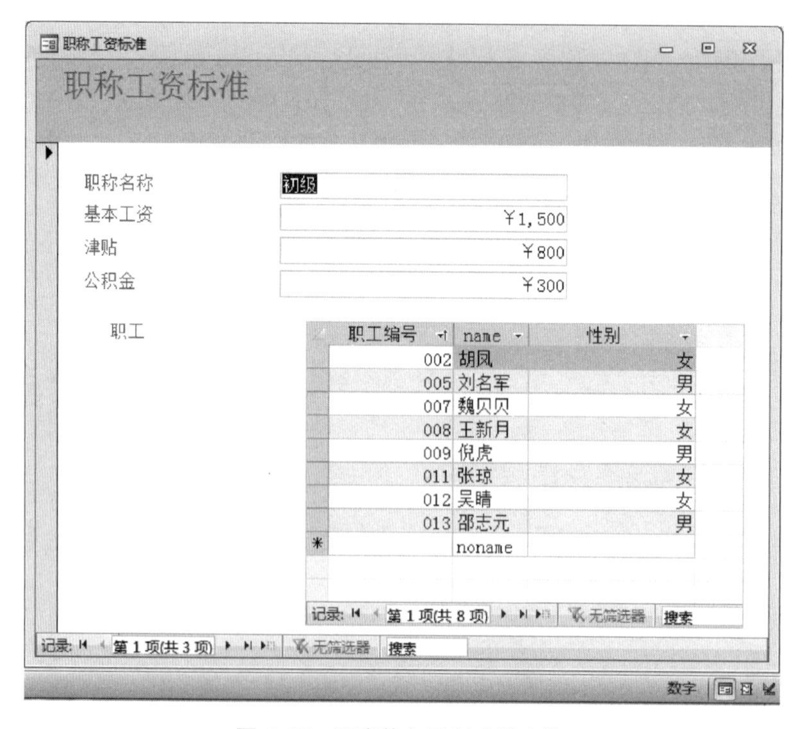

图 6.17 用窗体向导创建的窗体

【课堂案例 6.3】 创建用于显示职工的职工编号、姓名、性别、职称名称、基本工资、津贴和公积金信息的窗体。要求使用设计视图创建窗体,并注意各组成部分的添加、控件的添加、窗体页眉节属性的设置。

解决方案:

步骤1:选择"创建"选项卡,单击功能区"窗体"组中的"窗体设计"按钮,启动设计视图,如图6.18所示,生成一个只包含主体节的空白窗体。

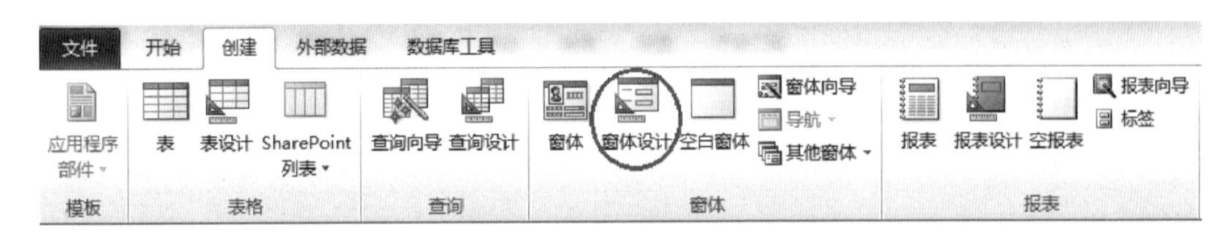

图6.18 启动设计视图

步骤2:在主体节中的空白区域右击鼠标,从弹出的快捷菜单中选择"窗体页眉/页脚"命令,添加窗体页眉节和窗体页脚节,得到如图6.19所示的窗体。

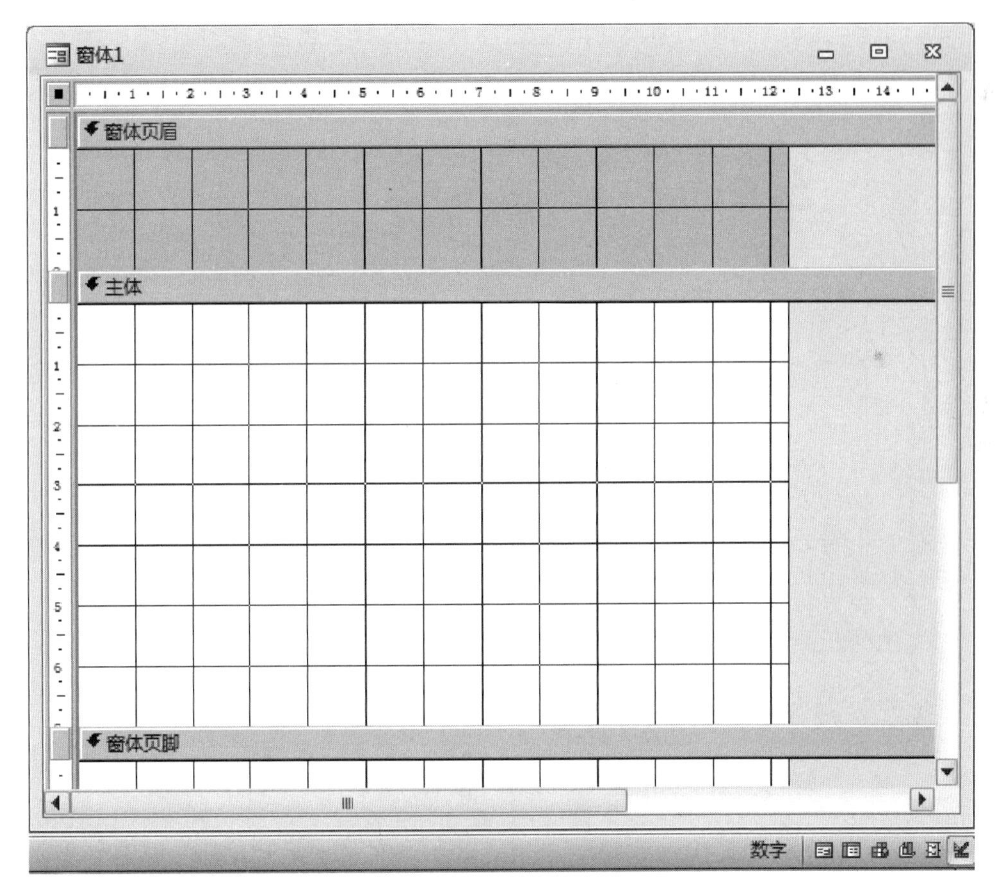

图6.19 设计视图下的空白窗体

下面用两种方法(步骤3或步骤4)将所需字段添加到主体节。

步骤3:首先为窗体添加记录源。然后启动"字段列表"任务窗格,选中所需字段添加到主体节。

步骤 3.1:打开窗体的属性表,选择“数据”选项卡,将“记录源”属性修改为以下 SQL 语句:

SELECT 职工表.职工编号, 职工表.姓名, 职工表.性别, 职称工资标准表.职称名称, 职称工资标准表.基本工资, 职称工资标准表.津贴, 职称工资标准表.公积金 FROM 职称工资标准表 INNER JOIN 职工表 ON 职称工资标准表.职称编号 = 职工表.职称编号。

步骤 3.2:选择“窗体设计工具”→“设计”选项卡,单击功能区“工具”组中的“添加现有字段”按钮,启动“字段列表”任务窗格,如图 6.20 所示。

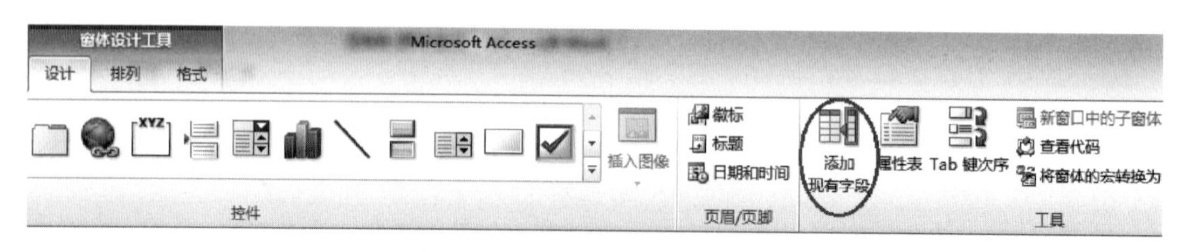

图 6.20 启动“字段列表”任务窗格

步骤 3.3:步骤 3.1 选中的字段会出现在“字段列表”任务窗格,如图 6.21 所示。

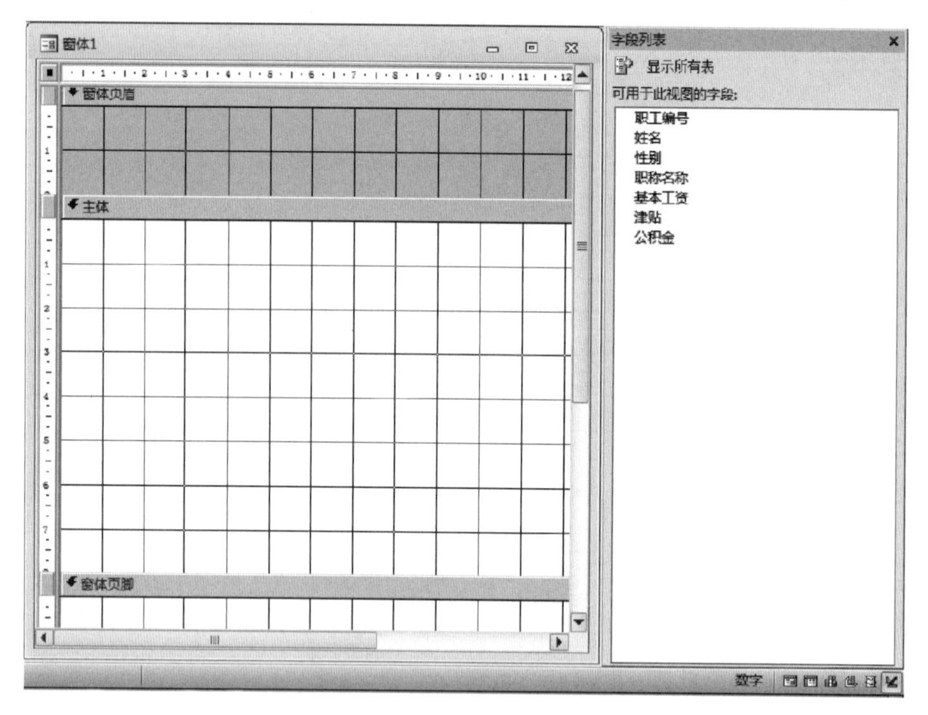

图 6.21 “字段列表”任务窗格

步骤 3.4:在“字段列表”任务窗格中,按住“Shift”键的同时通过鼠标左键单击选中所有的字段,然后释放“Shift”键,按住鼠标左键在主体节中选择合适的位置,然后释放鼠标左键,便可将字段全部添加到主体节,如图 6.22 所示。

步骤 4:或在“字段列表”任务窗格中单击“显示所有表”按钮,直接通过鼠标左键单击选中所需字段,按住鼠标左键在主体节中选择合适的位置,然后释放鼠标左键,便可将所需字段一个一个地添加到主体节,如图 6.23 所示。这时,系统会根据所选字段自动为窗体的“记录源”属性添加 SQL 语句。

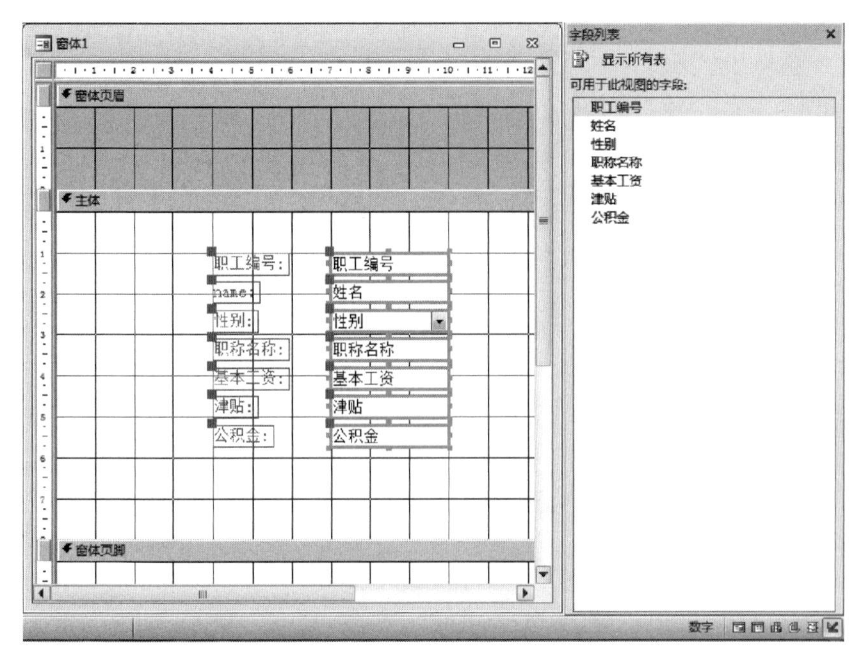

图 6.22 添加所有字段到主体节

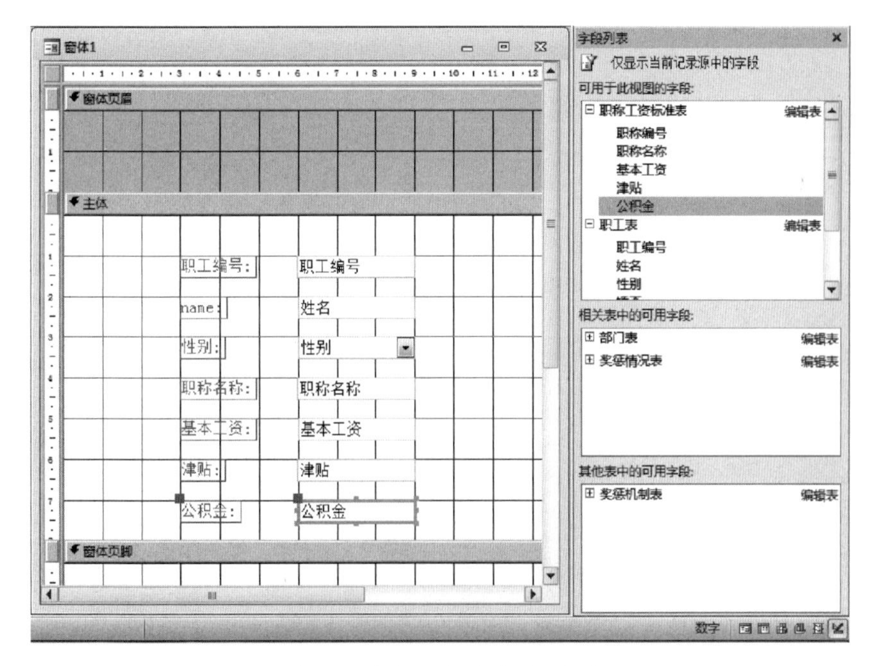

图 6.23 添加所需字段到主体节

（1）若同时添加多个相邻的字段，则按住“Shift”键的同时通过鼠标左键单击选中多个相邻的字段。

（2）若同时添加多个不相邻的字段，则按住“Ctrl”键的同时通过鼠标左键单击选中多个不相邻的字段。

步骤 5:在窗体页眉节添加标题信息。选择“窗体设计工具”→“设计”选项卡,单击功能区“控件”组中的“标签”按钮,在窗体页眉节中选择合适的位置添加一个“标签”控件,如图 6.24 所示,并输入内容“职工职称工资标准”。

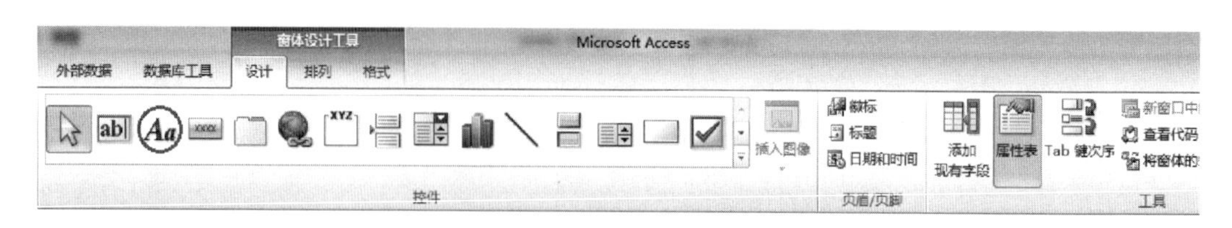

图 6.24　添加“标签”控件

步骤 6:修改“标签”控件的属性。选中“标签”控件,单击功能区“工具”组中的“属性表”按钮,打开标签的属性表。选择属性表的“格式”选项卡,将“字号”属性设置为“20”,将“前景色”属性设置为“#ED1C24(红色)”,并用鼠标右键单击该“标签”控件,从弹出的快捷菜单中选择“大小”→“正好容纳”命令来调整标签的大小。此时,设计视图下“标签”控件的属性设置如图 6.25 所示。

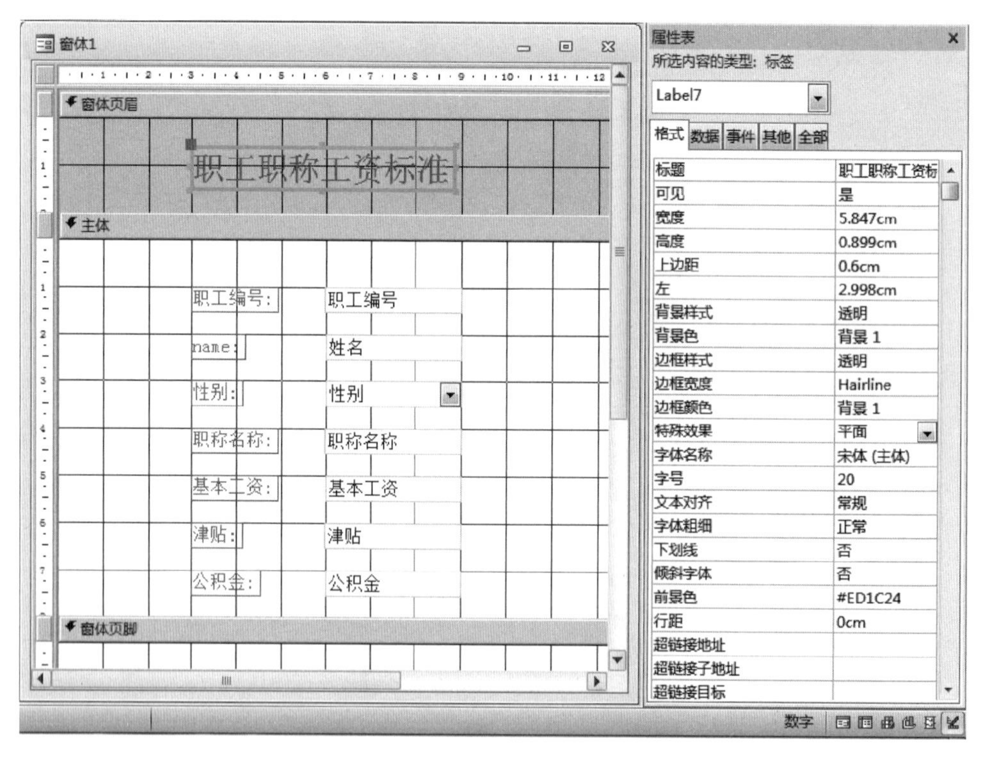

图 6.25　“标签”控件的属性设置

步骤 7:修改窗体页眉节的背景色。单击窗体页眉节中的空白区域,打开窗体页眉节的属性表。选择属性表的“格式”选项卡,将“背景色”属性设置为“#FFF200(黄色)”。此时,设计视图下窗体页眉节的属性设置如图 6.26 所示。

步骤 8:适当调整主体节和窗体页脚节的高度,并单击功能区“视图”组中的“视图”按钮下方的下拉按钮,从下拉列表中选择“窗体视图”选项,或单击状态栏右下角中的“窗体视图”按钮,如图 6.27 所示,切换到窗体视图下查看显示的结果。

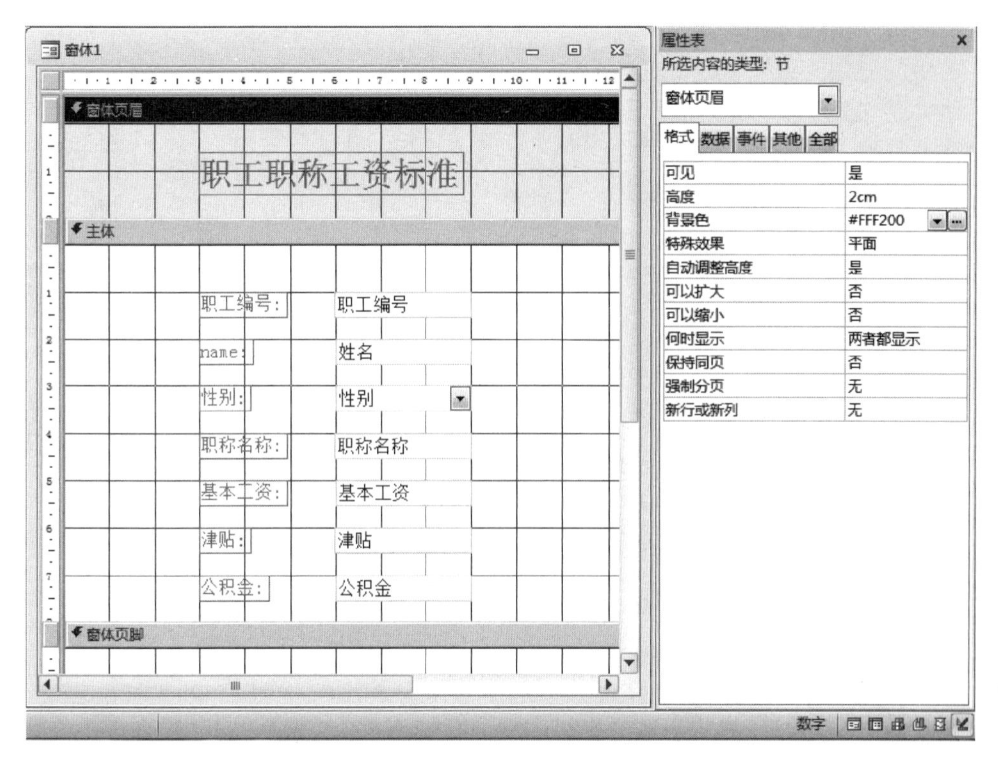

图 6.26　窗体页眉节的属性设置

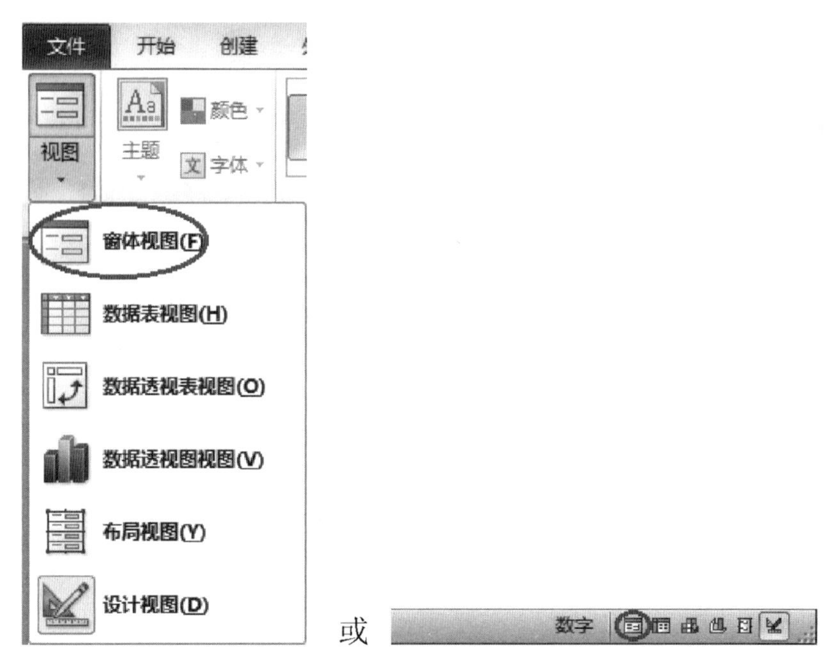

图 6.27　切换窗体视图

步骤 9:在窗体视图下将光标停留在“职工编号”字段文本框中,选择“开始”选项卡,单击功能区“排序和筛选”组中的“升序”按钮 升序,实现按职工编号从小到大的顺序显示记录,如图 6.28 所示。

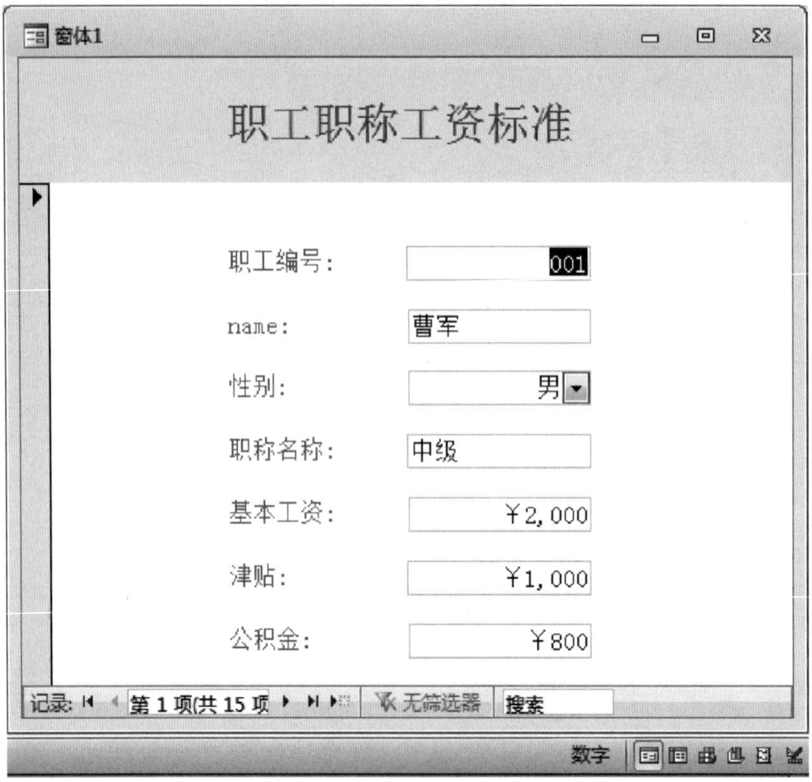

图 6.28　用设计视图创建的窗体

步骤 10:单击快速访问工具栏中的“保存”按钮,保存窗体并命名为“职工职称工资标准窗体”。

6.2.1　使用向导创建窗体

使用窗体向导可以创建以单个或多个表、查询或 SQL 语句为记录源的窗体。使用这种方式创建,只需根据窗体向导的提示来选择记录源、所需字段、布局方式等即可自动创建窗体,但是无法作具体的设置。

使用窗体向导创建窗体对象的步骤如下:

(1) 启动窗体向导。

(2) 为创建的窗体对象选择记录源及所需显示的字段。

(3) 选择查看数据的方式。记录源为单表时忽略此步骤。

(4) 选择窗体(子窗体)使用的布局方式。

(5) 为窗体(子窗体)指定标题并设置之后的操作。

(6) 完成窗体的创建,浏览窗体视图下的显示效果或修改窗体的设计。

此外,还可以使用数据表创建以数据表方式显示的窗体、使用数据透视图创建以图表方式显示统计结果的窗体、使用数据透视表创建以透视表方式显示统计结果的窗体、使用多个项目创建窗体,具体应用见课堂案例6.1、课堂案例6.2。

6.2.2 使用设计视图创建窗体

使用窗体向导创建窗体简单、方便,但窗体向导方式并不能完全满足实际应用的设计需求。因此可以直接使用窗体的设计视图创建窗体,并且可以对使用窗体向导创建的窗体进行修改,以期使用户满意。

使用设计视图创建窗体时,其显示的字段可以来自一个表,当涉及多个表或多个表中数据的统计结果时,可以先创建查询,以查询作为记录源,或直接在窗体的"记录源"属性中输入SQL语句,具体应用见课堂案例6.3。

使用设计视图创建窗体对象的步骤如下:

(1) 启动设计视图。

(2) 根据需要自主添加窗体中除主体节以外的其他组成部分。

(3) 为创建的窗体对象选择记录源,修改窗体属性表中的"记录源"属性为满足需要的表、查询或SQL语句,从"字段列表"任务窗格中选中所需字段,添加到主体节。或在"字段列表"任务窗格中单击"显示所有表"按钮,直接通过鼠标左键单击选中所需字段,添加到主体节。

(4) 对窗体的属性进行修改,得到美观的设计效果。

(5) 完成窗体的创建,浏览窗体视图下的显示效果,最后保存窗体。

窗体的视图有窗体视图、数据表视图、数据透视表视图、数据透视图视图、布局视图和设计视图。

① 窗体视图:可以对记录进行显示、添加、修改、删除等操作。

② 数据表视图:按数据表的方式显示窗体中的字段。

③ 数据透视表视图:按字段的排列方式以及计算方法在水平、垂直方向上汇总数据。

④ 数据透视图视图:按图表的方式显示汇总数据。

⑤ 布局视图:既可以修改窗体的布局,同时还可以查看显示的数据。

⑥ 设计视图:可以修改和设计窗体的结构。

任务3 窗体中常用控件的使用

【课堂案例6.4】 使用设计视图创建用于显示职工的职工编号、姓名、性别、婚否、年龄、部门名称、职称名称和奖惩情况的窗体。要求"性别"用"选项组"和"选项按钮"控件结合显示,"婚否"分别用"复选框"控件、"切换按钮"控件显示,"年龄"由"出生日期"计算得到,"部门名称"用"组合框"控件显示,"职称名称"用"列表框"控件显示,"奖惩情况"分别以"弹出式子窗体”方式、“嵌入式子窗体”方式显示，用“选项卡”控件显示多页内容。

解决方案：

步骤 1：选择“创建”选项卡，单击功能区“窗体”组中的“窗体设计”按钮，生成一个只包含主体节的空白窗体。

步骤 2：在主体节中的空白区域右击，从弹出的快捷菜单中选择“窗体页眉/页脚”命令，添加窗体页眉节和窗体页脚节。

步骤 3：在窗体页眉节添加标题信息。首先选择“窗体设计工具”→“设计”选项卡，单击功能区“控件”组中的“标签”按钮，在窗体页眉节中选择合适的位置添加一个“标签”控件，并输入内容“职工个人信息”。然后选中“标签”控件，单击功能区“工具”组中的“属性表”按钮，打开标签的属性表，选择属性表的“格式”选项卡，将“字体名称”属性设置为“幼圆”，将“字号”属性设置为“20”，将“前景色”属性设置为“＃ED1C24(红色)”，并用鼠标右键单击“标签”控件，从弹出的快捷菜单中选择“大小”→“正好容纳”命令来调整标签的大小。此时，设计视图下“标签”控件的属性设置如图 6.29 所示。

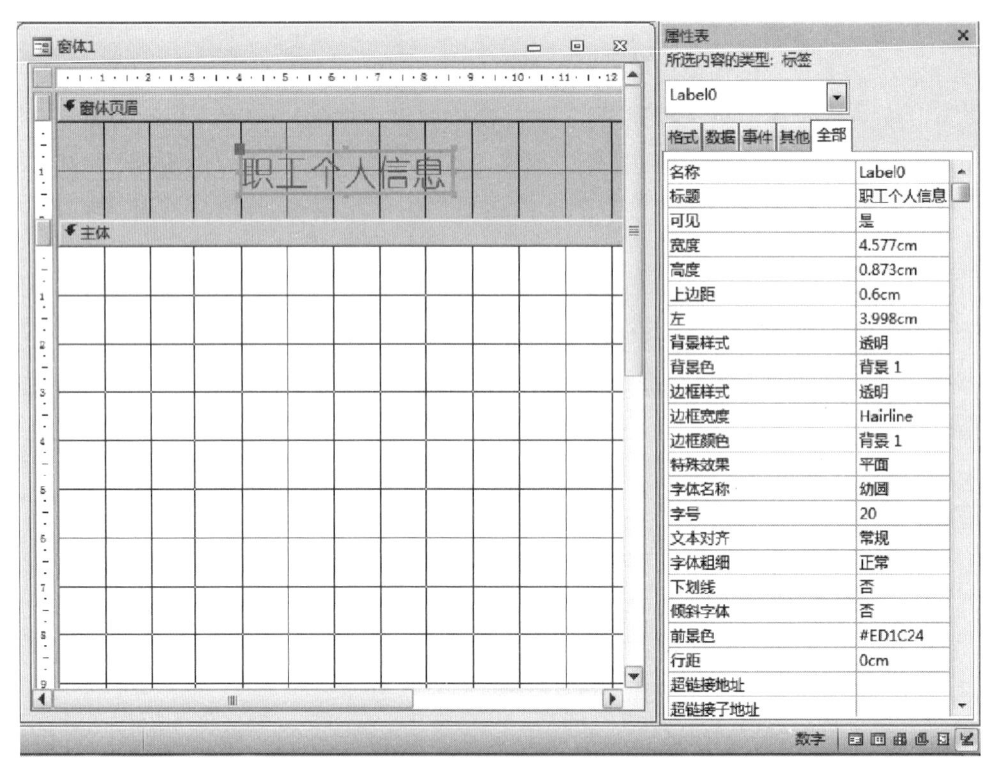

图 6.29　“标签”控件的属性设置

步骤 4：添加“选项卡”控件显示多页内容。首先选择“窗体设计工具”→“设计”选项卡，单击功能区“控件”组中的“选项卡”按钮，在窗体的主体节中选择合适的位置并拖出一个矩形框，此时会默认添加一个具有两页的“选项卡”控件。然后选中页 1 页面，单击功能区“工具”组中的“属性表”按钮，打开页 1 的属性表，将页 1 的“标题”属性设置为“个人信息页 1”。同理，将页 2 的“标题”属性设置为“个人信息页 2”。接着用鼠标右键单击任意位置，从弹出的快捷菜单中选择“插入页”命令，然后将页 3 的“标题”属性设置为“个人信息页 3”。此时，设计视图下“选项卡”控件的属性设置如图 6.30 所示。

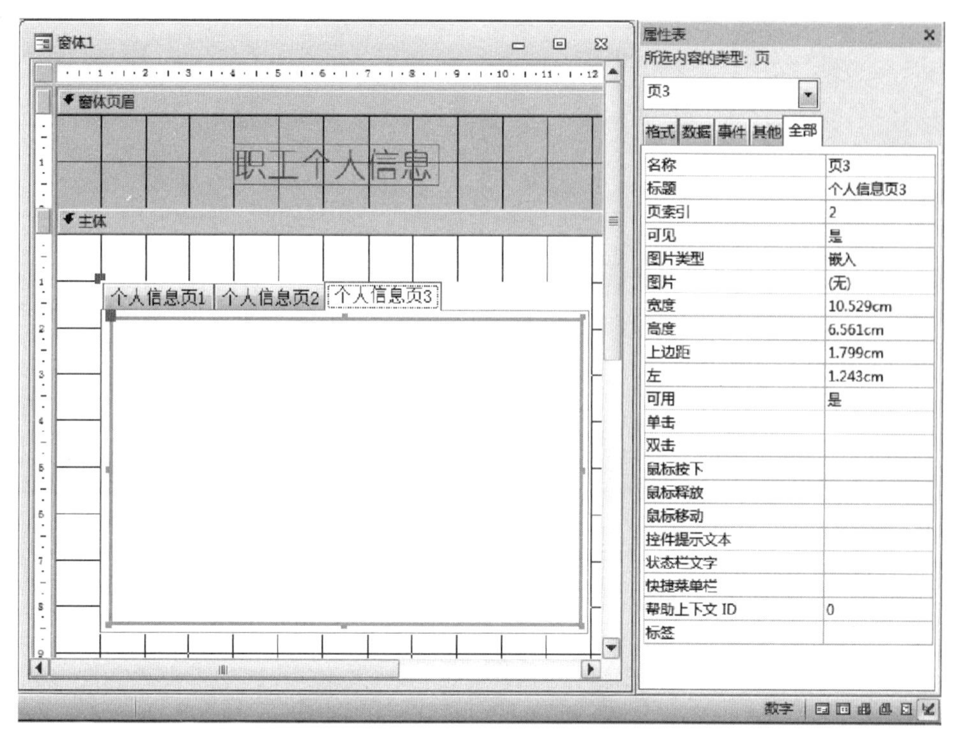

图 6.30　“选项卡”控件的属性设置

步骤 5：创建“职工信息查询”选择查询，作为窗体记录源。选择“创建”选项卡，单击功能区“查询”组中的“查询设计”按钮，此时会自动弹出“显示表”对话框，向查询中添加数据源，这里添加“职工表”“部门表”和“职称工资标准表”，向查询中添加字段，查询设计视图如图 6.31 所示，该查询的运行结果如图 6.32 所示。

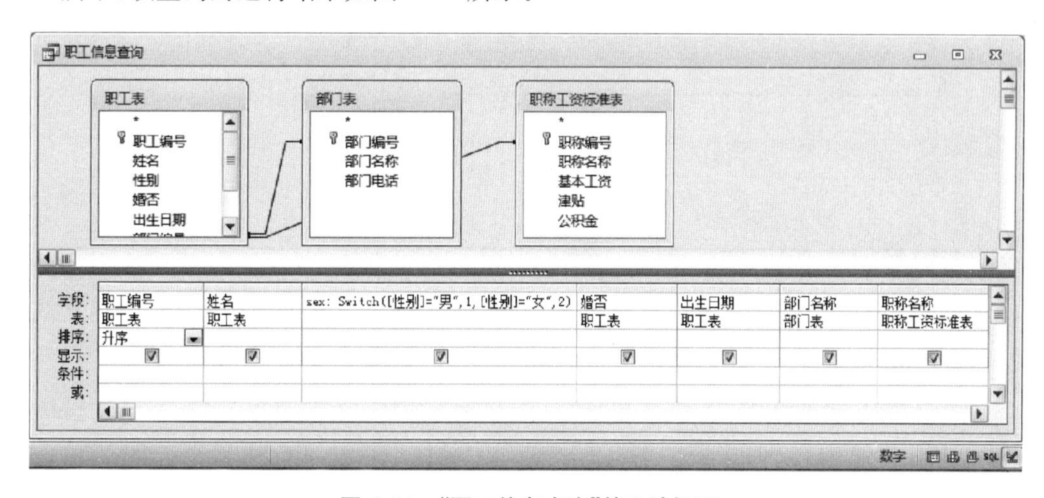

图 6.31　“职工信息查询”的设计视图

(1) Switch([性别]＝"男",1,[性别]＝"女",2)为流程控制函数，表示当“性别”字段值为“男”时，其值为 1；当“性别”字段值为“女”时，其值为 2。

职工信息查询

职工编号	name	sex	婚否	出生日期	部门名称	职称名称
001	曹军	1	已婚	1981/11/25	开发部	中级
002	胡凤	2	未婚	1985/05/19	人事部	初级
003	王永康	1	已婚	1970/01/05	市场部	高级
004	张历历	2	已婚	1981/11/28	外协部	中级
005	刘名军	1	已婚	1983/03/16	人事部	初级
006	张强	1	已婚	1975/02/05	开发部	中级
007	魏贝贝	2	未婚	1987/12/12	行政部	初级
008	王新月	2	未婚	1986/10/25	行政部	初级
009	倪虎	1	未婚	1987/05/06	人事部	初级
010	魏英	2	已婚	1976/05/16	开发部	高级
011	张琼	2	未婚	1990/01/05	服务部	初级
012	吴晴	2	未婚	1990/10/01	市场部	初级
013	邵志元	1	未婚	1988/12/05	外协部	初级
014	何春	1	已婚	1975/06/01	外协部	高级
015	方琴	2	已婚	1976/05/04	服务部	中级

记录: 第 1 项(共 15 项　无筛选器　搜索

图 6.32　数据表视图下的选择查询运行结果

(2) 修改"性别"字段值最简单的方法是直接将"职工表"中"性别"字段的值改为数字,用 1 表示"男",用 2 表示"女"。

步骤 6:打开窗体的属性表,将窗体的"记录源"属性设置为"职工信息查询"。然后选择"窗体设计工具"→"设计"选项卡,单击功能区"工具"组中的"添加现有字段"按钮,显示"字段列表"任务窗格,选择"个人信息页 1"选项卡,将"字段列表"任务窗格中的"职工编号"和"姓名"字段添加到该页上,如图 6.33 所示。

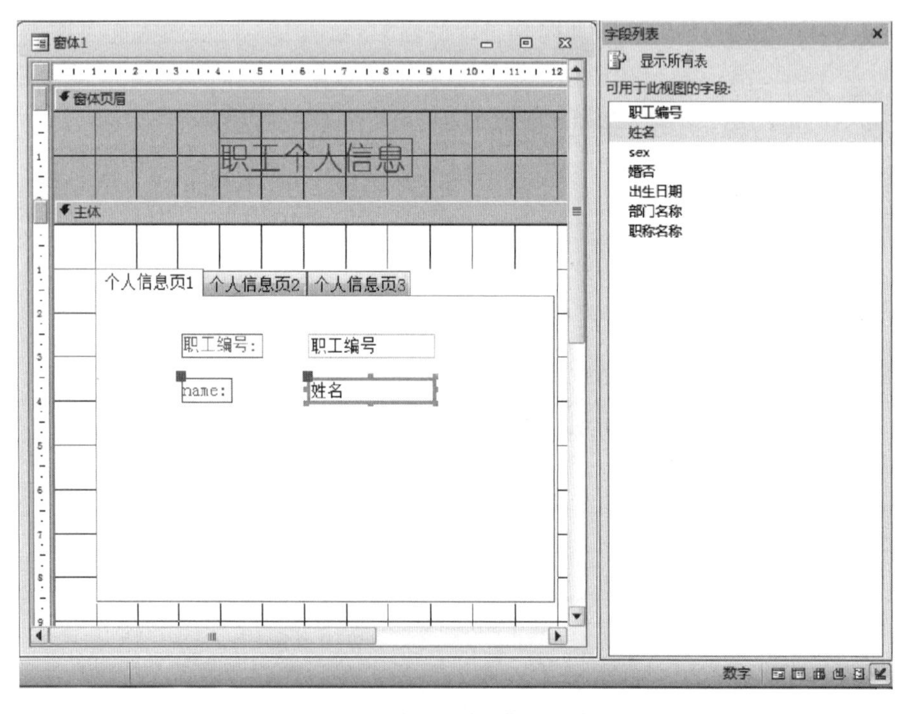

图 6.33　添加"职工编号"和"姓名"字段

步骤 7:添加“选项组”和“选项按钮”控件结合显示“性别”。首先选择“窗体设计工具”→“设计”选项卡,单击功能区“控件”组中的“选项组”按钮,选定位置后添加一个适当大小的“选项组”控件到“个人信息页 1”选项卡中。然后在弹出的“选项组向导”对话框中进行设置,如图 6.34、图 6.35、图 6.36、图 6.37、图 6.38 和图 6.39 所示。此时,设计视图下“选项按钮”控件的属性设置如图 6.40 所示,窗体视图下的显示效果如图 6.41 所示。

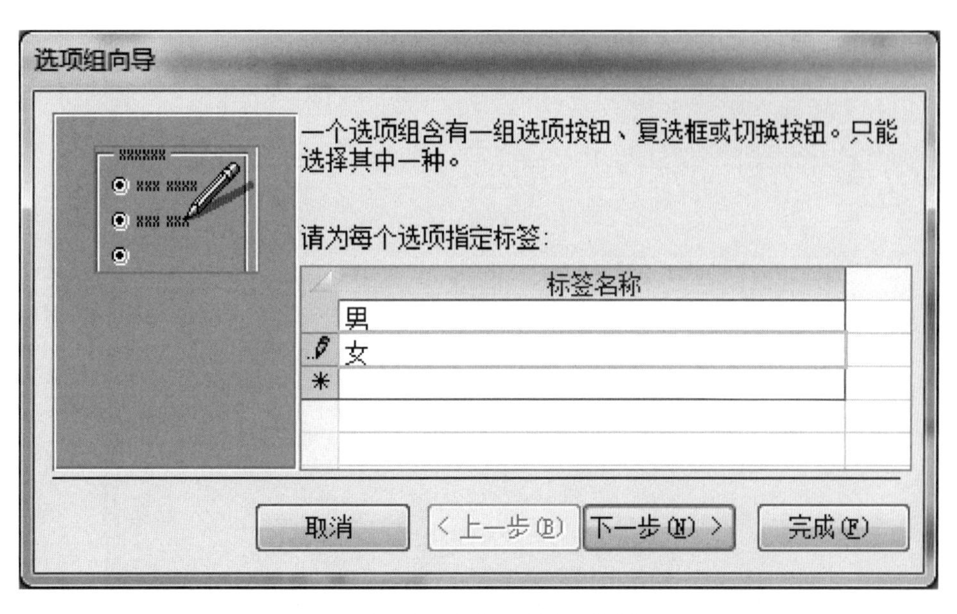

图 6.34　为每个选项指定标签名称

图 6.35　选择是否需要默认选项

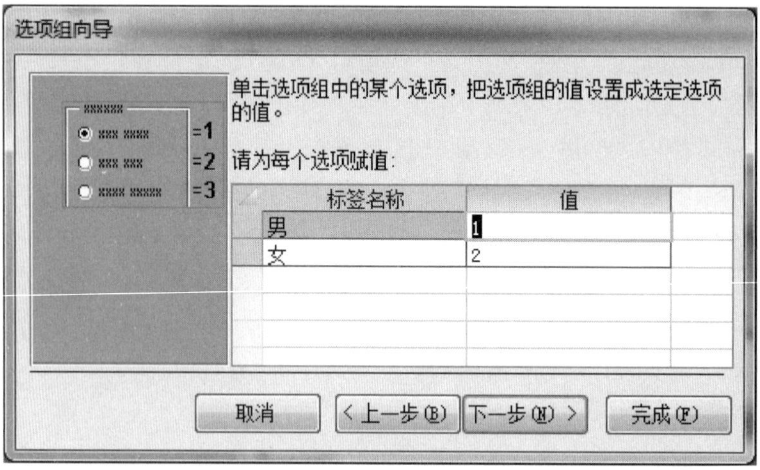

图 6.36　为每个选项赋值

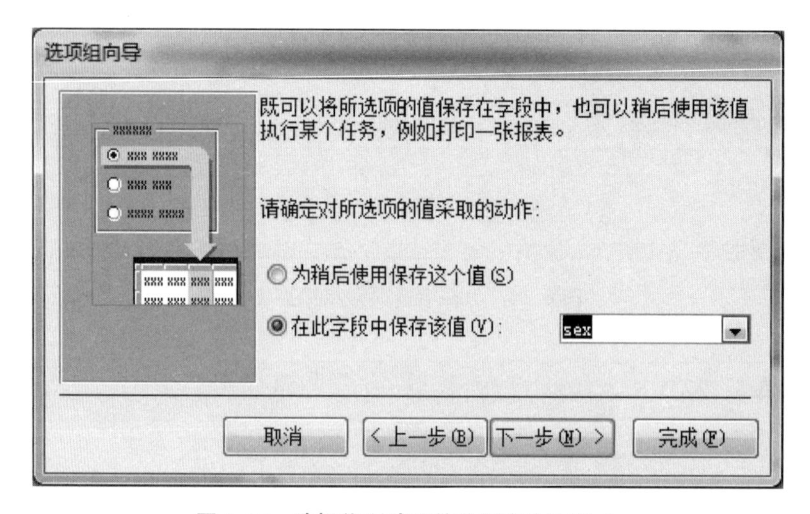

图 6.37　选择将所选项的值保存在字段中

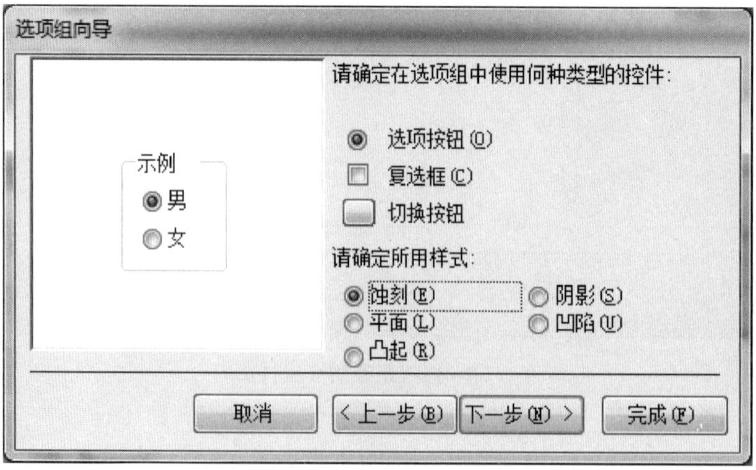

图 6.38　选择所选项的类型和样式

图 6.39　为选项组指定标题

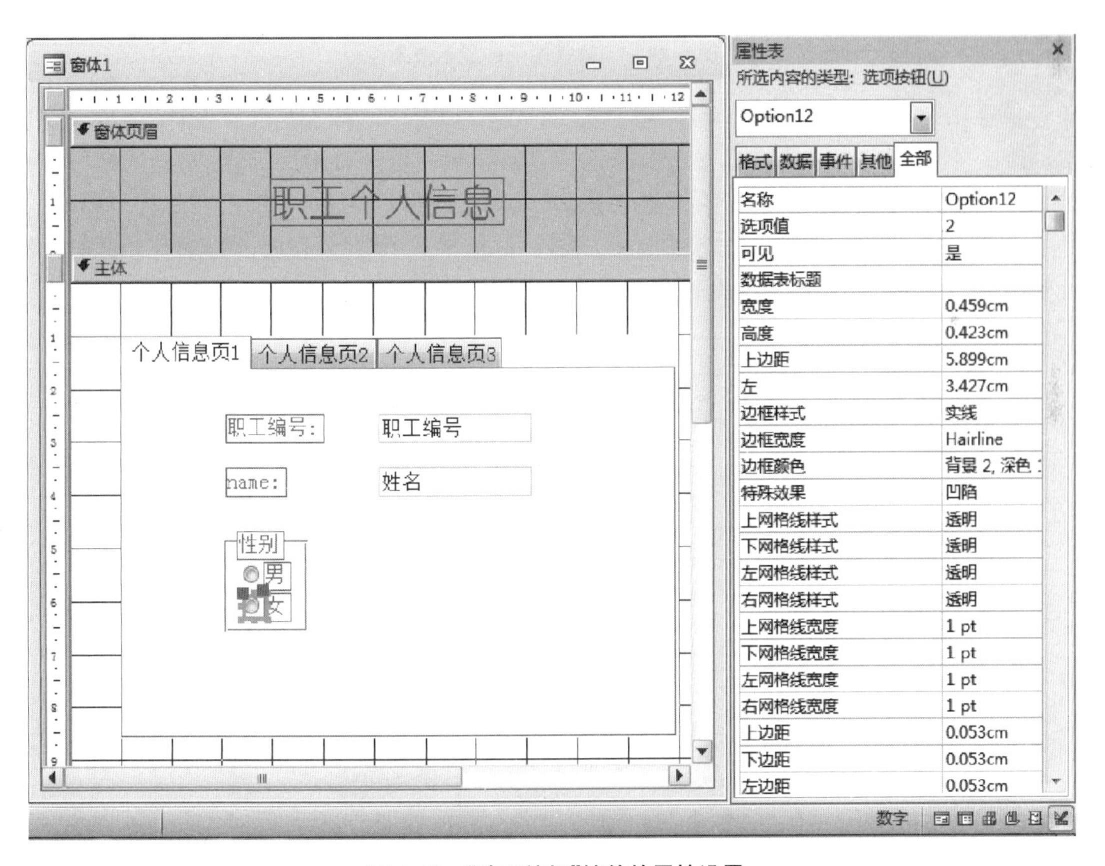

图 6.40　“选项按钮”控件的属性设置

图 6.41　窗体视图下的显示效果

步骤 8:添加“复选框”控件显示“婚否”。首先选择“窗体设计工具”→“设计”选项卡,单击功能区“控件”组中的“复选框”按钮,选定位置后添加一个带有附加标签的“复选框”控件到“个人信息页 1”选项卡中。然后单击功能区“工具”组中的“属性表”按钮,将该控件附加标签的“标题”属性设置为“婚否”,将“复选框”控件的“控件来源”属性设置为“婚否”。此时,设计视图下“复选框”控件的属性设置如图 6.42 所示,窗体视图下的显示效果如图 6.43 所示。

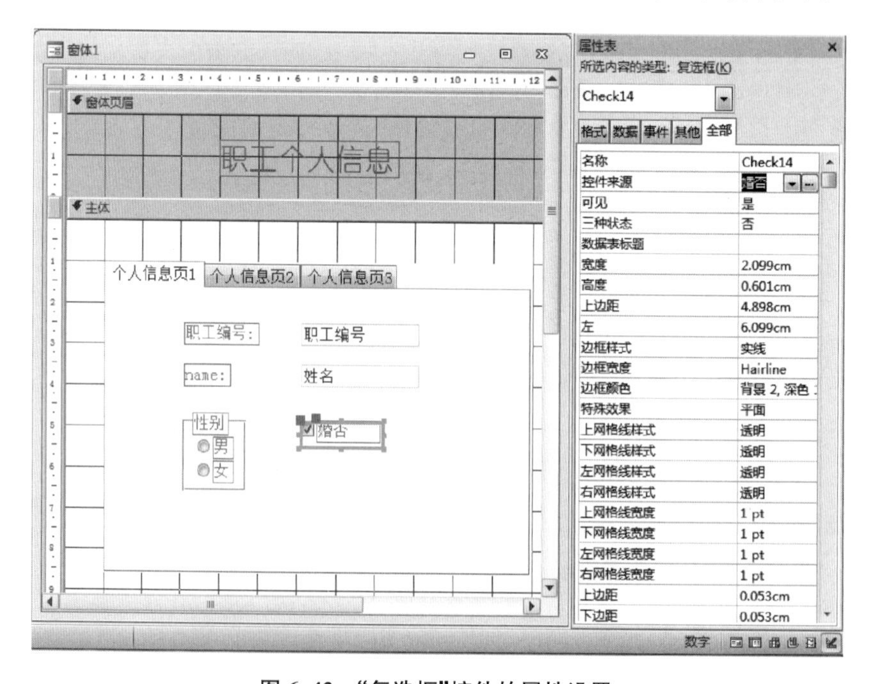

图 6.42　“复选框”控件的属性设置

图 6.43 窗体视图下的显示效果

步骤9:添加“切换按钮”控件显示“婚否”。首先选择“窗体设计工具”→“设计”选项卡,单击功能区“控件”组中的“切换按钮”按钮,选定位置后添加一个适当大小的“切换按钮”控件到“个人信息页1”选项卡中。然后选中“切换按钮”控件,单击功能区“工具”组中的“属性表”按钮,打开切换按钮的属性表,将“标题”属性设置为“婚否”,将“控件来源”属性设置为“婚否”。此时,设计视图下“切换按钮”控件的属性设置如图6.44所示,窗体视图下的显示效果如图6.45所示。

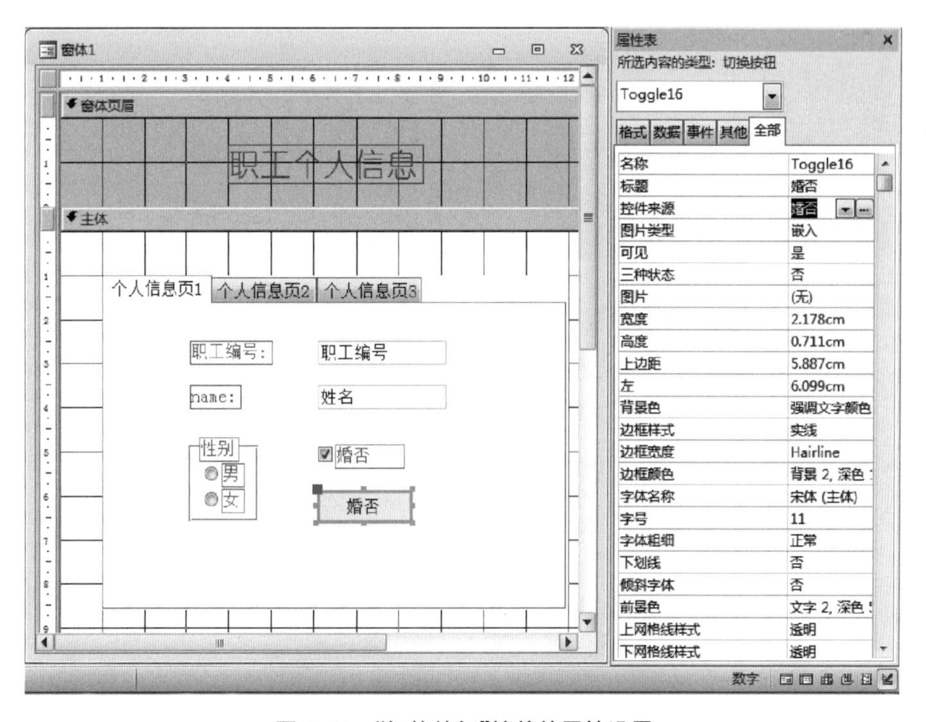

图 6.44 “切换按钮”控件的属性设置

图 6.45　窗体视图下的显示效果

步骤 10:添加“文本框”控件显示“年龄”,“年龄”由“出生日期”计算得到。首先选择“窗体设计工具”→“设计”选项卡,单击功能区“控件”组中的“文本框”按钮,选定位置后添加一个带有附加标签的“文本框”控件到“个人信息页 1”选项卡中,在弹出的“文本框向导”对话框中单击“取消”按钮。然后单击功能区“工具”组中的“属性表”按钮,将该控件附加标签的“标题”属性设置为“年龄:”,将“文本框”控件的“控件来源”属性设置为计算公式“=Year(Date())-Year([出生日期])”。此时,设计视图下“文本框”控件的属性设置如图 6.46 所示,窗体视图下的显示效果如图 6.47 所示。

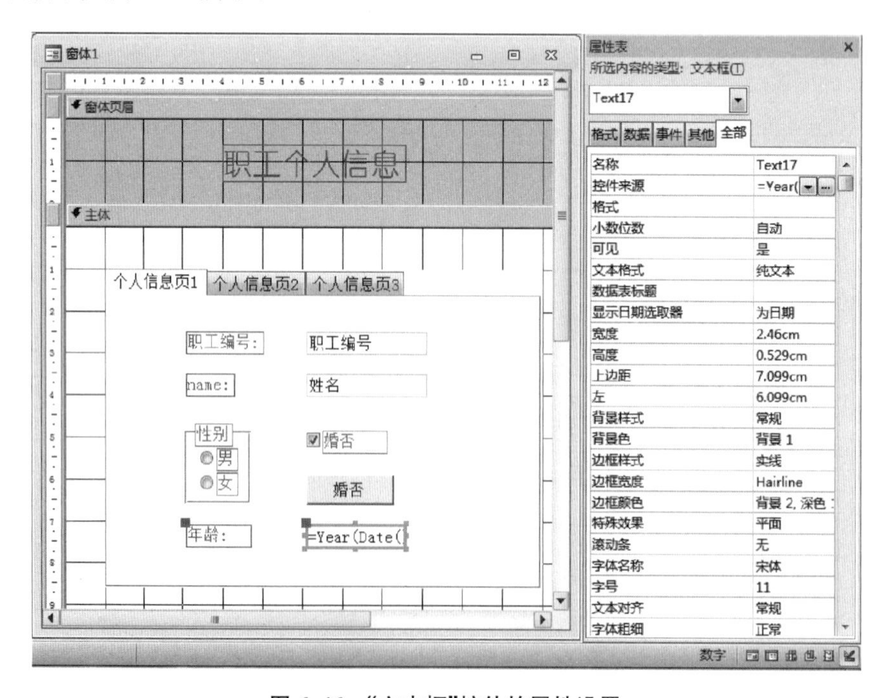

图 6.46　“文本框”控件的属性设置

图 6.47　窗体视图下的显示效果

步骤 11:添加"组合框"控件显示"部门名称"。首先选择"个人信息页 2"选项卡,使其显示在上面。然后选择"窗体设计工具"→"设计"选项卡,单击功能区"控件"组中的"组合框"按钮,选定位置后添加一个带有附加标签的"组合框"控件到"个人信息页 2"选项卡中,在弹出的"组合框向导"对话框中单击"取消"按钮。接着单击功能区"工具"组中的"属性表"按钮,将该控件附加标签的"标题"属性设置为"部门名称:",将"组合框"控件的"控件来源"属性设置为"部门名称",将"组合框"控件的"行来源"属性设置为"SELECT DISTINCT 部门名称 FROM 职工信息查询;"。此时,设计视图下"组合框"控件的属性设置如图 6.48 所示,窗体视图下的显示效果如图 6.49 所示。

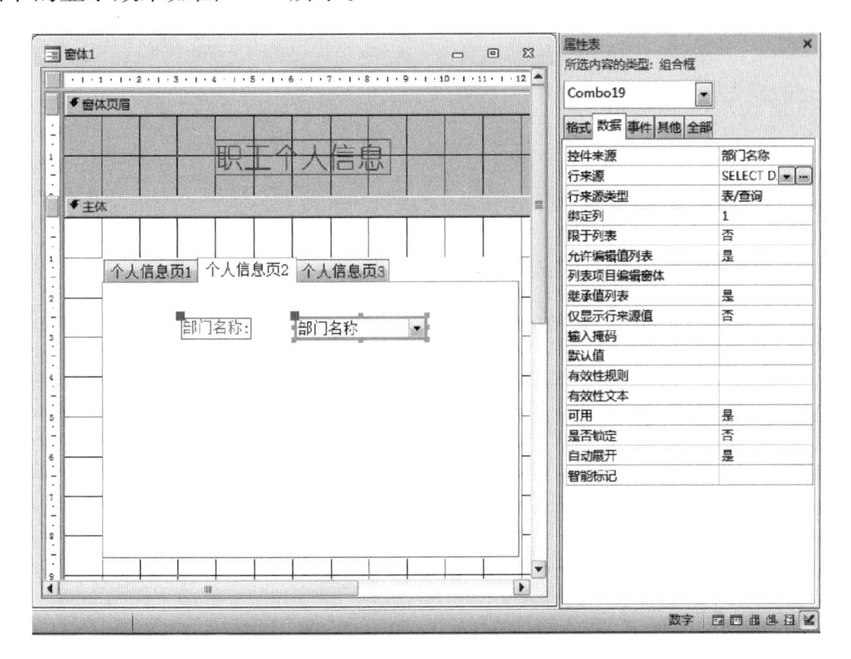

图 6.48　"组合框"控件的属性设置

图 6.49　窗体视图下的显示效果

步骤 12:添加“列表框”控件显示“职称名称”。首先选择“窗体设计工具”→“设计”选项卡,单击功能区“控件”组中的“列表框”按钮,选定位置后添加一个带有附加标签的“列表框”控件到“个人信息页 2”选项卡中,在弹出的“列表框向导”对话框中单击“取消”按钮。然后单击功能区“工具”组中的“属性表”按钮,将该控件附加标签的“标题”属性设置为“职称名称:”,将“列表框”控件的“控件来源”属性设置为“职称名称”,将“列表框”控件的“行来源”属性设置为“SELECT DISTINCT 职称名称 FROM 职工信息查询;”。此时,设计视图下“列表框”控件的属性设置如图 6.50 所示,窗体视图下的显示效果如图 6.51 所示。

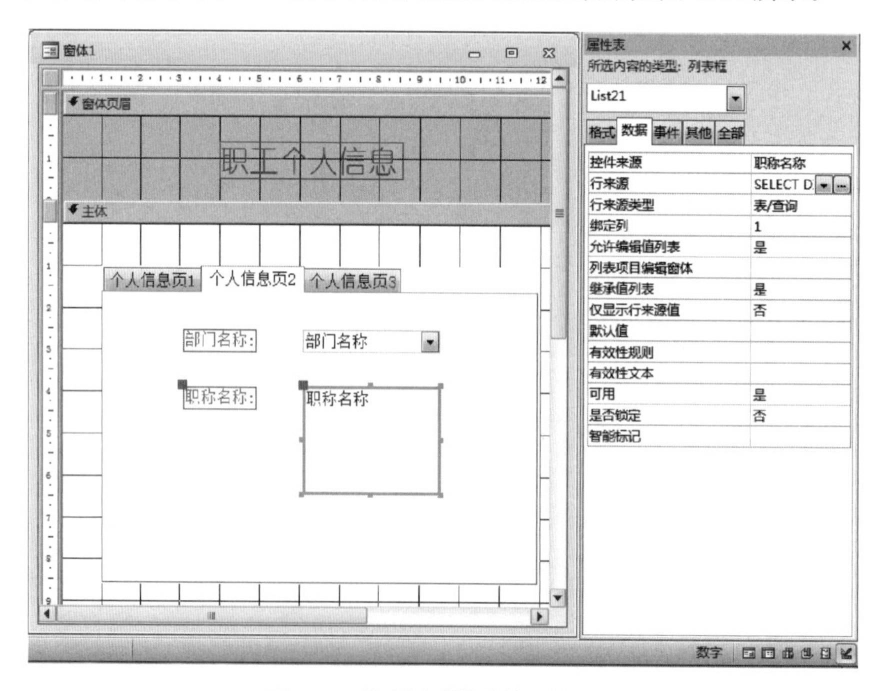

图 6.50　“列表框”控件的属性设置

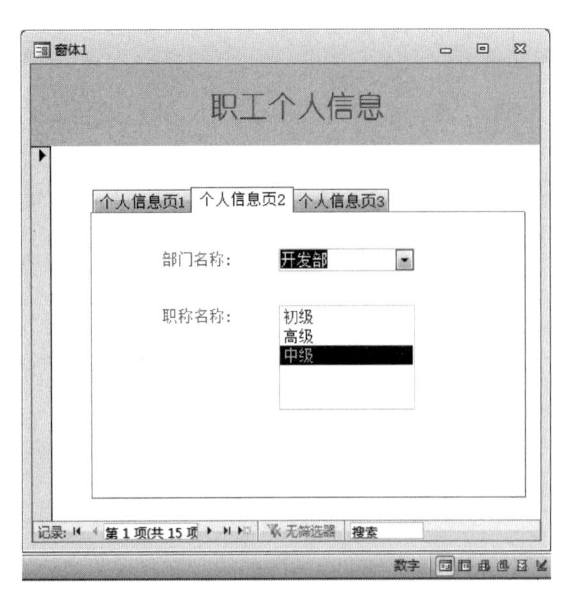

图 6.51　窗体视图下的显示效果

步骤 13:以“弹出式子窗体”方式显示“奖惩情况”。参阅“任务 2　创建窗体”的方法,首先创建一个用于显示奖惩情况的窗体,包括职工编号、奖惩名称、金额和记录日期信息,并保存为“弹出式奖惩情况子窗体”。然后在“使用控件向导”命令处于关闭的状态下选择“窗体设计工具”→“设计”选项卡,单击功能区“控件”组中的“命令按钮”按钮,选定位置后添加一个适当大小的“命令按钮”控件到“个人信息页 2”选项卡。接着选中“命令按钮”控件,单击功能区“工具”组中的“属性表”按钮,打开命令按钮的属性表,将“标题”属性设置为“打开奖惩情况子窗体”,选择“事件”选项卡,单击“单击”属性右侧的“选择生成器”按钮,弹出如图 6.52 所示的对话框,从中选择“代码生成器”选项,在代码窗口中输入代码,如图 6.53 所示。此时,窗体视图下的显示效果如图 6.54 所示,单击“命令按钮”控件后弹出用于显示奖惩情况的窗体,如图 6.55 所示。

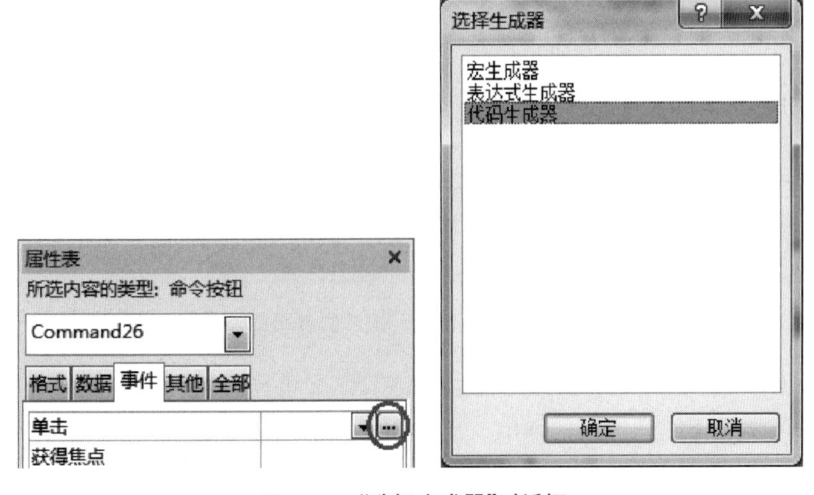

图 6.52　“选择生成器”对话框

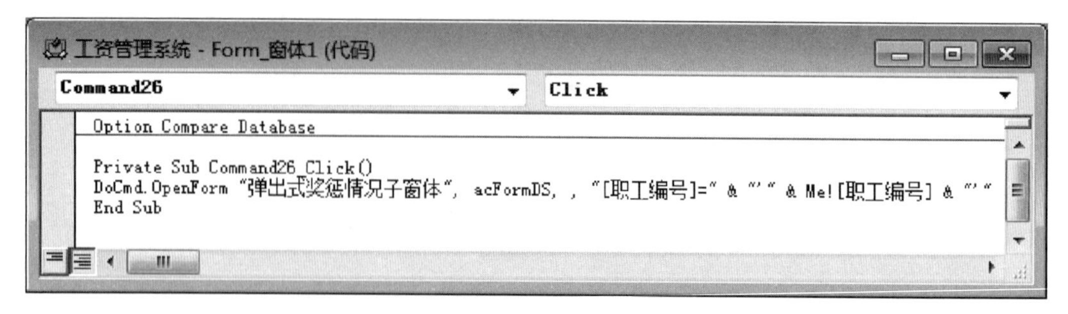

图 6.53　输入代码

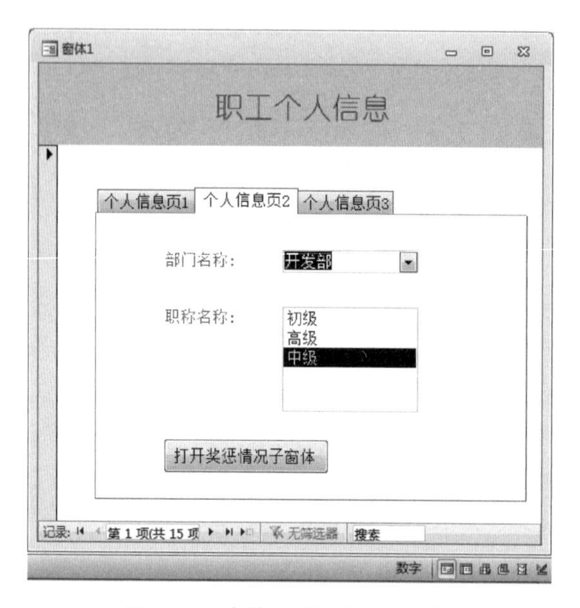

弹出式奖惩情况子窗体

职工编号	奖惩名称	金额	记录日期
001	重点项目奖	￥2,000	2011/3/12
001	一般项目奖	￥1,000	2011/3/15
001	重点项目奖	￥2,000	2011/4/14
*			

记录: 第 1 项(共 3 项)　已筛选　搜索

数字　Filtered

图 6.55　单击"命令按钮"控件后弹出的子窗体

➢ 单击该命令按钮时启动事件,功能是打开"弹出式奖惩情况子窗体",以"数据表"方式显示数据,显示的条件是只显示弹出式子窗体与当前主窗体中记录的"职工编号"相同的奖惩情况信息("[职工编号]=" & "'" & Me! [职工编号] & "'")。

步骤 14:以"嵌入式子窗体"方式显示"奖惩情况"。首先选择"个人信息页 3"选项卡,使其显示在上面。然后选择“窗体设计工具”→“设计”选项卡，单击功能区“控件”组中的“子窗体/子报表”按钮，选定位置后添加一个适当大小的“子窗体/子报表”控件到“个人信息页 3”选项卡中。接着在弹出的“子窗体向导”对话框中进行设置，如图 6.56、图 6.57、图 6.58 和图 6.59 所示。此时，设计视图下对“子窗体/子报表”控件的布局进行调整，属性设置如图 6.60 所示，窗体视图下在子窗体的“记录日期”下拉列表中选择“升序”选项，显示结果如图 6.61 所示。

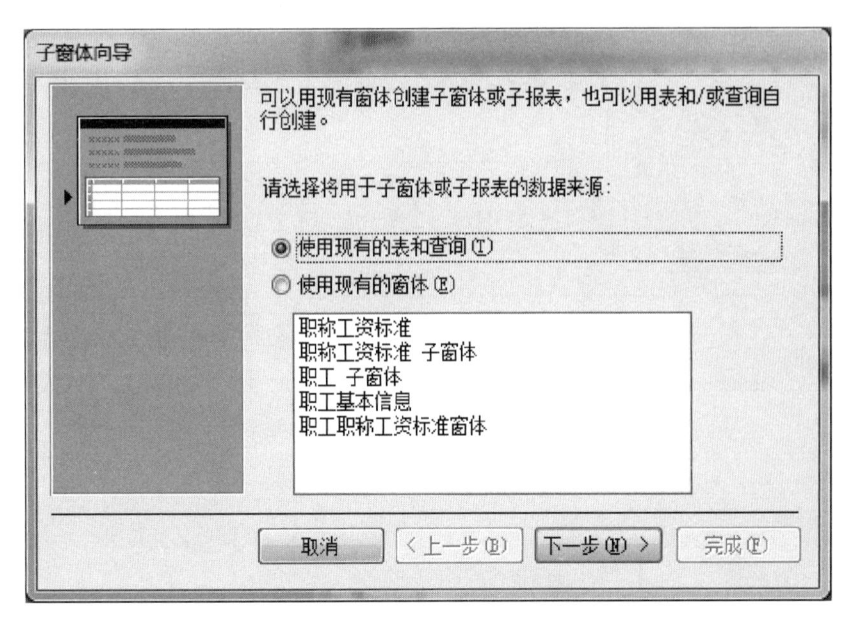

图 6.56　选择用于子窗体的数据来源

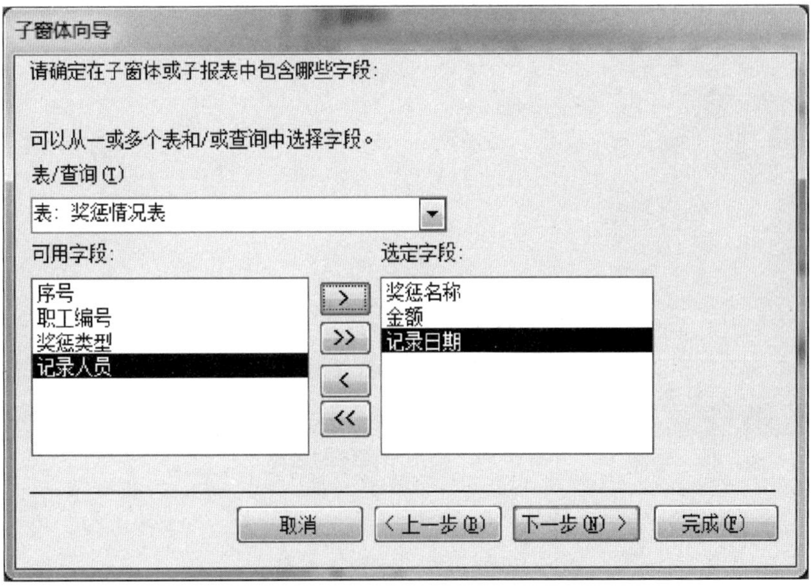

图 6.57　选择子窗体中包含的字段

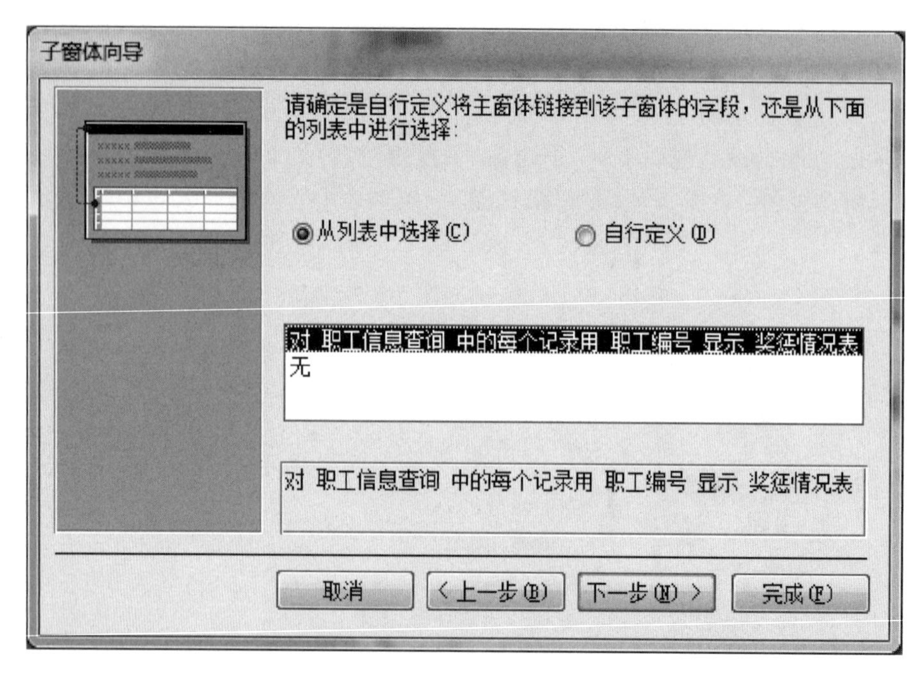

图 6.58 确定主窗体和子窗体的链接字段

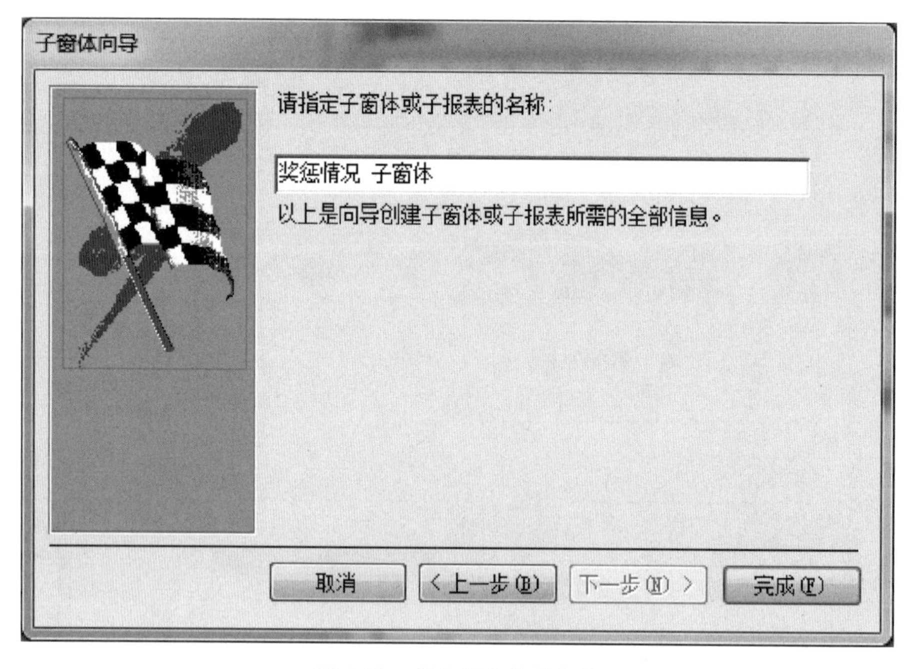

图 6.59 指定子窗体的名称

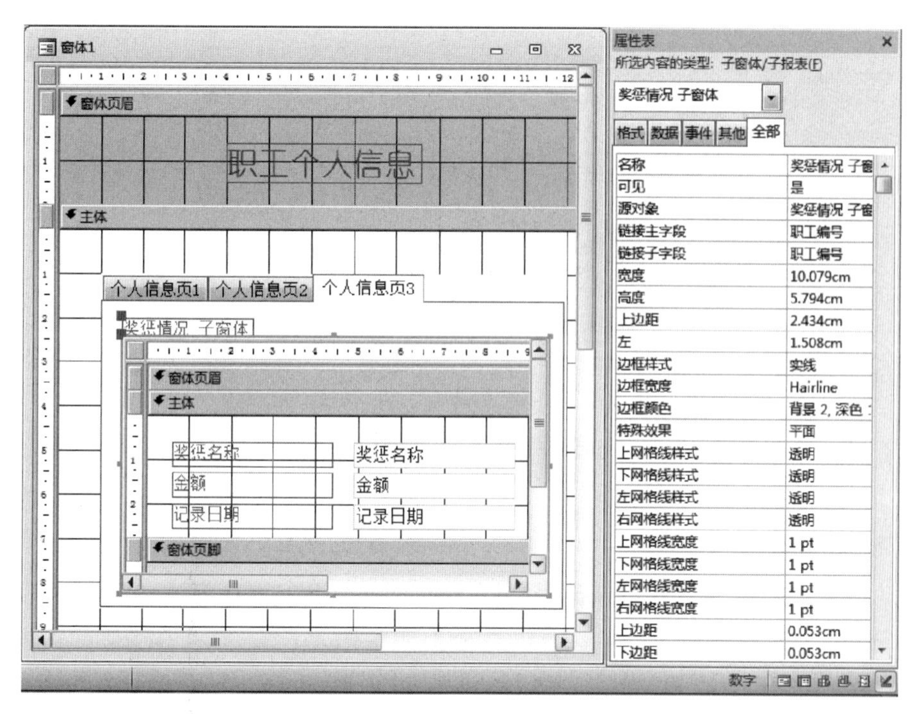

图6.60　“子窗体/子报表”控件的属性设置

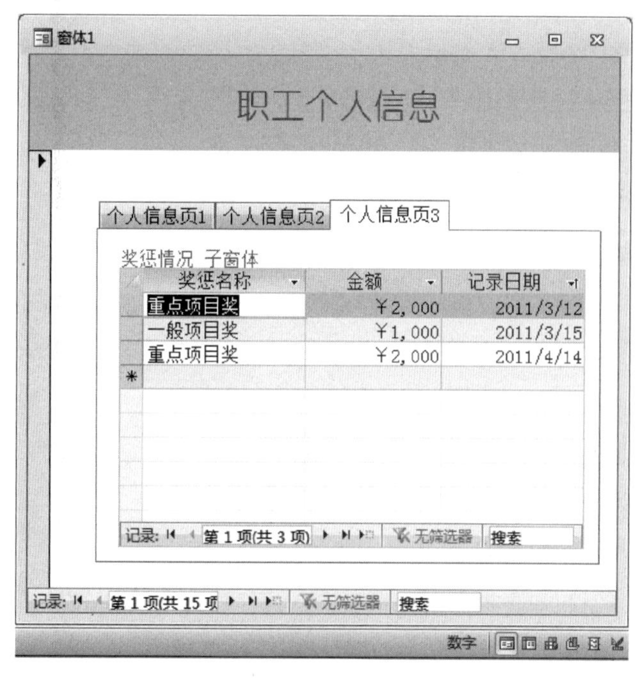

图6.61　窗体视图下的显示效果

步骤15：单击快速访问工具栏中的“保存”按钮，保存窗体并命名为“职工个人信息窗体”。

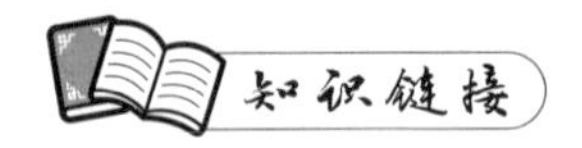

6.3.1 控件介绍

控件是组成窗体和报表的基本元素，用于显示数据、执行操作或起装饰作用。窗体上的控件是通过选择“窗体设计工具”→“设计”选项卡，单击功能区“控件”组中的控件按钮来实现添加的。

6.3.2 常用控件的使用方法

1. “标签”控件

“标签”控件 Aa 主要用于显示说明信息，如标题。“标签”控件可以是独立的，仅用于添加说明性文字；也可以附加到其他控件上，起到说明作用，Access 默认会为添加在窗体上的控件附加标签。

2. “文本框”控件

“文本框”控件 ab| 可以分为绑定型、未绑定型和计算型文本框。绑定型的文本框可以用于显示、输入字段值，并保存在数据库中。未绑定型的文本框可以用于显示、输入数据，并保存在文本框指定的内存变量中。计算型的文本框用于显示表达式的计算结果，表达式前面加“＝”运算符，后面由函数、字段名称或控件名称组成。

3. “复选框”控件、“选项按钮”控件和“切换按钮”控件

“复选框”控件、“选项按钮”控件和“切换按钮”控件可以单独使用，用于显示“是/否”类型的数据，有两个状态值，即“是”和“否”，选中表示“是”，未选中表示“否”。

4. “选项组”控件

“复选框”控件、“选项按钮”控件和“切换按钮”控件还可以与“选项组”控件 XYZ 结合起来使用。在窗体或报表中使用“选项组”控件来显示一组限制性的选项值，每次只能从选项值中选择一个，且选项值只能设置为数字，不能为文本。

5. “组合框”控件和“列表框”控件

“组合框”控件和“列表框”控件可以从表/查询或值列表中选择数据。“组合框”控件中每次只有一个选项值被选中，只有单击下拉列表按钮才会显示所有选项值，输入的值可以从列出的选项值中选择，也可以直接输入任意值。“列表框”控件中的选项值随时可见，但输入的值只限于列出的选项值，不能添加没有的选项值，当列表框的大小不能容纳字段的全部选项值时，会自动出现滚动条。

6. “命令按钮”控件

“命令按钮”控件 xxxx 主要是为了实现某种功能，例如：浏览记录、打开窗体、打印报表、退出应用程序等。当单击“命令按钮”控件时,会启动一项操作或一组操作,实现命令按钮相对应的功能。

7. “选项卡”控件

当窗体显示的内容比较多,且无法在一页显示完全时,可以使用“选项卡”控件来实现分页显示。在“选项卡”控件上可以添加其他的控件。

8. “图像”控件

“图像”控件用于显示静态图片,常用属性有图片、图片类型、缩放模式、图片对齐方式等。

9. “子窗体/子报表”控件

“子窗体/子报表”控件用于在窗体或报表上添加子窗体或子报表。其中,子窗体分为嵌入式子窗体和弹出式子窗体,用于显示一对多关系中“多”方的数据表中的数据。若在主窗体中采用嵌入的方式显示数据,则“多”方是嵌入式子窗体;若采用单独的窗体显示数据,当单击主窗体中的“命令按钮”控件时弹出该窗体,则“多”方是弹出式子窗体。

各窗体控件的应用见课堂案例6.3。

任务4　窗体外观设计

【课堂案例6.5】 将课堂案例6.1按如图6.5所示窗体中的控件布局调整为如图6.66所示的布局。

解决方案:

步骤1:单击状态栏中的“设计视图”按钮,切换到该窗体的设计视图,并将窗体另存为“职工基本信息窗口”。

步骤2:调整控件的位置。按住“Shift”键的同时将“婚否”“出生日期”和“电话”字段对应的附加标签选中,当鼠标指针变成带箭头的十字形状时,按住鼠标左键的同时将“文本框”控件及其附加标签拖放到窗体右侧的指定位置,如图6.62所示。

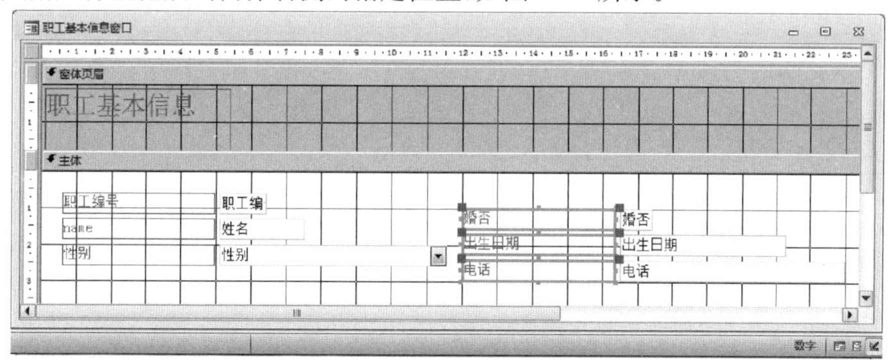

图6.62　调整控件的位置

步骤 3:调整控件的大小。首先选中显示“性别”“出生日期”和“电话”字段值的“文本框”控件,打开属性表,设置“宽度”属性为“3 cm”。然后按住“Shift”键的同时选中所有显示字段值的“文本框”控件,右击鼠标,从弹出的快捷菜单中选择“大小”→“至最宽”命令。调整后的效果如图 6.63 所示。

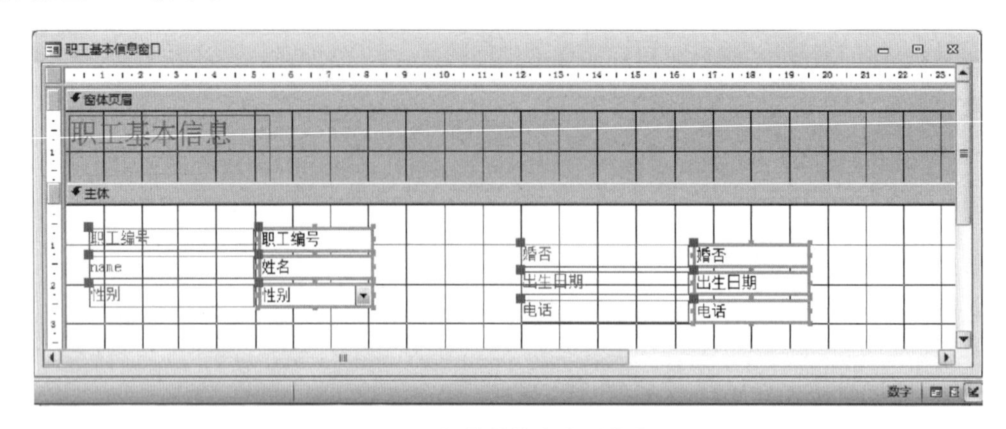

图 6.63 调整控件大小后的效果

步骤 4:调整控件的对齐方式。按住“Shift”键的同时选中显示“职工编号”“婚否”字段值的“文本框”控件及其附加标签,选择“窗体设计工具”→“排列”选项卡,单击功能区“调整大小和排序”组中的“对齐”按钮,从下拉列表中选择“靠上”命令对齐显示“职工编号”“婚否”字段值的“文本框”控件及其附加标签。按照同样的方法调整显示“姓名”“出生日期”字段值的“文本框”控件及其附加标签的对齐方式,调整显示“性别”“电话”字段值的“文本框”控件及其附加标签的对齐方式。调整后的效果如图 6.64 所示。

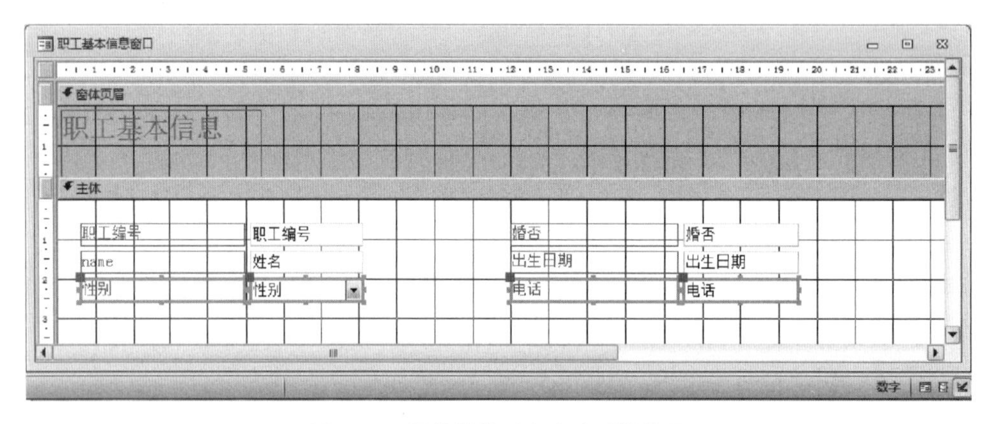

图 6.64 调整控件对齐方式后的效果

步骤 5:调整控件间的距离。首先按住“Shift”键的同时选中“职工编号”“姓名”“电话”等 6 个字段对应的“文本框”控件,选择“窗体设计工具”→“排列”选项卡,单击功能区“调整大小和排序”组中的“大小/空格”按钮,可多次从下拉列表中选择“水平减少”命令,使选中各“文本框”控件及其附加标签水平方向上的间距减少。然后按住“Shift”键的同时选中“职工编号”“姓名”和“性别”字段对应的“文本框”控件,单击功能区“调整大小和排序”组中的“大小/空格”按钮,可多次从下拉列表中选择“垂直增加”命令,使选中各“文本框”控件及其附加标签垂直方向上的间距增加，按照同样的方法选中“婚否”“出生日期”和“电话”字段对应的“文本框”控件，增加各“文本框”控件及其附加标签的垂直间距。调整后的效果如图 6.65 所示。

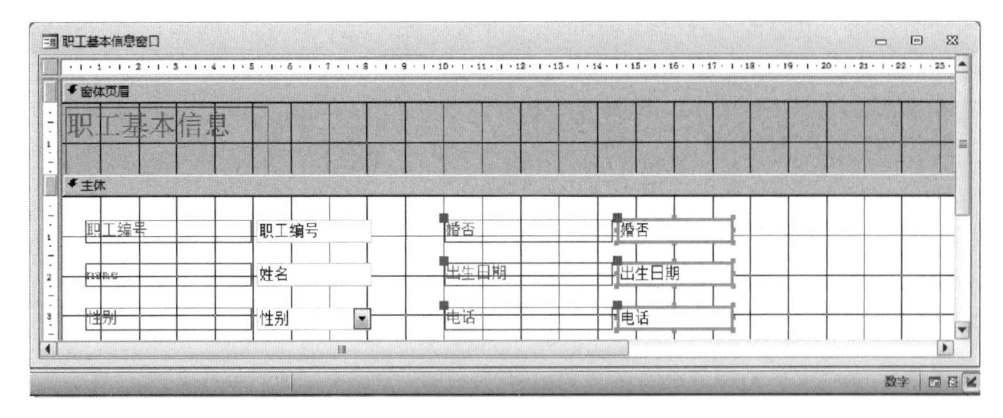

图 6.65　调整控件间距离后的效果

步骤 6：适当调整窗体主体节的高度和宽度，切换到窗体的窗体视图，查看显示的效果如图 6.66 所示。

图 6.66　窗体视图下的显示效果

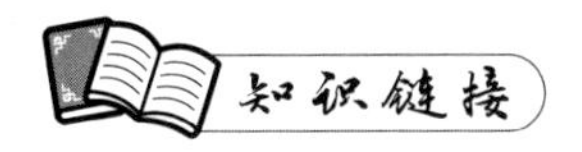

6.4.1　调整控件的位置和大小

移动单个带有附加标签的控件。若需要移动整个控件及其附加标签，则选中该控件（或附加标签），当鼠标指针变成带箭头的十字形状时，按住鼠标左键将其拖放到指定位置。若只需要移动显示字段值的控件而不需要移动附加标签，则选中该控件，当鼠标指针移动到左上角的黑色方块上时，按住鼠标左键将其拖放到指定位置。

移动多个带有附加标签的控件。按住“Shift”键或“Ctrl”键的同时选中需要移动的多个控件(或附加标签),当鼠标指针变成带箭头的十字形状时,按住鼠标左键将其拖放到指定位置。

调整单个控件的相对大小。选中需要调整大小的控件,当鼠标指针停留在除左上角黑色方块外的其他小方块上时,鼠标指针将变为带有双箭头的形状,按住鼠标左键直接拖动调整单个控件的大小。

调整多个控件的相对大小。按住"Shift"键或"Ctrl"键的同时选中需要调整大小的多个控件,右击鼠标,从弹出的快捷菜单中选择"大小"→"至最宽"或"至最窄"命令,调整选中多个控件的宽度,选择"大小"→"至最高"或"至最短"命令,调整选中多个控件的高度。或选择"窗体设计工具"→"排列"选项卡,单击功能区"调整大小和排序"组中的"大小/空格"按钮,从下拉列表中选择"至最宽""至最窄"或"至最高""至最短"命令,调整选中多个控件的宽度或高度。

精确调整单个或多个控件的大小。选中需要精确调整大小的单个或多个控件,选择"窗体设计工具"→"设计"选项卡,单击功能区"工具"组中的"属性表"按钮,打开其属性表,通过设置"宽度""高度"属性来实现精确调整选中单个或多个控件的宽度、高度。

6.4.2 调整控件间的对齐方式和距离

调整各控件水平方向上的对齐方式。按住"Shift"键或"Ctrl"键的同时选中需要调整对齐方式的各控件及其附加标签,选择"窗体设计工具"→"排列"选项卡,单击功能区"调整大小和排序"组中的"对齐"按钮,从下拉列表中选择"靠上"或"靠下"命令对齐各控件及其附加标签。

调整各控件垂直方向上的对齐方式。按住"Shift"键或"Ctrl"键的同时选中需要调整对齐方式的各控件及其附加标签,选择"窗体设计工具"→"排列"选项卡,单击功能区"调整大小和排序"组中的"对齐"按钮,从下拉列表中选择"靠左"或"靠右"命令对齐各控件及其附加标签。

调整各控件水平方向上的距离。按住"Shift"键或"Ctrl"键的同时选中需要调整距离的各控件(或附加标签),选择"窗体设计工具"→"排列"选项卡,单击功能区"调整大小和排序"组中的"大小/空格"按钮,从下拉列表中选择"水平相等""水平增加"或"水平减少"命令,使水平方向上各控件间的距离保持相等、增大或减小。

调整各控件垂直方向上的距离。按住"Shift"键或"Ctrl"键的同时选中需要调整距离的各控件(或附加标签),选择"窗体设计工具"→"排列"选项卡,单击功能区"调整大小和排序"组中的"大小/空格"按钮,从下拉列表中选择"垂直相等""垂直增加"或"垂直减少"命令,使垂直方向上各控件间的距离保持相等、增大或减小。

具体应用见课堂案例 6.5。

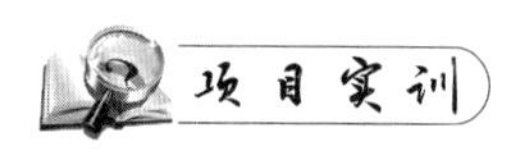

实训 1 使用窗体向导创建用于显示部门信息的窗体,如图 6.7 所示。

（1）选择“创建”选项卡，单击功能区“窗体”组中“窗体向导”按钮，启动窗体向导。

（2）为创建的窗体对象选择记录源及所需显示的字段，从“表/查询”下拉列表框中选择“表：部门表”选项，从“可用字段”列表框中选择“部门编号”“部门名称”和“部门电话”字段，添加到“选定字段”列表框中。

（3）选择窗体使用的布局方式为“数据表”方式。

（4）为窗体指定标题信息。

（5）完成窗体的创建，保存窗体，浏览窗体视图下显示的效果。

实训2　使用数据透视图创建窗体，统计各个部门男、女的固定工资平均值，如图6.12所示。

（1）创建“固定工资查询”选择查询，作为窗体的记录源，其中包含“表：职工表”中的“性别”字段、“表：部门表”中的“部门名称”字段、自定义字段“固定工资：[基本工资]+[津贴]+[公积金]”。

（2）选择“创建”选项卡，单击功能区“窗体”组中“其他窗体”按钮，在下拉列表中选择“数据透视图”选项，创建窗体并显示该窗体的“数据透视图视图”和“图表字段列表”窗口。

（3）将图表字段列表中的“部门名称”字段拖放到“将分类字段拖至此处”，将“性别”字段拖放到“将系列字段拖至此处”，将“固定工资”字段拖放到“将数据字段拖至此处”，并选择“数据透视图工具”的“设计”选项卡，单击功能区“工具”组中的“自动计算”按钮，在下拉列表中选择“平均值”选项，计算固定工资的平均值。

（4）完成窗体的创建，保存窗体，浏览数据透视图视图下显示的效果。

小　　结

窗体是Access数据库中非常重要的对象，提供了用户和系统之间的接口。在本学习情境中，主要介绍了窗体的作用和分类、各种不同类型窗体的创建方法、窗体中常用控件的使用及窗体外观设计。重点学习使用窗体向导和窗体设计视图完成不同类型窗体的创建，通过对窗体上的控件进行设计来美化窗体，并通过窗体来实现对数据库中数据的显示、添加、修改、删除等操作。

练　习　题

一、选择题

1. 窗体由多个部分组成，每个部分称为一个(　　)。

   A. 控件　　B. 节　　C. 模块　　D. 页

2. 纵栏式窗体同一时刻可以显示(　　)。

   A. 1条记录　　B. 2条记录　　C. 3条记录　　D. 多条记录

3. 在窗体中，可以使用(　　)来执行某项操作或某些操作。

   A. “命令按钮”控件　　B. “选项组”控件

   C. “复选框”控件　　D. “选项按钮”控件

4. 当窗体显示的内容太多且无法在一页显示完全时，可以使用(　　)来实现分页。

A. “命令按钮”控件　　B. “选项卡”控件

C. “组合框”控件　　D. “列表框”控件

5. 创建主/子窗体时,主窗体和子窗体的数据源之间必须具有(　　)关系。

A. 一对一　　B. 一对多　　C. 多对一　　D. 多对多

二、填空题

1. 窗体的视图可以分为__________、数据表视图、数据透视表视图、数据透视图视图、__________、__________。

2. __________、__________、__________可为窗体提供数据源。

3. 可作为绑定到是/否类型字段的独立控件有__________、__________、__________。

4. 能够将一些内容列举出来供用户选择的控件有__________、__________。

5. 要在“文本框”控件中输入密码时以“*”显示,则应设置__________属性。

学习情境7　报　　表

小明在完成自己的工资管理系统的窗体设计后，开始设计自己的工资管理系统的报表。小明首先需要了解系统的设计需求，才能正确创建不同格式的报表。在本学习情境中，大家将学习创建报表的方法、创建报表的计算字段、记录的分组与排序及报表中常用控件的使用方法。

教学目标

◇ 了解报表的组成结构。

◇ 掌握使用报表向导创建报表的方法。

◇ 掌握使用报表设计视图创建报表的方法。

◇ 掌握报表的分组、排序和汇总计算。

◇ 掌握报表中常用控件的属性设置和使用方法。

“报表”对象是用于生成报表和打印报表的基本模块，可以将数据库中需要的数据提取出来进行分析、整理和计算，并将数据以格式化的方式打印输出，其数据源可以是“表”对象、“查询”对象和SQL语句。

任务1　创 建 报 表

【课堂案例7.1】　使用报表向导创建报表，用于显示职称工资标准信息，要求显示“职工编号”“姓名”“职称名称”“基本工资”“津贴”和“公积金”字段信息。

解决方案：

步骤1：选择“创建”选项卡，单击功能区“报表”组中的“报表向导”按钮，启动报表向导，如图7.1所示。

步骤2：在弹出的报表向导中为报表选择需要的表和需要显示的字段，如图7.2所示。首先从“表/查询”下拉列表框中选择“表：职工表”选项，从“可用字段”列表框中选择“职工编号”和“姓名”字段，添加到“选定字段”列表框中。然后从“表/查询”下拉列表框中选择“表：

职称工资标准表”选项，从“可用字段”列表框中选择“职称名称”“基本工资”“津贴”和“公积金”字段，添加到“选定字段”列表框中。

图 7.1 启动报表向导

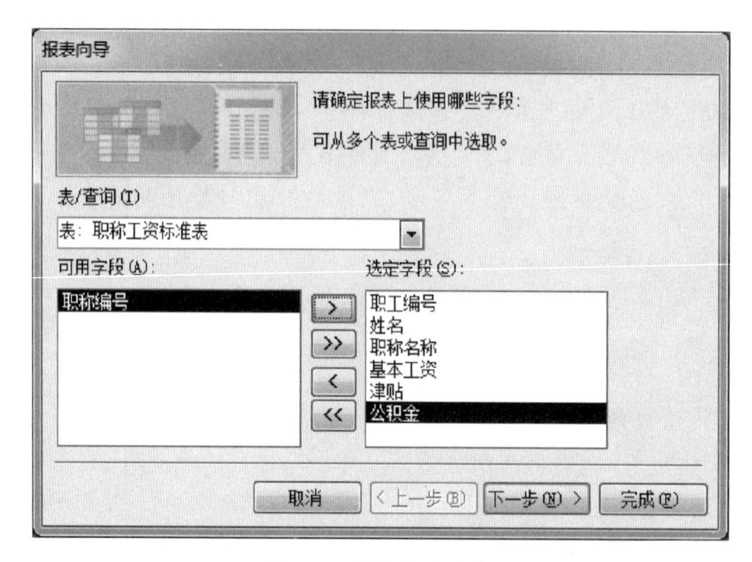

图 7.2 选择表和字段

步骤 3:单击“下一步”按钮，在弹出的界面中选择“通过 职工表”选项作为查看数据的方式，如图 7.3 所示。

图 7.3 选择“通过 职工表”方式查看报表数据

步骤4:单击“下一步”按钮,在弹出的界面中添加分组级别,这里选择按“职称名称”字段分组,如图7.4所示。单击界面中的“分组选项”按钮,在弹出的“分组间隔”对话框中为组级字段设置分组间隔,这里选择“普通”选项,按整个字段值进行分组,如图7.5所示。

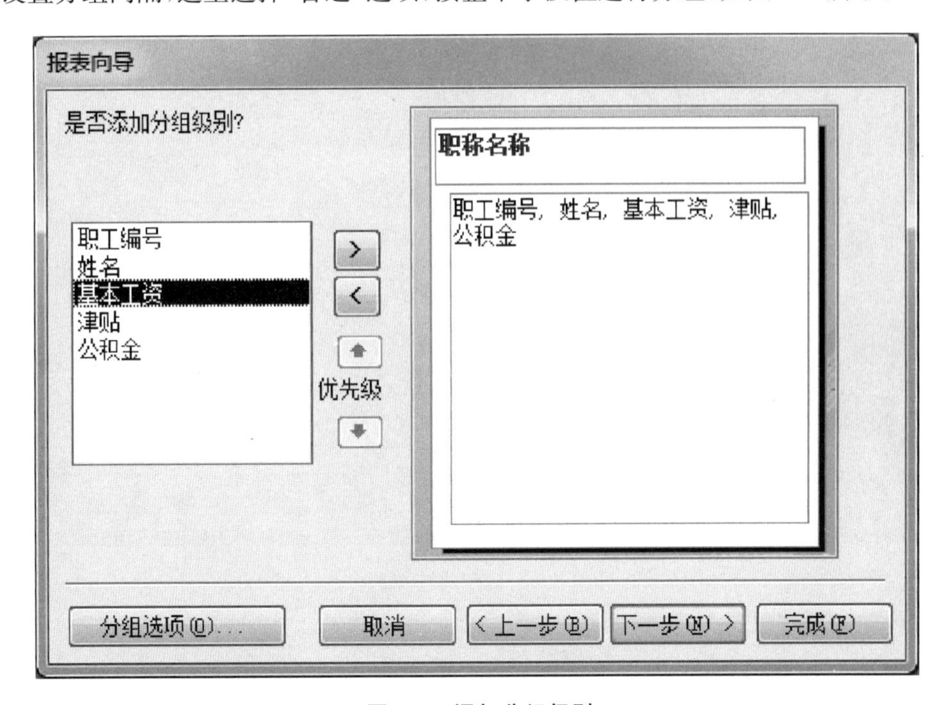

图7.4　添加分组级别

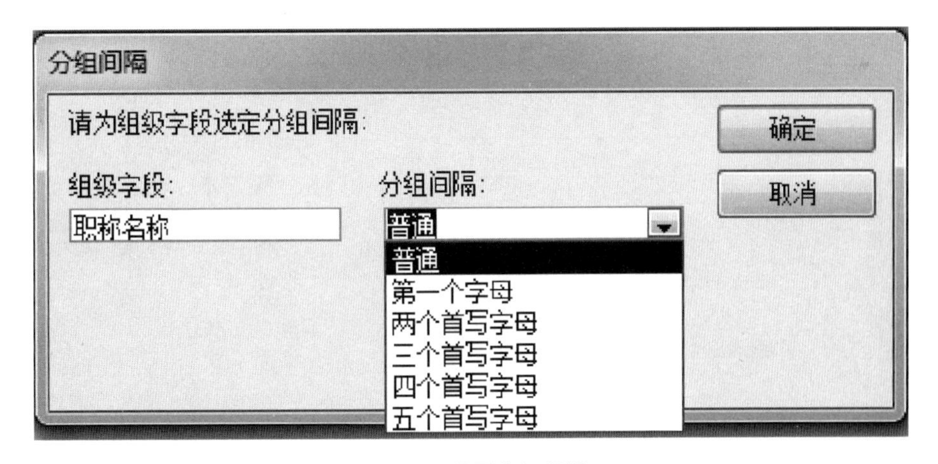

图7.5　设置分组间隔

步骤5:单击“下一步”按钮,在弹出的界面中确定报表记录的排列顺序,这里设置“职工编号”为唯一的排序字段,以升序排序,如图7.6所示。单击界面中的“汇总选项”按钮,在弹出的“汇总选项”对话框中为所选字段设置汇总值,这里计算“基本工资”“津贴”和“公积金”字段的“汇总”值,并选择“明细和汇总”单选按钮,如图7.7所示。

(1) 若无须对表中的数据进行汇总,则可以忽略设置汇总选项的步骤,直接执行“下一步”。

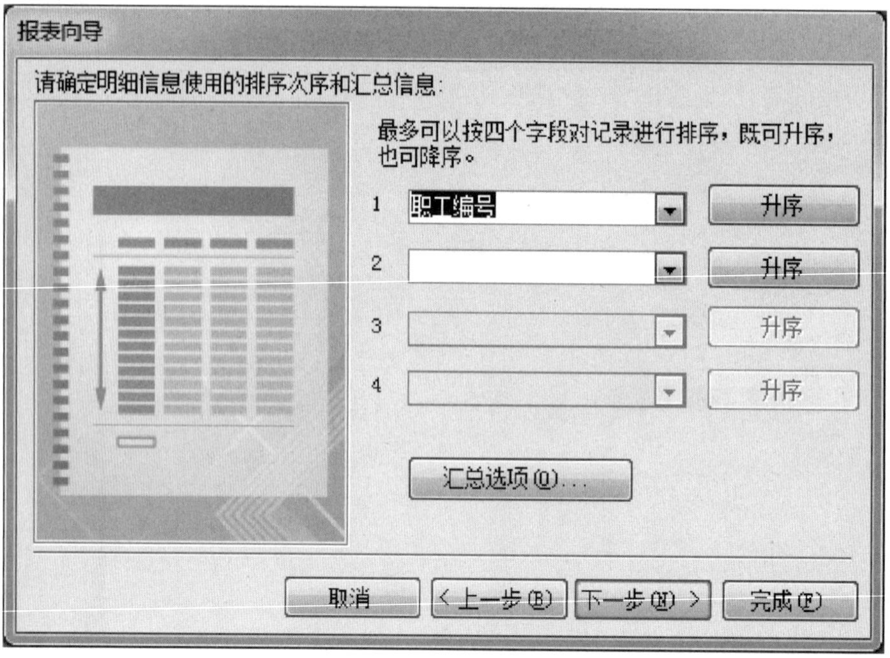

图 7.6　确定排序字段

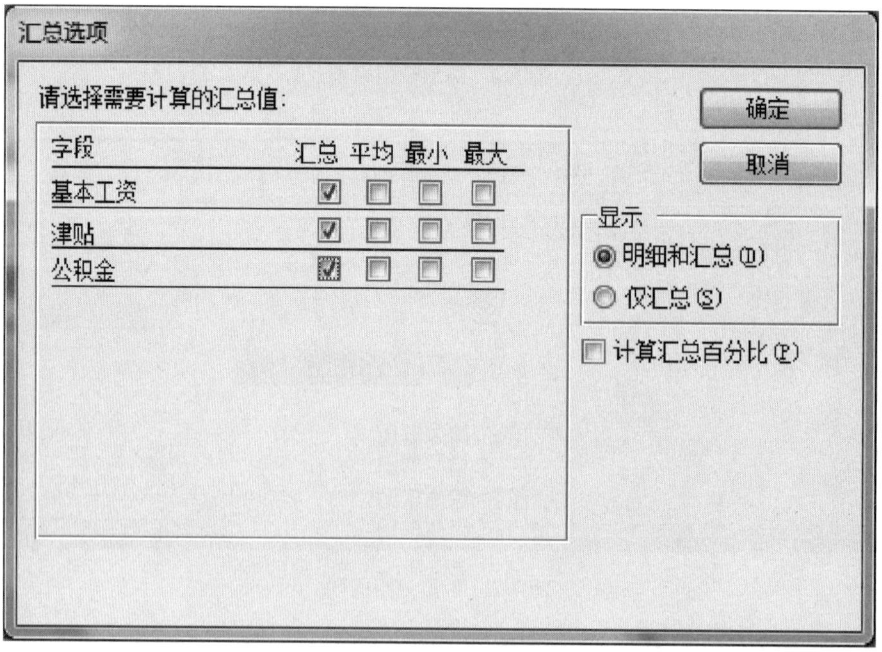

图 7.7　设置汇总选项

步骤 6:单击“下一步”按钮,在弹出的界面中设置报表的布局方式为“递阶”“横向”,如图 7.8 所示。

步骤 7:单击“下一步”按钮,在弹出的界面中输入报表的标题为“职称工资标准报表”,此标题也作为报表的名称,同时选择“预览报表”单选按钮,如图 7.9 所示。

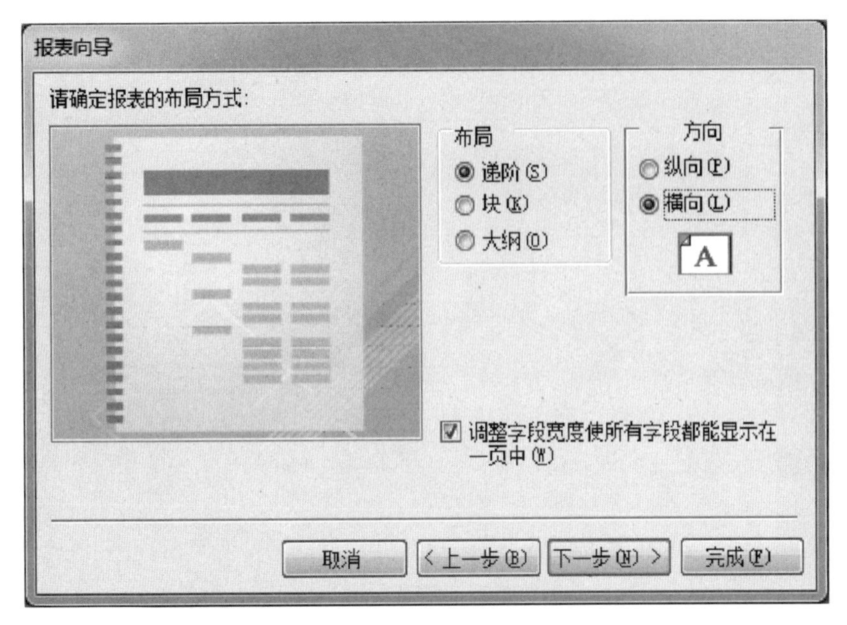

图 7.8　选择报表的布局方式

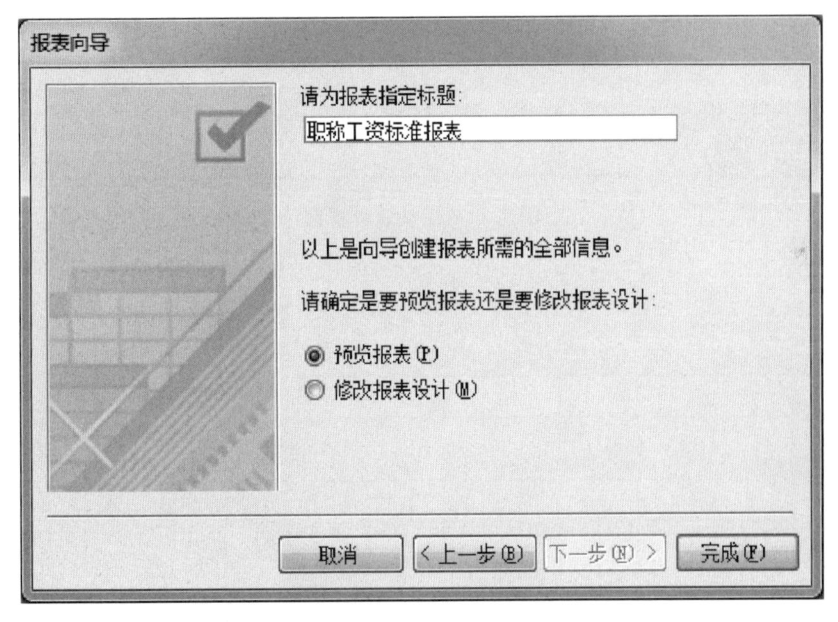

图 7.9　为报表指定标题并设置之后的操作

步骤 8:单击“完成”按钮,预览报表的显示效果,如图 7.10 所示。

【课堂案例 7.2】 使用设计视图创建报表,用于显示职工基本信息,要求显示“职工表”的所有字段,并添加日期、页码信息。

解决方案:

步骤 1:选择“创建”选项卡,单击功能区“报表”组中的“报表设计”按钮,启动设计视图,如图 7.11 所示,生成一个包含页面页眉节、主体节和页面页脚节的空白报表。

步骤 2:为报表设置记录源。打开报表的“属性表”,选择“数据”选项卡,在“记录源”属性框中选择“职工表”选项，如图 7.12 所示。

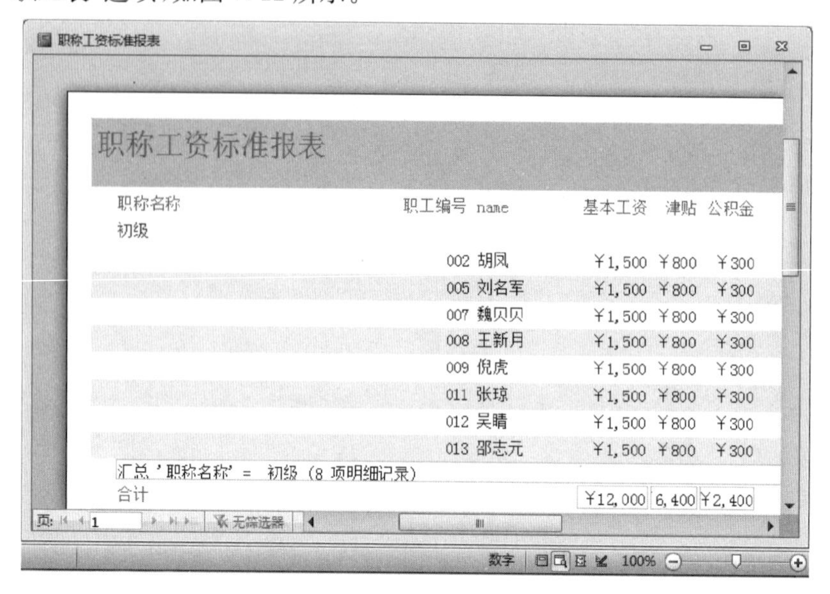

图 7.10 打印预览下的显示效果

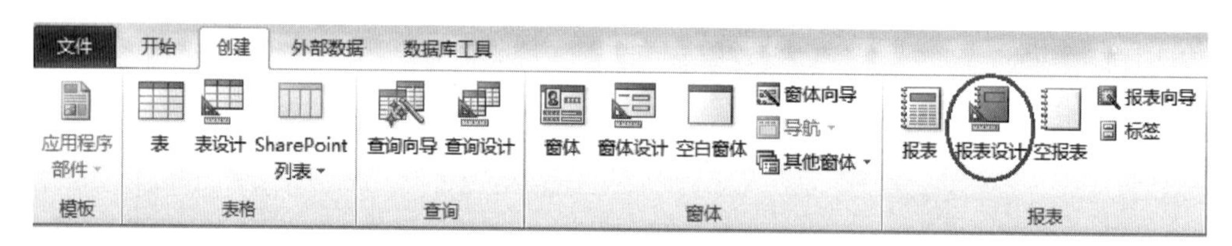

图 7.11 启动设计视图

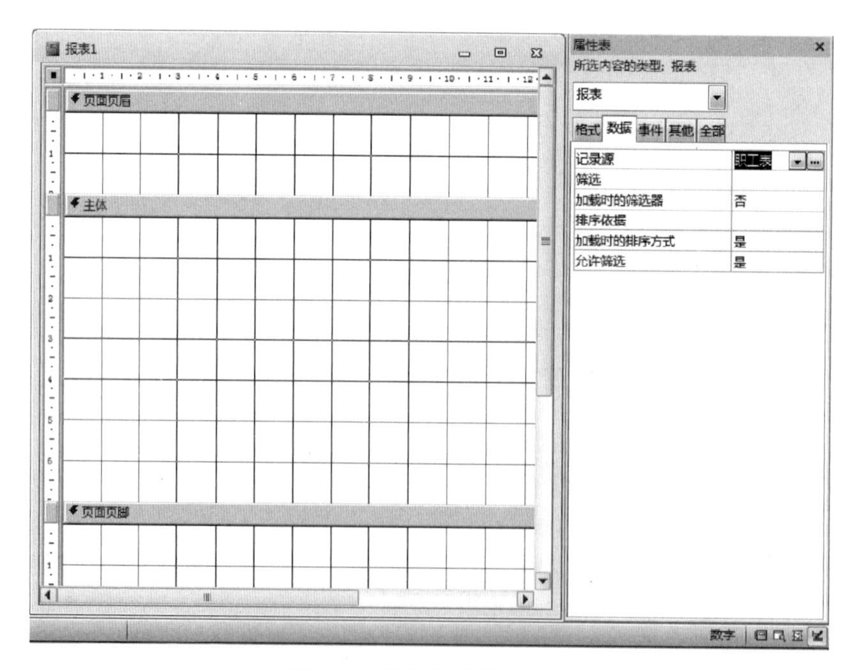

图 7.12 设置报表的记录源

步骤3：选择“报表设计工具”→“设计”选项卡，单击功能区“工具”组中的“添加现有字段”按钮，启动“字段列表”任务窗格，如图7.13所示。

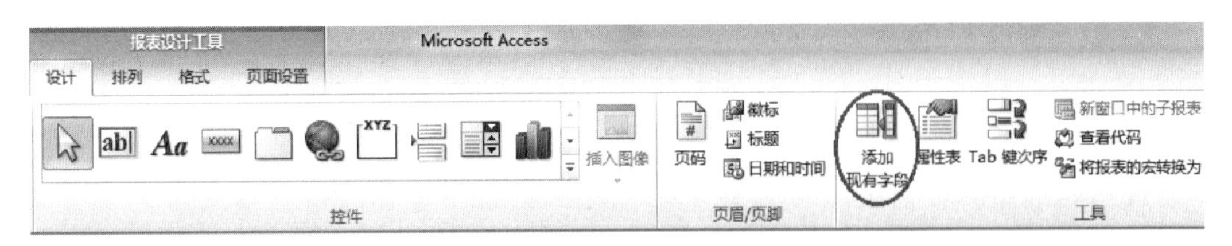

图7.13　启动“字段列表”任务窗格

步骤4：在“字段列表”任务窗格中选择“职工编号”字段，将其拖放到报表的主体节，此时将创建一个带有附加标签的“文本框”控件。选中“职工编号”字段的附加标签，选择“开始”选项卡，单击功能区“剪贴板”组中的“剪切”按钮，将附加标签与相应的“文本框”控件分离，然后选择页面页眉节，单击功能区“剪贴板”组中的“粘贴”按钮，将附加标签粘贴到页面页眉节，使“职工编号”字段名称显示在每一页的顶部，如图7.14所示。

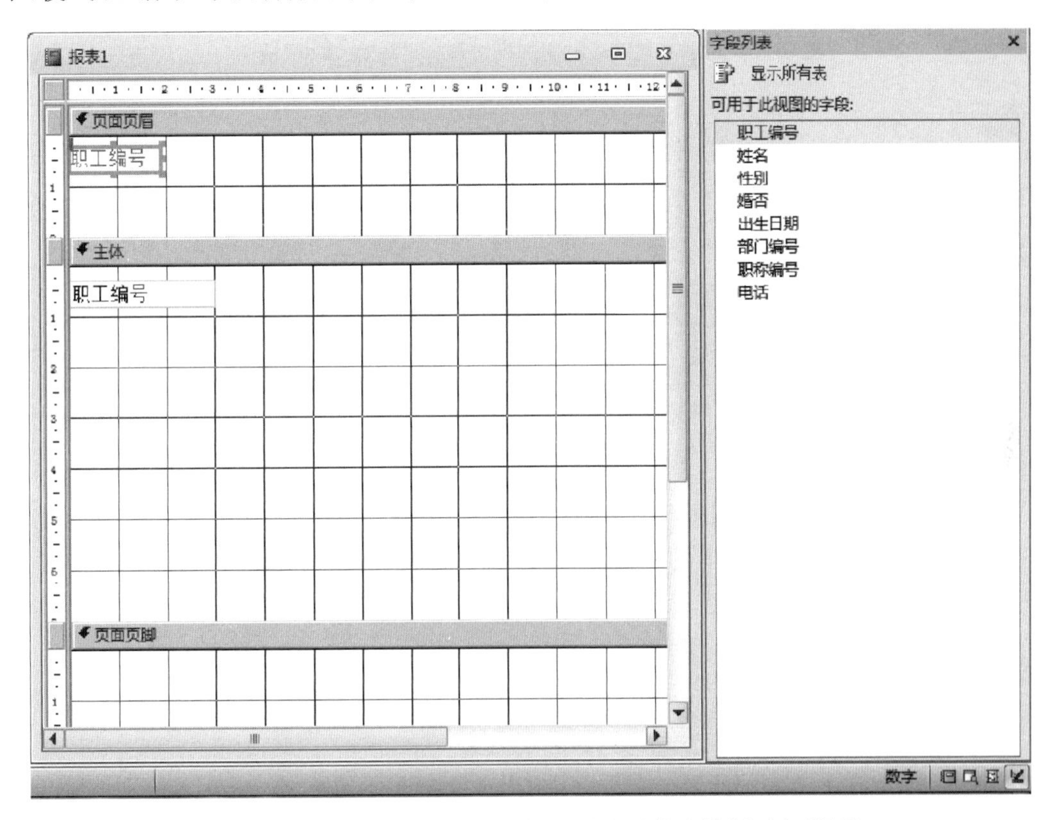

图7.14　添加“职工编号”字段的附加标签和绑定的“文本框”控件

步骤5：按照同样的方法将“字段列表”任务窗格中其他字段的附加标签和绑定的“文本框”控件分别添加到页面页眉节、主体节，最后关闭“字段列表”任务窗格，如图7.15所示。

步骤6：调整控件的布局。选择“报表设计工具”→“排列”选项卡，单击功能区“调整大小和排序”组中的“大小/空格”按钮、“对齐”按钮，从下拉列表中选择合适的命令对报表中控件的大小、间距和对齐方式进行调整。最后通过拖动鼠标适当调整页面页眉节和主体节的高度，如图 7.16 所示。

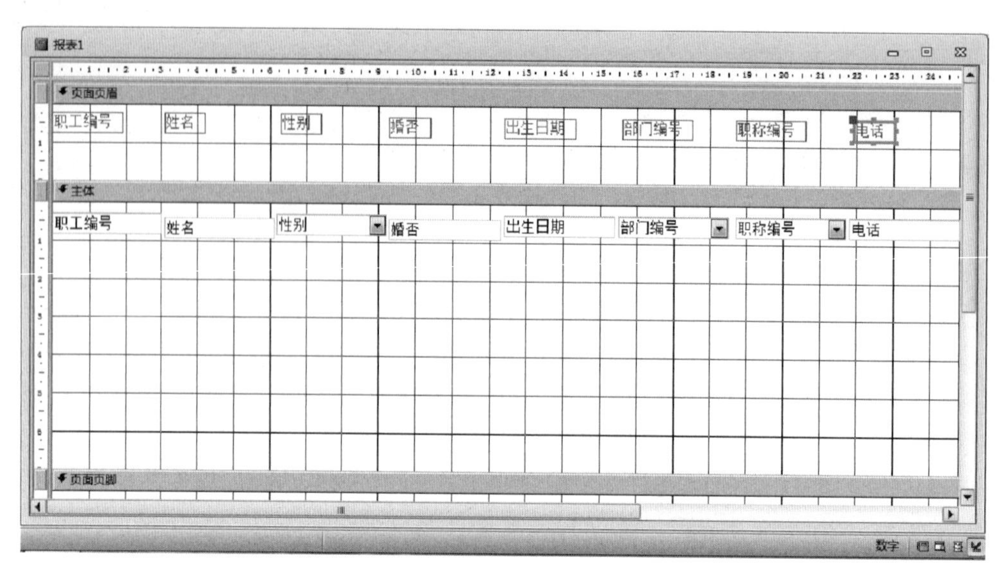

图 7.15　添加其他字段的附加标签和绑定的“文本框”控件

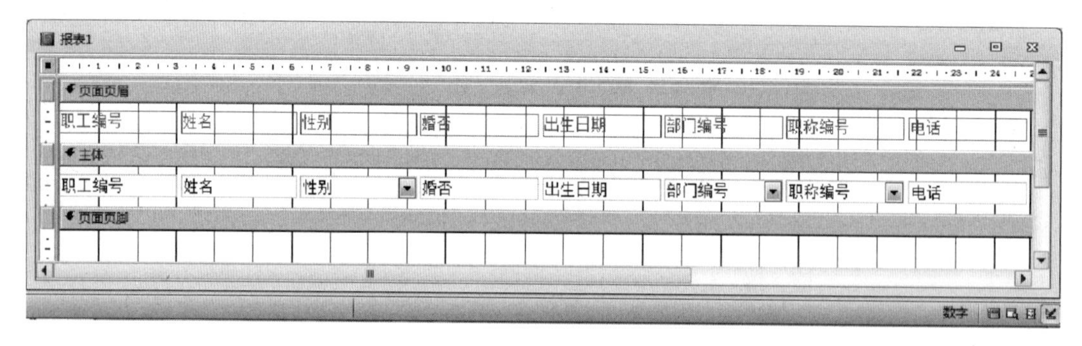

图 7.16　调整控件的布局

步骤 7：添加“直线”控件，用于分隔字段名称和字段值。选择“报表设计工具”→“设计”选项卡，单击功能区“控件”组中的“直线”按钮，在页面页眉节的“标签”控件下方添加一个“直线”控件，如图 7.17 所示。

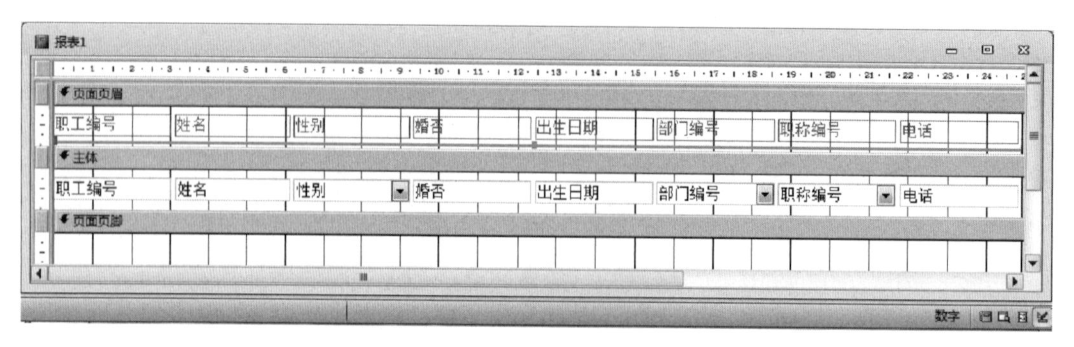

图 7.17　添加“直线”控件

步骤 8：在报表的空白区域右击，从弹出的快捷菜单中选择“报表页眉/页脚”命令，添加报表页眉节、报表页脚节。

步骤 9:添加“标签”控件,用于在报表页眉节添加标题。选择“报表设计工具”→“设计”选项卡,单击功能区“控件”组中的“标签”控件,输入内容为“职工基本信息”,然后打开“标签”控件的属性表,将“字号”属性设置为“20”,将“字体粗细”属性设置为“加粗”,并用鼠标右键单击“标签”控件,从弹出的快捷菜单中选择“大小”→“正好容纳”命令来调整标签的大小,最后关闭“标签”控件的属性表,如图 7.18 所示。

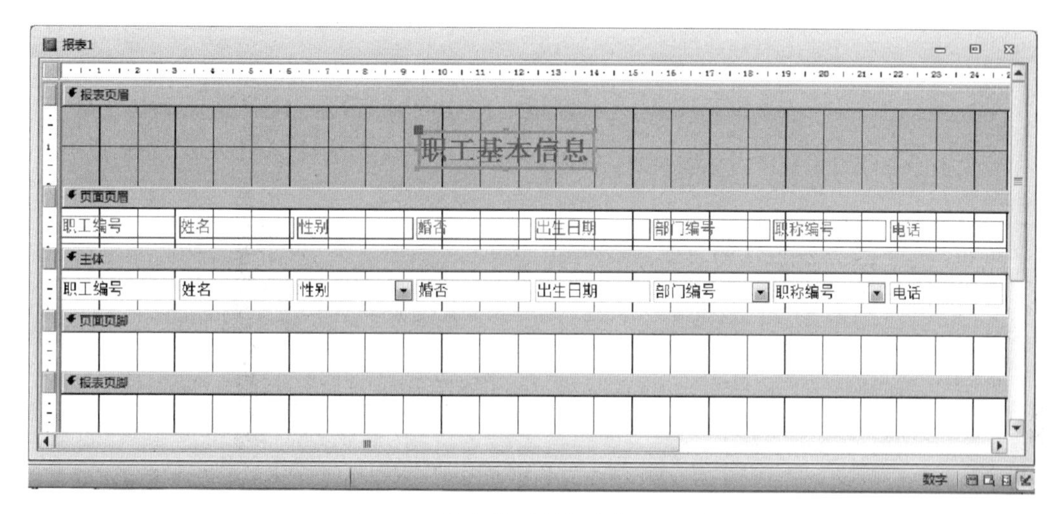

图 7.18　添加“标签”控件并设置属性

步骤 10:添加显示日期的控件。选择“报表设计工具”→“设计”选项卡,单击功能区“页眉/页脚”组中的“日期和时间”按钮,弹出“日期和时间”对话框,这里选择“包含日期”复选框及第一种日期格式单选按钮,并取消对“包含时间”复选框的选择,如图 7.19 所示。最后单击“确定”按钮,显示日期的控件默认会添加在报表页眉节,这里将新添加的控件直接拖放到页面页脚节,如图 7.20 所示。

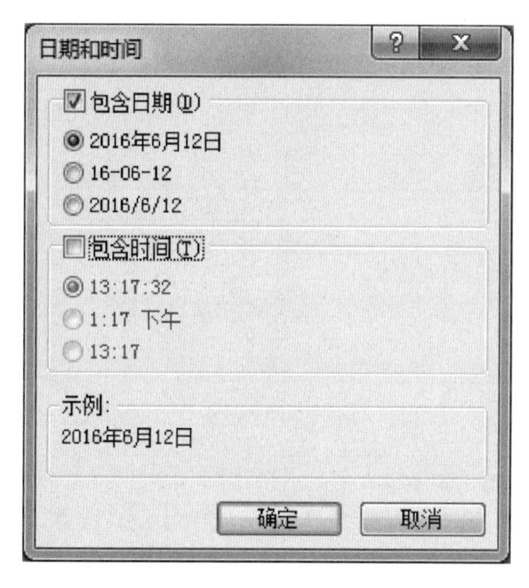

图 7.19　选择日期及格式

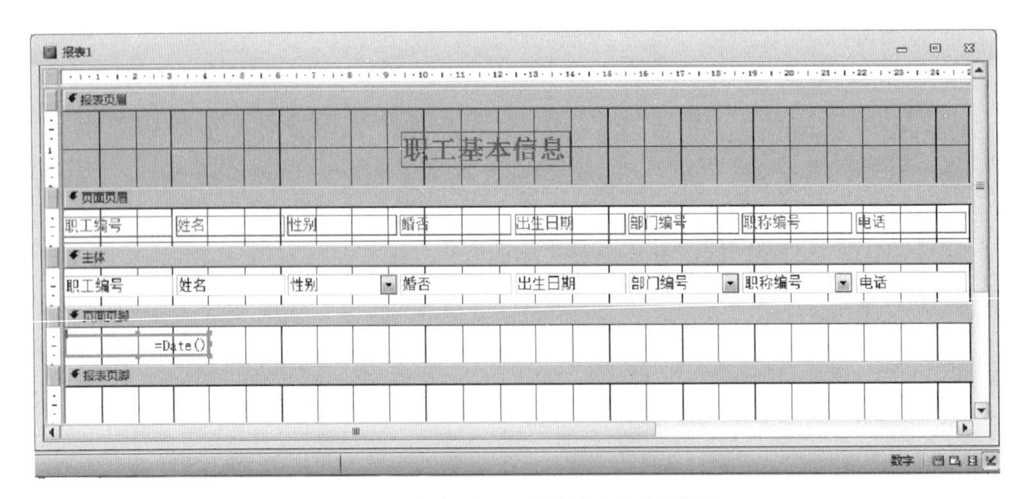

图 7.20　添加显示日期的“文本框”控件

图 7.21　设置页码

步骤 11:添加显示页码的控件。选择“报表设计工具”→“设计”选项卡,单击功能区“页眉/页脚”组中的“页码”按钮,弹出“页码”对话框,这里选择第二种页码格式单选按钮、显示位置在“页面底端(页脚)”、对齐方式为“右”,如图 7.21 所示。最后单击“确定”按钮,显示页码的控件会根据设置添加在页面页脚节,如图 7.22 所示。

步骤 12:选择“报表设计工具”→“设计”选项卡,单击功能区“分组和汇总”组中的“分组和排序”按钮,在设计视图下方会添加“分组、排序和汇总”窗格,在窗格中显示“添加组”和“添加排序”按钮,单击“添加

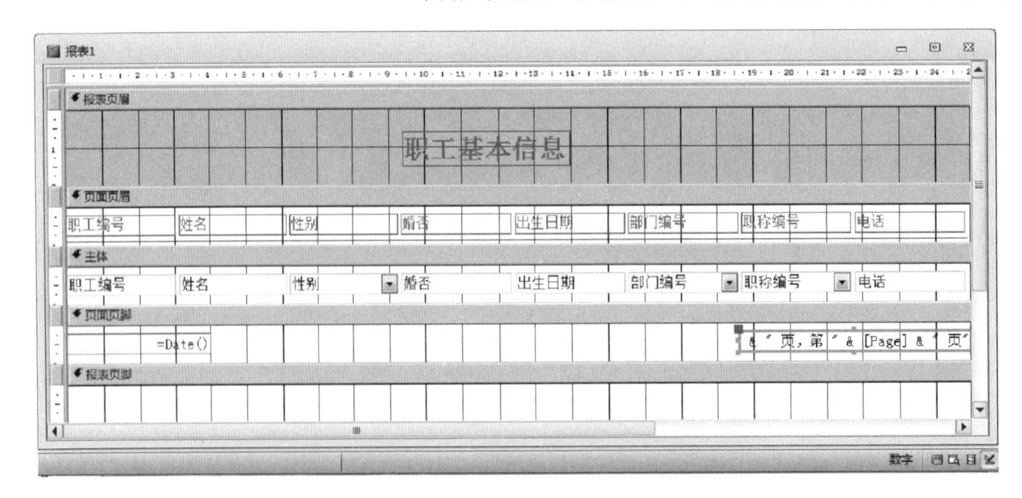

图 7.22　添加显示页码的“文本框”控件

排序”按钮,这里选择“职工编号”字段,此时记录将按“职工编号”字段升序排序,如图 7.23 所示,最后关闭“分组、排序和汇总”窗格。

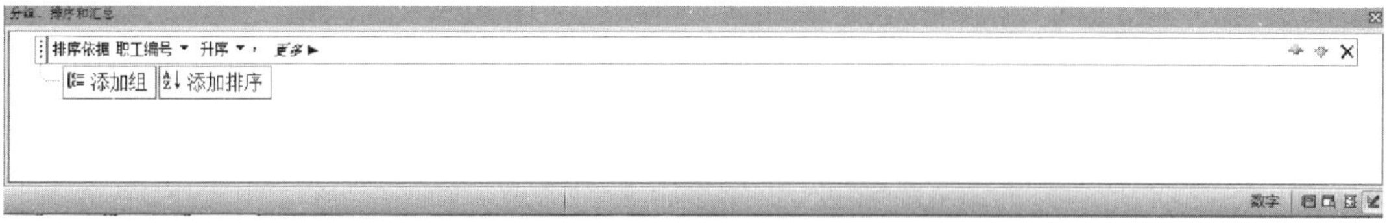

图 7.23　按"职工编号"字段排序的设置

步骤 13：单击状态栏中的"打印预览"按钮，预览报表的打印效果，如图 7.24 所示。

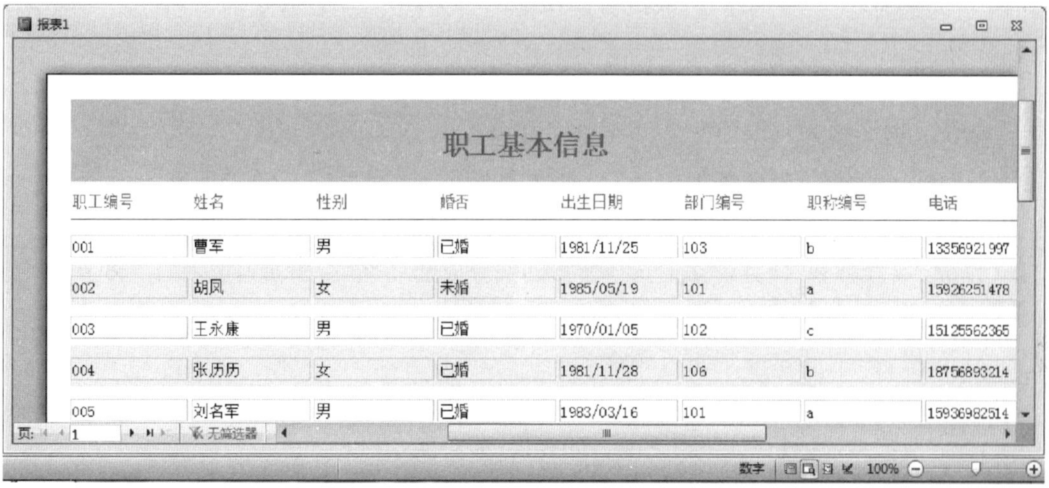

报表1

职工基本信息

职工编号	姓名	性别	婚否	出生日期	部门编号	职称编号	电话
001	曹军	男	已婚	1981/11/25	103	b	13356921997
002	胡凤	女	未婚	1985/05/19	101	a	15926251478
003	王永康	男	已婚	1970/01/05	102	c	15125562365
004	张历历	女	已婚	1981/11/28	106	b	18756893214
005	刘名军	男	已婚	1983/03/16	101	a	15936982514

页: 1　无筛选器
数字　100%

图 7.24　打印预览下的显示效果

步骤 14：单击快速访问工具栏中的"保存"按钮，保存报表并将其命名为"职工基本信息报表"。

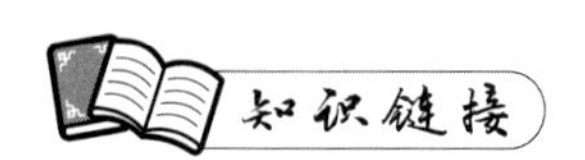

7.1.1　使用报表向导创建报表

使用报表向导创建报表对象的步骤如下：

(1) 启动报表向导。

(2) 为创建的报表对象选择记录源及显示的字段。

(3) 选择查看数据的方式。记录源为单表时忽略此步骤。

(4) 为报表设置分组字段和分组间隔。

(5) 确定报表记录的排序字段和汇总选项。

(6) 选择报表使用的布局方式。

(7) 为报表指定标题并设置之后的操作。

(8) 完成报表的创建，预览报表的显示效果或修改报表的设计。

使用向导创建报表见课堂案例 7.1。

7.1.2 使用设计视图创建报表

使用报表向导创建报表简单、方便,但报表向导方式并不能完全满足实际应用的设计需求,因此可以直接使用报表的设计视图创建报表,并且可以对使用报表向导创建的报表进行修改,以期使用户满意。

使用设计视图创建报表时,其显示的字段可以来自一个表,当涉及多个表或多个表中数据的统计结果时,需要先创建查询,以查询作为记录源,或直接在报表的"记录源"属性中输入 SQL 语句。

使用设计视图创建报表对象的步骤如下:

(1) 启动设计视图。

(2) 为创建的报表对象选择记录源,修改报表属性表中的"记录源"属性为满足需要的表、查询或 SQL 语句。

(3) 从"字段列表"任务窗格中选择所需的部分或全部字段,添加到报表的主体节。

(4) 将附加标签与相应的字段值显示控件分离,并将附加标签粘贴到页面页眉节。

(5) 对报表中控件的布局进行调整。

(6) 确定报表记录的分组、排序和汇总计算。

(7) 完成报表的创建,预览报表的打印效果,最后保存报表。

使用设计器创建报表见课堂案例 7.2。

任务 2 创建增强报表

【课堂案例 7.3】 使用设计视图创建报表,用于显示职工奖金情况信息,并计算总金额、平均金额、统计金额个数,要求按"职工编号"字段分组,每组的奖金情况按"记录日期"字段升序排序,并将所有 2012 年记录的"奖金名称"字段用带有蓝色的斜体字显示。

解决方案:

步骤 1:选择"创建"选项卡,单击功能区"报表"组中的"报表设计"按钮,启动设计视图,生成一个包含页面页眉节、主体节和页面页脚节的空白报表。

步骤 2:创建"职工奖金情况查询"选择查询,作为报表记录源。选择"创建"选项卡,单击功能区"查询"组中的"查询设计"按钮,此时会自动弹出"显示表"对话框,向查询中添加数据源,这里添加"职工表""奖惩情况表"和"奖惩机制表",向查询中添加字段,查询设计视图如图 7.25 所示,该查询的运行结果如图 7.26 所示。

设置"奖惩类型编号"字段的条件为 Like "J * ",则选择查询运行结果只显示奖金情况的记录,不显示惩罚情况的记录。

步骤 3:为报表设置记录源。打开报表的属性表,选择"数据"选项卡,在"记录源"属性框中选择"职工奖金情况查询"选项,如图 7.27 所示。

职工奖金情况查询
职工表
*
职工编号
姓名
性别
婚否
出生日期
奖惩情况表
*
序号
职工编号
奖惩类型
记录人员
记录日期
奖惩机制表
*
奖惩类型编号
奖惩名称
金额
字段: 职工编号 | 姓名 | 奖惩类型编号 | 奖惩名称 | 金额 | 记录日期
表: 职工表 | 职工表 | 奖惩机制表 | 奖惩机制表 | 奖惩机制表 | 奖惩情况表
排序: 升序
显示:
条件: Like "J*"
或:
数字

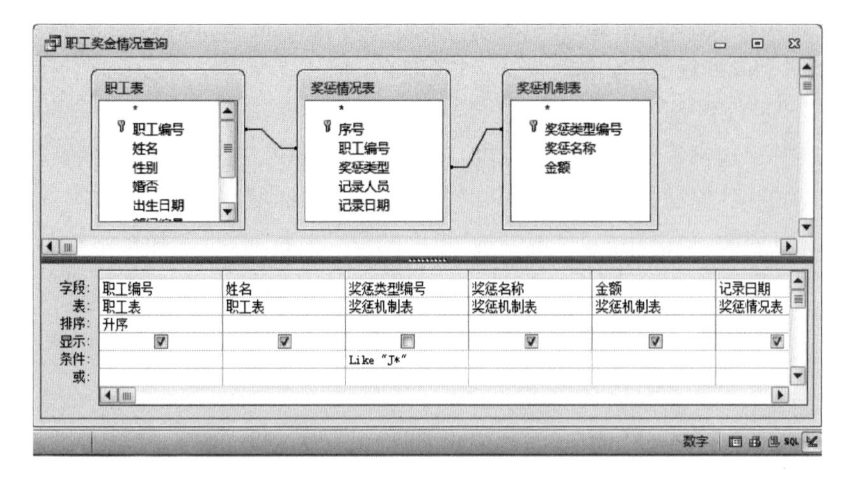

图 7.25　“职工奖金情况查询”的设计视图

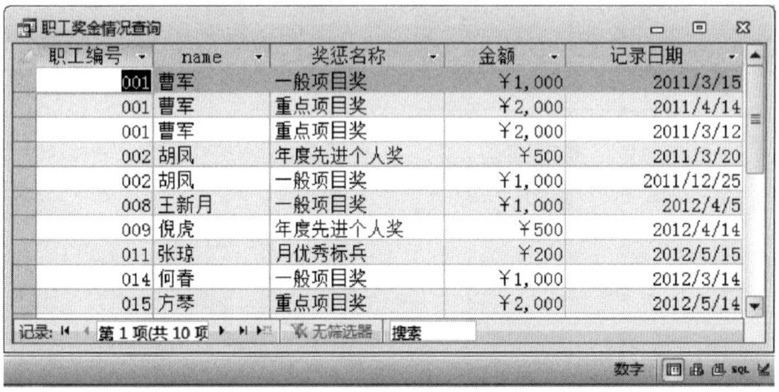

职工奖金情况查询
职工编号 | name | 奖惩名称 | 金额 | 记录日期
001 曹军 一般项目奖 ￥1,000 2011/3/15
001 曹军 重点项目奖 ￥2,000 2011/4/14
001 曹军 重点项目奖 ￥2,000 2011/3/12
002 胡凤 年度先进个人奖 ￥500 2011/3/20
002 胡凤 一般项目奖 ￥1,000 2011/12/25
008 王新月 一般项目奖 ￥1,000 2012/4/5
009 倪虎 年度先进个人奖 ￥500 2012/4/14
011 张琼 月优秀标兵 ￥200 2012/5/15
014 何香 一般项目奖 ￥1,000 2012/3/14
015 方琴 重点项目奖 ￥2,000 2012/5/14
记录: 第 1 项(共 10 项 无筛选器 搜索
数字

图 7.26　数据表视图下的选择查询运行结果

报表1
页面页眉
主体
页面页脚
属性表
所选内容的类型: 报表
报表
格式 数据 事件 其他 全部
记录源 职工奖金
筛选
加载时的筛选器 否
排序依据
加载时的排序方式 是
允许筛选 是
数字

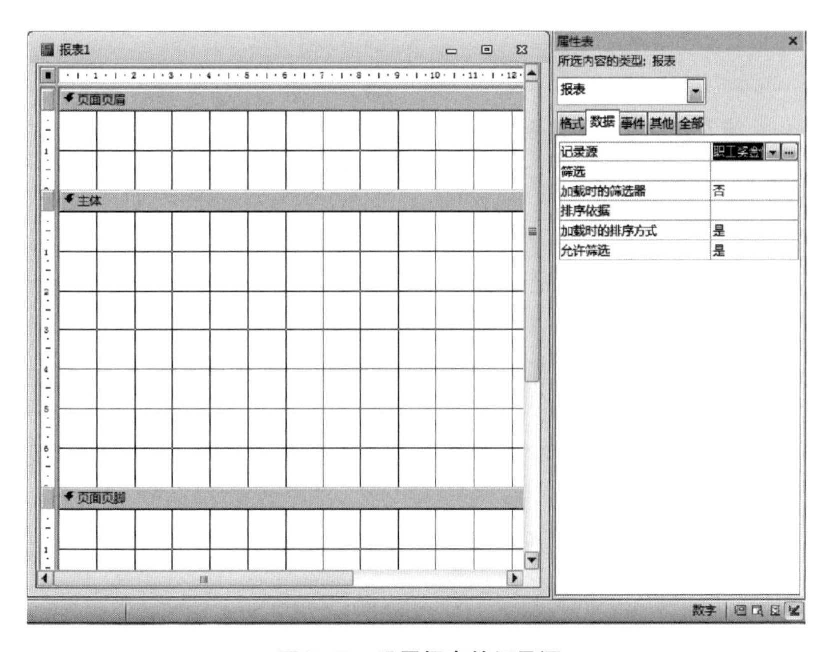

图 7.27　设置报表的记录源

步骤 4:选择“报表设计工具”→“设计”选项卡,单击功能区“工具”组中的“添加现有字段”按钮,启动“字段列表”任务窗格。

步骤 5:在“字段列表”任务窗格中选择“职工编号”字段,将其拖放到报表的主体节,此时将创建一个带有附加标签的“文本框”控件。选中“职工编号”字段的附加标签,选择“开始”选项卡,单击功能区“剪贴板”组中的“剪切”按钮,将附加标签与相应的“文本框”控件分离,然后选择页面页眉节,单击功能区“剪贴板”组中的“粘贴”按钮,将附加标签粘贴到页面页眉节,如图 7.28 所示。

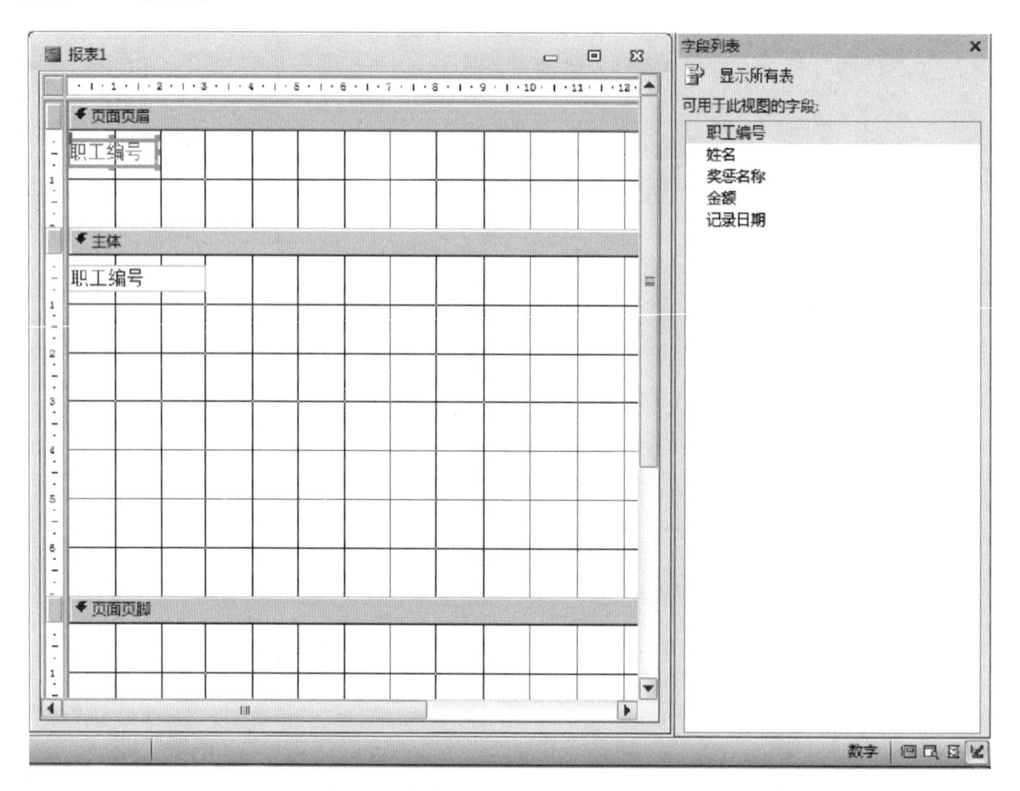

图 7.28 添加“职工编号”字段的附加标签和绑定的“文本框”控件

步骤 6:按照同样的方法将“字段列表”任务窗格中其他字段的附加标签和绑定的“文本框”控件分别添加到页面页眉节、主体节,最后关闭“字段列表”任务窗格,如图 7.29 所示。

步骤 7:选择“报表设计工具”→“排列”选项卡,单击功能区“调整大小和排序”组中的“大小/空格”按钮、“对齐”按钮,从下拉列表中选择合适的命令对报表中控件的大小、间距和对齐方式进行调整。最后通过拖动鼠标适当调整页面页眉节和主体节的高度,如图 7.30 所示。

步骤 8:在报表的空白区域右击,从弹出的快捷菜单中选择“报表页眉/页脚”命令,添加报表页眉节、报表页脚节。

步骤 9:选择“报表设计工具”→“设计”选项卡,单击功能区“控件”组中的“标签”控件,在报表页眉节添加一个“标签”控件,输入内容为“奖金情况汇总”,然后打开“标签”控件的属性表,将“字体名称”属性设置为“幼圆”,将“字号”属性设置为“20”,将“字体粗细”属性设置为“加粗”,将“前景色”属性设置为“#BA1419”,并用鼠标右键单击“标签”控件,从弹出的快捷

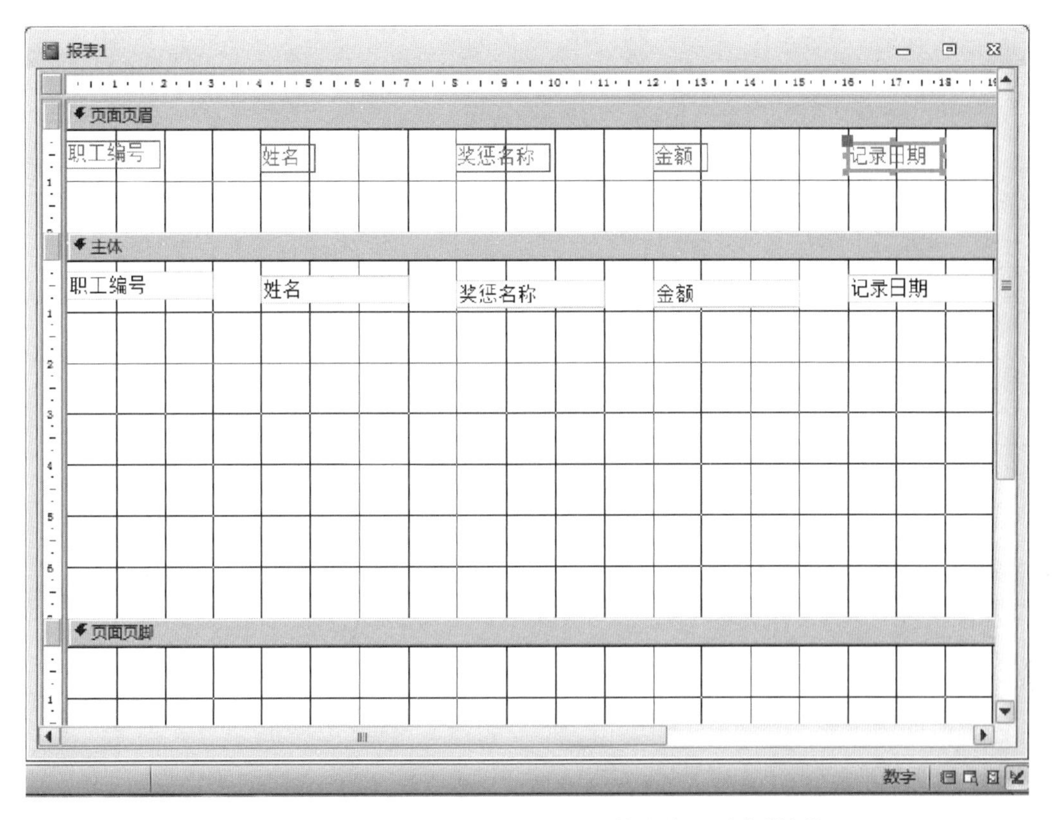

图 7.29　添加其他字段的附加标签和绑定的“文本框”控件

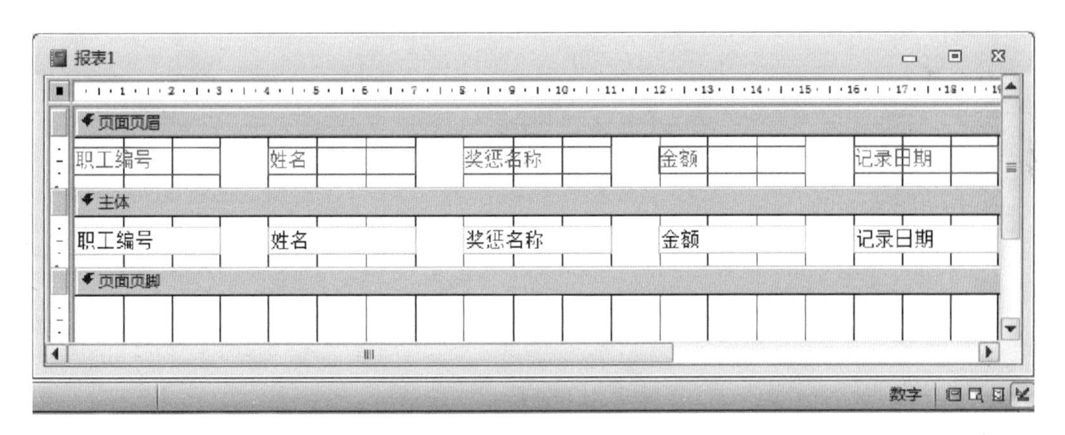

图 7.30　调整控件的布局

菜单中选择“大小”→“正好容纳”命令来调整标签的大小。接着将报表页眉节的“背景色”属性设置为“自动”。再将页面页眉节的所有“标签”控件的“字体粗细”属性设置为“加粗”，将“前景色”属性设置为“＃000000(黑色)”。最后关闭属性表，此时的效果如图 7.31 所示。

步骤 10：选择“报表设计工具”→“设计”选项卡，单击功能区“控件”组中的“直线”按钮，在报表页眉节的“标签”控件上方添加一个“直线”控件，在页面页眉节的“标签”控件上方和下方各添加一个“直线”控件，然后将所有“直线”控件的“边框颜色”属性设置为“＃BA1419”，将“边框宽度”属性设置为“2pt”，最后关闭属性表，此时的效果如图 7.32 所示。

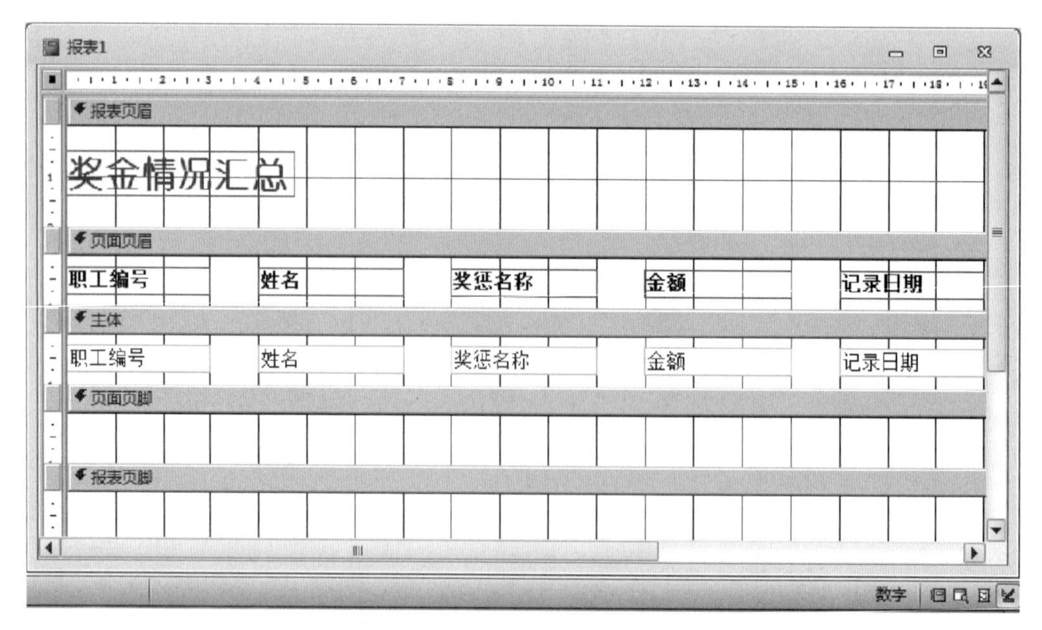

图 7.31　添加“标签”控件并设置属性

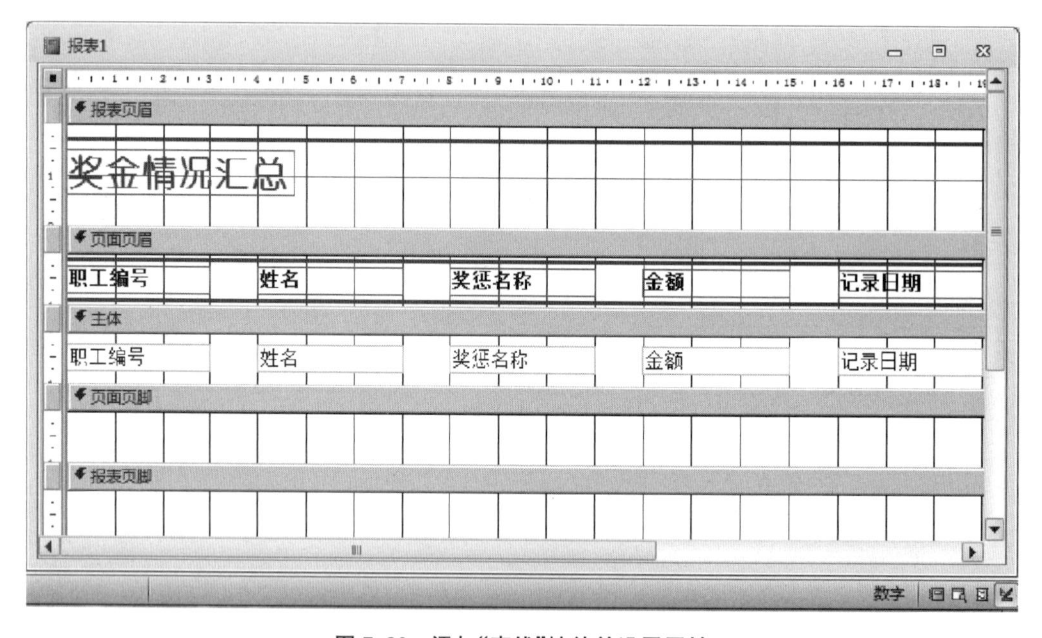

图 7.32　添加“直线”控件并设置属性

步骤 11:选择“报表设计工具”→“设计”选项卡,单击功能区“分组和汇总”组中的“分组和排序”按钮,在设计视图下方会添加“分组、排序和汇总”窗格,在窗格中显示“添加组”和“添加排序”按钮,单击“添加组”按钮,这里选择“职工编号”字段,此时记录将按“职工编号”字段分组,同时在报表中将自动添加职工编号页眉节。然后单击“分组形式”栏中的“更多”按钮,展开分组的其他属性,这里选择“无页脚节”下拉列表中的“有页脚节”选项,此时在报表中将自动添加职工编号页脚节,单击“无汇总”下拉列表,设置“汇总方式”属性为“金额”选项,设置“类型”属性为“合计”选项,并选择“在组页脚中显示小计”复选框,如图 7.33 所示。

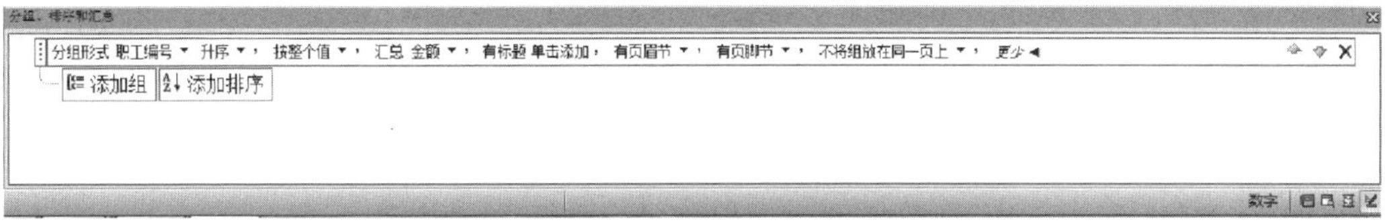

图 7.33　按“职工编号”字段分组并设置分组属性

步骤 12：在图 7.33 所示界面的“分组、排序和汇总”窗格中继续单击“添加排序”按钮，这里选择“记录日期”字段，此时每组的记录将按“记录日期”字段升序排序，如图 7.34 所示，最后关闭“分组、排序和汇总”窗格。

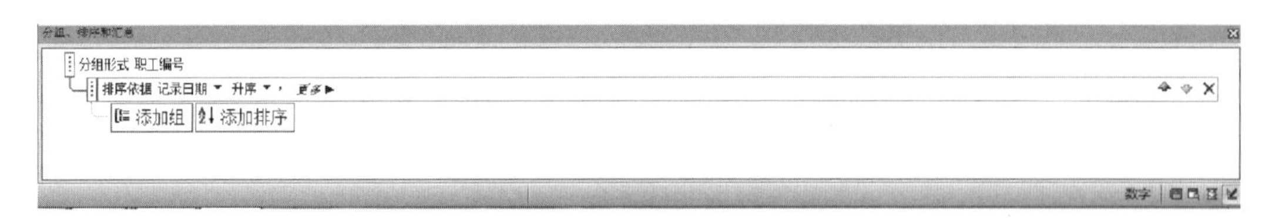

图 7.34　按“记录日期”字段排序

步骤 13：将主体节显示“职工编号”和“姓名”字段值的控件移动到职工编号页眉节相应的位置，使“职工编号”和“姓名”字段每组只显示一次，并适当调节职工编号页眉节和职工编号页脚节的高度，如图 7.35 所示。

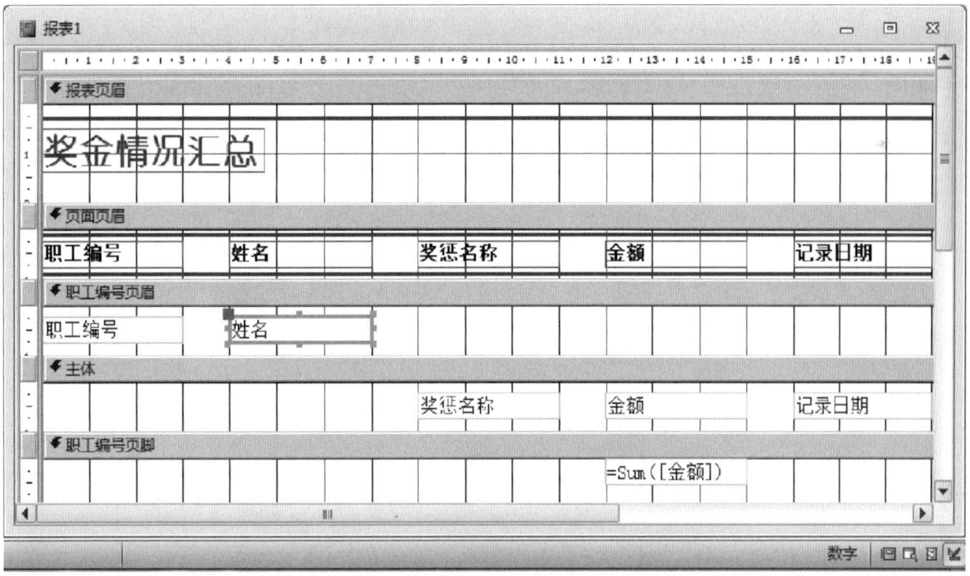

图 7.35　调整控件位置

步骤 14：在职工编号页脚节添加一个“标签”控件，输入内容为“总计”，并设置“将标签与控件关联”，与“控件来源”为“=Sum([金额])”的“文本框”控件关联。接着添加一个带有附加标签的“文本框”控件，将附加标签的“标题”属性设置为“平均”，将文本框的“控件来源”属性设置为“=Round(Avg([金额]),1)”，使显示的平均金额只保留一位小数。再添加一个带有附加标签的“文本框”控件，将附加标签的“标题”属性设置为“计数”，将文本框的“控件来源”属性设置为“=Count([金额])”。然后将所有附加标签的“前景色”属性设置为“#BA1419”,将文本框的“边框样式”属性设置为“透明”,将文本框的“前景色”属性设置为“#BA1419”。最后关闭属性表,此时的效果如图 7.36 所示。

图 7.36　设置计算型“文本框”控件

步骤 15:将页面页脚节、报表页脚节的“高度”属性设置为“0 cm”,单击状态栏中的“打印预览”按钮,预览报表的打印效果,如图 7.37 所示。

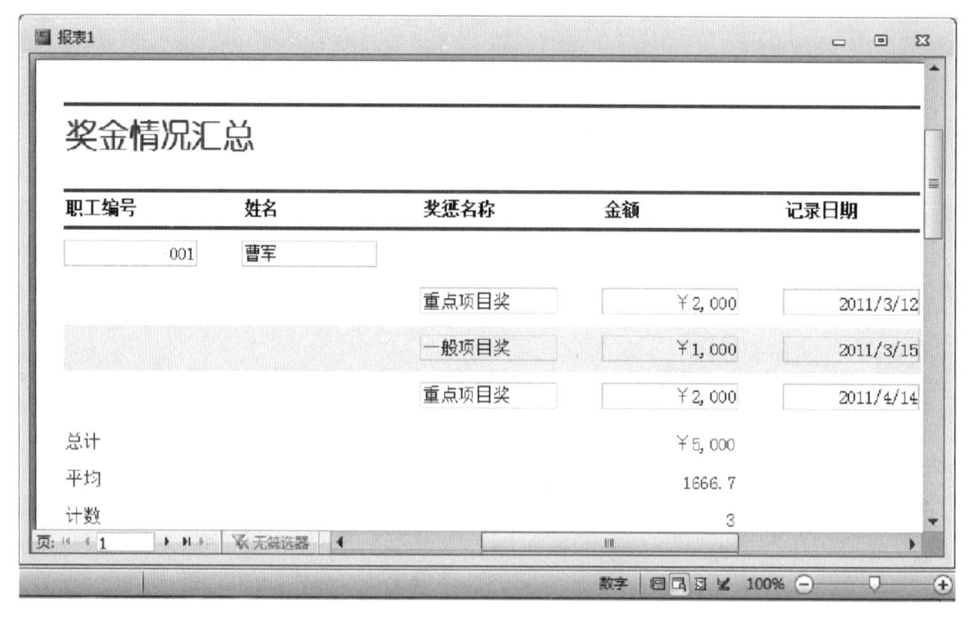

图 7.37　打印预览下的显示效果

步骤 16:切换到设计视图下,在主体节选中显示字段值为“奖惩名称”的“文本框”控件,选择“报表设计工具”→“格式”选项卡，单击功能区“控件格式”组中的“条件格式”按钮，弹出“条件格式规则管理器”对话框，单击“新建规则”按钮，在弹出的“新建格式规则”对话框中为符合条件的单元格设置格式，这里将所有满足条件“表达式为 Year([记录日期])=2012”的单元格用蓝色斜体字显示，如图 7.38 所示。单击状态栏中的“打印预览”按钮，预览设置条件格式后的打印效果，如图 7.39 所示。

图 7.38　设置条件格式参数

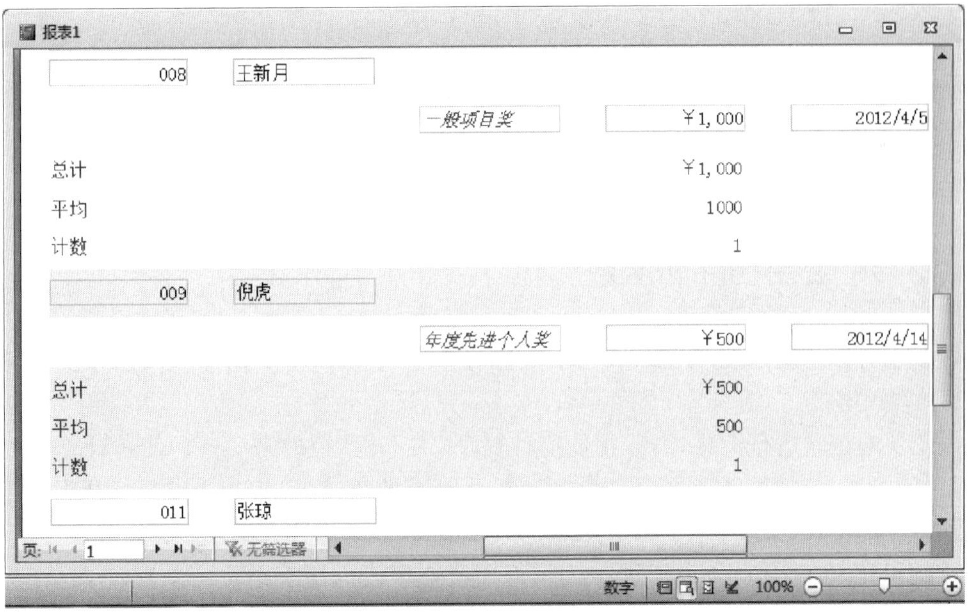

图 7.39　设置条件格式后的打印预览效果

步骤 17：单击快速访问工具栏中的“保存”按钮，保存报表并命名为“职工奖金情况报表”。

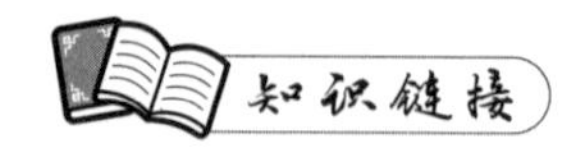

7.2.1 对记录分组和排序

分组与排序是报表和窗体的最大区别,分组是按字段的特性、将同类型的数据集合在一起,排序是使数据按某种规则依次排列(升序和降序),设定的排序将覆盖数据源给出的排序。

在“分组、排序和汇总”窗格中单击“添加组”按钮,从显示的字段列表中选择所需的字段,此时记录将按该字段分组,同时在报表中将自动添加该字段同名的页眉节,继续单击“分组形式”栏中的“更多”按钮,展开分组的其他属性,可对分组属性进一步设置。

在“分组、排序和汇总”窗格中单击“添加排序”按钮,从显示的字段列表中选择所需的字段,此时记录将按该字段排序,继续单击“排序依据”栏中的“更多”按钮,显示的属性与“分组形式”栏中的属性相同,若选择“无页眉节”下拉列表中的“有页眉节”选项或“无页脚节”下拉列表中的“有页脚节”选项,则按字段排序会自动转换为按字段分组。创建分组报表见课堂案例 7.3。

7.2.2 使用条件格式

打印报表时若需要强调某些特定的信息,可以使用条件格式为同一个字段的不同值采用不同的格式显示,为符合条件的单元格设置指定的格式,如字体加粗、斜体、下划线、背景色、前景色。

7.2.3 使用控件和函数

报表中可以使用的控件与窗体相同,具体可参考“学习情境 6 窗体”中的 6.3.1 节和 6.3.2 节的知识链接。

若需要对记录进行汇总计算,则使用计算型“文本框”控件来实现。使用计算型“文本框”控件的方法是在“控件来源”属性中直接输入计算的表达式,表达式以“=”开头,后面加上常用的内部函数、字段名称与字段名称的数学计算、内部函数与字段名称的数学计算。常用的内部函数有:Sum([字段名称]) 表示返回所在字段内所有记录的总和,Avg([字段名称]) 表示返回所在字段内所有记录的平均值,Max([字段名称]) 表示返回所在字段内所有记录的最大值,Min([字段名称]) 表示返回所在字段内所有记录的最小值,Count([字段名称]) 表示返回所在字段内所有记录的个数。

任务3　创建特殊报表

【课堂案例7.4】 使用设计视图创建报表，用于显示职工奖惩情况信息，要求以子报表的方式显示“奖惩名称”“金额”和“记录日期”字段，主报表按“职工编号”字段分组，子报表按“记录日期”字段升序排序。

解决方案：

步骤1：选择“创建”选项卡，单击功能区“报表”组中的“报表设计”按钮，启动设计视图，生成一个包含页面页眉节、主体节和页面页脚节的空白报表。

步骤2：选择“报表设计工具”→“设计”选项卡，单击功能区“工具”组中的“添加现有字段”按钮，启动“字段列表”任务窗格。

步骤3：在“字段列表”任务窗格中单击“显示所有表”按钮，直接通过鼠标左键单击选中“职工编号”字段和“姓名”字段，添加到报表的主体节，将附加标签与相应的字段值显示控件分离，所有的附加标签粘贴到页面页眉节，并对报表中控件的布局进行调整，最后关闭“字段列表”任务窗格，如图7.40所示。

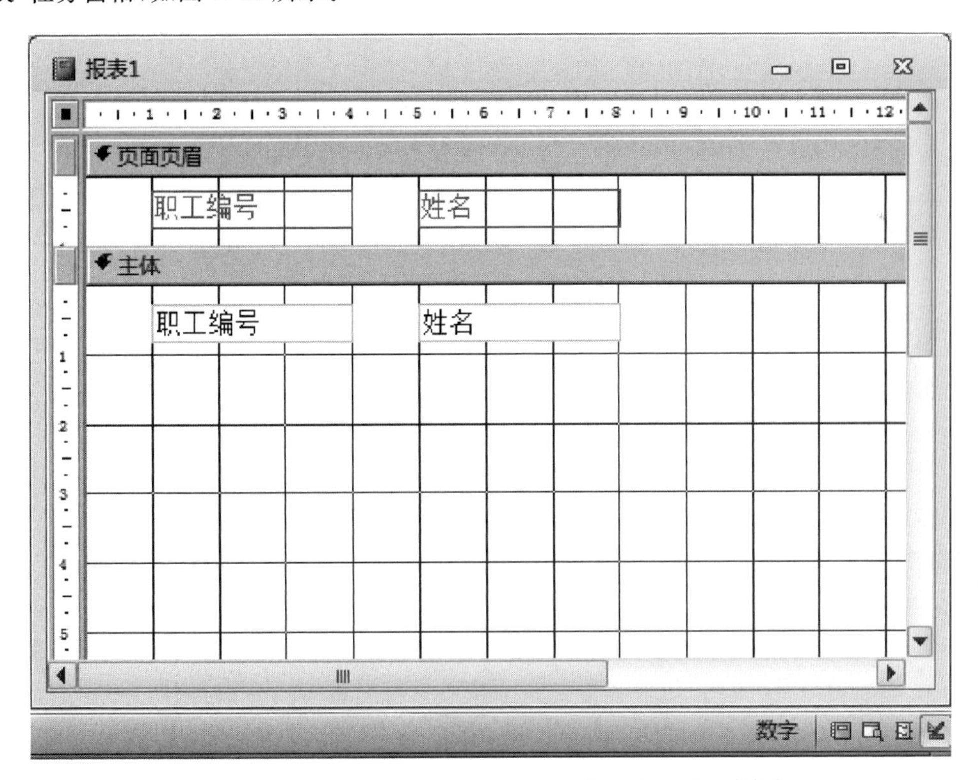

图7.40　添加所需字段的附加标签和绑定的“文本框”控件

步骤4：在报表的空白区域右击，从弹出的快捷菜单中选择“报表页眉/页脚”命令，添加报表页眉节、报表页脚节。

步骤 5:选择“报表设计工具”→“设计”选项卡,单击功能区“控件”组中的“标签”控件,在报表页眉节添加一个“标签”控件,输入内容为“奖金情况汇总”,然后打开“标签”控件的属性表,将“字体名称”属性设置为“幼圆”,将“字号”属性设置为“20”,将“前景色”属性设置为“#ED1C24(红色)”,并用鼠标右键单击“标签”控件,从弹出的快捷菜单中选择“大小”→“正好容纳”命令来调整标签的大小,如图 7.41 所示。

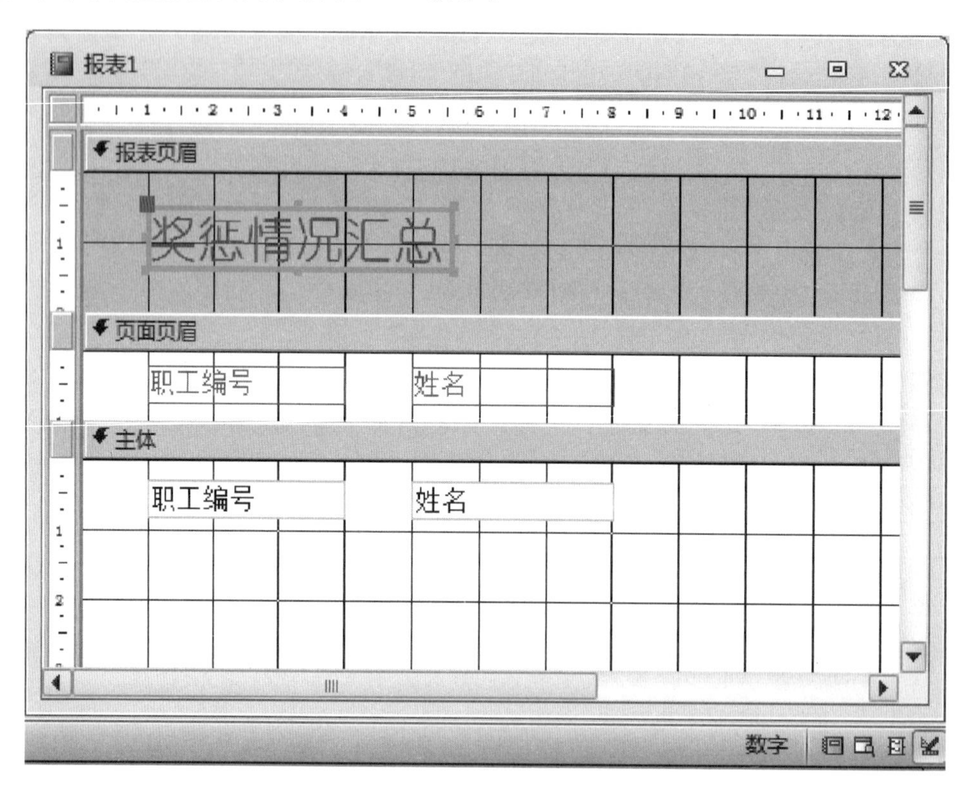

图 7.41　添加“标签”控件并设置属性

步骤 6:选择“报表设计工具”→“设计”选项卡,单击功能区“控件”组中的“子窗体/子报表”按钮,选定位置后添加一个适当大小的“子窗体/子报表”控件到主体节。接着在弹出的“子报表向导”对话框中进行设置,如图 7.42、图 7.43、图 7.44 和图 7.45 所示。此时,设计视图下对“子窗体/子报表”控件的布局进行调整,如图 7.46 所示。

步骤 7:单击主报表的主体节空白区域,选择“报表设计工具”→“设计”选项卡,单击功能区“分组和汇总”组中的“分组和排序”按钮,在设计视图下方会添加“分组、排序和汇总”窗格,在窗格中显示“添加组”和“添加排序”按钮,单击“添加组”按钮,这里选择“职工编号”字段,此时记录将按“职工编号”字段分组,如图 7.47 所示,同时在主报表中将自动添加职工编号页眉节。按照同样的方法,单击子报表的主体节空白区域,在“分组、排序和汇总”窗格中单击“添加排序”按钮,这里选择“记录日期”字段,此时记录将按“记录日期”字段升序排列,如图 7.48 所示。

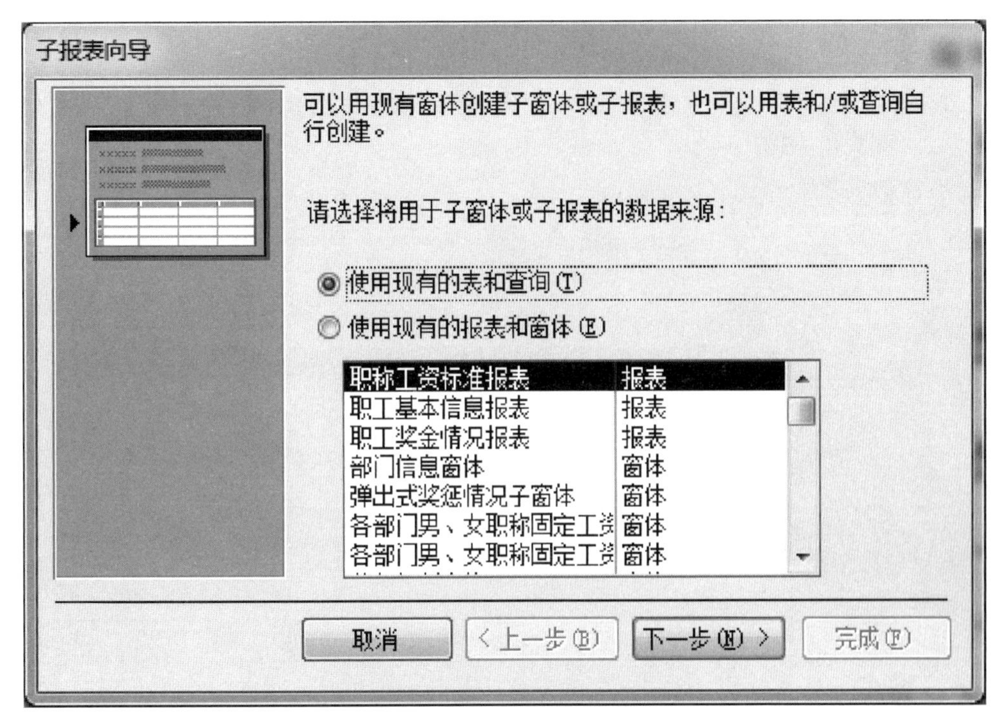

图 7.42　选择子报表的数据来源

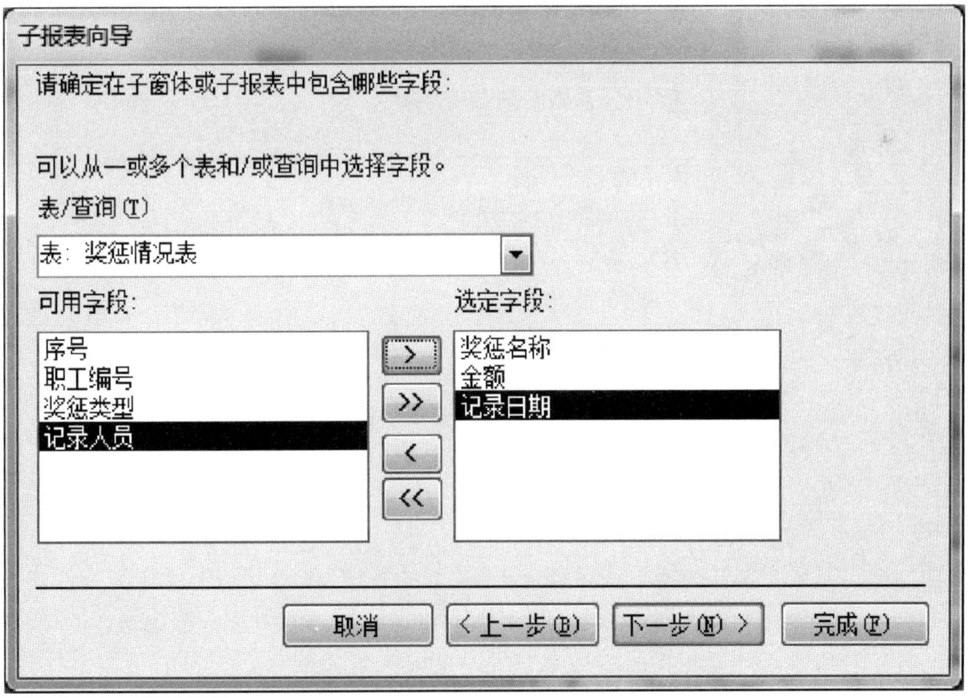

图 7.43　选择子报表中包含的字段

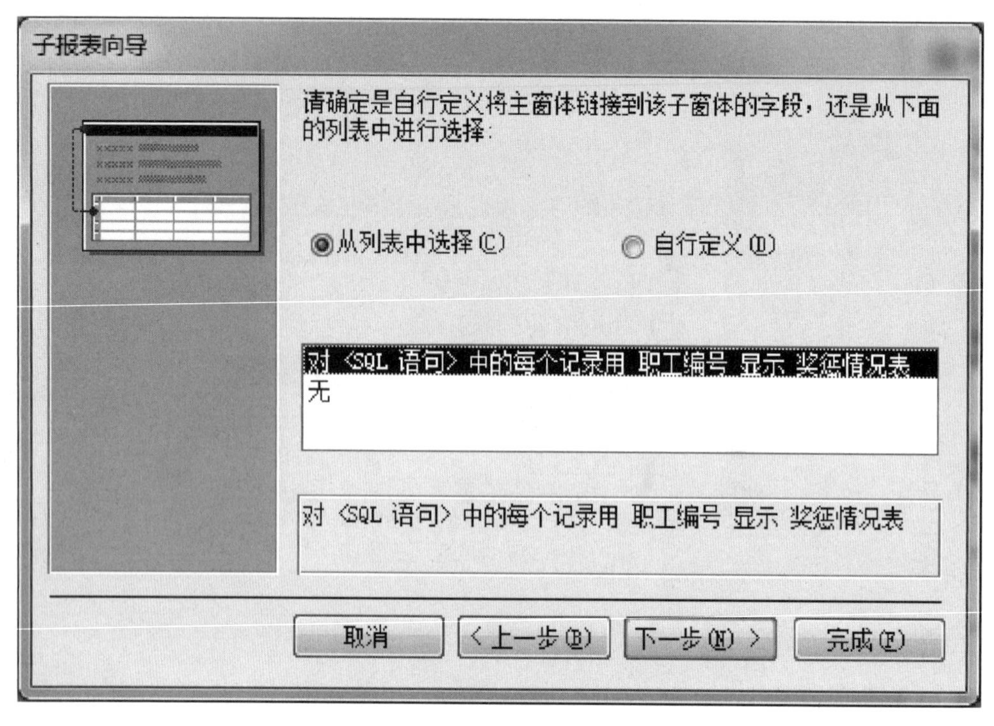

图 7.44　确定主报表和子报表的链接字段

图 7.45　指定子报表的名称

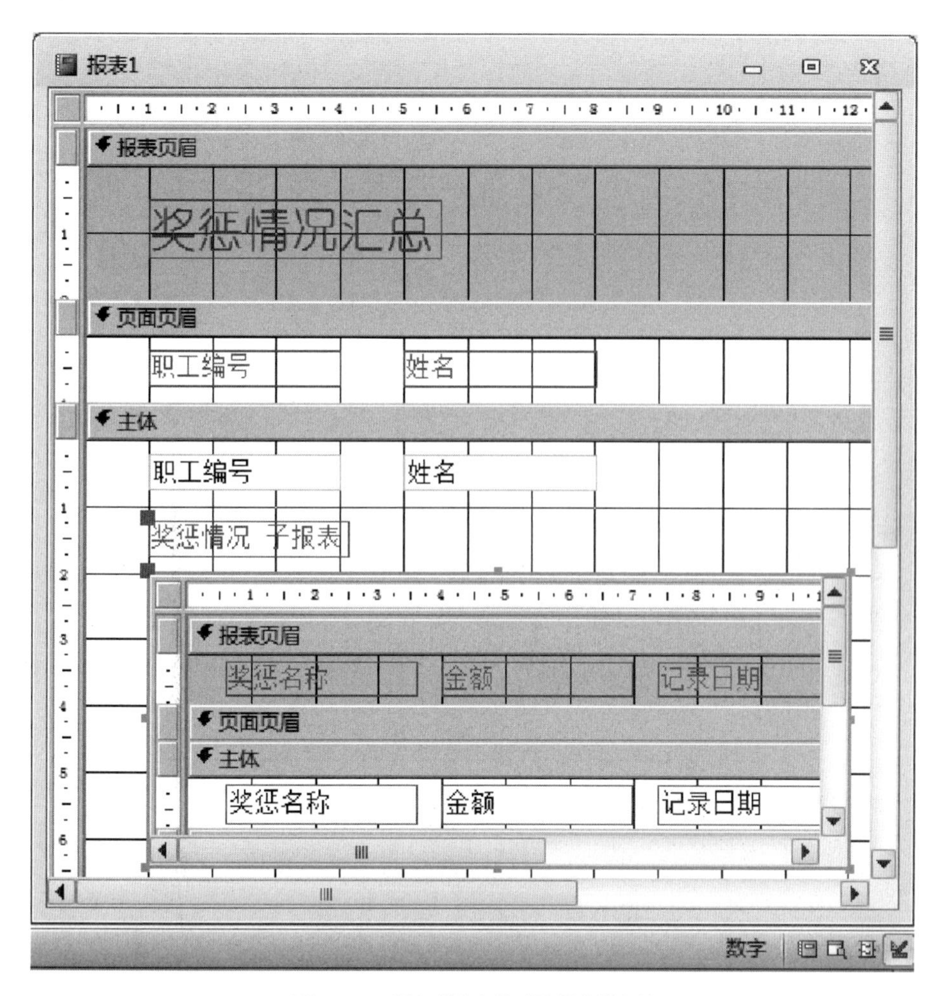

图 7.46　添加“子窗体/子报表”控件

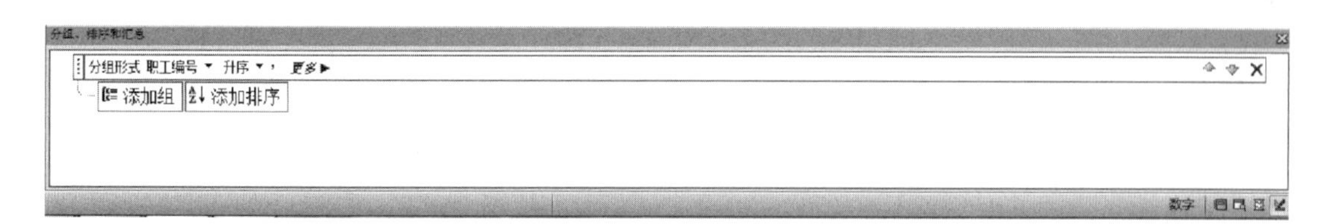

图 7.47　按“职工编号”字段分组的设置方式

图 7.48　按“记录日期”字段排序的设置方式

步骤 8:将职工编号页眉节、页面页脚节和报表页脚节的“高度”属性设置为“0 cm”,单击状态栏中的“打印预览”按钮,预览报表的打印效果,如图 7.49 所示。

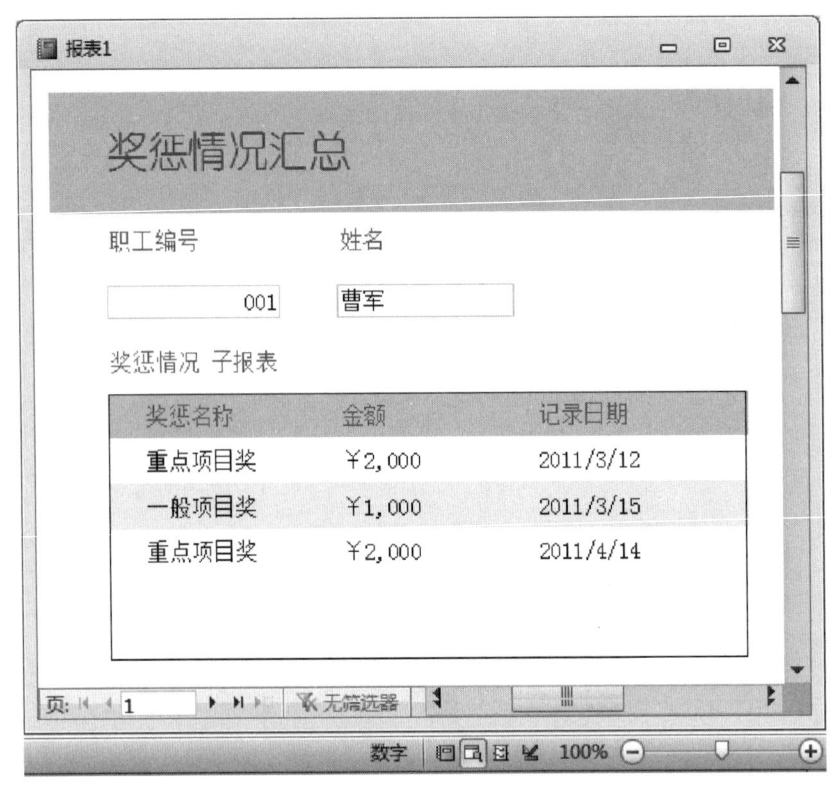

图 7.49 打印预览下的显示效果

步骤 9:单击快速访问工具栏中的“保存”按钮,保存报表并将其命名为“职工奖惩情况报表”。

在主报表中添加子报表有两种方法。一种是使用“子窗体/子报表”控件创建子报表,方法与嵌入式子窗体类似,采用在主报表中嵌入的方式显示子报表,用于显示一对多关系中“多”方的数据表中的数据。另一种是在导航窗格的报表对象中,将事先做好的报表直接拖放到主报表的主体节即可添加子报表,具体应用见课堂案例 7.4。

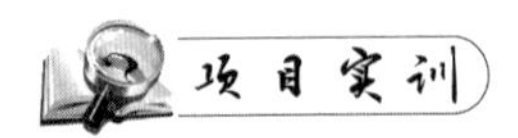

实训 1 使用报表向导创建用于显示奖惩机制信息的报表,如图 7.50 所示。

(1) 选择“创建”选项卡,单击功能区“报表”组中“报表向导”按钮,启动报表向导。

(2) 为创建的报表对象选择记录源及显示的字段,从“表/查询”下拉列表框中选择“表:奖惩机制表”选项,从“可用字段”列表框中选择“奖惩类型编号”“奖惩名称”和“金额”字段,添加到“选定字段”列表框中。

(3) 为报表设置分组字段为“奖惩类型编号”，设置分组间隔为“第一个字母”。

(4) 选择报表使用的布局方式为“递阶”“纵向”。

(5) 为报表指定标题并设置之后的操作。

(6) 完成报表的创建，预览报表的显示效果，最后保存报表。

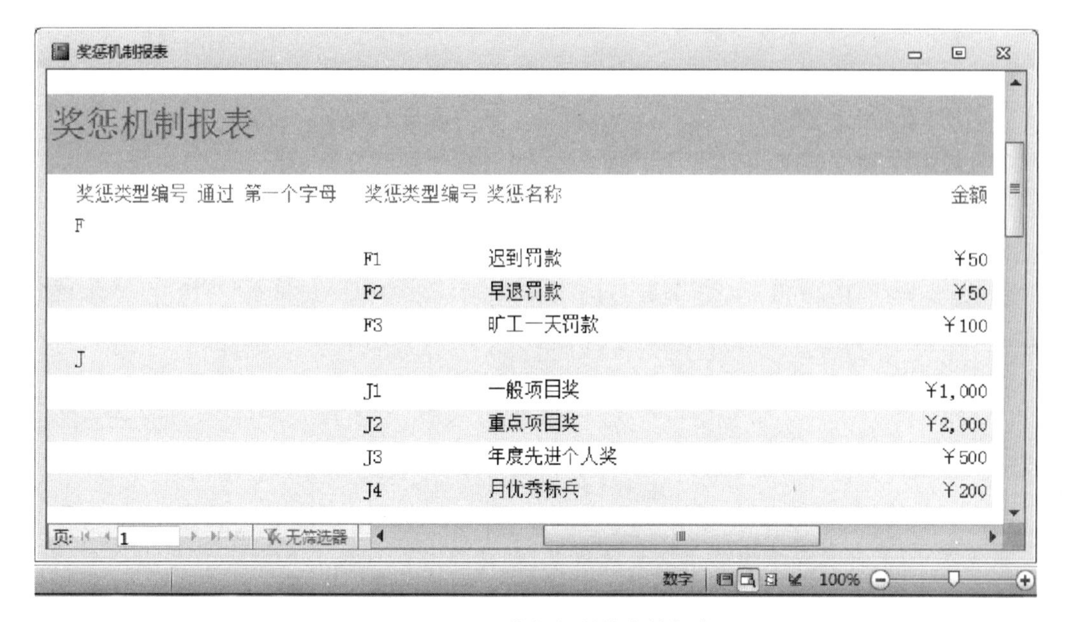

图 7.50 显示奖惩机制信息的报表

实训 2 使用设计视图创建报表，用于显示职工惩罚情况信息，并计算罚款总金额、平均罚款金额、统计罚款个数，如图 7.51 所示。

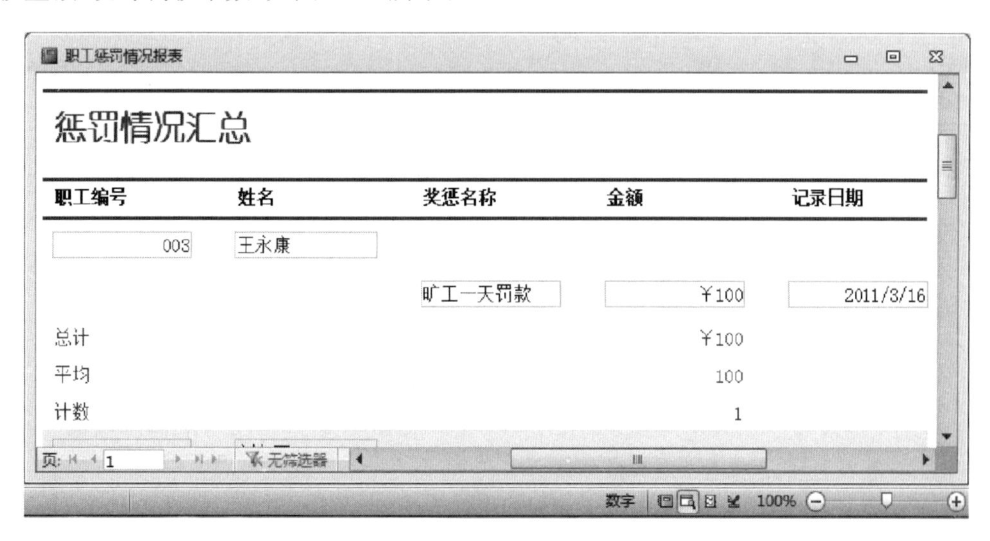

图 7.51 显示职工惩罚情况信息的报表

(1) 选择“创建”选项卡，单击功能区“报表”组中“报表设计”按钮，启动设计视图。

(2) 创建“职工惩罚情况查询”选择查询，作为报表记录源，其中“奖惩类型编号”字段的条件设置为“Like "F＊"”，则选择查询运行结果只显示惩罚情况的记录。

(3) 从“字段列表”任务窗格中选择所需字段,添加到报表的主体节。

(4) 将附加标签与相应的字段值显示控件分离,并将附加标签粘贴到页面页眉节。

(5) 对报表中控件的布局进行调整。

(6) 添加报表页眉节,在报表页眉节添加“标签”控件作为报表的标题,并设置属性。

(7) 在报表页眉节、页面页眉节的相应位置添加“直线”控件,并设置属性。

(8) 按“职工编号”字段分组并设置分组属性,按“记录日期”字段升序排列。

(9) 将主体节显示“职工编号”和“姓名”的控件移动到职工编号页眉节的相应位置。

(10) 在职工编号页脚节将“标题”属性为“总计”的“标签”控件与“控件来源”属性为“=Sum([金额])”的“文本框”控件关联,将附加标签“标题”属性为“平均”的文本框“控件来源”属性设置为“=Round(Avg([金额]),1)”,将附加标签“标题”属性为“计数”的文本框“控件来源”属性设置为“=Count([金额])”。

(11) 完成报表的创建,预览报表的打印效果,最后保存报表。

小　结

报表是Access数据库中非常重要的对象,创建报表的最终目的就是打印出美观、特定格式的报表,打印的信息包括原始的数据和汇总的数据。在本学习情境中,主要介绍了创建报表的不同方法、如何创建报表的计算字段、记录的分组与排序及报表中常用控件的使用。重点学习使用报表向导和报表设计视图完成不同格式报表的创建,通过对记录的分组、排序和汇总计算使报表数据的显示更有规律性,并通过对条件格式及报表的控件进行设计来美化报表,加强报表的功能。

练习题

一、选择题

1. 在报表中,不能实现的功能是(　　)。

A. 分组数据　B. 汇总数据　C. 格式化数据　D. 输入数据

2. 内部函数Count()是统计所在字段内所有记录的(　　)。

A. 总和　B. 平均值　C. 个数　D. 最大值

3. (　　)节的内容只在报表最后一页的底部打印输出。

A. 页面页眉　B. 页面页脚　C. 报表页眉　D. 报表页脚

4. 在报表设计工具中有,而在窗体设计工具中没有的按钮是(　　)。

A. 分组和排序　B. 添加现有字段　C. 日期和时间　D. 代码

5. 若对分组数据进行汇总计算,则“文本框”控件应添加在(　　)。

A. 报表页眉节、报表页脚节　B. 页面页眉节、页面页脚节

C. 组页眉节、组页脚节　D. 主体节

二、填空题

1. 报表的视图可以分为__________、__________、布局视图、设计视图。

2. ＿＿＿＿＿、＿＿＿＿＿、＿＿＿＿＿可为报表提供数据源。

3. 报表的标题可放在报表顶端的＿＿＿＿＿节的“标签”控件中。

4. 要显示格式为日期，应将“文本框”控件的“控件来源”属性设置为＿＿＿＿＿。

5. 要显示格式为“共N页，第N页”的页码，应将“文本框”控件的“控件来源”属性设置为＿＿＿＿＿＿＿＿＿＿＿＿＿＿＿。

学习情境8　宏

小明学了Access数据库中的四种基本对象：表、查询、窗体和报表之后，切身感到这四种对象的功能很强大，但是它们彼此不能互相驱动。那怎样才能将这些对象有机地组合起来，构造成为一个性能完善、操作简便的系统呢？这个问题可以通过宏和模块两种对象来实现，而且两者相比而言，宏更是一种简化操作的工具。使用宏非常方便，不需要记住各种语法，也不需要编程，只需要利用简单的宏操作就可以对数据库完成一系列的操作。Access 2010进一步增强了宏的功能，使得创建宏更加方便，宏的功能更加强大，使用宏可以完成更为复杂的工作。

教学目标

◇ 了解宏的功能和类型。
◇ 了解常见宏的应用方法。
◇ 掌握常见宏的创建与设计方法。
◇ 掌握宏操作的编辑方法。
◇ 掌握运行和调试宏的方法。

任务1　宏的基本概念

【课堂案例8.1】 打开"宏生成器"窗格，在"宏生成器"窗格中打开"添加新操作"列表。

解决方案：

步骤1：启动Access 2010，打开数据库(如：工资管理系统)。

步骤2：单击"创建"选项卡"宏与代码"组中的"宏"按钮，打开"宏生成器"窗格。如图8.1所示。

步骤3：单击"添加新操作"右侧下拉列表按钮，就会弹出各种操作名列表，如图8.2所示。用户可用鼠标点击列表选择相应的操作，也可以在文本框中输入操作名，系统会自动出现操作名，提示用户选择操作。

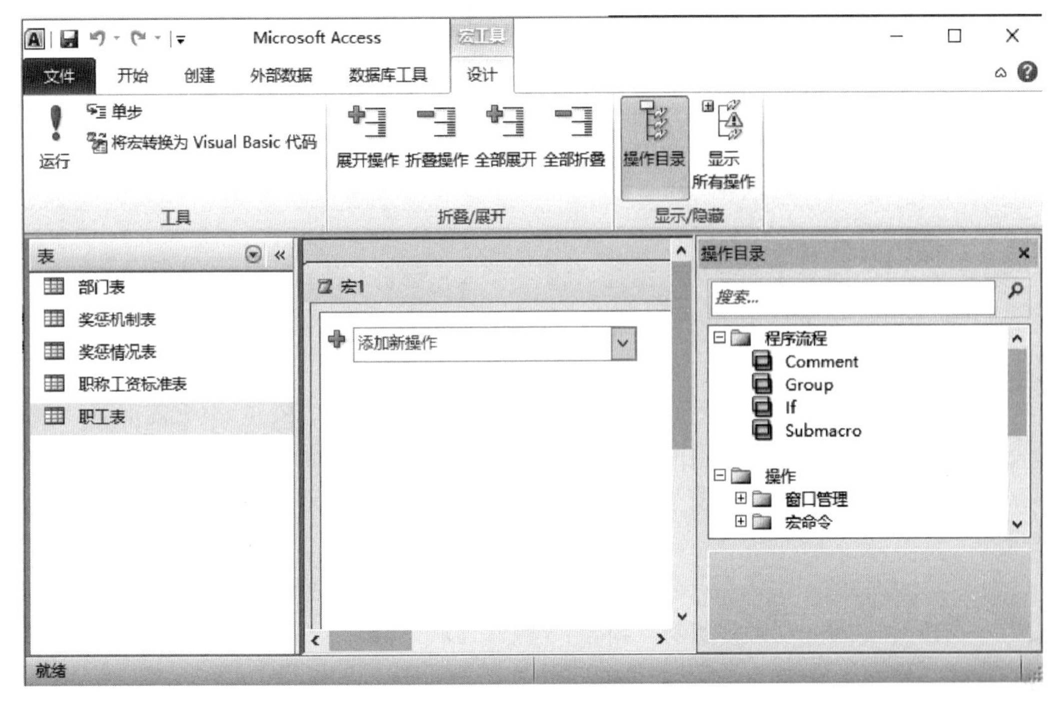

图 8.1　宏生成器

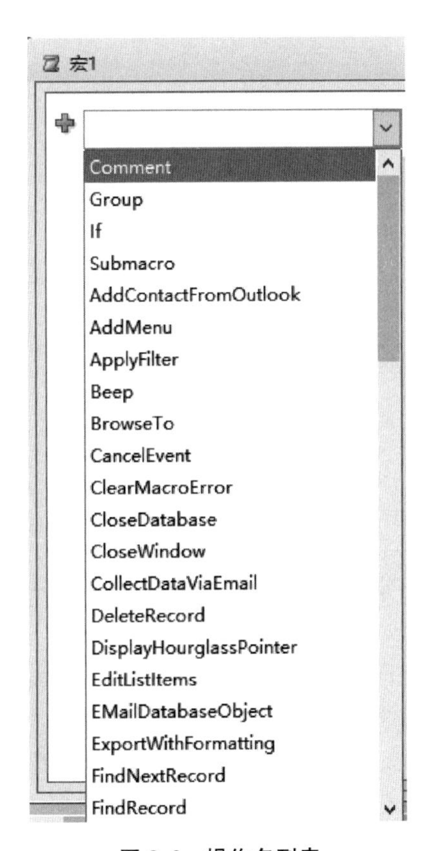

图 8.2　操作名列表

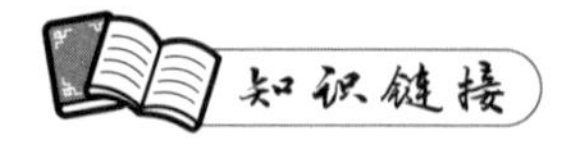

8.1.1 宏的基本概念

宏是由一个或多个操作组成的集合,其中每个操作都自动执行,并实现特定的功能。

通过直接执行宏或使用包含宏的用户界面可以完成许多复杂的操作,而不需要编写程序代码。

宏是一种特殊的代码,它没有控制转移功能,也不能直接操纵变量,但它能够将各种对象有机地组织起来,按照某个顺序执行操作的步骤,完成一系列操作动作。

Access 2010 中的宏是在"宏生成器"窗格中创建的。"宏生成器"窗格又称为宏的"设计视图"。

创建宏,就是在"宏生成器"窗格中构建在宏运行时要执行的操作的列表。首次打开"宏生成器"窗格时,会显示"添加新操作"窗口和"操作目录"列表。

Access 2010 提供 80 多个宏操作命令,分为 8 种类型:

(1) 窗口管理命令。

(2) 宏命令。

(3) 筛选/查询/搜索命令。

(4) 数据库导入导出命令。

(5) 数据库对象命令。

(6) 数据库命令。

(7) 系统命令。

(8) 用户操作命令。

8.1.2 常见的宏操作命令

常见的宏操作命令如下:

(1) ApplyFilter:用于筛选、查询或将 SQL 的 Where 子句应用至表、窗体或报表,以限制或排序记录。

(2) Beep:使计算机的扬声器发出"嘟嘟"声。

(3) Close:关闭指定的 Access 窗口,若无指定,则关闭使用中的窗口。

(4) CopyObject:将指定的数据库对象复制到 Access 数据库或项目中。

(5) DeleteObject:删除指定的数据库对象。

(6) FindRecord:在活动的数据表、查询数据表、窗体数据表或窗体中,查找符合 FindRecord 参数条件的第一个数据实例。

(7) FindNextRecord:查找符合最近 FindRecord 操作或"查找"对话框中指定条件的下一条记录。

(8) GoToControl:将焦点移动到打开的窗体、窗体数据表、表数据表或查询数据表中指定的字段或控件上。当希望特定字段或控件获得焦点时,可以使用该命令。

(9) GoToPage:将活动窗体中的焦点移至指定页中的第一个控件。

(10) GoToRecord:使打开的表、窗体或查询结果的特定记录成为当前活动记录。

(11) MaximizeWindow:最大化活动窗口,使其充满 Access 2010 主窗口。

(12) Messagebox:显示一个包含警告或其他信息的消息框。

(13) MinimizeWindow:与 MaximizeWindow 命令的用法相反,使用该命令可以将活动窗口缩小为 Access 2010 主窗口底部的一个小标题栏。

(14) OpenForm:在"窗体视图""设计视图""打印预览"或"数据表"视图中打开一个窗体。可以为窗体选择数据输入和窗口模式,并可以限制窗体显示的记录。

(15) OpenQuery:此命令将运行动作查询。在"设计视图""打印预览"或"数据表"视图中打开选择查询或交叉表查询。另外,值得注意的是,此命令只有在 Access 2010 数据库环境(. mdb 或. accdb)中才能使用。

(16) OpenReport:在"设计视图"或"打印预览"视图中打开报表,或直接打印该报表。还可以通过设置各种参数限制打印报表中的记录。

(17) OpenTable:在"数据表"视图、"设计视图"或"打印预览"视图中打开表。还可以通过设置各种参数选择该表的数据输入模式。

(18) QuitAccess:退出 Access。还可以使用 Quit 命令指定其中一个选项,在退出 Access 前保存数据库对象。

(19) Requery:通过重新查询指定控件的数据源,来更新活动对象控件中的数据。如果不指定控件,该命令将对对象本身的数据源进行重新查询。

(20) RunApp:启动另一个 Windows 或 Ms-DOS 环境下的应用程序。

(21) RunCommand:执行一个内置的 Access 命令。

(22) RunMacro:运行宏或宏组。运行方式有 3 种:① 从其他宏中运行宏。② 根据条件运行宏。③ 将宏附加到自定义菜单中。

(23) StopMacro:终止当前正在运行的宏。

(24) StopAllMacro:终止所有正在运行的宏。

任务2　创　建　宏

【课堂案例 8.2】 创建并应用用户界面宏。

在"工资管理系统"数据库中创建一个用户界面宏,该宏能实现在单击窗体中的任意"职工编号"字段时打开"职工窗体"。

解决方案:

步骤 1:启动 Access 2010,打开"工资管理系统"数据库。如图 8.3 所示。

步骤 2:在"导航窗格"中选择"职工表",然后在"创建"选项卡"窗体"组中的"其他窗体"

下拉菜单中选择“数据表”命令,创建一个数据表窗体。如图 8.4 所示。

图 8.3　打开“工资管理系统”数据库

职工编号	name	性别	婚否	出生日期	部门编号	职称编号	电话
001	曹军	男	已婚	1981/11/25	103	b	13356021097
002	胡风	女	未婚	1985/05/19	101	a	15926251478
003	王永康	男	已婚	1970/01/05	102	c	15125562365
004	张历历	女	已婚	1981/11/28	106	b	18756893214
005	刘名军	男	已婚	1983/03/16	101	a	15936982514
006	张强	男	已婚	1975/02/05	103	b	13645789587
007	魏闪闪	女	未婚	1987/12/12	105	a	15589369874
008	王新月	女	未婚	1986/10/25	105	a	15125456589
009	倪虎	男	未婚	1987/05/06	101	a	15125457896
010	魏英	女	已婚	1976/05/16	103	c	15998652317
011	张琼	女	未婚	1990/01/05	104	a	18256362550
012	吴晴	女	未婚	1990/10/01	102	a	15936981447
013	邵志元	男	未婚	1988/12/05	106	a	18712345698
014	何番	男	已婚	1975/06/01	106	c	13000101010
015	方琴	女	已婚	1976/05/04	104	b	13325631478

图 8.4　创建“职工表窗体”

步骤 3:按“Ctrl”+“S”组合键或快速工具栏上的保存按钮,弹出“另存为”对话框,设置窗体名为“职工表窗体”,然后单击“确定”按钮,保存职工表数据表窗体为“职工表窗体”。如图 8.5 所示。

步骤 4:在“导航窗格”中选择“职工表”,然后在“创建”选项卡“窗体”组中单击“窗体”按钮,创建“职工表详细信息窗体”,如图 8.6 所示。

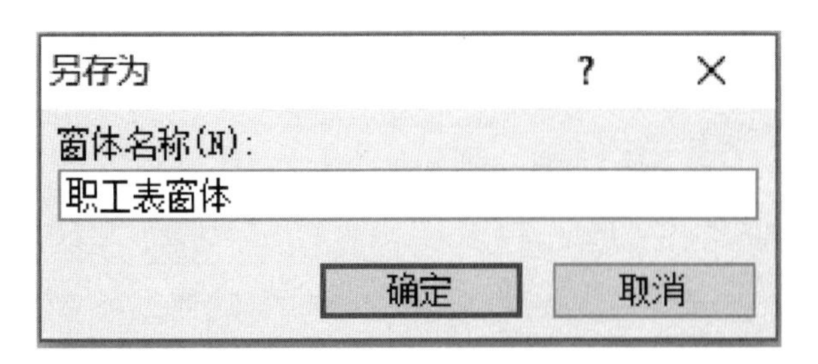

图 8.5　保存"职工表窗体"

图 8.6　创建"职工表详细信息窗体"

步骤 5:按"Ctrl"+"S"组合键或快速工具栏上的保存按钮,弹出"另存为"对话框,设置窗体名为"职工表详细信息窗体",然后单击"确定"按钮,保存窗体为"职工表详细信息窗体"。如图 8.7 所示。

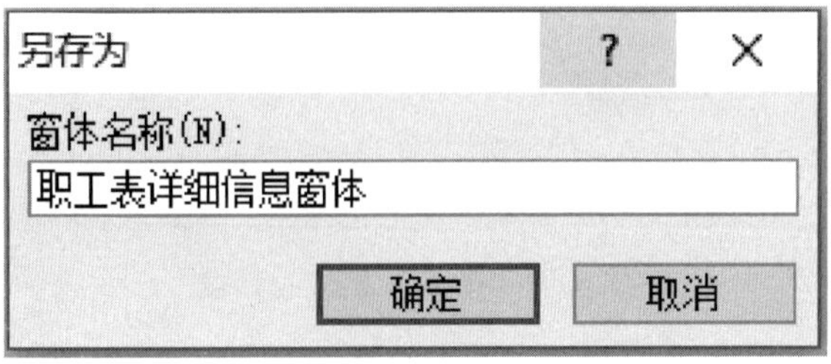

另存为　?　×

窗体名称(N):

职工表详细信息窗体

确定　取消

图 8.7　保存"职工表详细信息窗体"

步骤 6:关闭"职工表详细信息窗体"(或打开"职工表窗体"),单击"窗体工具 数据表"选项卡"工具"组中的"属性表"按钮,打开"属性表"窗格,如图 8.8 所示。

步骤 7:单击"职工编号"字段名,然后单击"属性表"窗格"事件"选项卡中的"单击"属性框,接着单击右侧的省略号按钮,弹出"选择生成器"对话框,如图 8.9 所示。

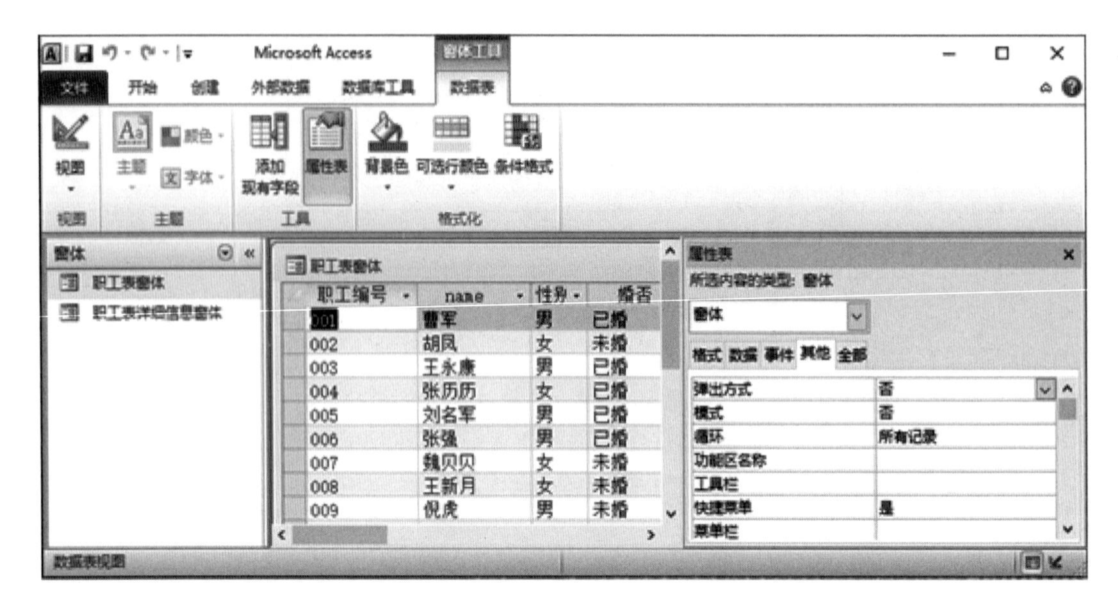

图 8.8　“属性表”窗格

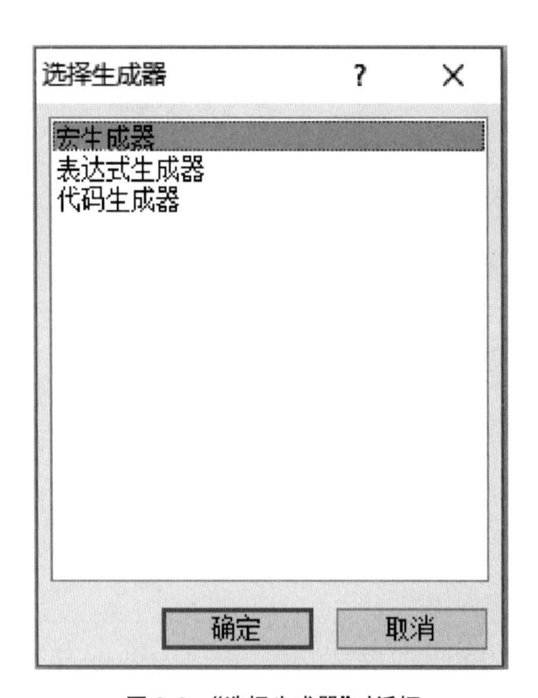

图 8.9　“选择生成器”对话框

步骤 8:选择“宏生成器”选项,并单击“确定”按钮,进入“宏生成器”窗格,如图 8.10 所示。

步骤 9:单击“添加新操作”下拉列表框,从中选择“OpenForm”操作命令,然后填写各个参数,如图 8.11 所示。

步骤 10:按“Ctrl”+“S”组合键或快速工具栏上的保存按钮保存宏,然后关闭宏生成器,进入“职工表窗体”界面,在“属性表”窗格中可以看到新嵌入的宏,如图 8.12 所示。

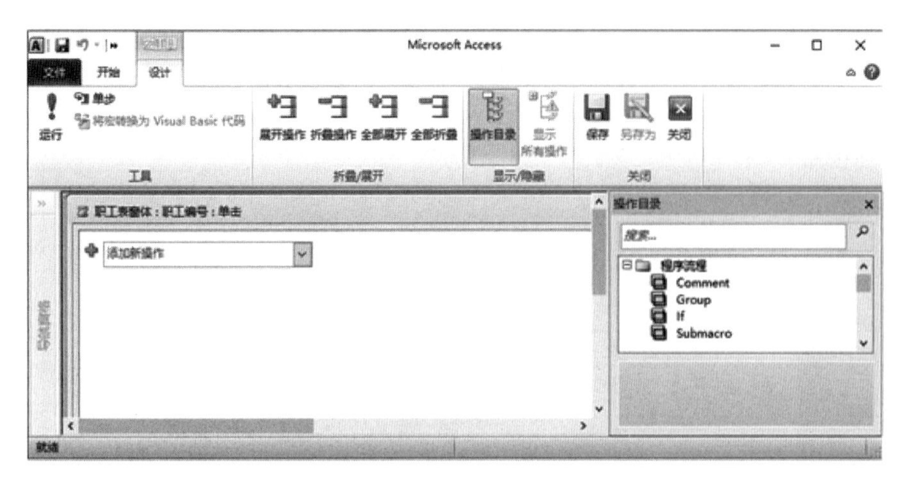

图 8.10　“宏生成器”窗格

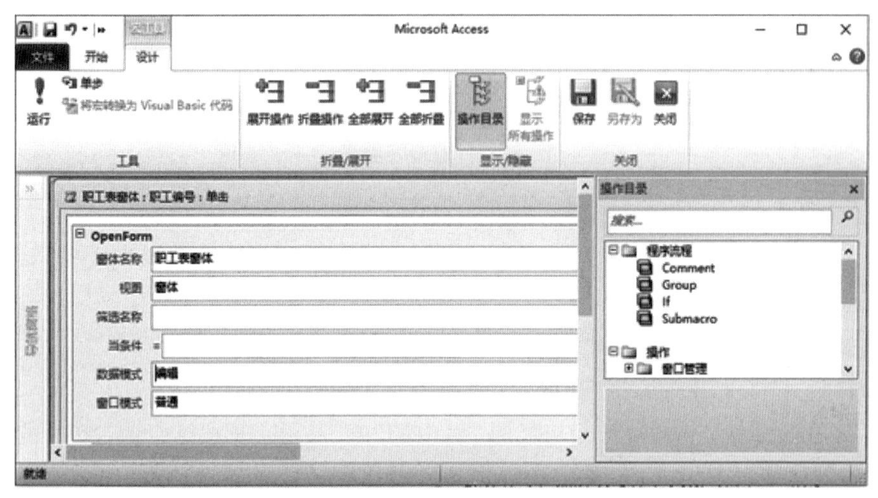

图 8.11　设置“添加新操作”参数

图 8.12　显示“嵌入的宏”

步骤 11:单击任意“职工编号”,均可弹出相应的“职工表窗体”,如图 8.13 所示。

图 8.13 宏运行结果

【课堂案例 8.3】 创建与设计独立宏。

在“工资管理系统”数据库中创建一个能够自动打开“打开职工联系列表”窗体,并自动将该窗体最大化的宏。

解决方案:

步骤 1:打开“工资管理系统”数据库。

步骤 2:单击“创建”选项卡“宏与代码”组中的“宏”按钮,进入 Access 2010 的“宏生成器”,并自动创建一个名为“宏 1”的空白宏,如图 8.14 所示。

图 8.14 创建“宏 1”

步骤 3:单击"添加新操作"下拉列表按钮,在其下拉列表中选择"OpenForm"操作命令,然后为该操作设置相应参数,如图 8.15 所示。

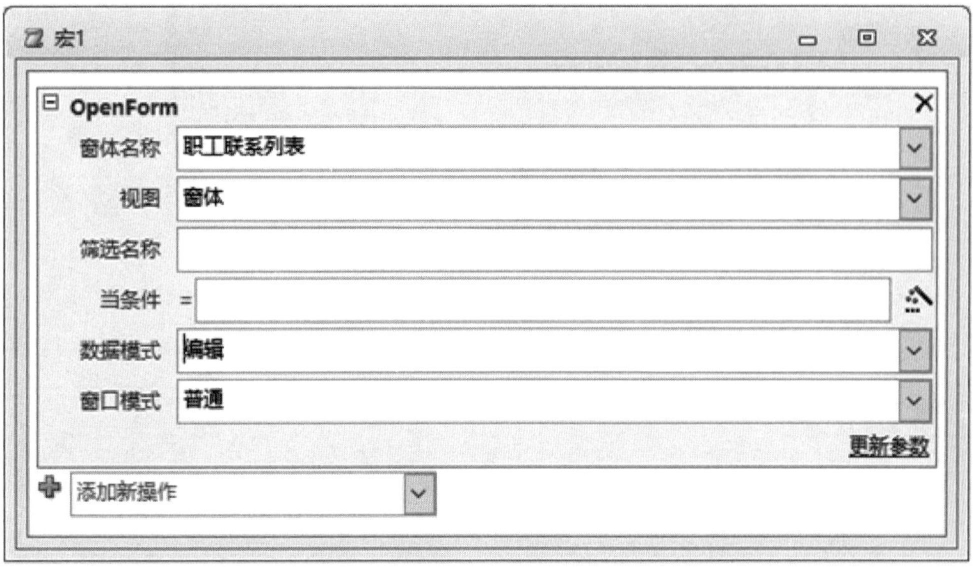

宏1
OpenForm
窗体名称　职工联系列表
视图　窗体
筛选名称
当条件 =
数据模式　编辑
窗口模式　普通
更新参数
添加新操作

图 8.15　添加"OpenForm"操作并设置相应参数

步骤 4:再次单击"添加新操作"下拉列表按钮,在其下拉列表中选择"Maximize Window"操作命令,如图 8.16 所示。

图 8.16　添加"Maximize Window"操作

步骤 5:按"Ctrl"+"S"组合键或快速工具栏上的保存按钮,弹出"另存为"对话框,保存宏为"打开职工联系列表",如图 8.17 所示。

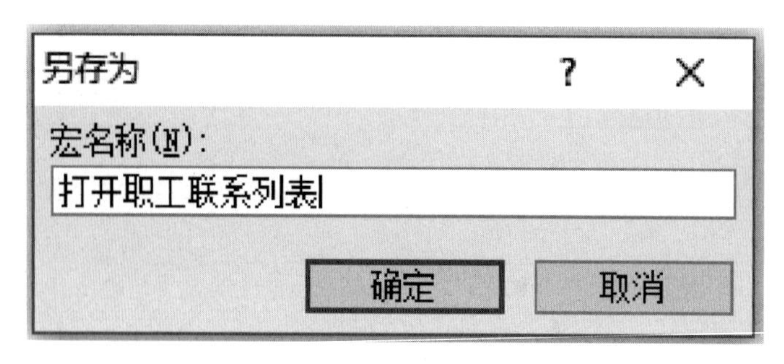

图 8.17 “另存为”对话框

步骤 6:完成独立宏的创建。单击“宏工具 设计”选项卡“工具”组中的“运行”按钮,执行该宏,运行结果如图 8.18 所示。

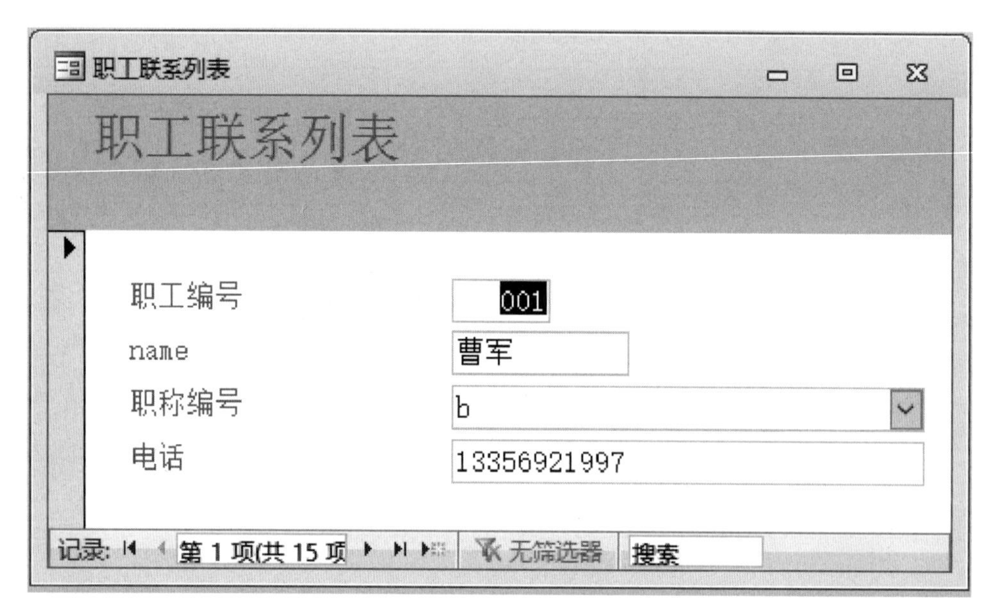

图 8.18 “打开职工联系列表”宏运行结果

【课堂案例 8.4】 创建与设计宏组。

对“工资管理系统”“主窗体”中的“职工查询”和“职称工资查询”按钮,分别设置相应的宏来完成相应的功能,这些宏放在一个名为“打开查询宏”的宏组中。

解决方案:

步骤 1:启动 Access 2010,打开“工资管理系统”数据库。

步骤 2:单击“创建”选项卡“宏与代码”组中的“宏”按钮,进入 Access 的“宏生成器”,并自动创建一个名为“宏 1”的空白宏,如图 8.19 所示。

步骤 3:单击“添加新操作”下拉列表按钮,在其下拉列表中选择“OpenQuery”操作命令,如图 8.20 所示。

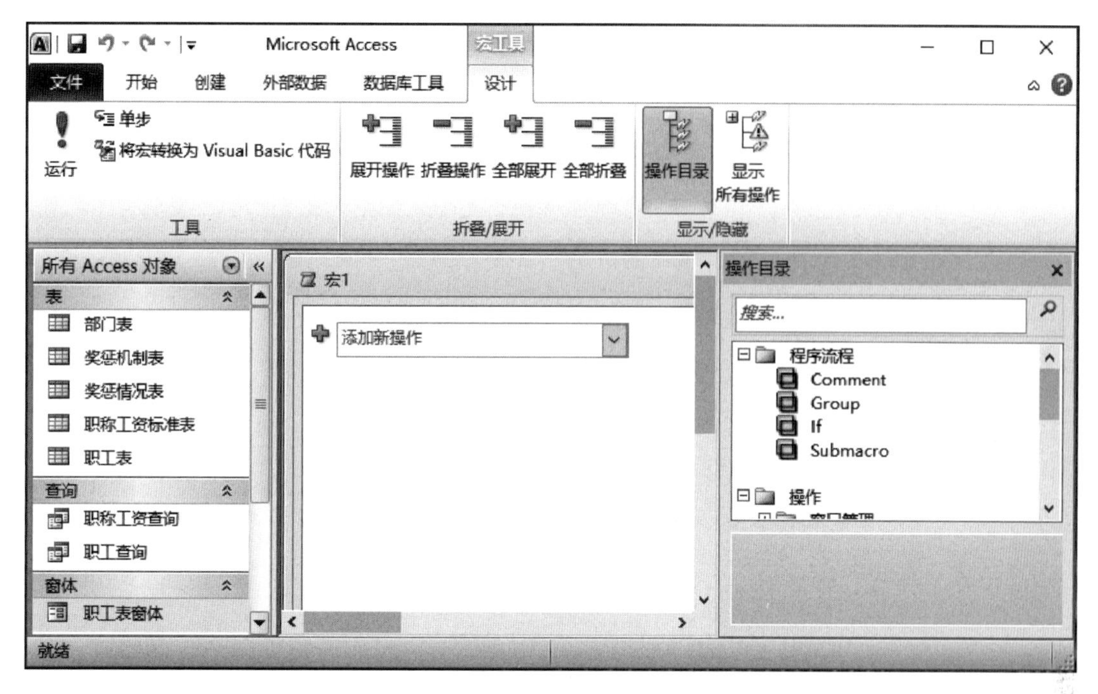

图 8.19 宏生成器

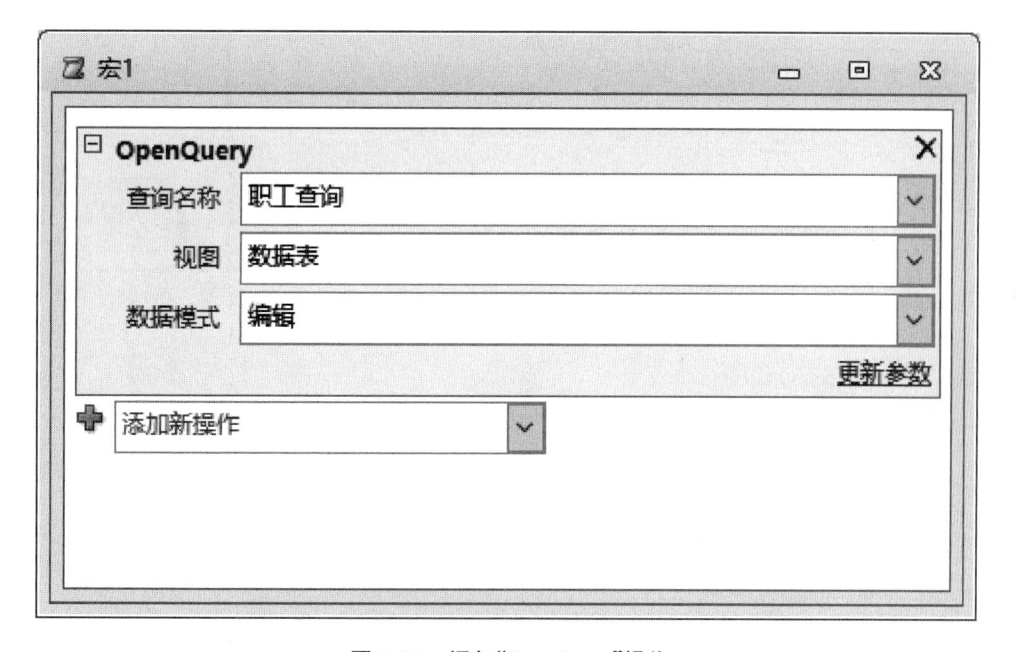

图 8.20 添加“OpenQuery”操作

步骤 4:右键单击刚添加的操作名,在弹出的快捷菜单中选择“生成子宏程序块”,如图 8.21 所示。

步骤 5:生成子宏,在“子宏”文本框中输入“打开职工查询”作为子宏名,如图 8.22 所示。

步骤 6:再次添加“OpenQuery”操作,并在“查询名称”下拉列表中选择“职称工资查询”,如图 8.23 所示。

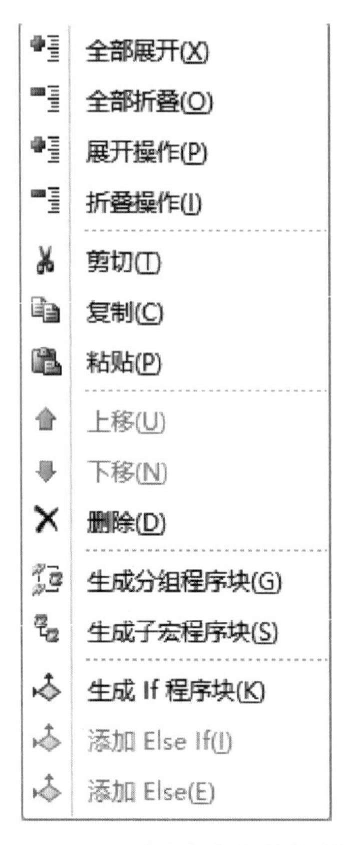

图 8.21 操作命令的"快捷菜单"

图 8.22 设置"打开职工查询"子宏名

图 8.23　添加"OpenQuery"操作

步骤7:参照步骤4和步骤5的操作,设置子宏名为"打开职称工资查询",如图8.24所示。

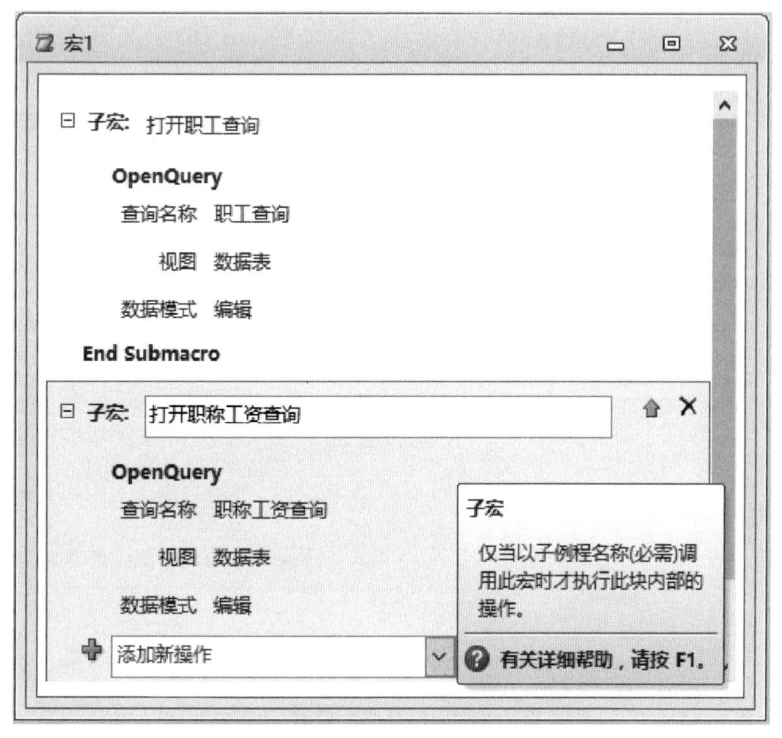

图 8.24　设置"打开职称工资查询"子宏名

步骤 8:单击“宏生成器”右侧的“关闭”按钮,弹出是否保存提示对话框,单击“是”按钮,如图 8.25 所示。

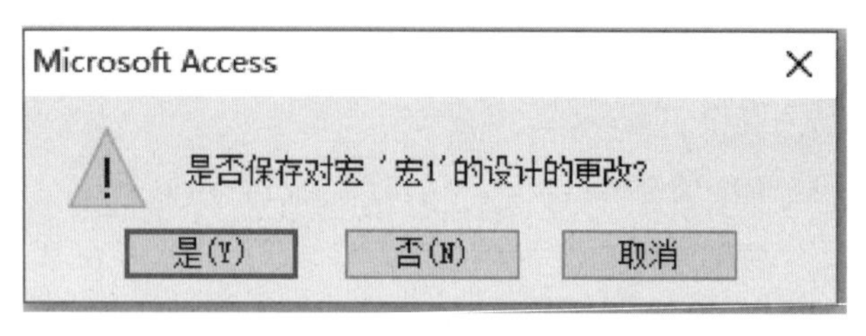

图 8.25　保存提示对话框

步骤 9:弹出“另存为”对话框,在“宏名称”文本框中输入“打开职工职称工资查询宏”,单击“确定”按钮,完成宏组的创建,如图 8.26 所示。

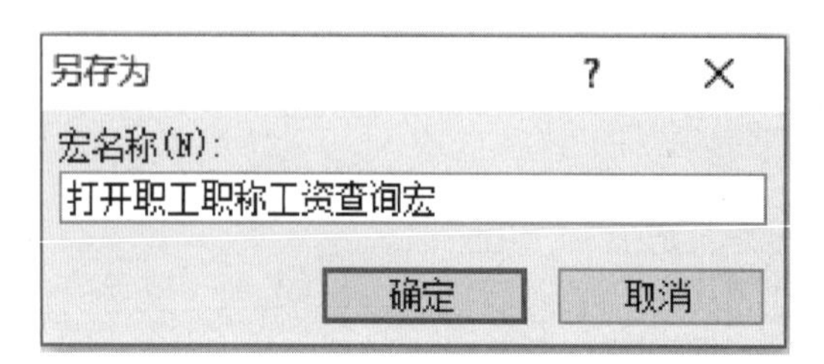

图 8.26　保存宏组

步骤 10:右键单击“导航窗格”中的“工资管理系统主窗体”,在弹出的快捷菜单中选择“设计视图”,进入该窗体的设计视图,如图 8.27 所示。

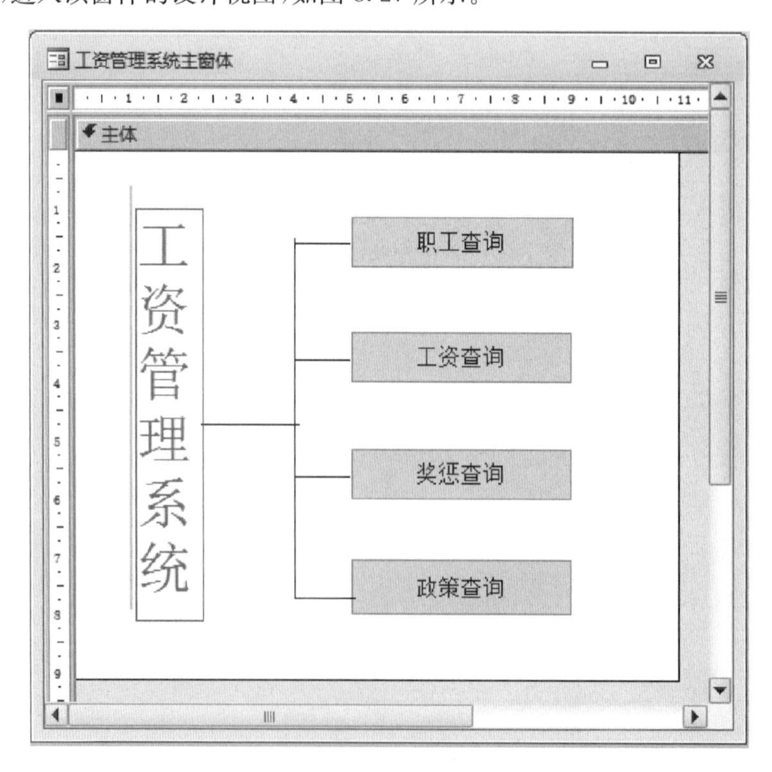

图 8.27　“工资管理系统主窗体”设计视图

步骤 11:单击“窗体设计工具 设计”选项卡“工具”组中的“属性表”按钮,打开“属性表”窗格;然后单击选中“职工查询”按钮,在“属性表”窗格“事件”选项卡“单击”下拉列表中选择“打开查询宏.打开职工查询”,如图 8.28 所示。

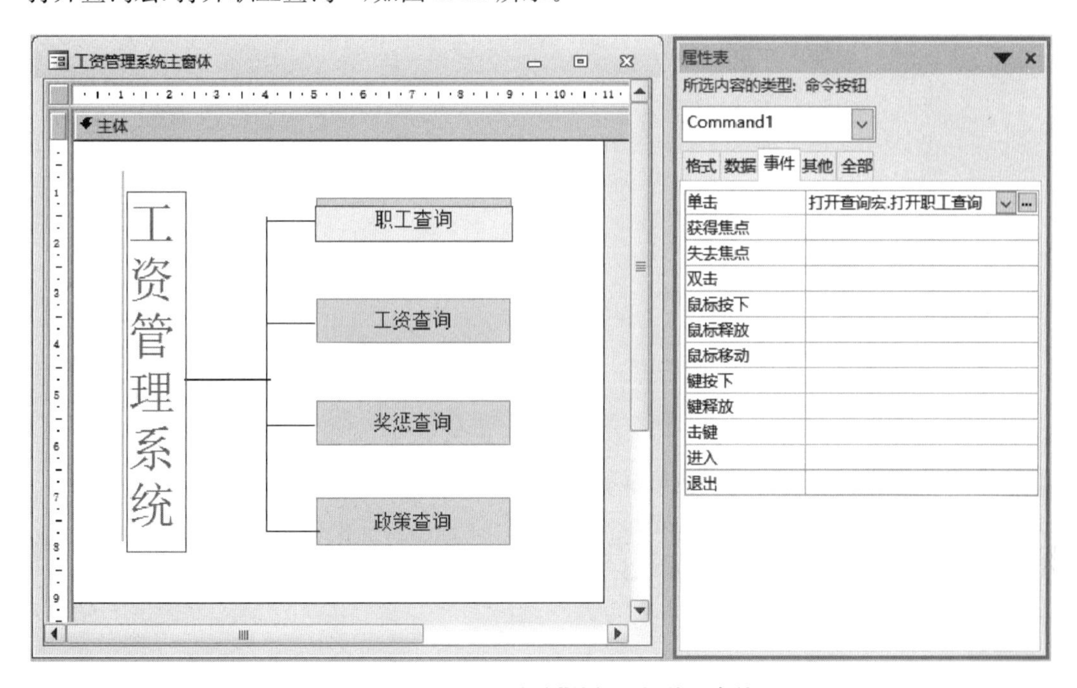

图 8.28　为“职工查询”按钮添加单击事件

步骤 12:用同样的方法,为“工资查询”按钮添加单击事件,在“单击”下拉列表中选择“打开查询宏.打开职称工资查询”,如图 8.29 所示。

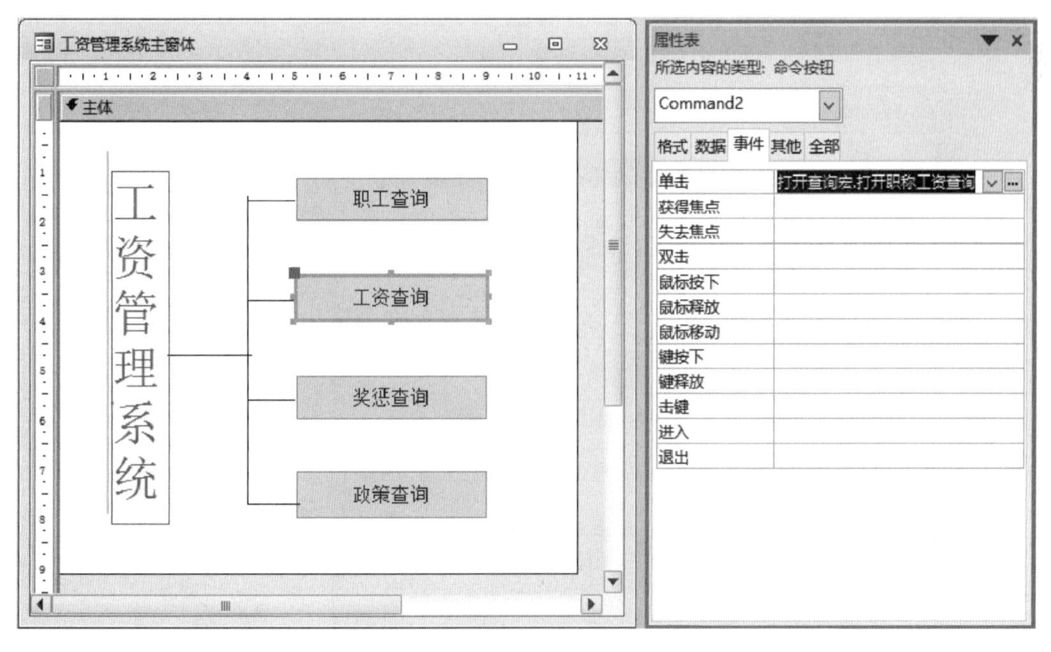

图 8.29　为“工资查询”按钮添加单击事件

步骤 13:保存“工资管理系统主窗体”。运行“工资管理系统主窗体”,单击该窗体中相应按钮,即可调用宏组中相应的宏。例如,单击“职工查询”按钮,将打开“职工查询”,如图 8.30 所示。

职工查询

职工编号	name	性别	婚否	出生日期	部门编号	职称编号	电话
001	曹军	男	已婚	1981/11/25	103	b	13356921997
002	胡凤	女	未婚	1985/05/19	101	a	15926251478
003	王永康	男	已婚	1970/01/05	102	c	15125562365
004	张历历	女	已婚	1981/11/28	106	b	18756893214
005	刘名军	男	已婚	1983/03/16	101	a	15936982514
006	张强	男	已婚	1975/02/05	103	b	13645789587
007	魏贝贝	女	未婚	1987/12/12	105	a	15589369874
008	王新月	女	未婚	1986/10/25	105	a	15125456589
009	倪虎	男	未婚	1987/05/06	101	a	15125457896
010	魏英	女	已婚	1976/05/16	103	c	15998652317
011	张琼	女	未婚	1990/01/05	104	a	18256362550
012	吴晴	女	未婚	1990/10/01	102	a	15936981447
013	邵志元	男	未婚	1988/12/05	106	a	18712345698
014	何春	男	已婚	1975/06/01	106	c	13000101010
015	方琴	女	已婚	1976/05/04	104	b	13325631478
*	noname						

记录: 第 1 项(共 15 项　无筛选器　搜索

图 8.30　打开“职工查询”

【课堂案例 8.5】 创建与设计条件宏。

通过“职工表详细信息窗体”向“职工表”中输入数据时,如果性别不是“男或女”,就提示输入有误,请重新输入。

解决方案:

步骤 1:创建一个“工资管理系统登录窗体”,在该窗体中添加两个文本框控件和两个命令按钮,并调整它们的大小和布局。

步骤 2:将第一个文本框的“名称”设置为“Text-name”,相关联的标签控件的“标题”设置为“用户名:”,再将第二个文本框的“名称”设置为“Text-password”,相关联的标签控件的“标题”设置为“密码:”;将两个命令按钮的“标题”分别设置为“确定”和“取消”。

步骤 3:将窗体保存为“工资管理系统登录窗体”,如图 8.31 所示。

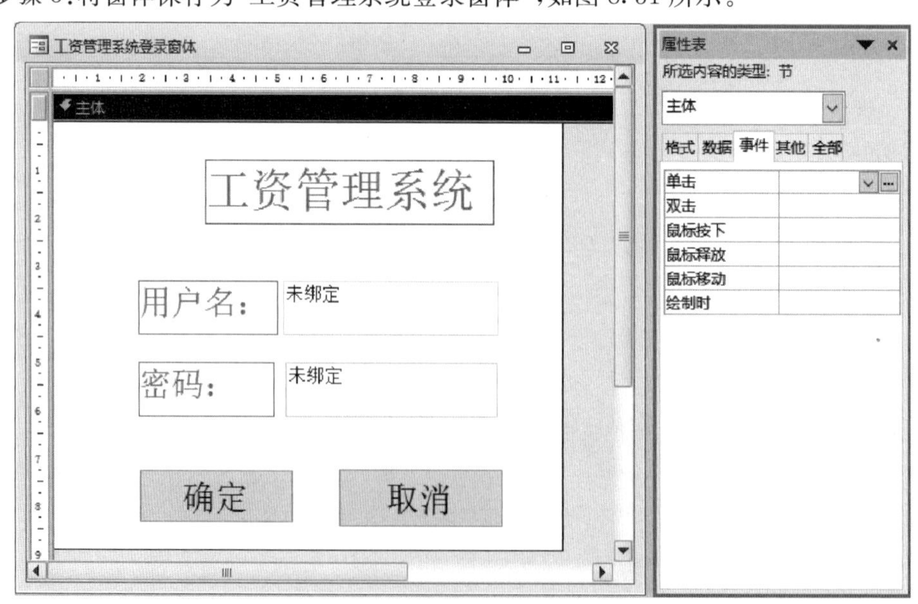

图 8.31　工资管理系统登录窗体

步骤4:创建一个宏,先添加“if”操作,在“if”文本框内输入条件表达式“[Text-name]=‘管理员’ And [Text-password]=‘12345’”;再在“if”下添加“OpenForm”操作,并在窗体名称下拉菜单中选择“工资管理系统主窗体”;接着添加“Else”,再在“Else”下添加“MessageBox”操作,并在消息、类型、标题等文本框中输入或设置相应内容。

步骤5:右键单击“if”操作名,在弹出的快捷菜单中选择“生成子宏程序块”,并把子宏命名为“确定”。

步骤6:按“Ctrl”+“S”组合键或快速工具栏上的保存按钮,保存此宏为“登录宏”,如图8.32所示。

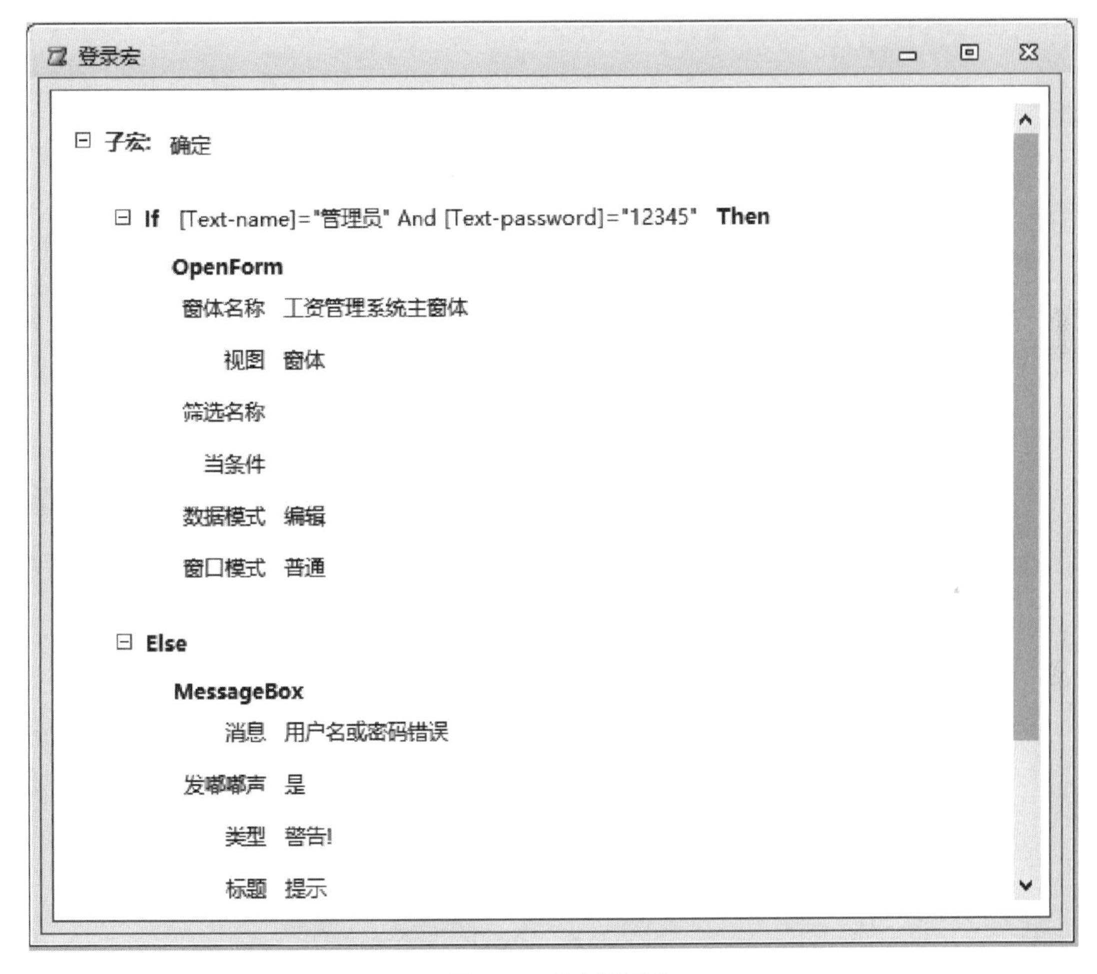

图8.32　子宏“确定”

步骤7:同理创建子宏“取消”,如图8.33所示。

步骤8:单击“工资管理系统登录窗体”中的“确定”按钮,在“属性表”窗格“事件”选项卡单击下拉列表中选择“登录宏.确定”,如图8.34所示。

步骤9:单击“工资管理系统登录窗体”中的“取消”按钮,在“属性表”窗格“事件”选项卡单击下拉列表中选择“登录宏.取消”,如图8.35所示。

图 8.33 子宏“取消”

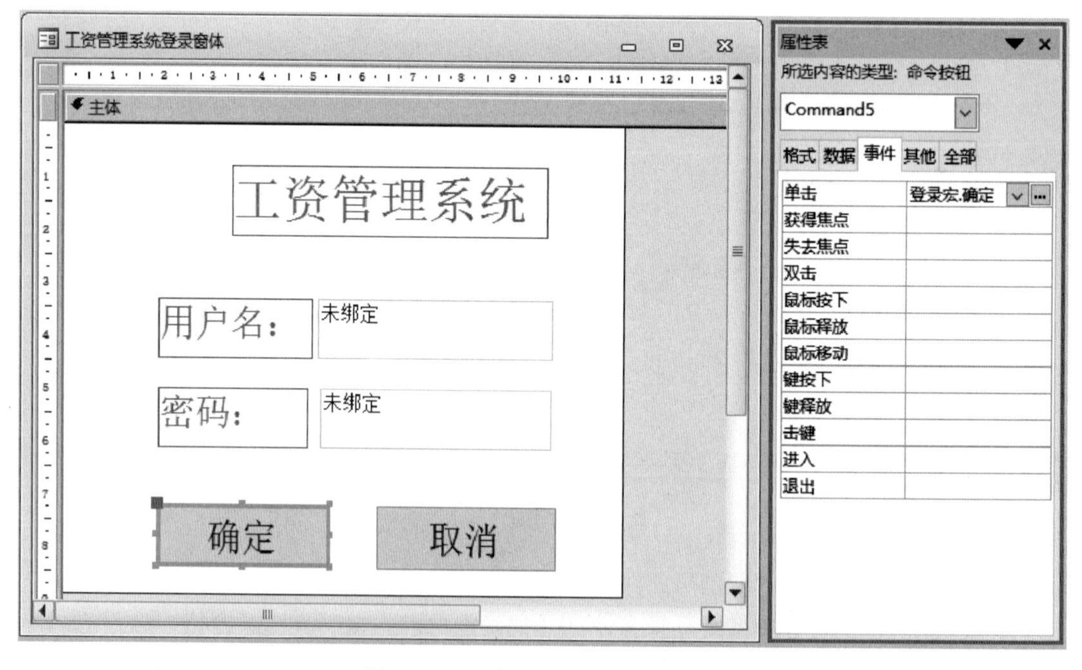

图 8.34 设置“确定”按钮单击事件

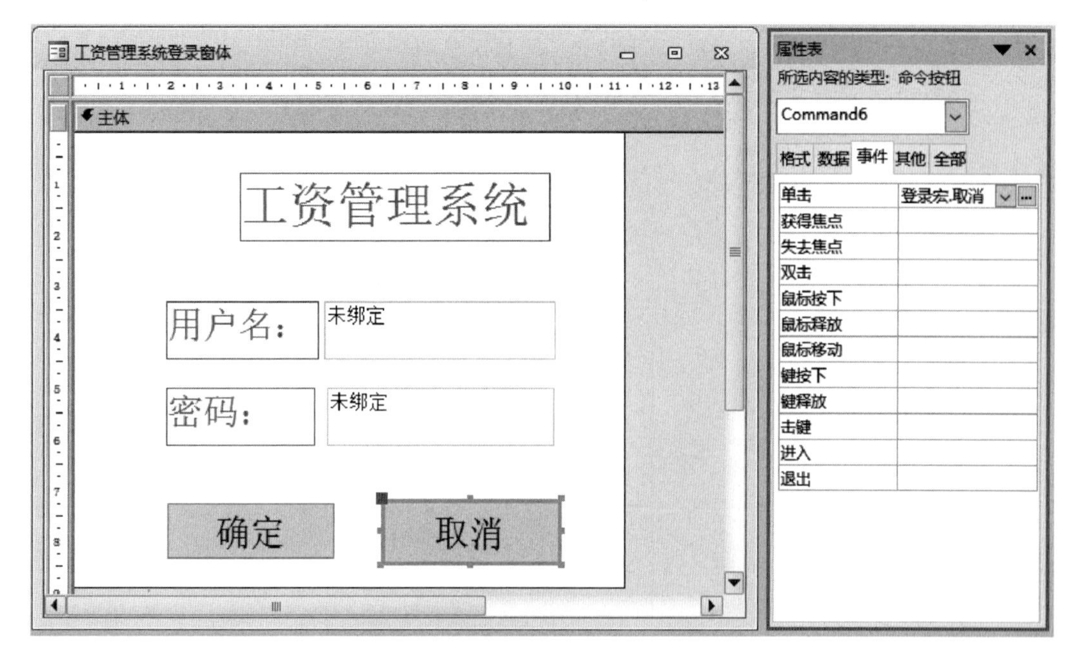

图 8.35　设置“取消”按钮单击事件

步骤 10：运行“工资管理系统登录窗体”，在用户名和密码文本框分别输入用户的注册名“管理员”和注册密码“12345”，如图 8.36 所示。单击“确定”按钮，打开“工资管理系统主窗体”，如图 8.37 所示。

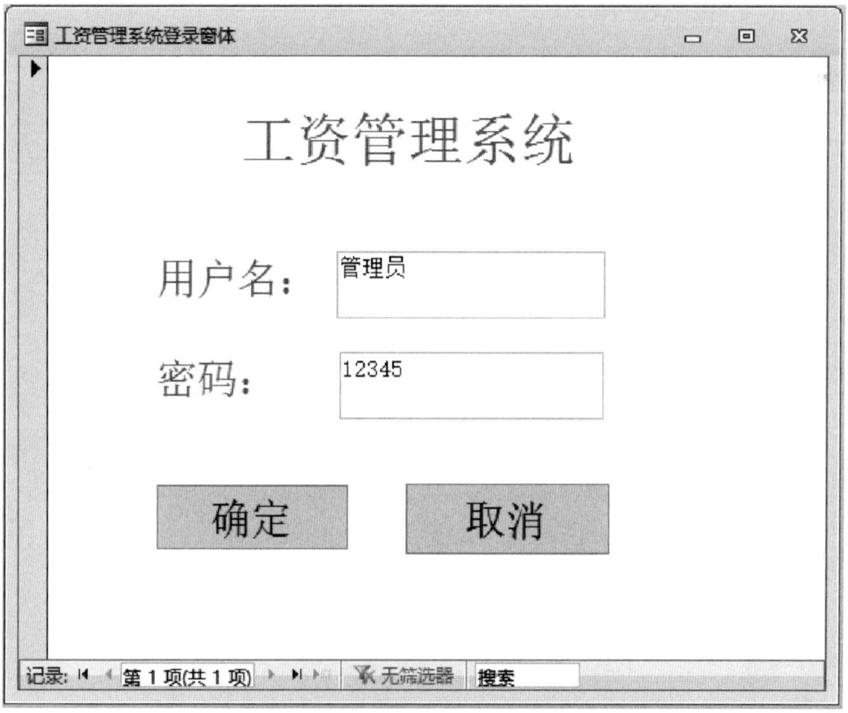

图 8.36　登录“工资管理系统”

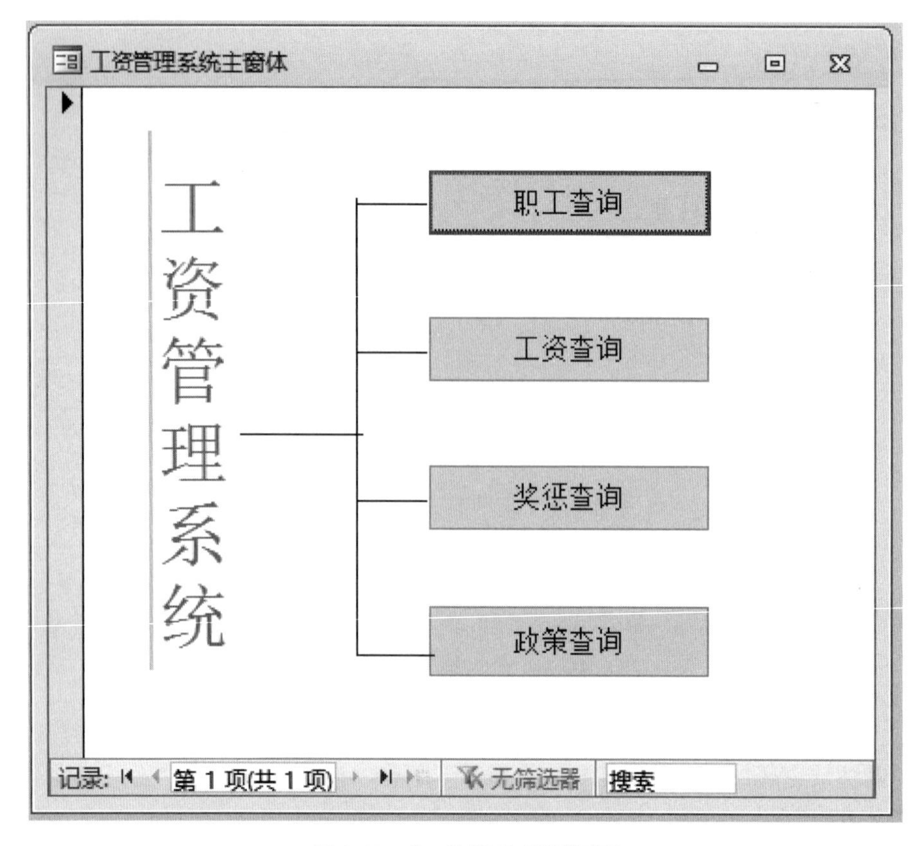

图 8.37 “工资管理系统”界面

如果用户名或密码输入错了,单击“确定”按钮就会出现警示对话框,如图 8.38 所示。

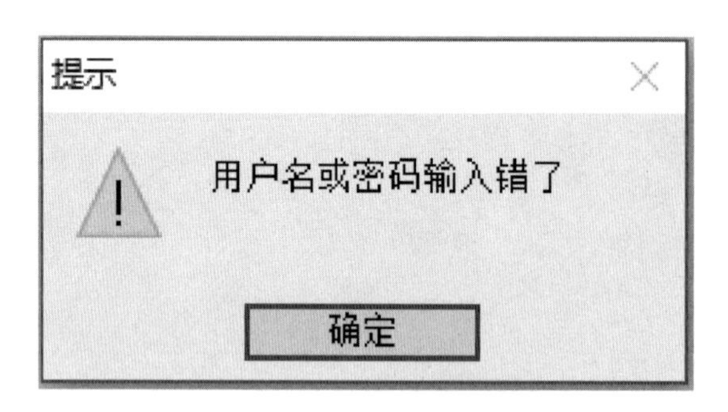

图 8.38 用户名或密码错误警示

步骤 11:单击“职工查询”功能项,打开“职工查询”,如图 8.39 所示。

单击工资、奖惩、政策等查询功能项,可以查询相应内容。

【课堂案例 8.6】 创建与设计嵌入式宏。

在“工资管理系统”数据库的“职工电话号码簿”报表中,创建一个嵌入式宏,要求当记录为空时取消该报表。

解决方案:

步骤 1:启动 Access 2010,打开“工资管理系统”数据库。

职工查询

职工编号	name	性别	婚否	出生日期	部门编号	职称编号	电话
001	曹军	女	已婚	1981/11/25	105	b	13356921997
002	胡凤	女	未婚	1985/05/19	101	a	15926251478
003	王永康	男	已婚	1970/01/05	102	c	15125562365
004	张历历	女	已婚	1981/11/28	106	b	18756893214
005	刘名军	男	已婚	1983/03/16	101	a	15936982514
006	张强	男	已婚	1975/02/05	103	b	13645789587
007	魏贝贝	女	未婚	1987/12/12	105	a	15589369874
008	王新月	女	未婚	1986/10/25	105	a	15125456589
009	倪虎	男	未婚	1987/05/06	101	a	15125457896
010	魏英	女	已婚	1976/05/16	103	c	15998652317
011	张琼	女	未婚	1990/01/05	104	a	18256362550
012	吴晴	女	未婚	1990/10/01	102	a	15936981447
013	邵志元	男	未婚	1988/12/05	106	a	18712345698
014	何春	男	已婚	1975/06/01	106	c	13000101010
015	方琴	女	已婚	1976/05/04	104	b	13325631478
*	noname						

记录: 第 1 项(共 15 项　无筛选器　搜索

图 8.39　职工查询

步骤 2:在界面左侧的“导航窗格”中右击“职工电话号码簿”报表,并在弹出的快捷菜单中选择“设计视图”命令,进入报表的“设计视图”,如图 8.40 所示。

图 8.40　报表“设计视图”

步骤 3:单击“报表设计工具 设计”选项卡“工具”组中的“属性表”按钮,弹出“属性表”窗格,如图 8.41 所示。

步骤 4:在“属性表”窗格“事件”选项卡的“无数据”属性行中单击,然后单击其右侧出现的省略号按钮,弹出“选择生成器”对话框,如图 8.42 所示。

步骤 5:选择“宏生成器”选项,并单击“确定”按钮,进入“宏生成器”。在“宏生成器”中添加一个“MessageBox”命令,提示信息为“‘职工电话号码簿’报表中没有数据”,然后再添加一个 CancelEvent 命令,如图 8.43 所示。

图 8.41　“属性表”窗格

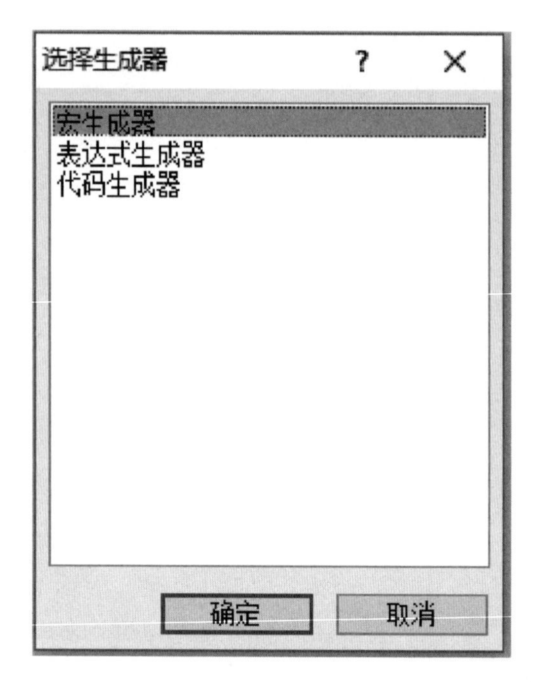

图 8.42　“选择生成器”对话框

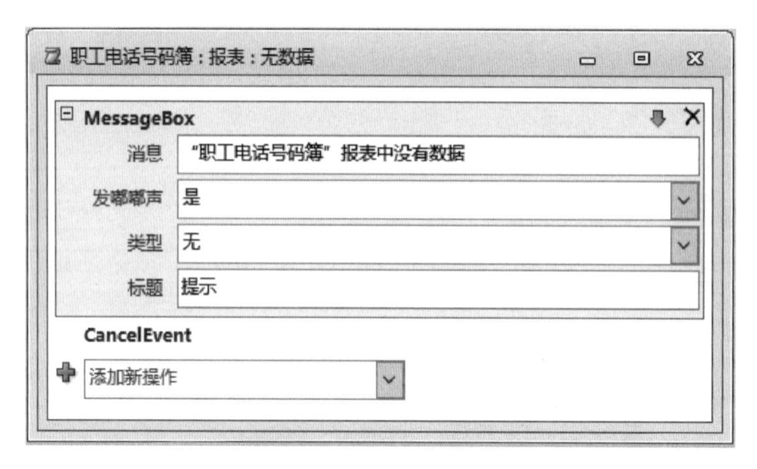

图 8.43　添加相应命令

步骤 6:关闭“宏生成器”,弹出保存该宏的对话框。单击“是”按钮,完成宏的创建,如图 8.44 所示。

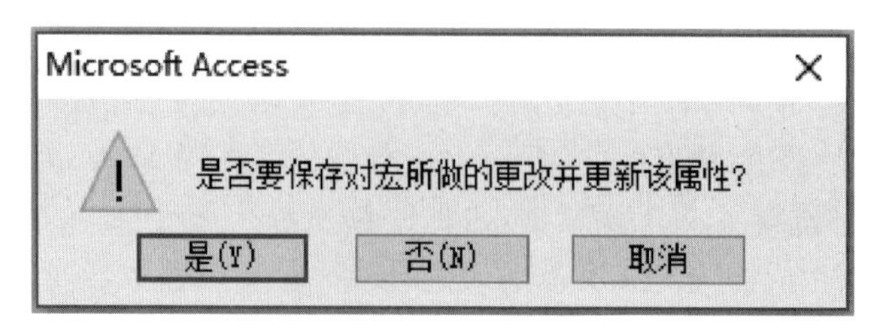

图 8.44　保存宏

步骤 7:进入窗体的“设计视图”,可以看到在“无数据”行出现“嵌入的宏”字样,这说明嵌入的宏已经创建完成,如图 8.45 所示。

图 8.45　“嵌入的宏”创建完成

当清除“职工电话号码簿”数据表中“部门表”和“职工表”的所有数据时,在“导航窗格”中双击“职工电话号码簿”报表,会弹出“‘职工电话号码簿’报表中没有数据”提示框,如图 8.46 所示。

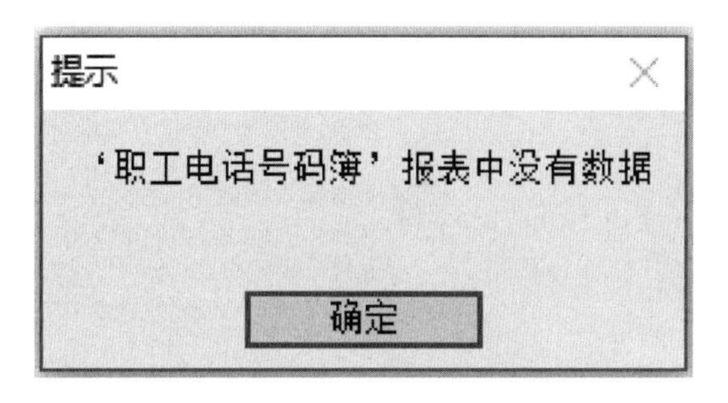

图 8.46　“无数据”提示框

【课堂案例 8.7】　创建已命名的数据宏。

在“职工表”中添加一个“应发工资”字段,再创建一个数据宏,根据“职称工资标准表”中的职称工资标准来计算“职工表”中每个职工的应发工资。

解决方案:

步骤 1:在“职工表”中添加“应发工资”字段,并设置为数字格式,如图 8.47 所示。

图 8.47 添加“应发工资”字段

步骤 2：在“表格工具”选项卡中，选择“表”选项卡。然后在“已命名的宏”组中，点击“已命名的宏”按钮，在下拉菜单中选择“创建已命名的宏”命令，进入宏设计器，如图 8.48 所示。

图 8.48 “创建已命名的宏”命令

步骤 3：单击“添加新操作”右侧下拉列表按钮，选择“ForEachRecord”操作，此操作是循环访问数据源的所有行。在“对于所选对象中的每个记录”旁边的组合框中，选择“职工表”，此时该操作是循环访问“职工表”的所有行，如图 8.49 所示。

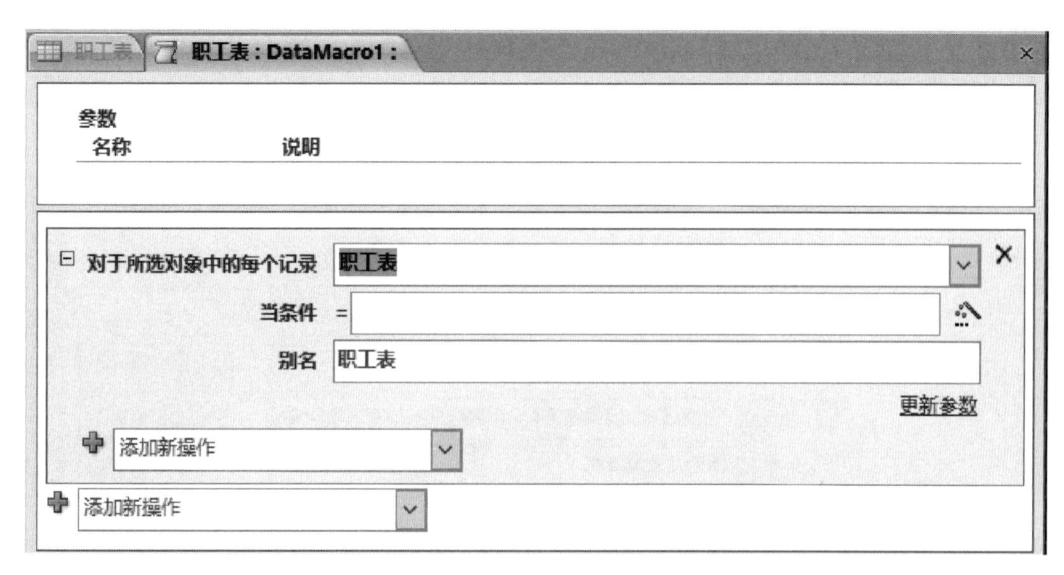

图 8.49　添加“ForEachRecord”操作

步骤 4：在“ForEachRecord”区域内的组合框中，添加并选择新操作“SetLocalVar”，然后创建一个名为“yfgz”(应发工资拼音首字母。取名任意)，值为 0 的变量，如图 8.50 所示。

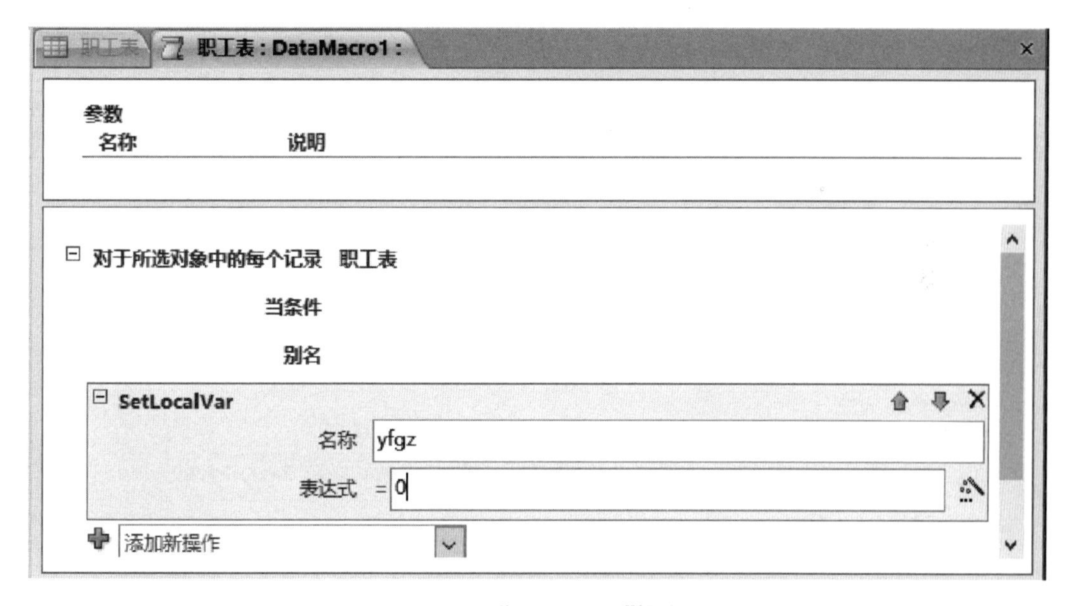

图 8.50　“SetLocalVar”操作

步骤 5：在“ForEachRecord”宏操作中，再添加并选择“ForEachRecord”新操作。在“对于所选对象中的每个记录”旁边的组合框中，选择“职称工资标准表”；单击调用生成器按钮弹出“表达式生成器”，在“表达式生成器”中填写“[职工表].[职称编号] = [职称工资标准表].[职称编号]”；“别名”将创建一个已命名的行集，以便引用该行集。此名称可以为任意名称。此时该操作是循环访问“职工表”的“职称编号”固定在某编号时“职称工资标准表”的所有行，如图 8.51 所示。

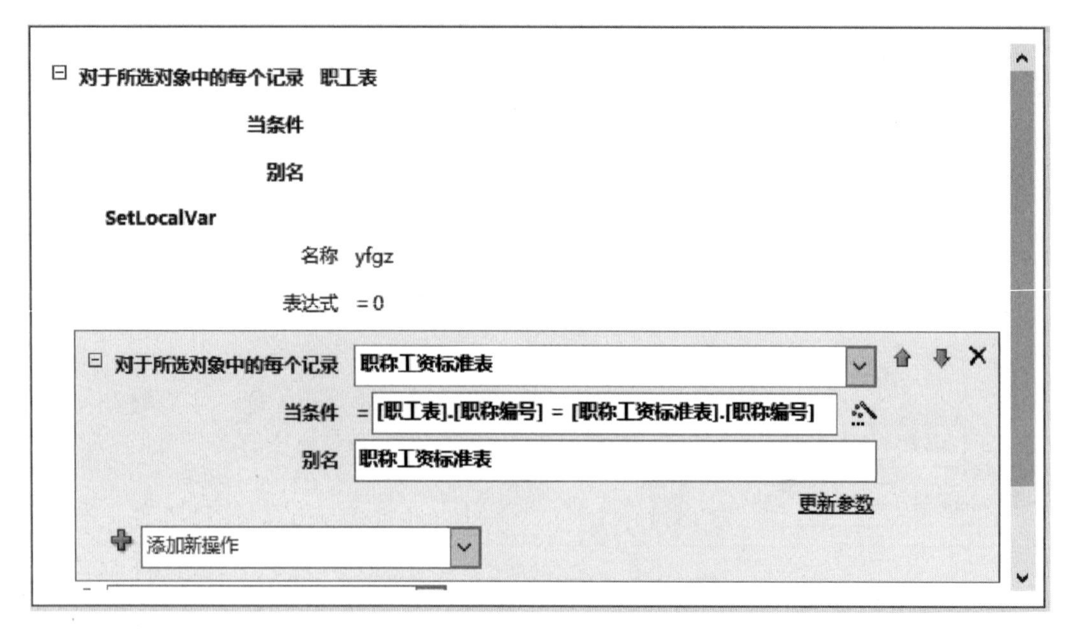

图 8.51 再添加“ForEachRecord”操作

步骤 6:在新的“ForEachRecord”操作的组合框中,添加并选择“SetLocalVar”,然后输入表达式“=yfgz+[职称工资标准表].[基本工资]+[职称工资标准表].[津贴]+[职称工资标准表].[公积金]”,如图 8.52 所示。

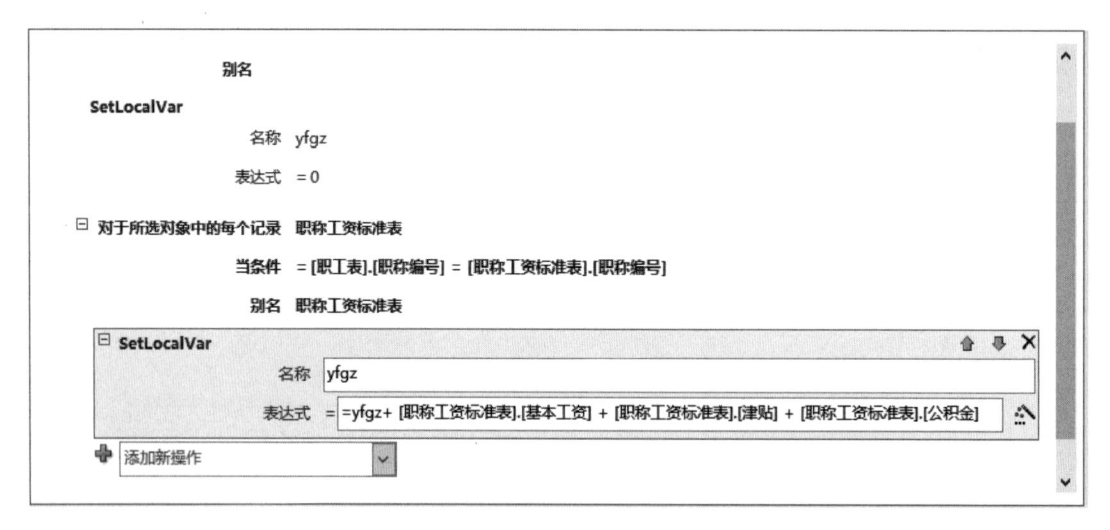

图 8.52 再添加“SetLocalVar” 操作

步骤 7:单击选择最外部的“ForEachRecord”宏操作。在该操作底部的组合框中,添加并选择“EditRecord”,再在“EditRecord”操作中,添加并选择“SetField”。在“SetField”中的“名称”文本框输入“应发工资”,并在其“值”文本框输入“yfgz”,如图 8.53 所示。

步骤 8:在“关闭”功能区中,单击“保存”,弹出“另存为”对话框,将宏命名为“计算应发工资”,单击“确定”保存该宏,如图 8.54 所示。然后“关闭”宏设计器回到“职工表”编辑界面。

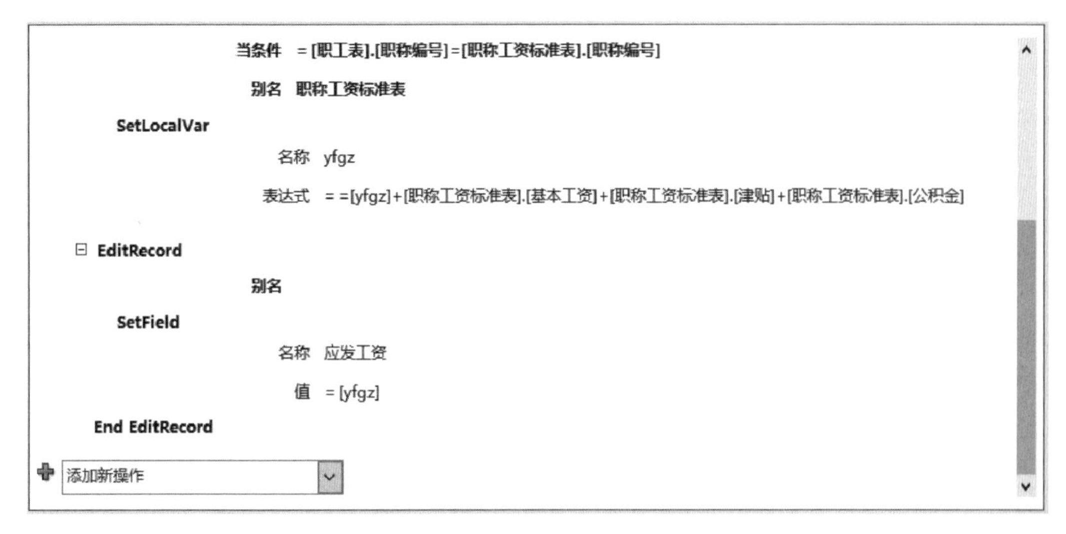

图 8.53　添加“EditRecord”“SetField”操作

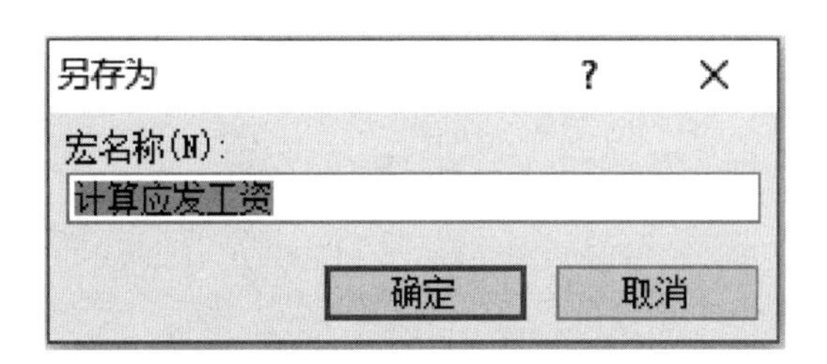

图 8.54　“另存为”对话框

步骤 9:单击“创建”选项卡的“宏和代码”组中“宏”按钮,弹出宏设计器。在宏设计器中添加并选择“RunDataMacro”操作,再在宏名称中选择“职工表. 计算应发工资”宏,如图 8.55 所示。

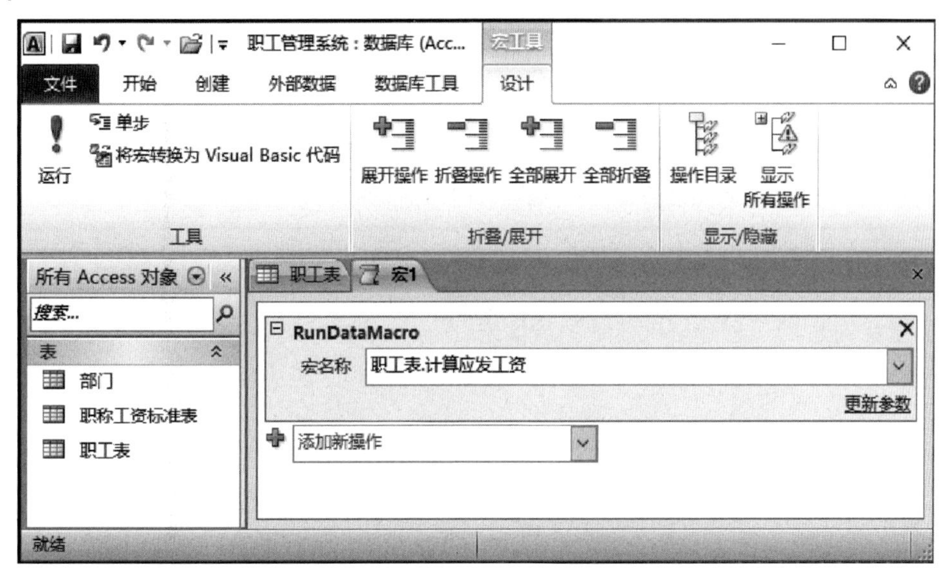

图 8.55　添加“RunDataMacro”操作

步骤 10:单击快捷工具栏上保存按钮,将该宏另存为“运行计算应发工资宏”,如图 8.56 所示。

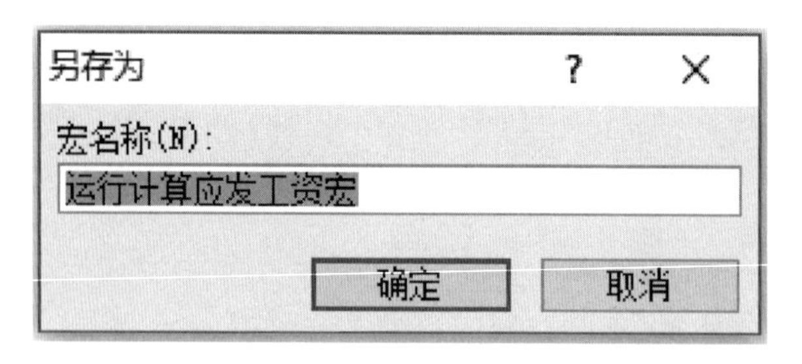

图 8.56　“另存为”对话框

步骤 11:单击“运行”或双击导航窗格中宏对象“运行计算应发工资宏”运行该宏,运行结果如图 8.57 所示。

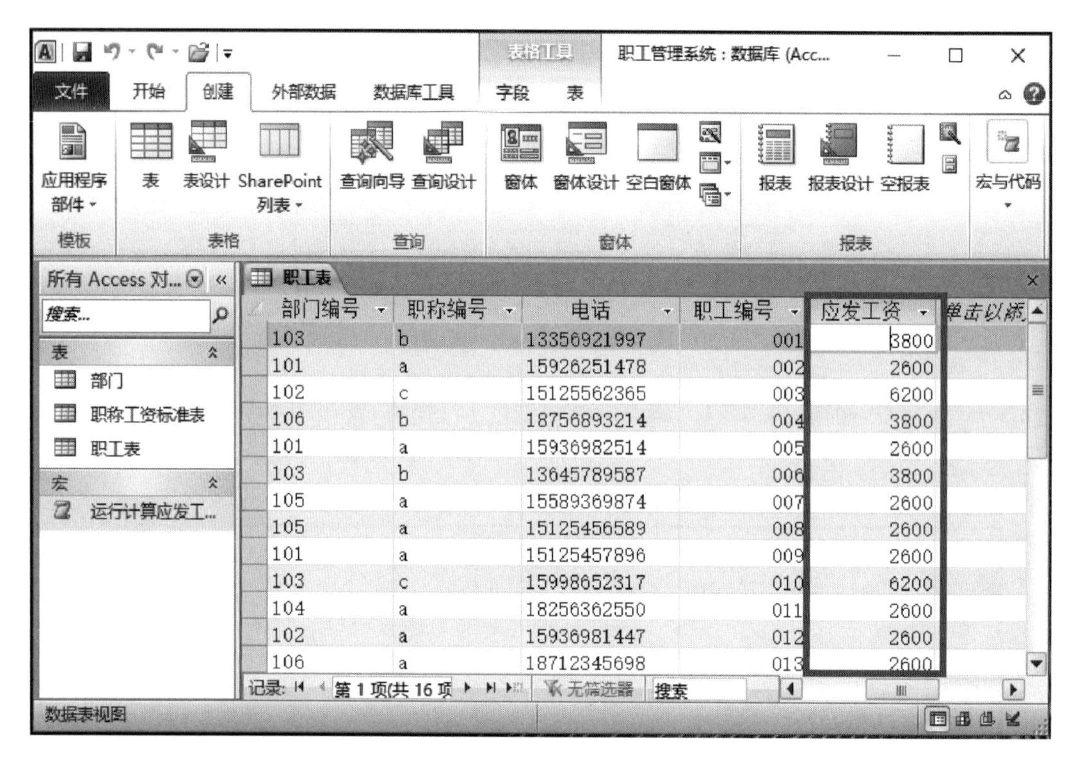

图 8.57　宏运行结果

【课堂案例 8.8】　创建事件驱动的数据宏。

创建一个事件驱动的数据宏,当在“职工表”的“性别”字段中输入性别不是“男”或“女”时,进行“更改前”数据验证,并给出错误提示“只能输入男或女”。

解决方案:

步骤 1:打开“职工管理数据库”中的“职工表”,在“表格工具”选项卡中,选择“表”选项卡。在“前期事件”组中包含“更改前”和“删除前”事件,在“后期事件”组中包含“插入后”“更新后”和“删除后”事件,如图 8.58 所示。

步骤 2:单击“前期事件”组中 “更改前”按钮,进入宏设计器,如图 8.59 所示。

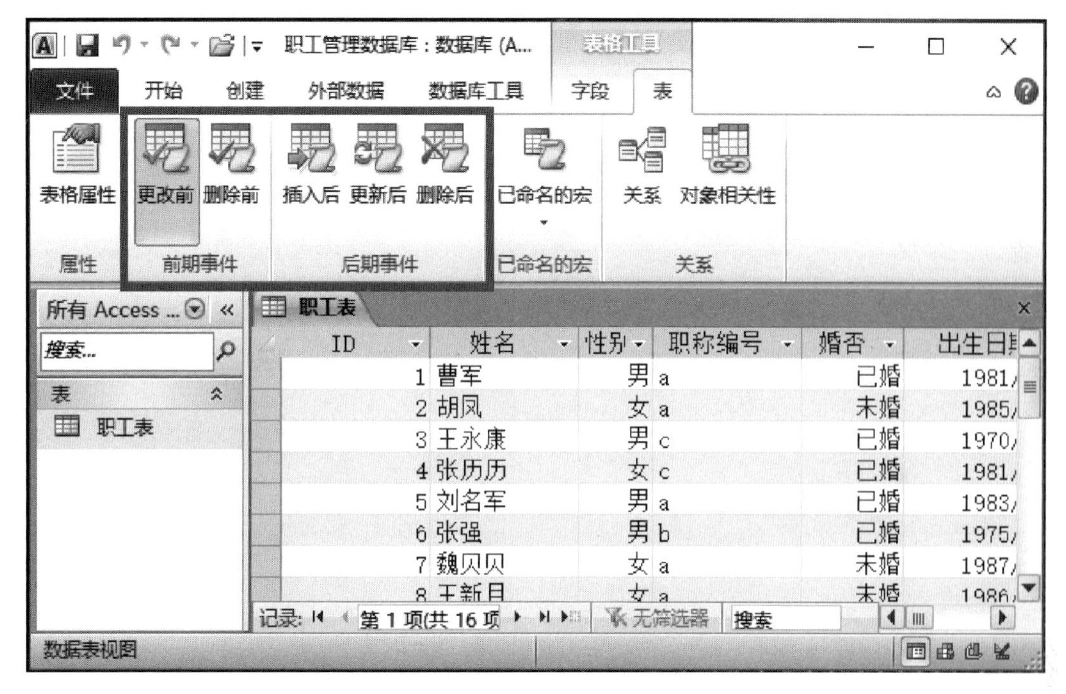

图 8.58　“表”选项卡

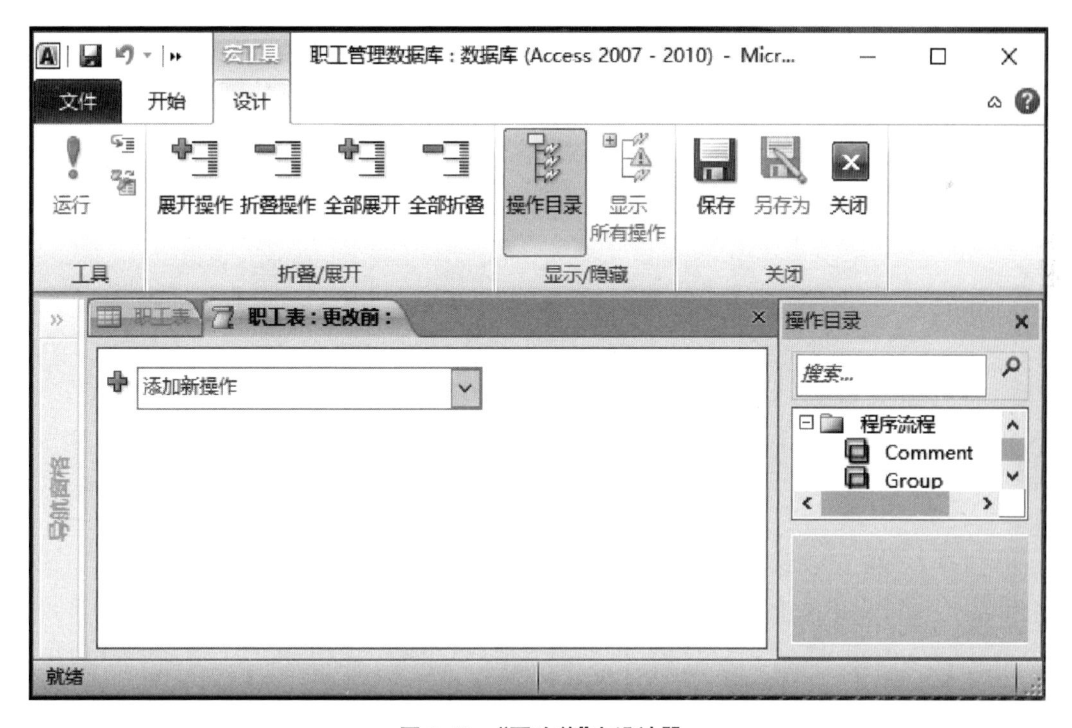

图 8.59　“更改前”宏设计器

步骤 3：先添加程序流程“if”，并填写条件表达式“[性别]<>"男" And [性别]<>"女"”；再在“if”中添加出错通知程序“RaiseError”操作，在其错误号中填写“1234”（此号在 Access 中无实质意义，号值由用户确定），在错误描述中填写“只能输入男或女”，如图 8.60 所示。

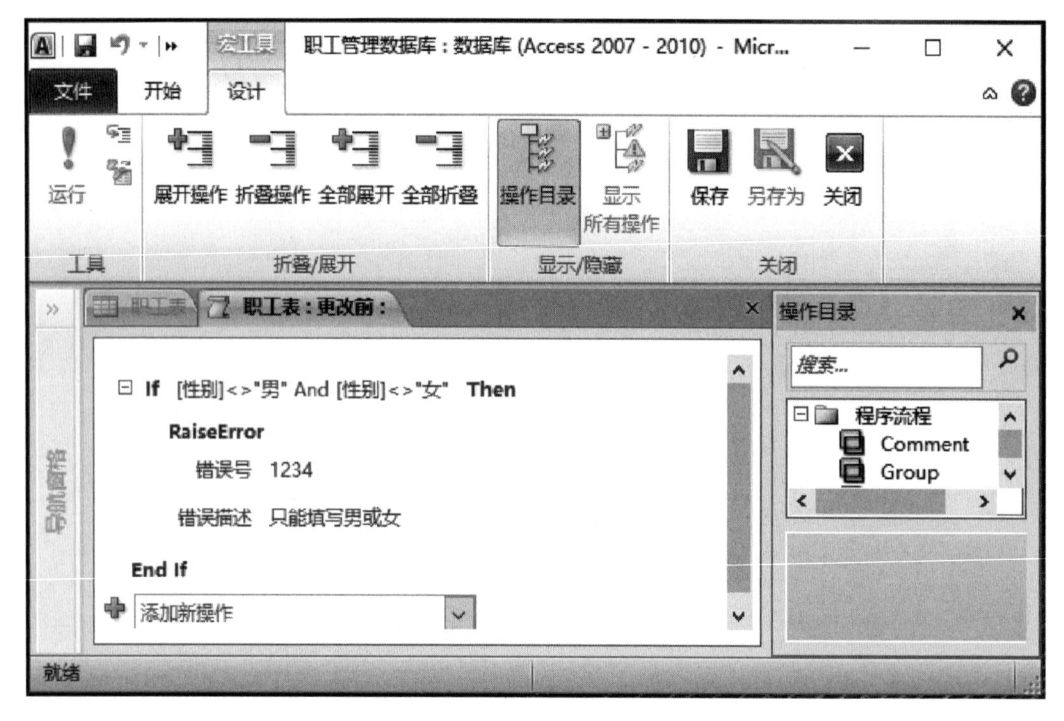

图 8.60 程序流程“if”和“RaiseError”操作

步骤 4:单击“关闭”组中“关闭”按钮,弹出“是否要保存对宏所做的更改并更新该属性”对话框,单击“是(y)”按钮,保存“更改前”事件宏,如图 8.61 所示。关闭宏设计器回到“职工表”编辑界面。

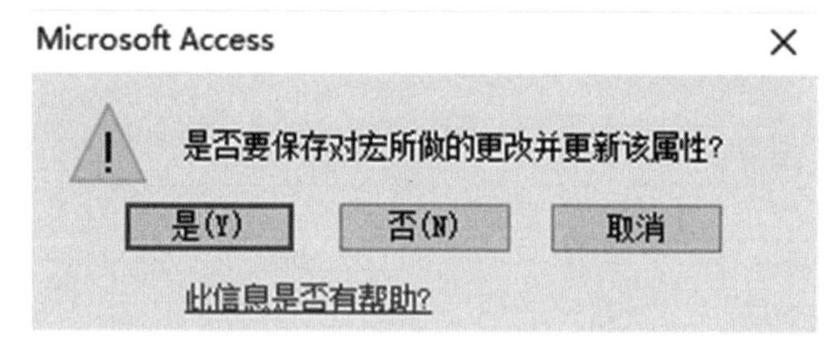

图 8.61 保存“更改前”事件宏

步骤 5:在“职工表”编辑界面的某记录上填写性别为“好”字,如图 8.62 所示。

步骤 6:当用鼠标点击其他记录时,系统会弹出“Microsoft Access”错误警示对话框,如图 8.63 所示。单击“确定”,返回当前记录,只有把“好”字改为“男”或“女”,才能离开当前记录去修改其他记录。

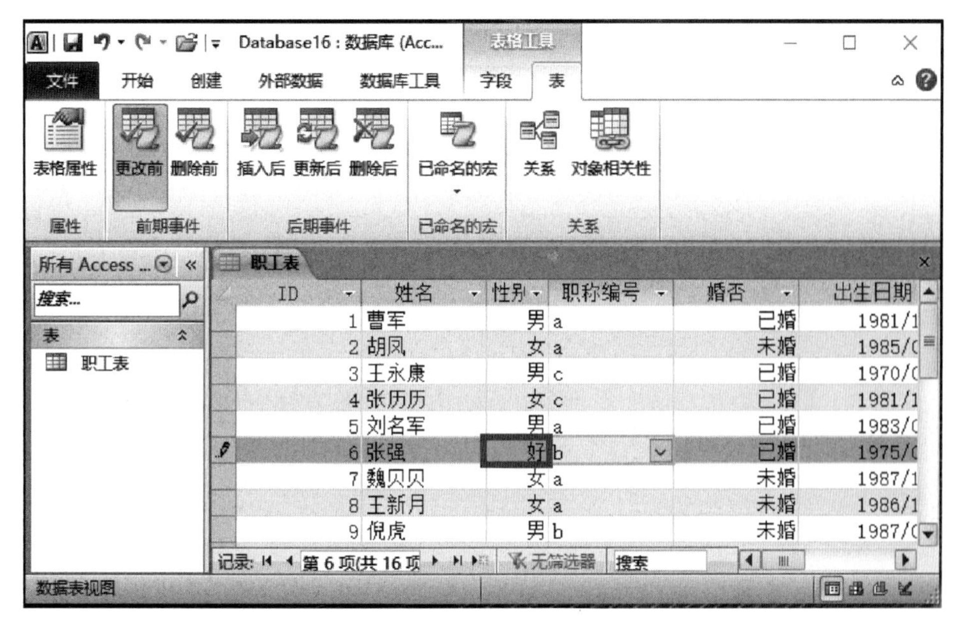

图 8.62　“职工表”编辑界面

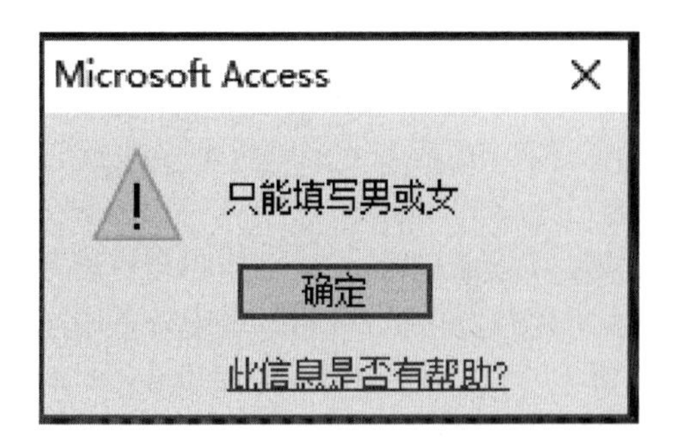

图 8.63　“Microsoft Access”错误警示对话框

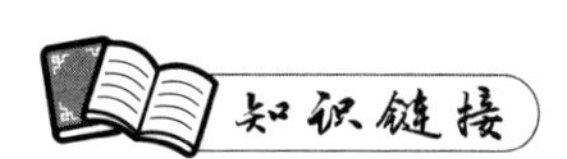

在 Access 中，创建宏就像编程序一样，通过选择一系列的操作动作来编写。编写“宏”无须记住各种语法，每一个“宏”的操作参数都显示在宏的“设计视图”中，用户可按需要进行填写和设定。

宏以动作为单位按用户设定的操作执行。每一个宏在运行时由前到后按顺序执行，从而帮助用户完成一系列工作。

一般来说，宏有以下功能：

(1) 打开/关闭数据表、窗体，打印报表和执行查询。

(2) 显示提示信息框和警告信息。

(3) 实现数据的输入和输出。

(4) 在数据库启动时执行操作等。

(5) 筛选、查找数据记录。

8.2.1 创建与设计用户界面宏

在 Access 2010 中,附加到用户界面(UI)对象(如文本框、命令按钮、窗体和报表)的宏称为用户界面宏。它与附加到表的数据宏不同,使用用户界面宏可以自动完成一系列操作,如启动导出操作、打开一个对象等,具体应用见课堂案例 8.2。

8.2.2 创建与设计独立宏

Access 2010 中的宏按存放的形式可以分为两类:一类是独立的宏,以一个宏对象存放在数据库系统中;另一类就是嵌入式宏,嵌入式可以嵌入到窗体、报表或控件的事件属性中,成为所嵌入到的对象或控件的一个属性,具体应用见课堂案例 8.3。

8.2.3 创建与设计宏组

通过创建与设计宏组,了解宏组的概念;理解掌握宏组与宏操作序列运行的区别;学会设计和应用宏组。

按照宏的结构,宏可以分成两类:单个宏和宏组。

单个宏是指包含一组操作序列的宏,运行宏时将顺序执行它的每一个操作。宏与数据表、查询、窗体等一样,拥有自己独立的宏名。

宏组是由多个宏组成的宏。运行宏组时不一定按顺序执行其中的每个宏。宏组只是对宏的一种组织方式,宏组并不可执行,可执行的只是组中的各个宏。

宏和宏组的关系概括起来如下:宏是操作的集合,宏组是宏的集合。每一个宏中包含一个或多个宏操作,每一个宏操作由一个宏命令完成。一个宏组中可包含多个宏。

宏组的创建与应用见课堂案例 8.4。

8.2.4 创建与设计条件宏

条件操作宏是指包含某些条件才能运行的宏。宏中的操作一般是按顺序执行的,但在实际应用中常会遇到分支或判断是否继续执行的情况;鉴此,Access 提供了是否执行操作的条件判断,只有在符合一定条件时才会执行此操作,这就是我们所说的条件操作宏。

用于判断执行条件的通常为一个逻辑表达式,逻辑表达式的值为 True/False 或“是/否”,只有当逻辑表达式的值为 True(或“是”)时,宏操作才继续执行。宏操作逻辑表达式在宏的参数列表的“当条件=”文本框中输入。

通过设计使用条件宏,理解掌握条件宏的作用;学会设计条件宏,并能够运行条件宏解决实际问题,具体案例见课堂案例 8.5。

8.2.5 创建与设计嵌入式宏

嵌入式宏存储在窗体、报表或控件的事件属性中,并不作为宏对象显示在“导航窗格”中。

嵌入式宏可以使数据库更易于管理，因为不必跟踪包含宏的窗体、报表等各个对象，并且在每次复制、导入或导出窗体或报表时，嵌入式宏像其他属性一样随附于窗体或报表中。

如果要在报表无数据时阻止其显示，可在报表的“无数据”事件属性中嵌入一个宏。可以用 Messagebox 操作显示一条信息，然后使用 Cancel Event 操作取消该报表，这样就不会显示空白页了。具体应用见课堂案例 8.6。

8.2.6　创建数据宏

数据宏是 Access 2010 新增的一项功能。数据宏分两种类型：一种是为响应按名称调用而运行的数据宏（也称“已命名的数据宏”），一种是由表事件触发的数据宏（也称“事件驱动的数据宏”）。常见的数据宏中的数据块和数据操作命令如下。

数据块操作命令及功能：

(1) CreateRecord：在指定表中创建新记录。

(2) EditRecord：更改现有记录中包含的值。

(3) ForEachRecord：对域中的每条记录重复一组语句。

(4) LookupRecord：可对特定记录执行一组操作。

数据操作命令及功能：

(1) RaiseError：可取消当前被激发的事件，并弹出消息框，参数“错误号”为整数，表示错误级别，参数“错误描述”为文本，用作在消息框中显示的文本。

(2) SetField：用于将字段值设置为表达式的结果。

(3) SetLocalVar：将本地变量设置为给定值。

(4) SetTempVar：将临时变量设置为给定值。

(5) Run DateMacro：运行数据宏。

1. 已命名的数据宏

创建“已命名的数据宏”方法和过程与创建单个宏和宏组类似，这里不再赘述。

2. 事件驱动的数据宏

在 Access 2010 中由表事件触发的数据宏，称为“事件驱动的数据宏”。事件驱动的数据宏允许在表事件中运行宏操作，也就是每当在插入、更新或删除数据任何一种事件之后，或在更改、删除任何一种事件之前运行宏操作。事件驱动的数据宏是一种触发器，可以用来实现检查数据表中输入的数据是否合理。另外，事件驱动的数据宏可以实现插入记录、修改记录和删除记录，从而对数据进行更新。Updated(“Field Name”)函数用来判断某个字段是否已更改；使用“[旧].[Field Name]”可访问字段中更改前或删除前的值。

前后期事件有如下功能。

(1) 前期事件功能

① 更改前：数据已更改，在提交记录更改之前会发生“更改前”事件，“更改前”通常用于验证数据有效性。

② 删除前：提交删除记录之前发生“删除前”事件。

(2) 后期事件功能

① 更新后：在更改记录被提交之后会发生“更新后”事件，使用“更新后”事件可以执行

希望在更改记录时发生的操作。

② 插入后:在添加新记录之后会发生“插入后”事件。

③ 删除后:在删除记录之后会发生“删除后”事件。

任务 3　Autoexec 宏和 AutoKeys 宏组的创建和应用

【课堂案例 8.9】 创建与设计 Autoexec 宏。

创建一个自动执行的 Autoexec 宏。在打开数据库系统时,系统自动执行该宏操作,打开“工资管理系统登录窗体”。

解决方案:

步骤 1:打开“工资管理系统”数据库。

步骤 2:单击“创建”选项卡“宏与代码”组中的“宏”按钮,进入 Access 2010 的“宏生成器”,并自动创建一个名为“宏 1”的空白宏。

步骤 3:单击“添加新操作”下拉列表按钮,在其下拉列表中选择“OpenForm”操作命令,然后选择窗体名称为“工资管理系统登录窗体”,如图 8.64 所示。

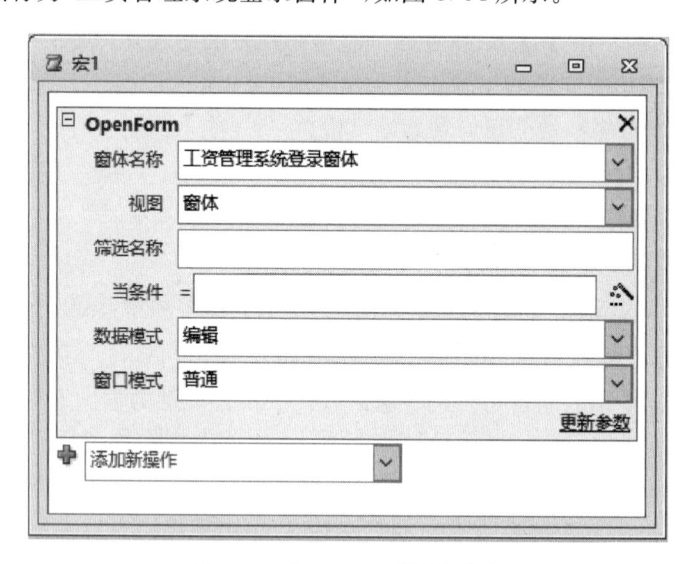

图 8.64　“OpenForm”操作命令

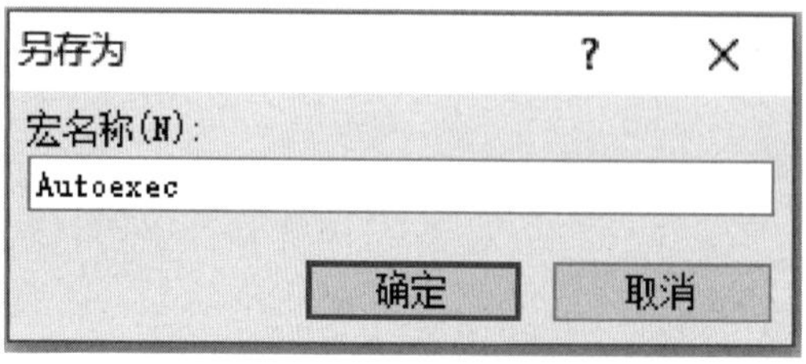

图 8.65　保存宏为“Autoexec”对话框

步骤 4:按“Ctrl”+“S”组合键或快速工具栏上的保存按钮,弹出“另存为”对话框,保存宏为“Autoexec”,如图 8.65 所示。

步骤 5:关闭“工资管理系统”数据库,再打开“工资管理系统”数据库,系统就会自动运行宏“Autoexec”,运行结果如图 8.66 所示。

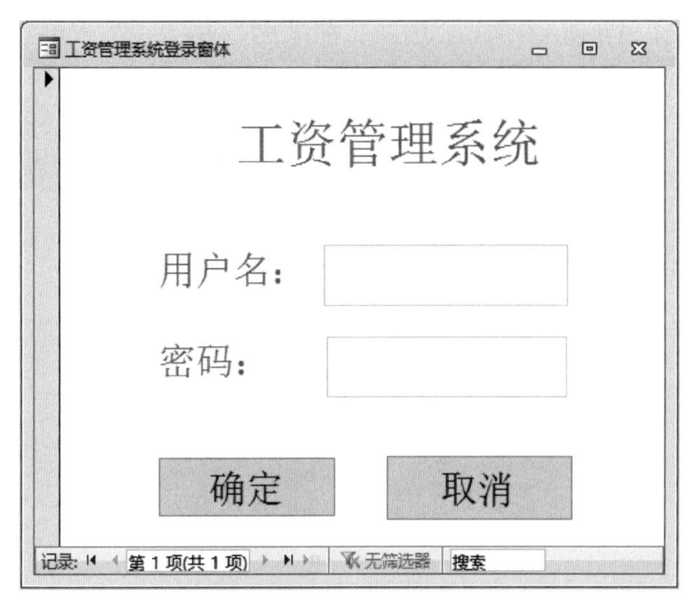

图 8.66　自动运行宏“Autoexec”的结果

【课堂案例 8.10】 创建与设计 AutoKeys 宏。

创建一个宏组当按下“Ctrl”+“f”键时打开“职工表窗体”，当按下“Ctrl”+“q”键时打开“职称工资查询”。

解决方案：

步骤 1：打开“工资管理系统”数据库。

步骤 2：单击“创建”选项卡“宏与代码”组中的“宏”按钮，进入 Access 2010 的“宏生成器”，并自动创建一个名为“宏 1”的空白宏，如图 8.67 所示。

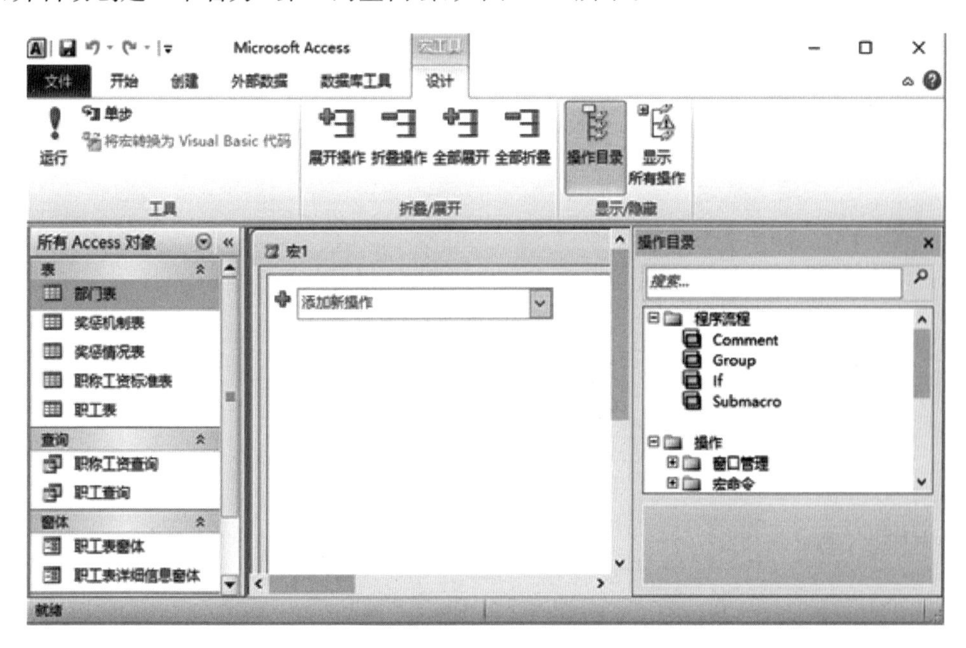

图 8.67　宏生成器

步骤 3:单击“添加新操作”下拉列表按钮,在其下拉列表中选择“OpenForm”操作命令,然后在该操作“窗体名称”选择“职工表窗体”,如图 8.68 所示。

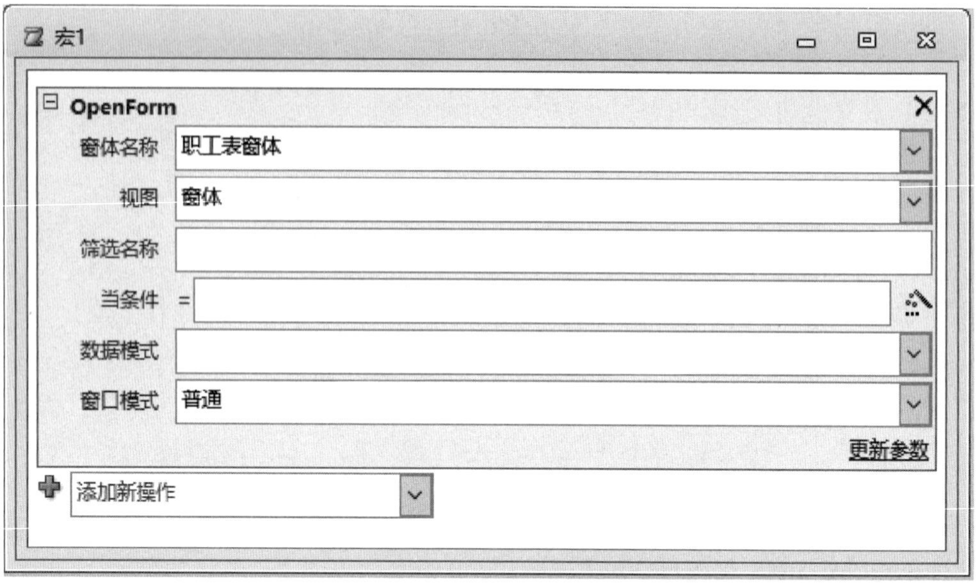

图 8.68　“OpenForm”操作命令

步骤 4:右击 “OpenForm”,在弹出的快捷菜单中选择“生成子宏程序块”,并命名子宏名为“^f”,如图 8.69 所示。

图 8.69　子宏“^f”

步骤 5：仿照步骤 3、步骤 4，单击“添加新操作”下拉列表按钮，在其下拉列表中选择“OpenQuery”操作命令，在其“窗体名称”选择“职称工资查询”；右击“OpenQuery”，在弹出的快捷菜单中选择“生成子宏程序块”，并命名子宏名为“^p”。如图 8.70 所示。

图 8.70　子宏“^p”

步骤 6：按“Ctrl”+“S”组合键或快速工具栏上的保存按钮，保存宏为“AutoKeys”，如图 8.71 所示。

另存为
宏名称(N):
AutoKeys
确定　取消

图 8.71　保存宏“AutoKeys”

步骤 7：完成独立宏的创建。单击“宏工具 设计”选项卡“工具”组中的“运行”按钮，执行该宏，运行结果如图 8.72 所示。若按“Ctrl”+“p” 运行结果如图 8.73 所示。若按“Ctrl”+

“f”,运行结果如图 8.72 所示。

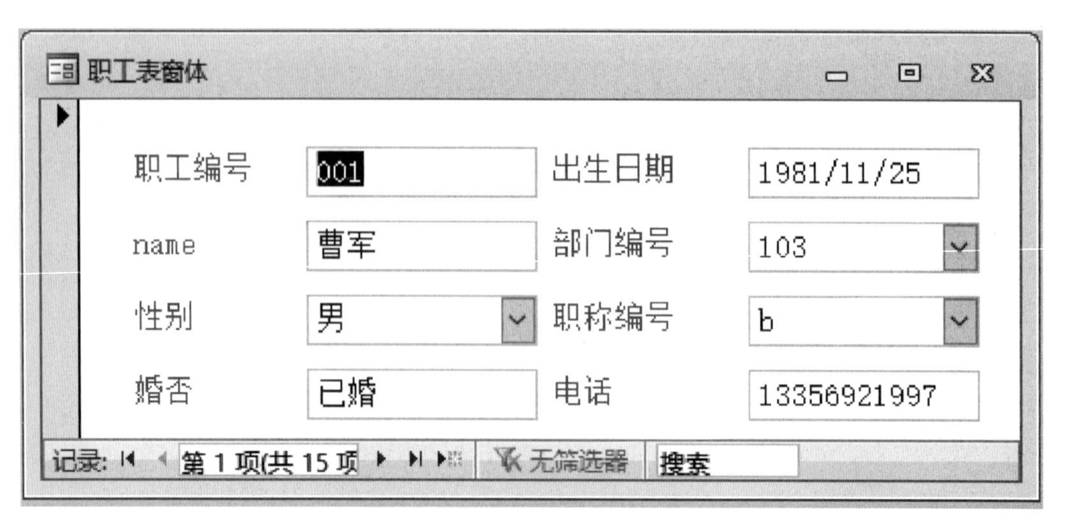

图 8.72　打开“职工表窗体”

职称工资查询

职称编号	职称名称	基本工资	津贴	公积金
a	初级	￥1,500	￥800	￥300
b	中级	￥2,000	￥1,000	￥800
c	高级	￥3,000	￥2,000	￥1,200
*		￥0	￥0	￥0

记录: 第 1 项(共 3 项)　无筛选器　搜索

图 8.73　打开“职称工资查询”

8.3.1　创建 Autoexec 宏

Autoexec 是一个的特殊宏,利用此宏可以在打开数据库时执行一个或一系列的操作。在打开数据库时,Access 将查找一个名为 Autoexec 的宏,并自动运行它。

制作宏 Autoexec 只需要进行如下操作即可:

(1) 创建一个宏,其中包含在打开数据库时要运行的操作。

(2) 以 Autoexec 为宏名保存该宏。

下一次打开数据库时,Access 将自动运行该宏。如果不想在打开数据库时运行 Autoexec 宏,可在打开数据库时按“Shift”键。

创建 Autoexec 宏的具体应用见课堂案例 8.9。

8.3.2　创建与设计 AutoKeys 宏组

AutoKeys 宏通过按下指定给宏的一个键或一个键序触发。为 AutoKeys 宏设置的键击顺序称为宏的名字。例如：名为 F5 的宏将在按下 F5 键时运行。

要为一个操作或操作集合指定快捷键或组合键，可以创建一个名为 AutoKeys 宏组。在按下特定的按键或组合键时，系统就会执行相应的操作。

可以在 AutoKeys 宏组中指派的组合键，如表 8.1 所示。

表 8.1　AutoKeys 宏组中宏名与组合键对照表

宏　名	组合键
{F1}	F1
^{F1}	Ctrl+F1
+{F1}	Shift+F1
{Insert}	Ins
^{Insert}	Ctrl+Ins
+{Insert}	Shift+Ins
{Delete}或{Del}	Del
^{Delete}或^{Del}	Ctrl+Del
+{Delete}或+{Del}	Shift+Del

创建 AutoKeys 宏时，必须定义宏将执行的操作，如打开一个对象、最大化一个窗口或显示一条消息，同时设置操作参数，宏运行时需要这些参数，具体应用见课堂案例 8.10。

任务 4　使用宏创建菜单

【课堂案例 8.11】　使用宏创建右键快捷菜单。

在“工资管理系统”数据库中创建一个自定义快捷菜单，并将其附加到“职工联系列表”窗体中。

解决方案：

步骤 1：打开“工资管理系统”数据库。

步骤 2：单击“创建”选项卡“宏与代码”组中的“宏”按钮，进入“宏生成器”，并自动创建一个名为“宏 1”的空白宏。

步骤 3：单击“添加新操作”下拉列表按钮，在其下拉列表中选择“Submacro”（或直接输入“Submacro”）创建子宏，并将子宏命名为“打开”，如图 8.74 所示。

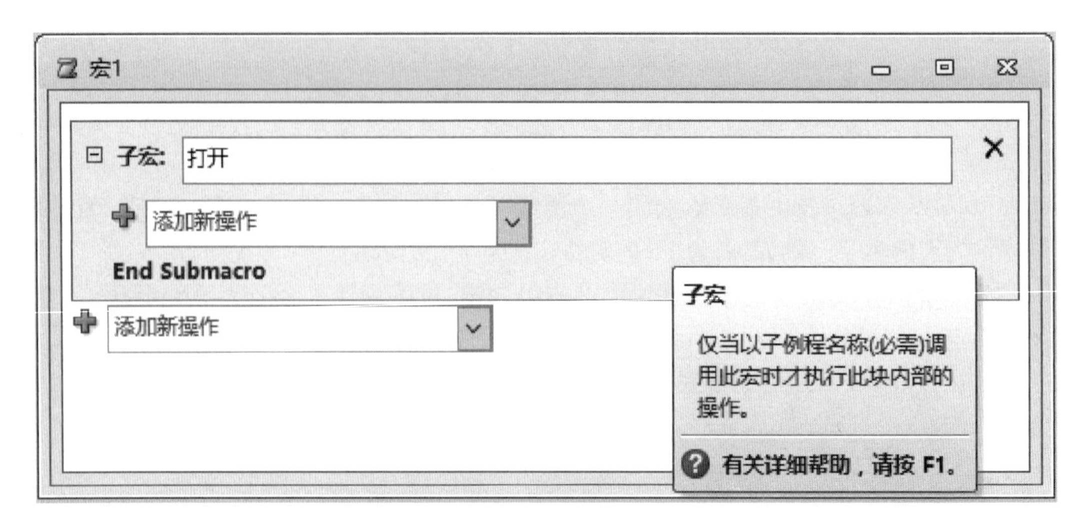

图 8.74 “Submacro”创建子宏“打开”

步骤 4:在子宏块的“添加新操作”下拉列表中选择“OpenForm” 操作命令,并在窗体名称下拉列表中选择“职工联系列表”,如图 8.75 所示。

图 8.75 “OpenForm” 操作命令

步骤 5:重复步骤 3 和步骤 4 的操作,在“打开”宏组下方为该宏组添加“退出”子宏,如图 8.76 所示。

步骤 6:保存宏组为“菜单命令”,关闭“宏生成器”,完成宏组的创建,如图 8.77 所示。

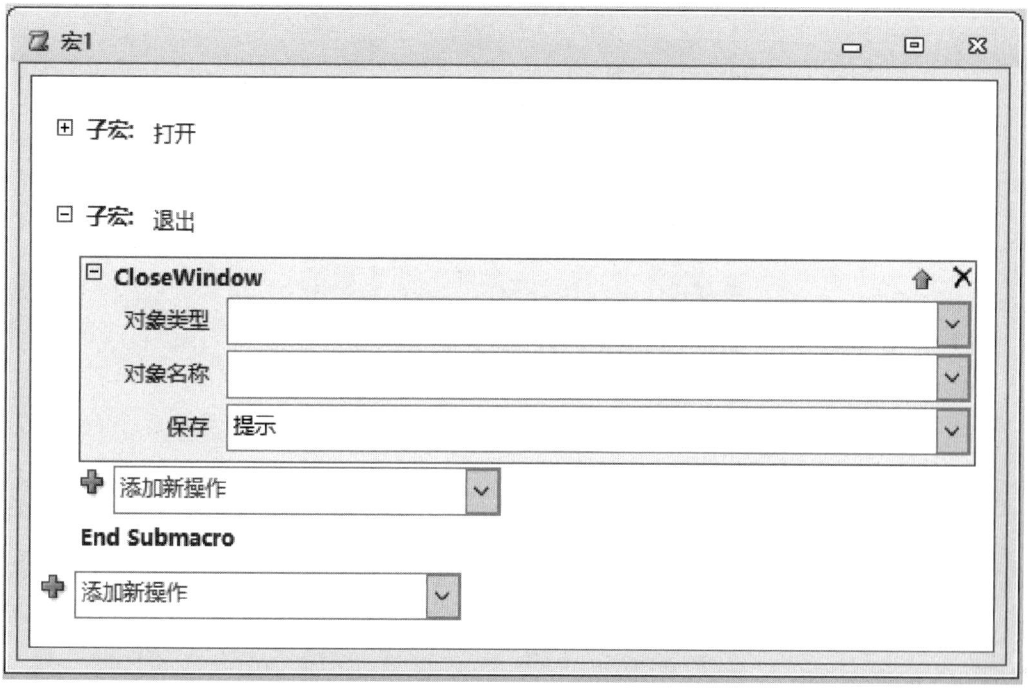

宏1

⊞ 子宏: 打开

⊟ 子宏: 退出

⊟ CloseWindow

对象类型

对象名称

保存　提示

添加新操作

End Submacro

添加新操作

图 8.76　添加“退出”子宏

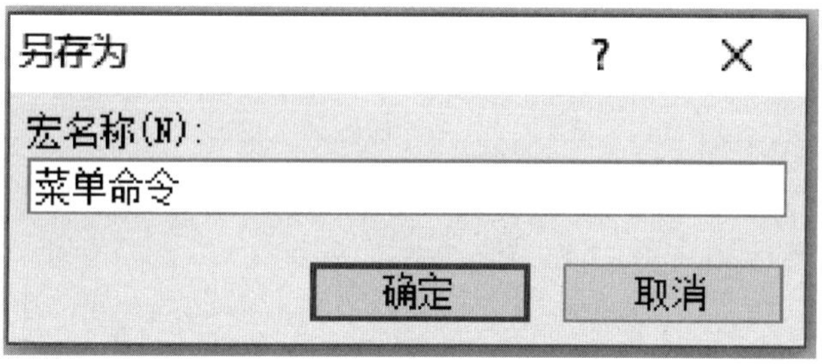

另存为

宏名称(N):

菜单命令

确定　取消

图 8.77　保存宏组“菜单命令”

步骤 7:在“导航窗格”中选择“菜单命令”宏,并单击“数据库工具”选项卡中的“用宏创建快捷菜单”按钮,如图 8.78 所示。

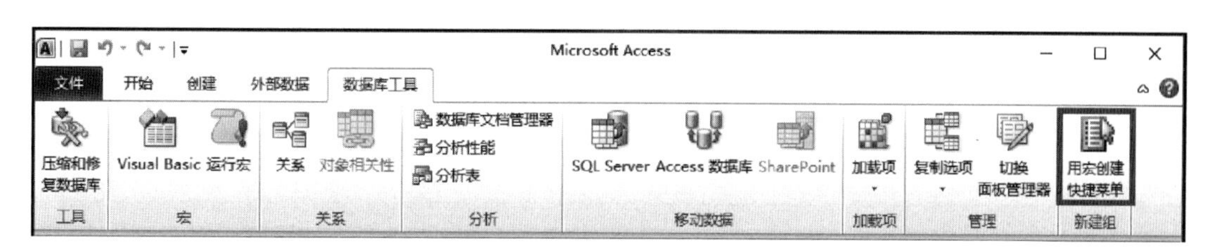

图 8.78　“用宏创建快捷菜单”按钮

步骤 8:这样就完成了快捷菜单的创建。进入要加入该菜单的窗体的“设计视图”,在“属性表”窗格的“其他”选项卡下,将建立的快捷菜单附加到窗体的“快捷菜单栏”属性中,如图 8.79 所示。

图 8.79 “属性表”中的“快捷菜单栏”属性

步骤 9：这样就为窗体附加了一个快捷菜单。运行“职工联系列表”窗体后，单击鼠标右键，可见快捷菜单已发生变化，只显示“打开”和“退出”两项，如图 8.80 所示。

职工联系列表

职工	name	职称编号	电话
001	曹军	b	13356921997
002	胡凤	a	15926251478
003	王永康	c	15125562365
004	张历历	b	18756893214
005	刘名军	a	15936982514
006	张强	b	13645789587
007	魏贝贝	a	15589369874
008	王新月	a	15125456589
009	倪虎	a	15125457896
010	魏英	c	15998652317
011	张琼	a	18256362550
012	吴晴	a	15936981447
013	邵志元	a	18712345698
014	何春	c	13000101010

打开
退出

记录：第 5 项(共 15 项 无筛选器 搜索

图 8.80 显示“打开”和“退出”快捷菜单

【课堂案例 8.12】 使用宏创建全局快捷菜单。

在“工资管理系统”数据库中创建一个全局快捷菜单。全局快捷菜单可代替其余没有设定的窗体等对象中默认的右键快捷菜单。

解决方案：

步骤1：打开“工资管理系统”数据库。

步骤2：单击界面左上角的“文件”选项卡，在打开的视图左侧的菜单列表中选择“选项”命令。在打开的“Access选项”对话框左侧选择“当前数据库”选项，并在右侧的“功能区和工具栏选项”区域“快捷菜单栏”下拉列表框中选择“菜单命令”选项，如图8.81所示。

图8.81　“Access选项”对话框

步骤3：单击“确定”按钮，弹出“Microsoft Access”提示对话框，提示“必须关闭并重新打开当前数据库，指定选项才能生效”，如图8.82所示。单击“确定”按钮，关闭对话框。

图8.82　“Microsoft Access”提示对话框

步骤4：重新打开数据库，打开任一数据库对象，右击该对象，可以看到右键快捷菜单已经发生了变化，只显示“打开”和“退出”两项，如图8.83所示。

图 8.83　显示"打开"和"退出"快捷菜单

通过上面的操作可以发现,要添加快捷菜单,一般的步骤就是先创建一个宏,再将宏转变为菜单,最后将菜单附加到对象或整个数据库上。

(1) 在对象上自定义快捷菜单(右键菜单):使用宏自定义快捷菜单,附加到表、窗体或报表等对象内置的"快捷菜单栏"属性中,成为数据库相应对象的快捷菜单。

(2) 全局快捷菜单:使用宏自定义快捷菜单,加载到"Access 选项"的"菜单命令"中,成为整个数据库所有对象的快捷菜单。

具体应用见课堂案例 8.11。

任务 5　宏操作介绍

【课堂案例 8.13】　使用"添加新操作"列表框创建宏来编辑表记录。

在"工资管理系统"数据库中创建一个"编辑记录"宏组,然后在"职工表详细信息窗体"中添加"按职工姓名查询"文本框、"查找记录"和"添加记录"按钮,并与"编辑记录"宏组中的相关宏关联,实现通过窗体添加和查询"职工表"记录。

解决方案:

步骤 1:打开"工资管理系统"数据库。

步骤 2:单击"创建"选项卡"宏与代码"组中的"宏"按钮,进入"宏生成器",自动创建一个名为"宏 1"的空白宏。

步骤 3：单击“添加新操作”下拉列表按钮，在其下拉列表中选择“GotoRecord”操作命令，并在其操作参数的“记录”下拉列表中选择“新记录”，如图 8.84 所示。

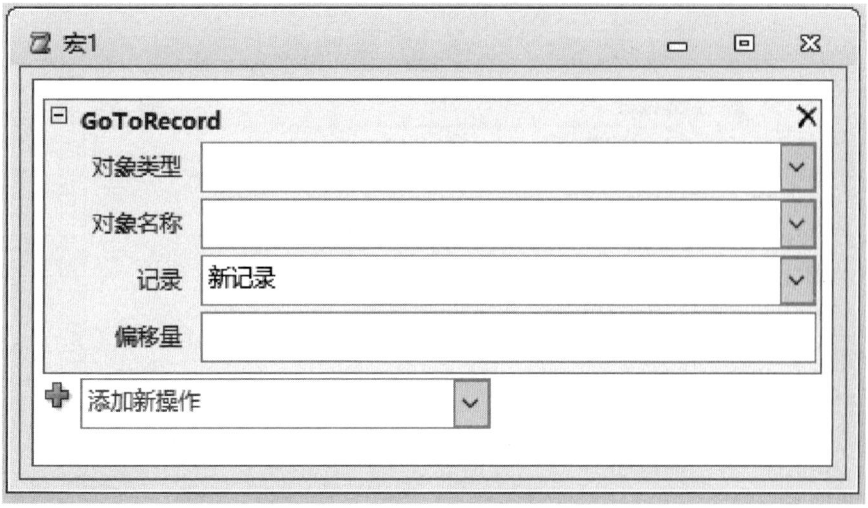

图 8.84　“GotoRecord”操作命令

步骤 4：右键单击“GotoRecord”操作命令，在弹出的快捷菜单中选择“生成子宏程序块”，并设置子宏名为“添加记录”，如图 8.85 所示。

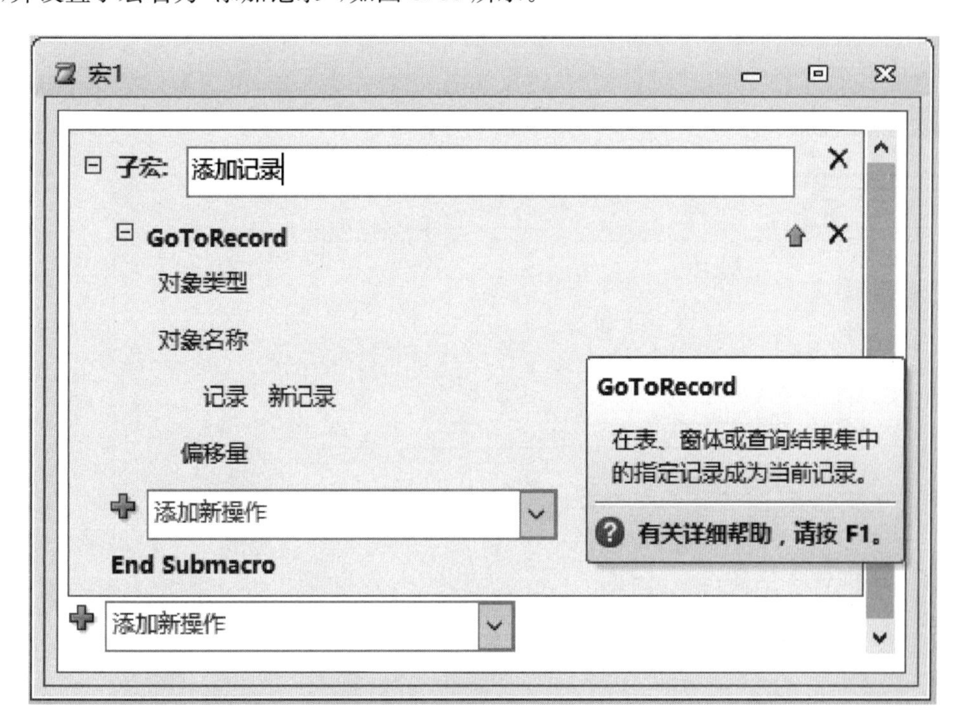

图 8.85　设置子宏“添加记录”

GoToRecord 用于选择将成为当前记录的记录。在“记录”下拉列表中可以选择数据表中的记录，如前一记录（“向前移动”）、首记录等。

步骤 5:重复步骤 3 的操作,单击子宏下方的"添加新操作"下拉列表按钮,在其下拉列表中选择"GoToControl"操作命令,并设置其参数"控件名称"为"[姓名]",如图 8.86 所示。

图 8.86　"GoToControl"操作命令

步骤 6:参照步骤 4 的操作,设置"GoToControl"操作为子宏,并设置子宏名为"查找记录",如图 8.87 所示。

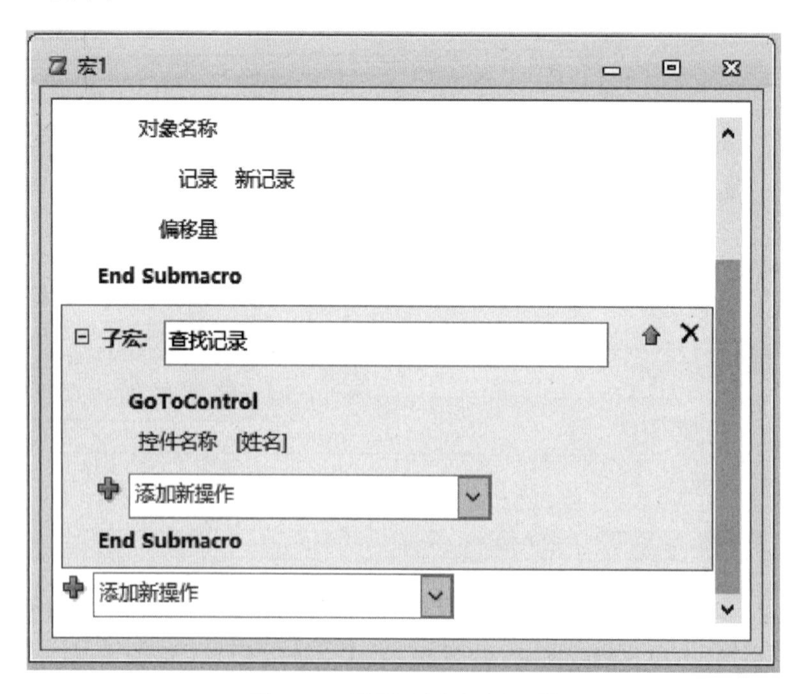

图 8.87　设置子宏"查找记录"

“GoToControl”操作命令用于将焦点移到激活对象指定的字段或控件上，它只有一个“控件名称”操作参数，用户在此操作参数的文本框中输入的是窗体控件名（如本例中输入[姓名]）。

步骤 7：单击“子宏：查找记录”块中的“添加新操作”下拉列表按钮，在其下拉列表中选择“FindRecord”操作命令，并在操作参数的“查找内容”文本框中输入“=[forms]！[职工表详细信息窗体]！[查找记录]”，如图 8.88 所示。

图 8.88　“FindRecord”操作命令

步骤 8：单击宏右侧的“关闭”按钮，弹出是否保存提示对话框，如图 8.89 所示。单击“是”按钮，在弹出的“另存为”对话框中输入宏组名称“编辑记录”，然后单击“确定”按钮，如图 8.90 所示。

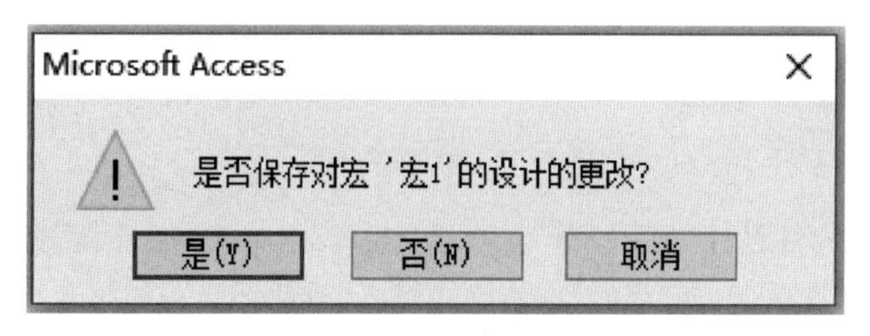

图 8.89　保存提示对话框

图 8.90 保存宏组“编辑记录”

“FindRecord”操作命令用于查询指定的记录,它包括“查找内容”“匹配”“区分大小写”“搜索”“格式化搜索”“只搜索当前字段”和“查找第一个”等命令参数。在“查找内容”文本框中输入记录中要查找的数据,此处输入“=[forms]! [职工表详细信息窗体]! [查找记录]”,其中“查找记录”是“职工表详细信息窗体”中添加的一个文本框的名称,该文本框在第 11 步创建。

步骤 9:在“导航窗格”中右击“窗体”类别中“职工表详细信息窗体”,在弹出的快捷菜单中选择“设计视图”命令,进入“职工表详细信息窗体”的设计视图。

步骤 10:单击“窗体设计工具 设计”选项卡“控件”组中的“文本框”按钮,在“主体”节中按住鼠标左键拖动形成大小合适的文本框,在其标签标题框中输入“按职工姓名查询”,如图 8.91 所示。

图 8.91 添加“文本框”

步骤 11:单击“窗体设计工具 设计”选项卡“工具”组中的“属性表”按钮,打开“属性表”窗格,切换到“其他”选项卡,在“名称”文本框中输入“查找记录”,如图 8.92 所示。

步骤 12:单击“窗体设计工具 设计”选项卡“控件”组中的“按钮”控件,在“主体”节的适当位置单击鼠标左键添加按钮控件,并将其标题设置为“添加记录”,如图 8.93 所示。

图 8.92　设置属性表

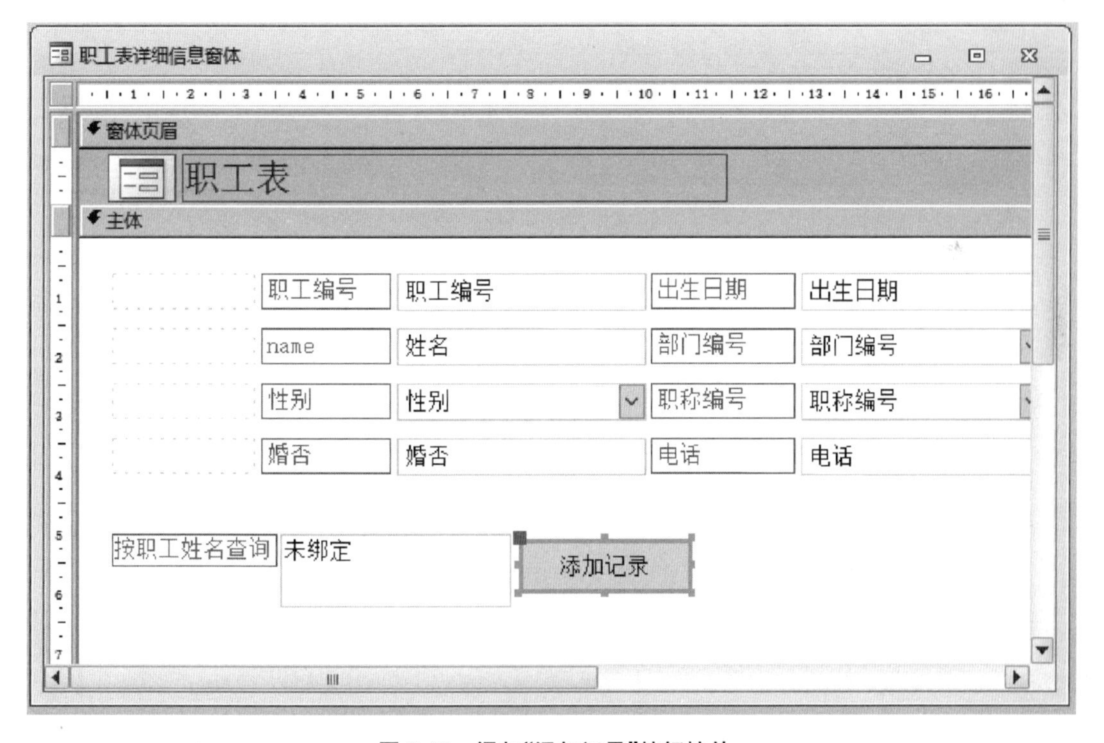

图 8.93　添加“添加记录”按钮控件

步骤 13:选中“添加记录”按钮,在“属性表”窗格中切换到“事件”选项卡,在“单击”下拉列表中选择“编辑记录.添加记录”项,如图 8.94 所示。

步骤 14:用同样的方法添加“查找记录”按钮,并将其“单击”事件设置为调用宏“编辑记录.查找记录”,如图 8.95 所示。

图 8.94 设置“添加记录”按钮事件

图 8.95 设置“查找记录”按钮事件

步骤 15:关闭并保存“职工表详细信息窗体”。在“导航窗格”中双击运行“职工表详细信息窗体”,在“按职工姓名查询”文本框中输入要查找的职工“姓名”,如“吴晴”,然后单击“查找记录”按钮,系统会自动找到“吴晴”记录(符合“按职工姓名查询”文本框中内容的第一条记录),在窗体中显示出来,如图 8.96 所示。

步骤 16:在“职工表详细信息窗体”界面上,单击“添加记录”进入一个新记录界面,在此界面上填写职工编号、姓名、性别等数据后(本例职工编号为“017”、姓名为“张一飞”等),就会在职工表中增加一条“张一飞”新记录,如图 8.97 所示。

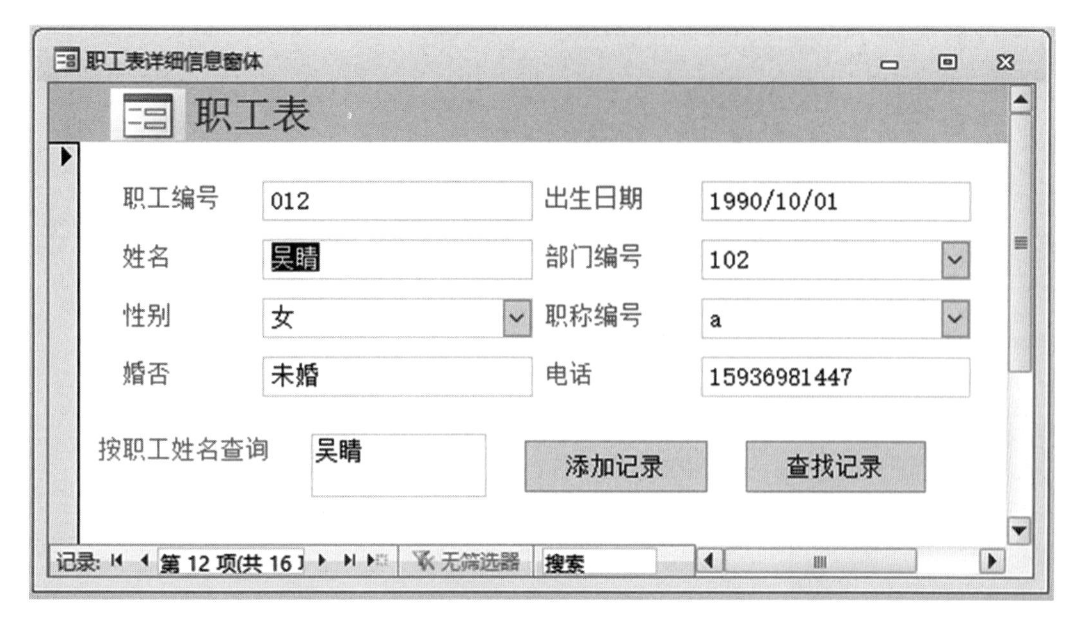

图 8.96　按姓名查找记录

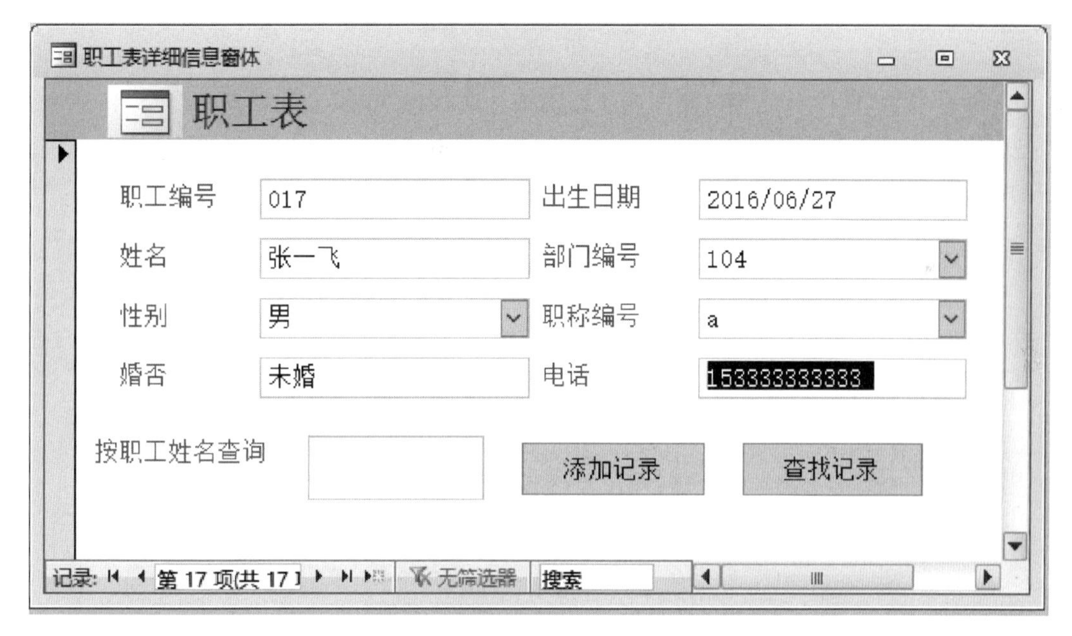

图 8.97　添加记录

【课堂案例 8.14】　使用“操作目录”窗格来创建一个宏用来打印报表。

使用宏中的“操作目录”命令来创建一个宏，可以打开报表的“设计视图”或“打印预览”视图，并且可以限制需要在报表中打印的记录数。

解决方案：

步骤 1：打开“工资管理系统”数据库。

步骤 2：单击“创建”选项卡“宏与代码”组中的“宏”按钮，进入“宏生成器”，自动创建一个名为“宏 1”的空白宏，如图 8.98 所示。

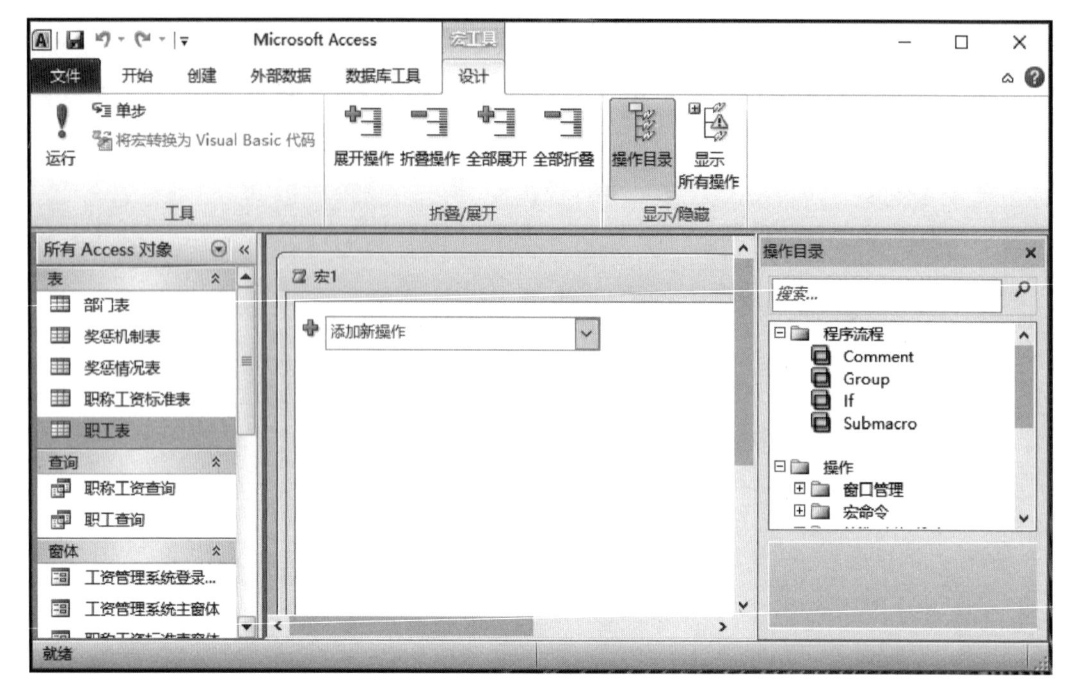

图 8.98 宏生成器

步骤 3:双击“操作目录”中“操作”下“数据库对象”内“OpenReport”操作命令,该命令将进入宏设计器(或把“OpenReport”操作命令拖到宏设计器中或右击该操作,在弹出的快捷菜单中选择“OpenReport”操作命令),如图 8.99 所示。

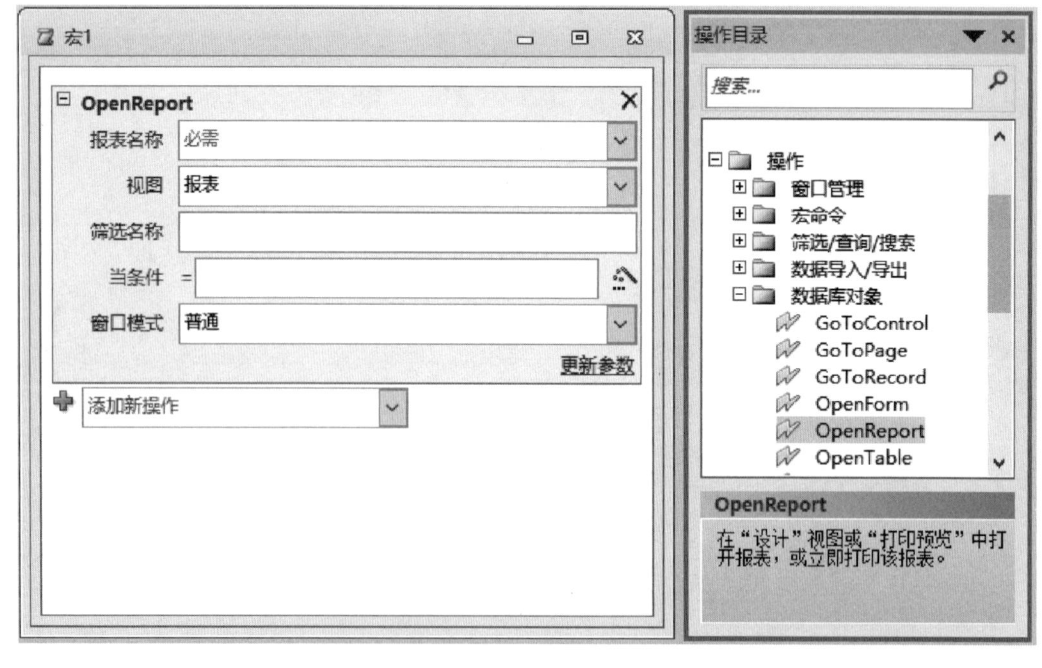

图 8.99 “OpenReport”操作命令

步骤 4:设置“OpenReport”命令的各项参数。在“报表名称”下拉列表中选择“职工电话号码簿”报表，在“视图”下拉列表中选择“打印”，其他保持默认，如图8.100所示。

图8.100　设置“OpenReport”命令参数

步骤5：单击“保存”按钮，弹出“另存为”对话框，输入宏名“打印职工电话号码簿”，然后单击“确定”按钮，如图8.101所示。

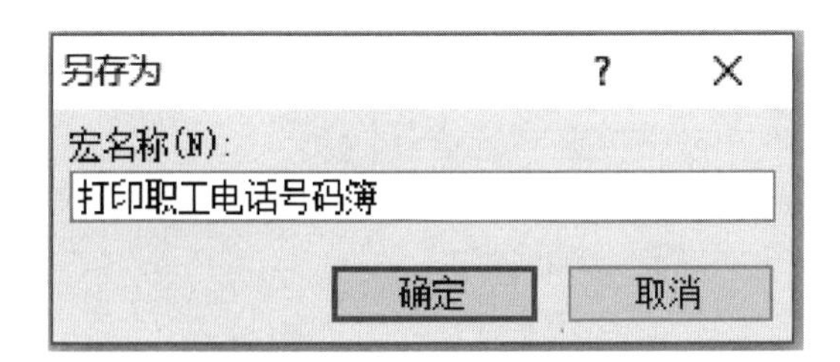

图8.101　“另存为”对话框

图8.102　打印输出另存为

步骤6：单击“宏工具 设计”选项卡“工具”组中的“运行”按钮，可运行该宏；此时Access将自动启动默认的打印机，打印报表。如电脑没有安装打印机，将打印输出另存为“打印职工电话号码簿.pdf”，如图8.102所示。

宏操作包括：添加宏操作、删除宏操作、更改宏操作顺序、修改宏的操作和参数、添加备注等。

8.5.1　添加宏操作

1. 使用“添加新操作”列表框

打开宏的设计视图，单击“添加新操作”下拉列表按钮，在弹出的列表框中选择要添加的操作,然后为操作设置参数即可。课堂案例 8.13 就是反复利用“添加新操作”列表框来创建“编辑记录”宏组。

2. 使用“操作目录”窗格

可以手动在窗格中找到操作进行添加,也可在上方的搜索栏内输入操作名进行搜索。在找到操作后,可通过以下三种方法将该操作添加到宏设计器中。

(1) 双击该操作,即可完成添加操作。

(2) 右击该操作,在弹出的快捷菜单中选择“添加操作”命令。

(3) 选择该操作,将其拖动到“宏生成器”窗格。

使用“操作目录”窗格来创建一个宏用来打印报表,具体应用见课堂案例 8.14。

8.5.2 删除宏操作

在宏的设计视图中,选择需要删除的宏操作,再通过以下三种方法将该宏操作从宏设计器中删除掉。

(1) 针对宏操作单击鼠标右键,在弹出的快捷菜单中选择“删除”命令,如图 8.103 所示。

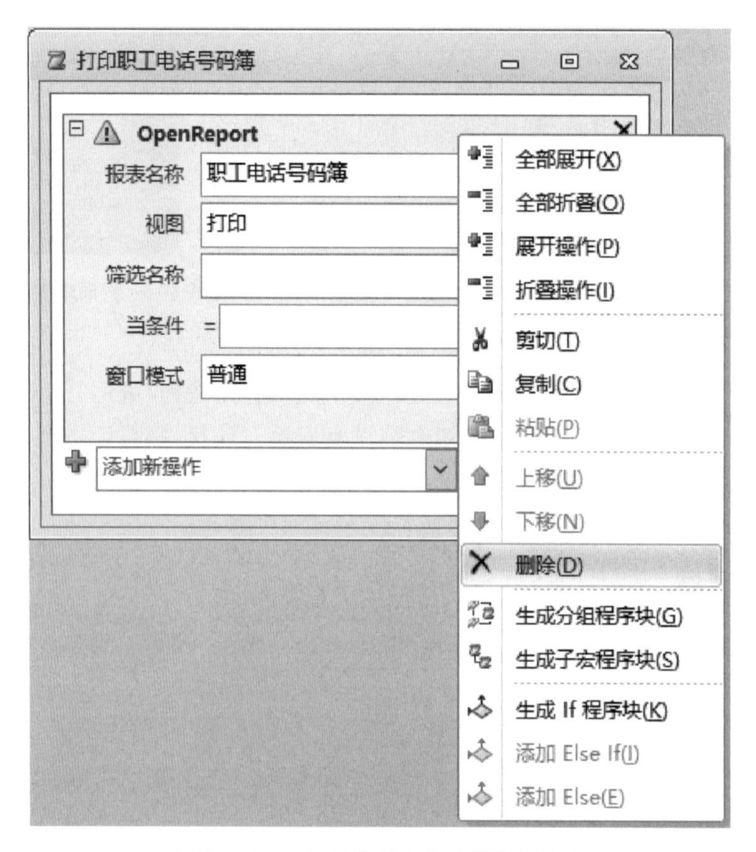

图 8.103 宏操作快捷菜单中“删除”命令

(2) 单击宏窗格右侧的“删除”按钮,如图 8.104 所示。

图 8.104　删除按钮

(3) 按“Delete”键,可完成删除操作。

8.5.3　移动操作

宏中的操作是按从上到下的顺序执行的。如果要上下移动这些操作,可使用下面的方法。

(1) 选择并上下拖动该操作,使其到达需要的位置,如图 8.105 所示。

图 8.105　鼠标拖拽移动宏操作

(2) 选择操作,然后单击宏窗格右侧的绿色“上移”或“下移”箭头完成移动,如图 8.106 所示。

图 8.106　绿色箭头移动宏操作

(3) 选择操作,单击右键,在弹出的快捷菜单中选择“上移”或“下移”命令来完成移动,如图 8.107 所示。

图 8.107　快捷菜单移动宏操作

(4) 选择操作,然后按“Ctrl”+“↑”或“Ctrl”+“↓”组合键来移动宏操作。

8.5.4　复制和粘贴宏操作

如果需要重复已添加到宏设计器中的操作，可以复制和粘贴该操作。具体方法为：右键单击要复制的操作，在弹出的快捷菜单中选择“复制”命令；然后在要粘贴的位置单击右键，在弹出的快捷菜单中选择“粘贴”命令，如图 8.108 所示。

图 8.108　宏操作快捷菜单

8.5.5　添加注释

在宏的设计视图中，打开“操作目录”窗格，把 Comment 拖放在“添加新操作”上面或者在“添加新操作”中选择“Comment”，然后在文本框中填写注释内容即可，如图 8.109 所示。

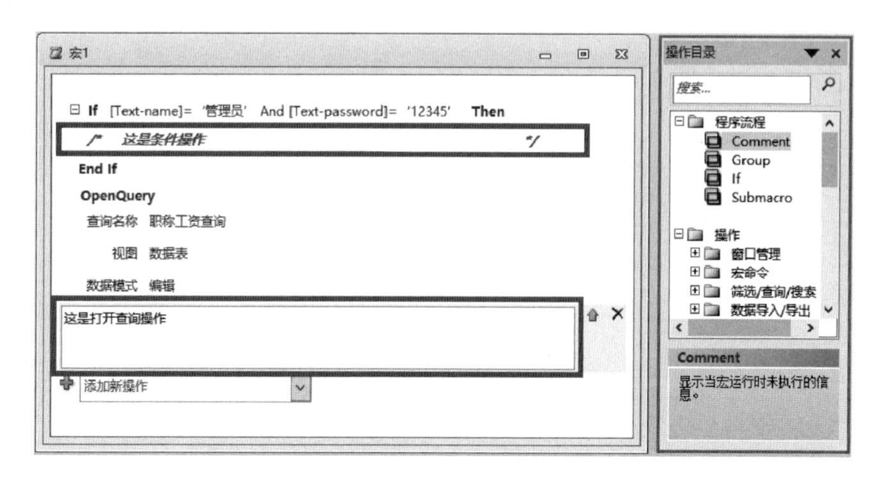

图 8.109　“Comment”操作命令

任务 6　宏的运行和调试

Access 在运行宏时分两种情况:

(1) 运行单个宏:从第一个操作开始,执行至最后一个操作。

(2) 运行宏组:如果指定了宏操作的条件,则只执行满足条件的宏;也可以将执行宏作为对窗体、报表、控件中发生的事件的响应来运行宏。

8.6.1　宏运行

宏的运行可以分为两种,即独立宏的运行和嵌入式宏的运行。

1. 独立宏的运行

(1) 直接运行宏

单独宏运行方法有两种:

① 在"导航窗格"中找到要运行的宏,然后双击宏名,如图 8.110 所示。

图 8.110　双击宏名运行宏

② 单击“数据库工具”选项卡“宏”组中的“运行宏”按钮，将弹出“执行宏”对话框，在该对话框的下拉列表中选择要执行的宏，单击“确定”按钮即可运行该宏，如图 8.111 所示。

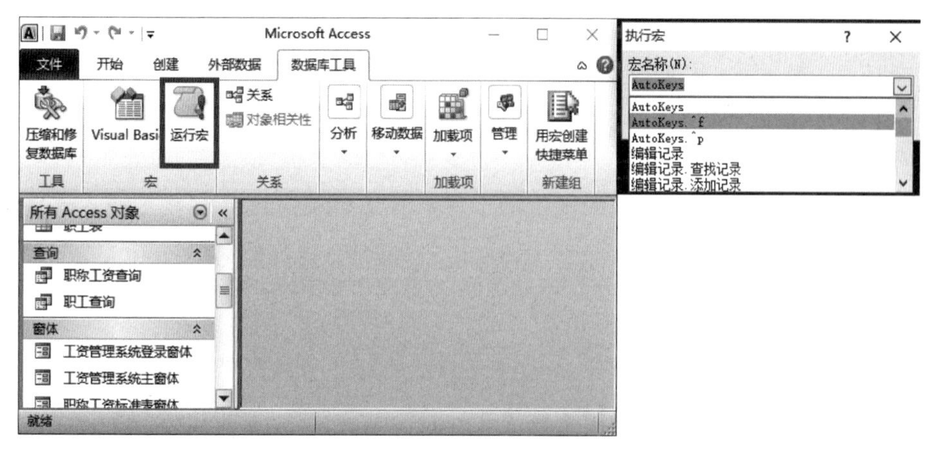

图 8.111　“运行宏”按钮

（2）*在宏组中运行宏*

单击“数据库工具”选项卡“宏组”中的“运行宏”按钮，在弹出的“执行宏”对话框的“宏名称”下拉列表中选择宏名称。

对于宏组中的每个宏，都是以“宏组名.宏名”形式显示，如“编辑记录.查找记录”。选择该宏，单击“确定”按钮，即可运行该宏，如图 8.112 所示。注意：宏组中的宏单独是不能运行的。

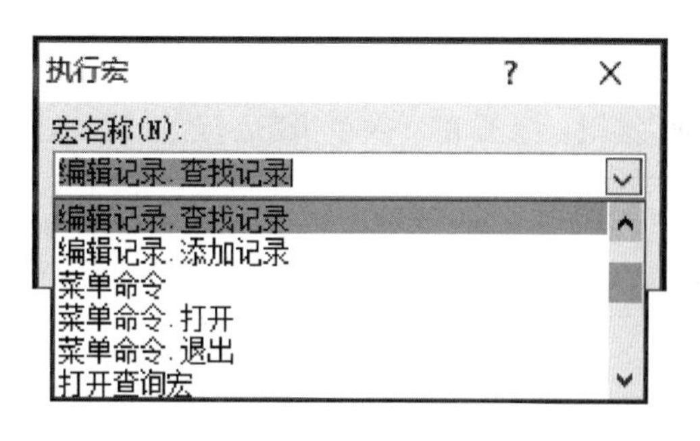

图 8.112　“执行宏”对话框

（3）*以响应窗体、报表或控件等对象中发生的事件来运行宏*

将宏绑定到事件的方法为：首先创建独立的宏，然后进入窗体或报表的“设计视图”，在“属性表”窗格的“事件”选项卡中，给各个事件绑定独立宏，如图 8.113 所示。

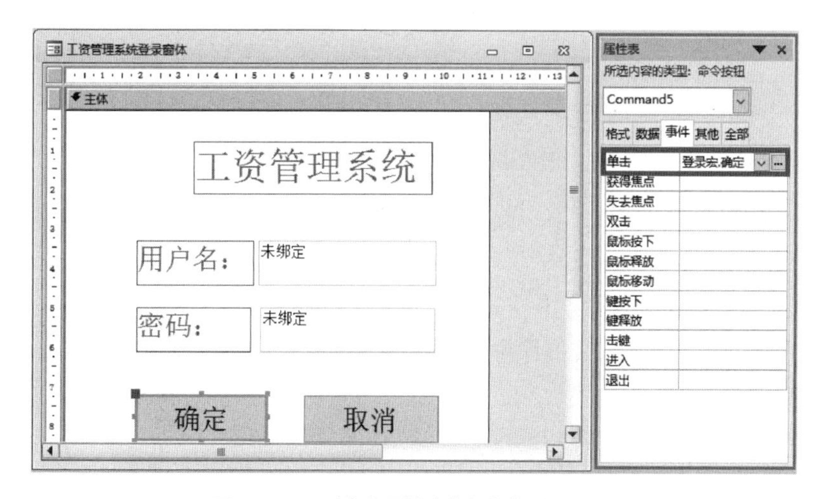

图 8.113　对象“属性表”事件绑定独立宏

在“属性表”窗格的“事件”选项卡中有多个事件名,如“单击”“双击”“鼠标按下”“鼠标释放”“键按下”“键释放”等。

2. 嵌入式宏的运行

对于嵌入在窗体、报表或控件中的宏,可以通过以下两种方式运行。

(1) 在宏处于“设计视图”中时,单击“宏工具 设计”选项卡“工具”组中的“运行”按钮可以运行宏。

(2) 以响应窗体、报表或控件中发生的事件形式运行宏。这其实就是嵌入式宏的工作方式。在窗体或报表中发生设定的事件时,如果条件满足,就会触发执行相应的宏。

8.6.2 调试宏

单步运行是 Access 数据库中用来调试宏的主要工具。在“单步执行宏”运行方式下,数据库会一步一步地执行宏中的操作命令,并且每一步都给出数据库当前运行的宏的状态,以排除导致错误的操作命令或预期之外的操作效果。

宏的单步执行操作为:进入“宏生成器”,单击“宏工具 设计”选项卡“工具”组中的“单步”按钮。这样在每次单击“运行”按钮时,宏只会运行一个操作,如图 8.114 所示。

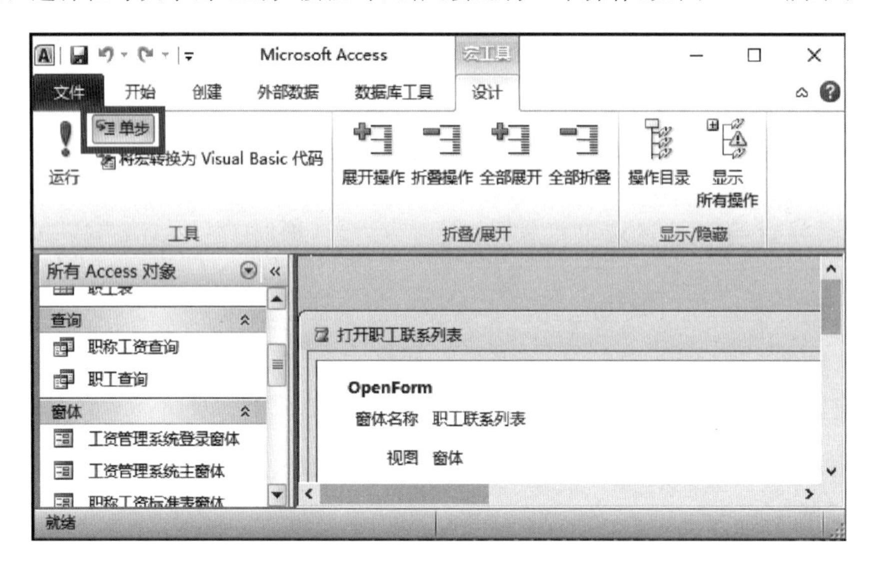

图 8.114　“单步”运行宏按钮

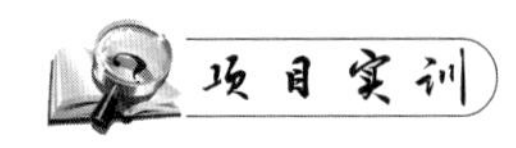

实训　“教学管理.accdb”数据库中有教师表、学生表、选课成绩表、课程表,请按要求完成下列项目实训。

(1) 创建、运行宏:该宏的功能是打印预览“选课成绩”报表。

(2) 创建并运行“操作序列宏”:该宏功能是打开“学生”表,打开表前要发出“嘟嘟”声;再关闭“学生”表,关闭前要用消息框提示操作。

(3) 创建宏组，并运行其中每个宏：在“教学管理.accdb”数据库中创建宏组，宏 1 的功能与“操作序列宏”功能一样，宏 2 的功能是打开和关闭“学生选课成绩”查询，打开前发出“嘟嘟”声，关闭前要用消息框提示操作。

(4) 创建并运行条件操作宏：在“教学管理”数据库中，创建一个登录验证宏，使用命令按钮运行该宏时，对用户所输入的密码进行验证，只有输入的密码为“123456 ”时才能打开启动窗体，否则，弹出消息框，提示用户输入的系统密码错误。

(5) 创建自动运行宏：当用户打开数据库后，系统弹出“欢迎使用教学管理系统”欢迎界面。

小　结

本章主要介绍宏的相关知识，包括宏、宏组、子宏、嵌入宏和数据宏的相关概念，创建宏的方法，设置宏的操作参数，运行宏的方法，在窗体、报表和控件的事件中运行宏，以及打开数据库自动运行的宏 AutoExec。

练　习　题

一、选择题

1. 使用(　　)可以决定某些特定情况下运行宏时，某个操作是否执行。

   A. 函数　　B. 表达式　　C. 条件表达式　　D. If…Then 语句

2. 在宏的表达式中要应用报表 test 上控件的 txtName 值，可以使用的引用是(　　)。

   A. txtName　　B. test! txtName

   C. Reports! test! txtName　　D. Report! txtName

3. 有关宏操作，以下叙述错误的是(　　)。

   A. 宏的条件表达式中不能引用窗体或报表的控件值

   B. 所有宏操作都可以化为相应的模块代码

   C. 使用宏可以启动其他应用程序

   D. 可以利用宏组来管理相关的一系列宏

4. 创建宏时不用定义(　　)。

   A. 宏名　　B. 窗体或报表控件属性

   C. 宏操作目标　　D. 宏操作对象

5. 关于宏叙述错误的是(　　)。

   A. 宏是 Access 的一个对象

   B. 宏的主要功能是使操作自动进行

   C. 使用宏可以完成许多繁杂的操作命令

   D. 只有熟悉掌握各种语法、函数，才能编写出功能强大的宏的命令

6. 宏中的每个操作都有名称，用户(　　)。

   A. 能够更改操作名　　B. 不能更改操作名

   C. 能对有些操作名进行更改　　D. 能够调用外部命令更改操作名

7. 一个非条件宏,运行时系统会(　　)。

A. 执行部分宏操作　　B. 执行全部宏操作

C. 执行设置了参数的宏操作　　D. 等待用户选择执行每个宏操作

8. 通过从“数据库”窗口拖拽(　　)向宏中添加操作,Access 将自动为这个操作设置适当的参数。

A. 宏对象　　B. 窗体对象　　C. 报表对象　　D. 数据库对象

9. 在 Access 系统中,宏是按(　　)。

A. 名称调用的　　B. 标志符调用的　　C. 编码调用的　　D. 关键字调用的

10. 若想取消自动宏的自动运行,打开数据库时应按住(　　)。

A. “Alt”键　　B. “Shift”键　　C. “Ctrl”键　　D. “Enter”键

11. 条件宏的条件项是一个(　　)。

A. 字段表达式　　B. 算术表达式　　C. 逻辑表达式　　D. SQL 语句

12. 条件宏的条件项的返回值是(　　)。

A. “真”　　B. “假”　　C. “真”或“假”　　D. 不能确定

13. 在宏的操作参数中,不能设置成表达式的操作是(　　)。

A. Close　　B. Save　　C. OutputTo　　D. 以上三个选项均是

14. OpenForm 命令用于(　　)。

A. 打开窗体　　B. 打开报表　　C. 打开查询　　D. 关闭数据库

15. OpenReport 命令用于(　　)。

A. 打开窗体　　B. 打开报表　　C. 打开查询　　D. 关闭数据库

16. OpenQuery 命令用于(　　)。

A. 打开窗体　　B. 打开报表　　C. 打开查询　　D. 关闭数据库

17. Close 命令用于(　　)。

A. 打开窗体　　B. 打开报表　　C. 打开查询　　D. 关闭数据库对象

18. RunApp 命令用于(　　)。

A. 执行指定的 SQL 语句　　B. 执行指定的外部应用程序

C. 退出 Access　　D. 设置属性值

19. Requery 命令用于(　　)。

A. 实施指定控件重新查询,即刷新控件数据

B. 查找满足指定条件的第一条记录

C. 查找满足指定条件的下一条记录

D. 指定当前记录

20. FindRecord 命令用于(　　)。

A. 实施指定控件重新查询,及刷新控件数量

B. 查找满足指定条件的第一条记录

C. 查找满足指定条件的下一条记录

D. 指定当前记录

21. FindNext 命令用于(　　)。

A. 实施指定控件重新查询,及刷新控件数量

B. 查找满足指定条件的第一条记录

C. 查找满足指定条件的下一条记录

D. 指定当前记录

22. GoToRecord 命令用于(　　)。

A. 实施指定控件重新查询,及刷新控件数量

B. 查找满足指定条件的第一条记录

C. 查找满足指定条件的下一条记录

D. 指定当前记录

23. Maximaize 命令用于(　　)。

A. 最大化激活窗口

B. 最小化激活窗口

C. 最大化或最小化窗口恢复至原始大小

D. 使计算机发出"嘟嘟"声

24. Minimize 命令用于(　　)。

A. 最大化激活窗口

B. 最小化激活窗口

C. 最大化或最小化窗口恢复至原始大小

D. 使计算机发出"嘟嘟"声

25. Beep 命令用于(　　)。

A. 最大化激活窗口

B. 最小化激活窗口

C. 最大化或最小化窗口恢复至原始大小

D. 使计算机发出"嘟嘟"声

26. MessageBox 命令用于(　　)。

A. 显示消息框

B. 关闭或打开系统消息

C. 从其他数据库导入和导出数据

D. 从文本文件导入、导出数据

二、填空题

1. 宏是一个或多个__________的集合。

2. 如果要引用宏组中的宏,采用的语法是__________。

3. 在宏的表达式中引用窗体控件的值可以用表达式__________。

4. 在宏的表达式中引用报表控件的值可以用表达式__________。

5. 实际上,所有宏的操作都可以转换为相应的模块代码,它可以通过__________来完成。

6. 由多个操作构成的宏,执行时按__________依次执行。

7. 定义__________有利于数据库中宏对象的管理。

8. 在设计条件宏时,对于连续重复的条件,可以用__________符号来代替重复条件式。

9. 宏以动作为基本单位,一个宏命令能够完成一个操所动作,宏命令是由__________组成的。

10. 使用单步跟踪执行宏,可以观察宏的__________和每一个操作的结果。

11. 在宏中加入__________,可以限制宏在满足一定的条件时才能完成某种操作。

12. 宏的使用一般是通过窗体、报表中的__________实现的。

13. 宏可以成为实用的数据库管理系统菜单栏的__________,从而控制整个管理系统的操作流程。

14. 当宏与宏组创建完成后,只有运行__________,才能产生宏操作。

15. 宏组事实上是一个冠有__________的多个宏的集合。

16. 直接运行宏组时,只执行__________所包含的宏命令。

学习情境9　模　　块

小明在Access数据库中利用宏这些命令的组合，通过定制命令，完成一系列重复性的动作，帮助他更快、更有效地工作，但是利用模块，可以建立自定义函数，完成更复杂的计算，替代标准宏所不能执行的功能。下面将要来介绍如何按小明的要求执行任务的程序组合创建模块，实现多次调用。

教学目标

◇ 理解模块的基本概念组。

◇ 掌握VBA程序设计的知识体系。

◇ 掌握创建不同模块的方法。

◇ 掌握在窗体和报表中调用已创建模块。

任务1　模块创建

【课堂案例9.1】　在工资管理系统中创建标准模块。

解决方案：

步骤1：选择“创建”选项卡。

步骤2：单击功能区“宏与代码”组中的“模块”按钮，进入代码窗口。

步骤3：在代码窗口中输入代码，保存模块。

步骤4：在设计视图中打开，再单击功能区的“窗体设计工具”→“设计”选项卡下“工具”组中的“查看代码”按钮，进入到代码的窗口。

步骤5：在对象下拉列表中选择“Form”选项，在过程下拉列表中选择“Load”选项，然后输入代码。

步骤6：在窗体视图下打开“工资管理职工基本信息窗体”时，先运行“输入输出模块”中的“输入输出过程”。

说明：“输入输出模块”就是标准模块，它含有一个自定义过程“输入输出”，其中Form_

Load()是一个事件过程,它调用了标准模块。

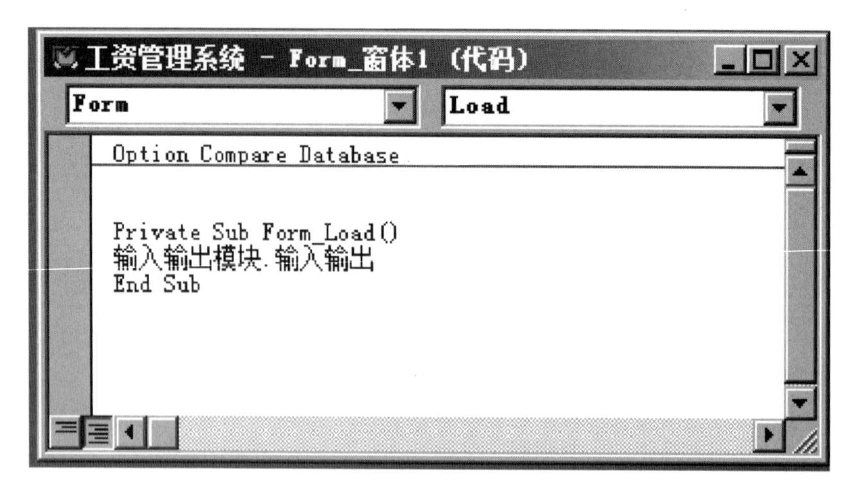

图 9.1 在代码窗口输入 Load 事件代码

9.1.1 模块

模块是 Access 数据库重要对象之一,它利用 VBA(Visual Basic for Application)编程语言编写出的程序代码,用来补充一些无法利用 Microsoft Office 内置 VBA 编程语言的向导或宏操作指令完成的重要功能,并使数据库系统功能更加丰富灵活。

它是存贮在一个单元中的 VBA 编程语言声明、语句和过程编写出来的代码集合。数据库就是利用模块的整体化理念,将若干个对象连接起来构成完整的系统。

总的来说,模块是由 Visual Basic 程序设计语言编写的程序集合,或若干个函数过程;利用它,可以建立自定义函数,完成更加繁杂的计算,补充标准宏所不能执行的功能。通常有类和标准两种模块。

其中,窗体和报表模块就是通常意义上的类模块,它包括属性和方法的定义,当然用户也可以自定义;而标准模块往往被包含在数据库窗口的模块对象列表中,其本质是不与任何对象相关联的通用过程,但可以在数据库的任何位置被直接调用执行结果。

9.1.2 过程

模块是由声明部分和事件过程部分组成,其中前者中设置的变量和常量是全局性的,能够被模块中所有过程调用,而后者一般用来对用户或者程序代码关联的事件做出响应。过程本质就是利用 VBA 语言编写的程序代码段。包含的 Sub 过程和 Function 过程的区别仅是前者没有返回值,而后者有。

(1) Sub 过程:没有返回值,可以执行操作或运算。

语法定义格式:[Private|Public][Static]Sub SubName(VarName As Type)

……

过程语句

……End Sub

其中,SubName是过程名,VarName是此过程的参数,Type是参数的类型。

调用格式:Call SubName(VarName As Type)

或

SubName(VarName As Type)

其中,这里的参数是实参,可以是常量、变量或表达式,与形参的个数、位置和类型一一对应,多个实参之间可用逗号隔开,调用过程时,实参的只传递给形参。

(2) Function过程,又称为函数,其操作结果有返回值。

语法定义格式:[Private|Public][Static] Function FuncName(VarName As Type)[AS FuncType]

……

函数语句

……

EndFunction

其中,FuncName是函数名,VarName是此函数的参数,FuncType是函数的返回值数据类型,函数语句一般用:FuncName=〈表达式〉。

调用格式:变量名= FuncName([VarName As Type])

(3) 事件过程,Sub过程的特例,当某对象的事件触发时,就会调用该对象的事件过程来进行处理,它是基于事件驱动的。可以把事件过程看成是事件和过程的有机结合体。

其格式是系统提供的固定格式。

Private Sub 对象名_事件名(参数列表)

事件响应代码

End Sub

使用时既可以由系统自动调用,也可以作为一般的子程序,通过代码来调用它。

任务2　在窗体和报表中调用已创建模块

【课堂案例9.2】 打开“工资管理职工基本信息窗体”时显示一个消息框。

解决方案:

步骤1:在设计视图中打开“工资管理职工基本信息窗体”。

步骤2:单击功能区“窗体设计工具”→“设计”选项卡下面的“工具”组中的“查看代码”按钮,弹出代码窗口。

步骤3:在“对象”下拉列表框中选择对象“Form”,从“过程”下拉列表框中选择加载事件

“Load”。

步骤 4:在过程中输入如下代码,打开“工资管理职工基本信息窗体”时会显示消息框。

图 9.2 输入代码

【课堂案例 9.3】 使用 VBA 修改“工资管理职工基本信息表”,增强报表的显示功能,使其呈现出黑白交错的效果。

解决方案:

步骤 1:在设计视图中打开“工资管理职工基本信息表”。

步骤 2:单击功能区“窗体设计工具”→“设计”选项卡下面的“工具”组中的“查看代码”按钮,弹出代码窗口。

步骤 3:在报表代码的声明部分声明变量“hang”。

步骤 4:在报表主题中的打印事件中输入代码及注释,见图 9.3 所示。

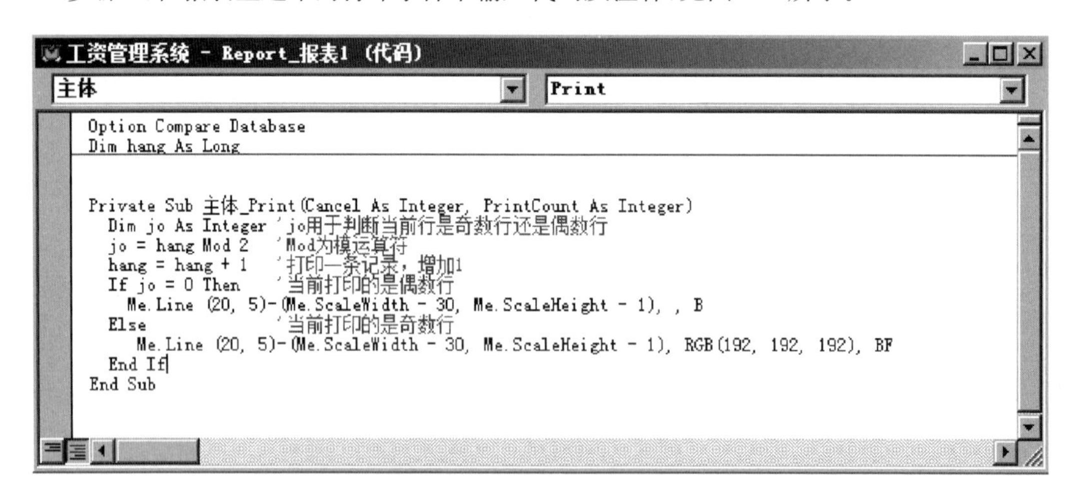

图 9.3 输入代码和注释

步骤 5:保持输入的代码,在打印预览视图中查看报表的布局即可。

【课堂案例 9.4】 创建与窗体和报表不相关的类模块。

解决方案:

步骤 1:选择“创建”选项卡,显示代码窗口。

步骤 2:单击功能区“宏与代码”组中的“类模块”按钮,弹出代码窗口。

步骤 3:选择“插入”→“过程”菜单,在弹出的“添加过程”对话框中输入过程名“输入输出”,然后单击“确定”,如图 9.4、图 9.5 所示。

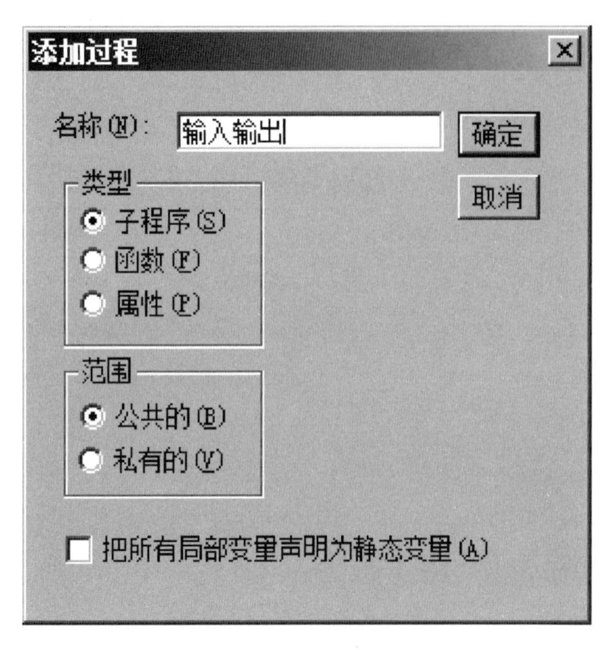

图 9.4　输入过程名称

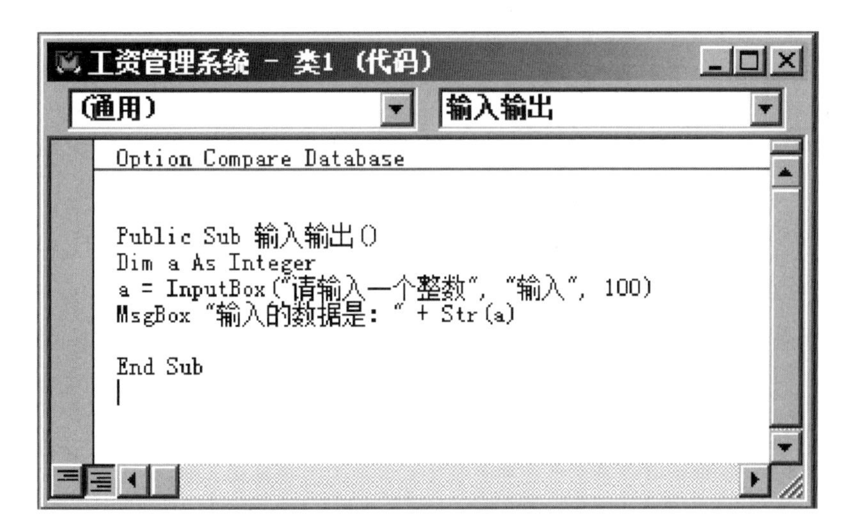

图 9.5　在代码窗口中输入代码

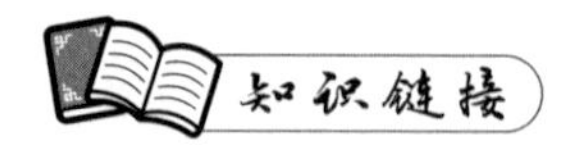

9.2.1 VBA 的数据类型

表 9.1 VBA 常用的数据类型

数据类型	类型标识符	存储空间	取值范围
整型	Integer	2	−32768～32767
长整型	Long	4	−2147483648～2147483647
单精度浮点型	Single	4	−3.402823E38～3.402823E38
双精度浮点型	Double	8	−1.79769313486232E308～1.79769313486232E308
货币型	Currency	8	−922337203685477.5808～922337203685477.5807
日期型	Date	8	0100 年 1 月 1 日～9999 年 12 月 31 日
字符型	String	字符串长度	0～65400 个字符
字节型	Byte	1	0～255
逻辑型	Boolean	2	True 或 False
对象型	Object	4	任何引用的对象
变体型	Varlant		可存储特殊值，如 Empty、Error、Nothing、null。

Microsoft Access 数据表中的数据存储类型与 VBA 中的数据类型基本可以对应与匹配，数据类型之间是可以利用函数进行相互转换的，比如 CStr 和 Cint 分别转换为字符型和整数型，IsDate 判断数据是否为日期型等。

1. 常量

常量一般是在程序运行过程中始终保持不变的量。使用常量一方面可以增加程序的可读性，帮助理解程序；另一方面使代码容易维护。一般我们说对数据进行更改其实就是更改常量的声明部分。

常用的常量类型有：

(1) 符号常量

符号常量名称具有一定含义，一般用来代替数值或字符串，并且它是需要声明定义的，用 const 语句创建常量，格式如下：

[Public][Private]Const ConstName [As Type]=Expression

其中，ConstName 是常量名，Type 是常量的类型，Expression 是常量设置的数值，并且声明完后，不能更改。

例如：const date = #6/6/2016#

const X1 = 3.14

(2) 固有常量

VBA中定义的固有常量通常是以vb开头，可以在宏或者VB中使用，如vbKeyDelete；而Access中定义的固有常量是以ac开头，如acForm。通过对象浏览器可以查看对象库中的固有常量。

(3) 系统常量

常见的系统常量有true、false、null、yes、no、on、off。

2. 变量

变量是在程序运行过程中可以动态改变值的量，遵守先声明再使用的规则。

(1) 变量的命名

在声明变量之前必须赋予变量名称，命名有如下规则：

① 变量名由字母、数字、下划线、中文汉字组成，但第一个字符必须是字母。

② 变量名使用时不区分字母大小写方式。

③ 变量名中不允许出现特殊字符如空格符、$、@等，并且长度不超过255个字符。

④ 变量名不得使用VBA保留的关键字符。

(2) 变量的声明

变量的声明主要分为以下两种：

① 隐式声明。

隐式声明是指将一个数值赋予变量名的方式来解决使用前没有声明数据类型的方式。默认为变体数据类型，此声明仅在当前过程中有效。

例如：a="Hello"

　　b=207

② 显示声明。

格式：

Dim 变量名 [As 数据类型]

或者

Dim 变量名1　[As 数据类型1]，变量名2　[As 数据类型2]，……，变量名n [As 数据类型 n]

例如：Dim ABC

　　Dim a，b，c As Courrency

　　Dim Var1 As Integer，Var2 As Double，Var3 As String

(3) 变量的作用域

变量的作用域就是指变量取值的作用范围，分为局部变量、模块变量和全局变量。

① 局部变量：仅在定义它的过程内部使用。

② 模块变量：仅在定义它的模块或者模块的子过程中使用，在声明区域用Private声明变量。

声明方式：Private 变量名 [As 数据类型]

③ 全局变量：作用域是数据库中所有过程或任何模块中，在声明区域用Public声明变量。

声明方式:Public 变量名 [As 数据类型]

(4) 数组

数组是一种特殊的变量,通常把相同类型的变量看成是一组,它由数组名和数组下标组成,下标值是指定范围上下界之间的一个整数。VBA 中需要显示说明数组,因此在数组使用前必须用 Dim 声明,约定数组大小、数据类型及作用范围。

格式:

Dim 数组名 ([下标下界 to] 下标上界 [,……])[As 数据类型]

其中,As 选项缺省时,数组中各元素为变体数据类型。

下标下界的默认值为 0,如果设置下标下界为非 0 值,则要使用 to 选项。

例如:Dim a(5)As Single

　　Dim b(1 to 10,2 to 20,31)As String

按照数组声明的方式,可以将数组分为三种类型:

① 静态数组。

静态数组又称为固定数组,它有两个特点。

Ⅰ. 静态数组中的元素个数在声明时就被指定。

Ⅱ. 静态数组在程序运行过程中不能随意改变数组元素的个数。

例如:Dim a(5) As Integer

　　Dim b(1 to 5)

② 动态数组。

动态数组的特点如下:

Ⅰ. 动态数组中的元素个数在声明时不指定。

Ⅱ. 动态数组在程序运行过程中可以任意改变数组元素的个数。

定义动态数组的步骤如下:

Ⅰ. 利用 Dim 语句声明一个空维数组,不指定数组的大小,如:Dim a()。

Ⅱ. 利用 ReDim 语句指定数组大小,但只能在过程中使用,如:ReDim b(2,3)。

注意:使用 ReDim 语句后,原有数组元素中的值将被全部清除并恢复默认值。

Ⅲ. 在 ReDim 语句中加入 Preserve 选项,可以保留数组中元素原有值。

例如:ReDim Preserve c(UBound(a)+5)

注意:带有 Preserve 选项的 ReDim 语句可以改变数组中最后一维的上界,如果改变后的数组比原来小,那么多余数据将会丢失。

③ 访问数组。

在数组声明后,数组中的每个元素都可以单独使用,使用的方法与同数据类型的变量基本相同。

格式:

数组名(下标值)

说明:如果是多维数组,那么下标应该是多个,并且不能多于数组维数。

例如:a(0,0)='ABC'

　　b(3)=123

```
Debug.Print b(3)+100
```

9.2.2　VBA程序设计三种基本结构

执行语句是程序的主体，程序功能依靠它实现。语句的执行方式按照流程可以分为：

1. 顺序结构

顺序结构是指按照语句的逻辑顺序流程依次执行下去，基本流程是自顶向下，自左至右顺序执行各条语句，直到程序结束。

顺序结构主要有赋值语句、输入/输出语句等。

(1) 赋值语句

格式：变量名=表达式或者对象名.属性名=表达式。

例如：Commond.Caption="HelloWorld!"

执行后结果为：Commond的Caption属性值为"HelloWorld!"。

(2) 输入/输出语句

输入是指利用输入设备向计算机输入数据流，而输出则是数据流从计算机流向输出设备。

2. 选择结构

选择结构是指按照条件是否成立选择语句执行路径流程，不同条件下进行不同情况的操作。

(1) If语句

格式：If 条件表达式1 Then

　　条件表达式1为真时要执行的语句段

　　[Else [If 条件表达式2 Then]]

　　条件表达式1为假时，[并且条件表达式2为真时]要执行的语句段

　　End If 语句段

例如：判断某学生的成绩是优秀、良好、合格还是不合格。

```
Function st(cj As Integer)As String
  If cj<60 Then
    st="不合格"
  Else
    If cj<80 Then
      st="合格"
    Else
      If cj<90 Then
        st="良好"
      Else
        st="优秀"
      End If
```

```
        End If
      End If
    End Function
```

(2) Select Case 语句

Select Case 语句即多分支选择语句,它将根据条件中表达式的取值来决定在几组语句中执行哪组。

格式:Select Case 表达式

```
        Case 表达式 1
              表达式值与表达式 1 取值相等时执行的语句
        ……
        [Case 表达式 n]
              表达式值与表达式 n 取值相等时执行的语句
        [Case Else]
              上述表达式取值均不符合时要执行的语句
    End Select
```

例如:Function st(cj As Integer)As String

```
      Select Case cj
            Case 0 To 59
                  st="不合格"
            Case 60 To 79
                  st="合格"
            Case 80 To 89
                  st="良好"
            Case is>=90
                  st="优秀"
            Case Else
                  st="报错"
        End Select
      End Function
```

3. 循环结构

循环结构是指按照循环条件可以重复执行某一段程序语句。

(1) Do 语句

Do 语句根据条件来判断是否继续循环操作,一般用在预先不知道程序代码需要重复多少次的情况。

格式一:Do while 条件表达式

```
              语句段 1
      [Exit Do]
              语句段 2
```

Loop

执行过程分析：当检查的条件表达式为真时，一直执行 Do 和 Loop 之间的循环体，当表达式为假时，则跳出循环体，继续执行 Loop 之后的语句；如果循环体有 Exit Do 语句时，则执行到此语句时循环结束。

格式二：Do Until 条件表达式

语句段 1

[Exit Do]

语句段 2

Loop

执行过程分析：每次执行到 Do 语句时都要检查条件表达式的取值情况，当值为真时或循环体有 Exit Do 语句时，结束循环，而值为假时则执行循环体内。

格式三：Do

语句段 1

[Exit Do]

语句段 2

Loop While 条件表达式

执行过程分析：执行时先不检查条件表达式，而是执行循环体语句，执行到 Loop 语句时开始检查条件表达式取值情况，当值为真时，则执行 Do 和 Loop 之间的循环体，一直执行到取值为假；如果循环体有 Exit Do 语句时，则执行到此语句时循环结束。

格式四：Do

语句段 1

[Exit Do]

语句段 2

Loop Until 条件表达式

执行过程分析：同格式三，需要先执行一次循环体；不同的是执行到 Loop 语句时检查条件表达式的取值，当值为真时或循环体有 Exit Do 语句时，结束循环，而值为假时则执行 Do 到 Loop 之间的语句。

(2) For 语句

For 语句是用指定次数来重复执行语句。

格式：For 变量＝初始值 To 结束值 [Step 步长]

语句段 1

[Exit For]

语句段 2

Next

任务 3　宏转换为 VBA 代码

【课堂案例 9.5】 将宏转换为 VBA 代码。

解决方案：

步骤 1：在宏设计视图中创建一个宏或打开已经创建过的宏，这里选择“宏 1”。

步骤 2：单击功能区“宏工具设计”→“设计”选项卡下“工具”组中的“将宏转换为 Visual Basic 代码”按钮。

步骤 3：在弹出的“转换宏：宏 1”对话框中，选择“给生成的函数加入错误处理”和“包含宏注释”两个复选框后，单击“转换”按钮，如图 9.6 所示。

图 9.6　设置参数

步骤 4：此时在工程窗口中的“模块”下会添加一个名为“被转换的宏→宏 1”的模块，如图 9.7 所示。

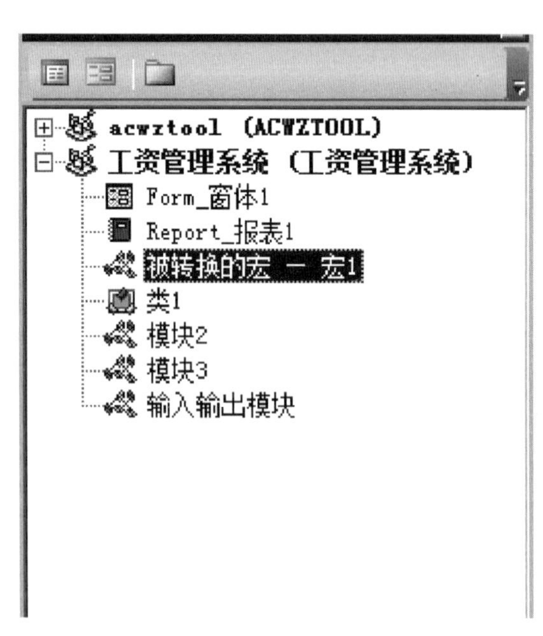

图 9.7　宏被转换成标准模块

模块与宏的区别在于：

(1) 数据库中使用宏简单，因为它不需要编程，而使用模块，对程序设计语言编程基础有一定要求。

(2) 模块的运行速度较宏快，VBA 中包含宏的等效语句，并且在数据库的维护、错误处理、内置函数使用等方面有明显优势。

VBA 与宏都是 Access 中常用的编程工具，在编程过程中，可以在 VBA 代码中运行宏的。同样 Access 能够自动将宏转换为 VBA 的事件过程或者模块，两者运行的功能是相同的。

项目实训

实训 1　在“工资管理系统”数据库中创建欢迎信息。

方法：创建一个名称为“欢迎”的标准模块。

实训 2　在“工资管理系统”窗体的 Load 事件中输入与“欢迎”模块相同的代码。

实训 3　完善“工资管理系统”的登录界面设计。

(1) 在数据库中添加一个注册表，字段内容可包括“用户 ID”“用户名”和“用户密码”。

(2) 在数据库中设计一个“欢迎登录工资管理系统”的窗体。

小　　结

在本学习情境中，主要介绍了模块和 VBA 使用的方法和技巧，重点介绍了作为 Access 数据库的开发语言 VBA 的语法结构，以及如何在窗体和报表中进行调用，另外介绍了两种不同的模块以及创建方法，在学习 VBA 过程中，注意使用不同流程控制结构的语境。

练　习　题

一、填空题

1. VBA 的全称是__________。

2. VBA 的三种流程控制结构分别是__________、__________和__________。

3. 以下消息框的输出结果是__________。

a＝abs(3)

b＝abs(－2)

c＝a＞b

MsgBox c＋1

4. Select Case 结构运行时，应首先计算__________。

5. 在过程定义语句中 Private Sub GetData(ByRef f As Integer),其中 ByRef 的含义是__________。

二、简答题

1. 什么是模块?什么是过程?两者的区别在哪里?
2. Access 2010 数据库中的函数和过程有什么不同?
3. 如何在窗体中调用模块的功能?

学习情境 10　数据库的安全机制

通过前面的学习，小明已经完成了企业工资管理应用系统的大部分工作，接下来他需要考虑该系统数据的安全性问题。Access 2010 在数据库的安全性方面新增了许多功能，可以通过设置数据库信息中心、对数据库进行打包、签发及设置数据库密码等多种方式对数据库安全性进行维护，并且还可以为该系统创建切换界面以增加该系统的适用性。

教学目标

◇ 了解 Access 2010 安全性设置。

◇ 了解 Access 信任位置设置及对数据库进行打包和签名。

◇ 掌握 Access 数据库的加密和解密方法。

◇ 掌握 Access 数据库的备份和还原。

◇ 掌握切换面板窗体的创建方法。

任务 1　Access 安全性的新增功能

【课堂案例 10.1】　设置受信任位置，并将工资管理系统数据库置于受信任位置中打开。

解决方案：

步骤 1：启动 Access 2010，单击“文件”→“Access 选项”→“信任中心”，即可打开图 10.1 所示的 Access 信任中心界面。

步骤 2：在图 10.1 所示界面中单击“信任中心设置”按钮，进入信任中心对话框，并单击左侧“受信任位置”选项，进入如图 10.2 所示的界面进行信任中心设置。

步骤 3：在图 10.2 所示界面中单击“添加新位置”按钮，进入如图 10.3 所示的 Microsoft Office 受信任位置对话框。

步骤 4：单击图 10.3 所示界面中的“浏览”按钮，在图 10.4 所示界面中设置“E:\我的数据库文件\”为受信任位置，单击“确定”按钮即可。

图 10.1　Access 2010 信任中心

图 10.2　“信任中心”对话框

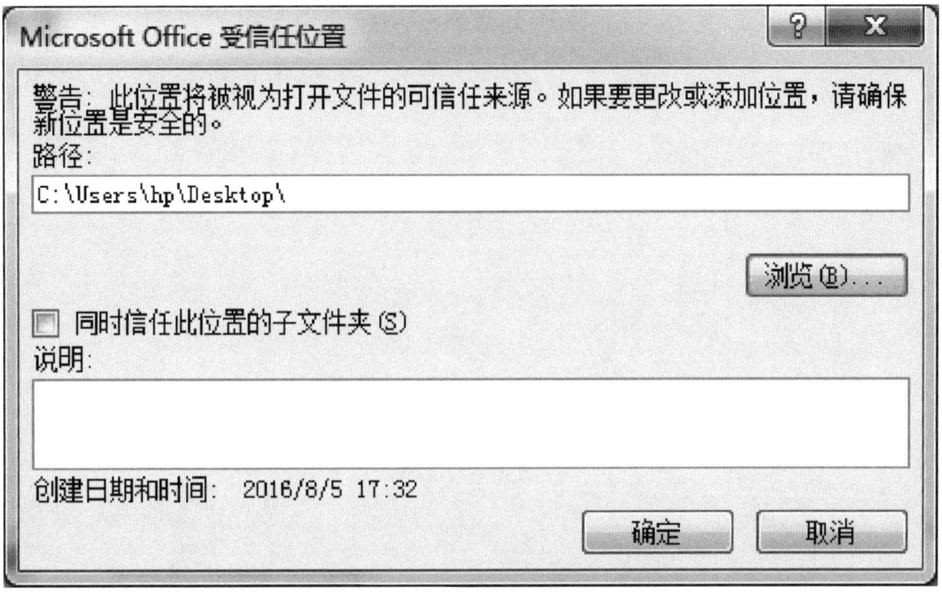

Microsoft Office 受信任位置
警告：此位置将被视为打开文件的可信任来源。如果要更改或添加位置，请确保新位置是安全的。
路径：
C:\Users\hp\Desktop\
浏览(B)...
同时信任此位置的子文件夹(S)
说明：
创建日期和时间：2016/8/5 17:32
确定
取消

图 10.3　Microsoft Office 受信任位置对话框

Microsoft Office 受信任位置
警告：此位置将被视为打开文件的可信任来源。如果要更改或添加位置，请确保新位置是安全的。
路径：
E:\我的数据库文件
浏览(B)...
同时信任此位置的子文件夹(S)
说明：
创建日期和时间：2016/8/5 17:33
确定
取消

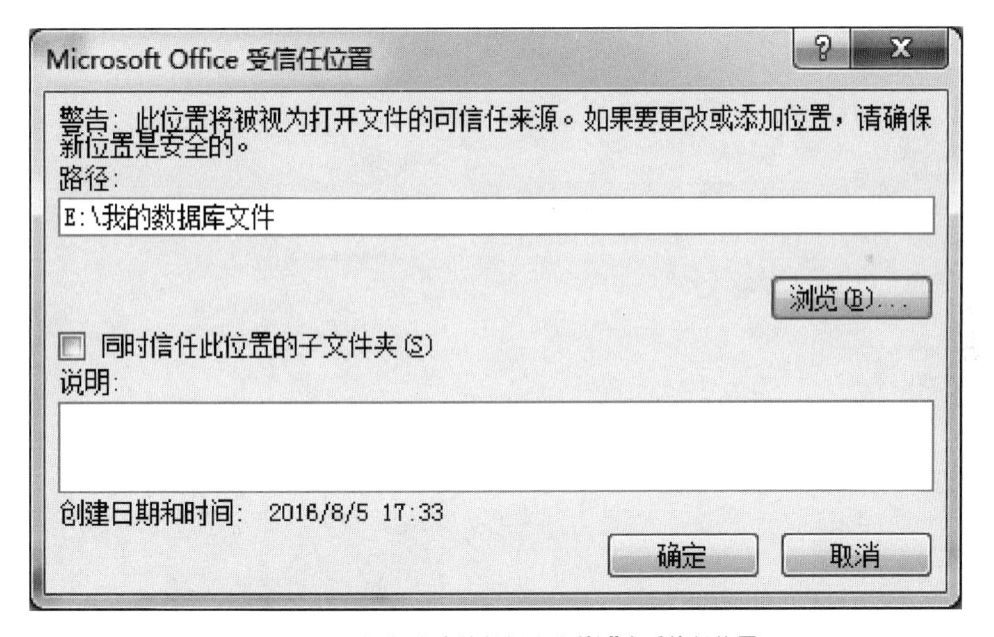

图 10.4　设置"E:\我的数据库文件\"为受信任位置

步骤 5:复制工资关系系统数据库到受信任位置的文件夹中,将数据库打开,如图 10.5 所示。

【课堂案例 10.2】　为工资管理系统数据库创建签名包。

解决方案:

步骤 1:打开工资管理系统数据库。

步骤 2:选择文件选项卡下的"保存并发布",进入如图 10.6 所示界面。

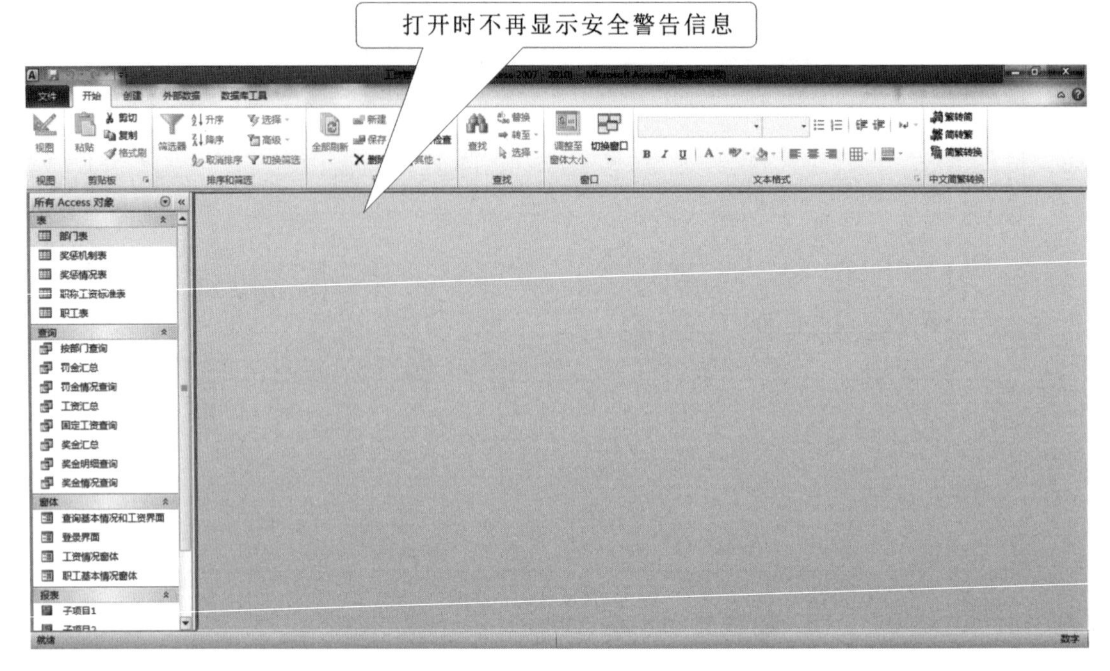

图 10.5 在受信任位置中打开工资管理系统数据库

图 10.6 数据库“保存并发布”界面

步骤 3:在图 10.6 所示界面中,双击高级选项组下的“打包并签署”,进入图 10.7 所示界面,选择所需要的数字证书。

步骤 4:在图 10.7 所示界面中选择好合适的数字证书后进入图 10.8 所示界面,为签名的数据库包选择一个保存位置,设置好签名包的名称,单击“创建”按钮,就完成了 Access 数据库签名包的创建,生成.accdc 文件。

图 10.7 选择数字证书

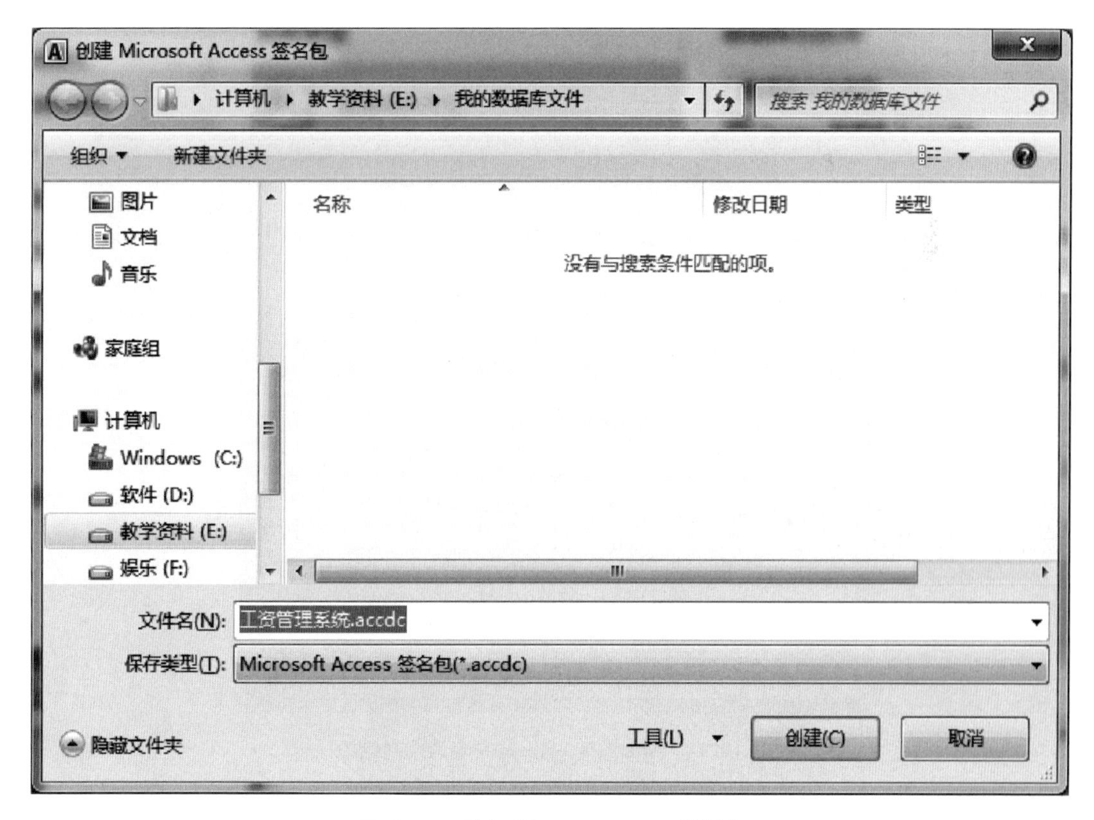

图 10.8 创建 Microsoft Access 签名包

【课堂案例 10.3】 提取课堂案例 10.2 创建的工资管理系统数据库签名包。

解决方案:

步骤 1:启动 Access 2010,在文件选项卡下选择“打开”,进入图 10.9 所示的“打开”对话框,并在“打开”对话框中找到数据库签名包所在的位置,文件类型要设置为“Microsoft Access 签名包(*.accdc)”。

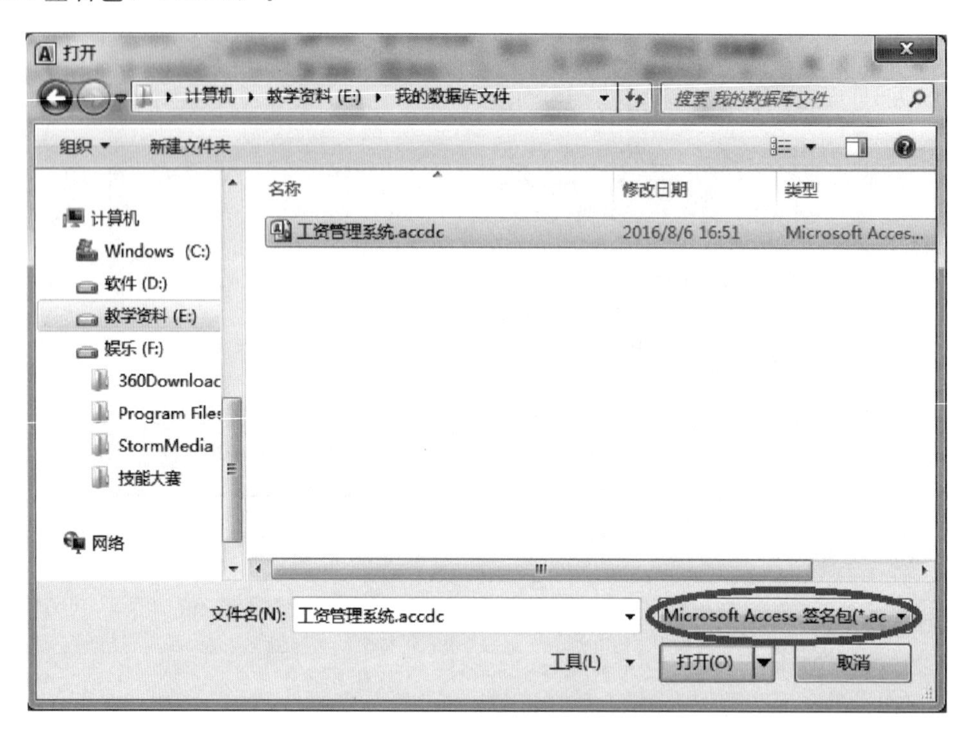

图 10.9　打开数据库签名包对话框

步骤 2:单击图 10.9 所示界面中的“打开”按钮,会弹出图 10.10 所示的“Microsoft Access 安全声明”对话框。

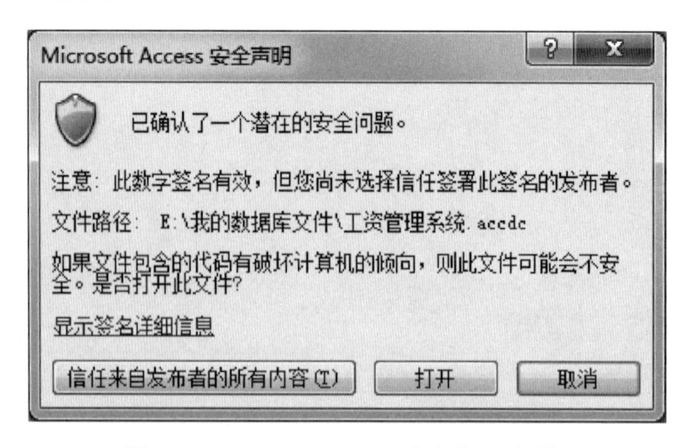

图 10.10　Microsoft Access 安全声明对话框

步骤 3:在图 10.10 所示界面中,单击“信任来自发布者的所有内容”按钮,即可进入图 10.11 所示的“将数据库提取到”对话框。在此对话框中设置好所提取数据库保存位置及数据库名称，单击“确定”按钮即可，数据库提取后用户即可正常使用。

图 10.11　数据库提取对话框

10.1.1　Access 2010 安全性的新增功能

Access 2010 提供了经过改进的安全模型，该安全模型有利于简化将安全性应用于数据库的过程，并且打开已启用安全性的数据库过程也得到了简化。Access 2010 安全性的新增功能很多，下面重点介绍部分新增功能。

1. 新的加密技术

Access 2010 提供了新的加密技术，此加密技术比 Access 2007 提供的加密技术更加强大。

2. 不启用数据库内容时也能查看数据的功能

在 Access 的早期版本中，如果将安全级别设置为“高”，就必须先对数据库进行代码签名，并且信任数据库才能查看数据。而在 Access 2010 中可以直接查看数据，并不需要决定是否信任数据库。

3. 信任中心

信任中心是一个对话框，通过信任中心，可以创建或更改受信任位置，还可以设置 Access 的安全选项。这些设置直接影响新数据库和现有数据库在 Access 实例中打开时的行为。另外,信任中心中包含的逻辑还可以评估数据库中的组件,确定打开数据库是否安全。

4. 用于签名和分发数据库文件的新方法

在 Access 的早期版本中,使用 Visual Basic 编辑器将安全证书应用于各个数据库组件。现在可以将数据库打包,然后签名并分发该包。

5. 更少的警告消息

在使用早期版本的 Access 版本时,会强制我们处理各种警报消息,比如宏安全性和沙盒模式。而在 Access 2010 中,如果打开一个非信任的 .accdb 文件,也只会弹出如图 10.12 所示的安全警告消息栏。

图 10.12 安全警告消息栏

10.1.2 使用受信任位置中的数据库

在 Access 2010 中,如果将数据库放在了受信任的位置,那么当数据库打开时,数据库中的宏、安全表达式和 VBA 代码都会直接运行,用户不需要在打开数据库时再做出信任决定。并且用户可以自己设置、修改、删除、禁用受信任位置,具体应用见课堂案例 10.1。

10.1.3 数据库的打包、签名和分发

在 Access 2010 中,可以很方便地对所创建的. accdb 文件或者. accde 文件进行打包,打包后再对包应用数字签名,最后将签名包分发给其他用户。如果用户使用的 Access 没有数字签名,用户可以通过 Microsoft Office 2010 工具中的"VBA 工程的数字证书"进行创建,如图 10.13 所示。为数据库创建签名包时, Access 2010 中"打包并签署"工具会将该数据库放置在 Access 部署的. accdc 文件中,对其进行签名,然后将签名包放在确定的位置,其他用户就可以从该包中提取数据库,并直接在该数据库中工作,需要注意的是一个包中只能添加一个数据库。对数据库创建签名包的应用见课堂案例 10.2。

数据库签名包创建好后,其他用户就可以从包中提取数据库,用户是在数据库中工作,而不是在包中工作。当从包中提取数据库后,签名包与提取的数据库之间将不再有关系。提取并使用签名包的应用见课堂案例 10.3。

任务 2 Access 2010 数据库的加密与解密

【课堂案例 10.4】 为工资管理系统数据库设置密码。

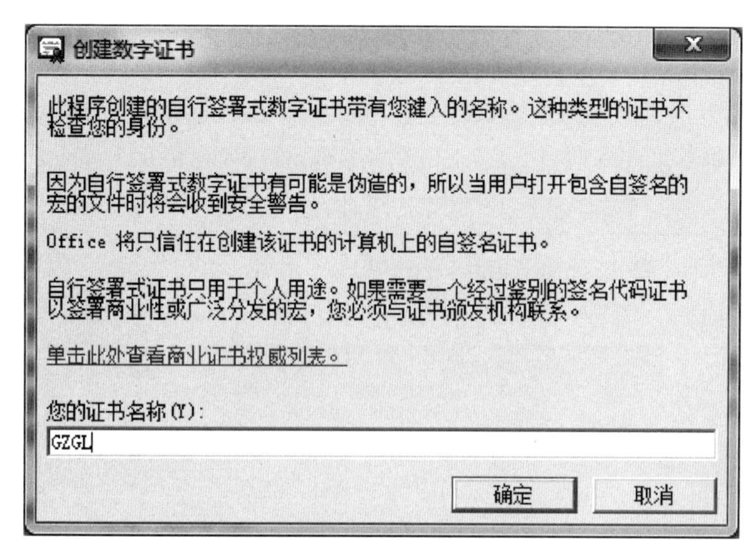

图 10.13　创建数字证书

解决方案：

步骤 1：启动 Access 2010，在“文件”选项卡下单击“打开”选项，进入图 10.14 所示的“打开”对话框，并找到需要打开的数据库。

图 10.14　“打开”对话框

步骤 2:在图 10.14 所示对话框中单击“打开”按钮右侧的箭头,在弹出的打开方式中选择“以独占方式打开”。

步骤 3:在打开的工资管理系统数据库中,单击文件选项卡下的“信息”,进入图 10.15 所示的工资管理系统数据库界面。

图 10.15　工资管理系统数据库界面

步骤 4:在图 10.15 所示界面中,单击“用密码进行加密”,进入图 10.16 所示界面设置数据库密码,进行密码设置即可。数据库被加密后,再次打开数据库会出现图 10.17 所示要求数据密码的界面,只有输入正确的数据库密码,才能打开数据库。

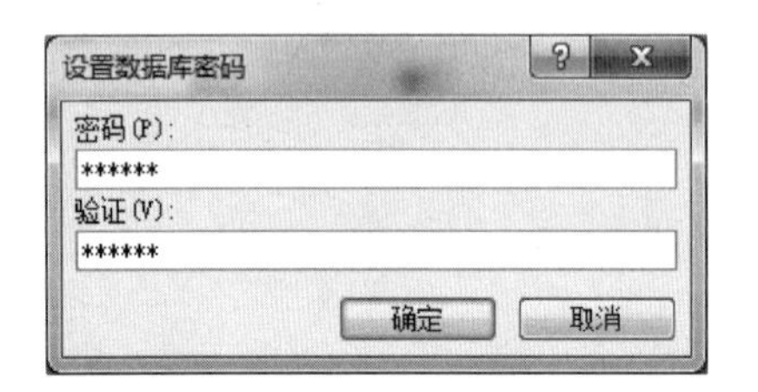

图 10.16　设置数据库密码对话框

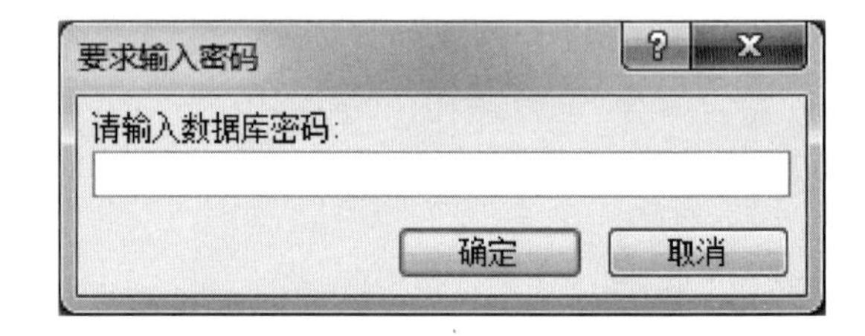

图 10.17　要求输入密码对话框

【课堂案例 10.5】　撤销工资管理系统数据库密码。

解决方案:

步骤 1:启动 Access 2010,在图 10.14 所示对话框中选择以独占的方式打开工资管理系统数据库。

步骤 2:在弹出的图 10.17 所示的要求输入密码的对话框中输入工资管理系统数据库的密码,并单击“确定”按钮,即可打开工资管理数据库。

步骤 3:在打开的工资管理系统数据库中单击文件选项卡下的“信息”,进入图 10.18 所示的解密工资管理系统数据库界面。

步骤 4:在图 10.18 所示界面中,单击“解密数据库”,在弹出的图 10.19 所示的撤销数据库密码对话框中输入正确的数据库密码,单击“确定”按钮即可撤销数据库密码。

图 10.18 解密数据库界面

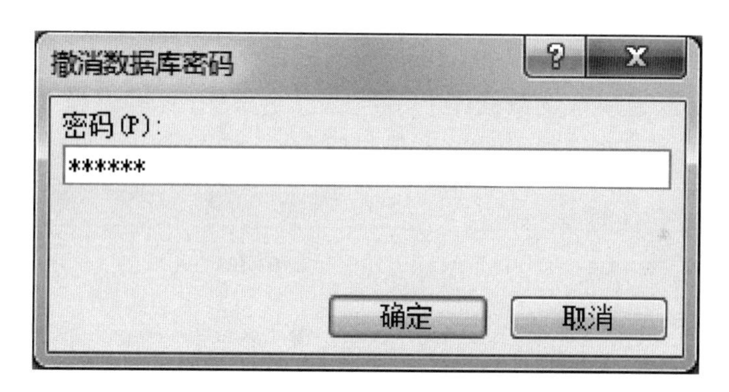

图 10.19 撤销数据库密码对话框

10.2.1 加密数据库

加密数据库是保护数据库的一种较简单有效的方法，使用数据库密码来加密数据库时,所有其他工具都无法读取数据,并强制用户必须输入密码才能使用数据库。在 Access 2010 中应用的加密所使用的算法比早期版本的 Access 使用的算法更强。加密数据库的方法见课堂案例 10.4,当对数据库加密时,需要将数据库以独占的方式打开。

10.2.2 解密数据库

数据库加密后每次都需要输入正确的密码才能打开数据库,如果想取消数据库密码设置,需要解密数据库。并且不管是设置密码还是撤销密码,数据库都必须以独占的方式打开才能进行。撤销数据库密码操作见课堂案例 10.5。

10.2.3 修改数据库密码

在 Access 2010 中,修改数据库密码,需要先撤销原始密码,再设置新密码。

任务 3 维护数据库

【课堂案例 10.6】 对工资管理系统数据库做备份。

解决方案:

步骤 1:保存并关闭工资管理系统数据库中的所有对象。

步骤 2:选择工资管理系统数据库“文件”选项卡下的“保存并发布”,并在弹出的图 10.20 所示界面中找到高级选项组的“备份数据库”。

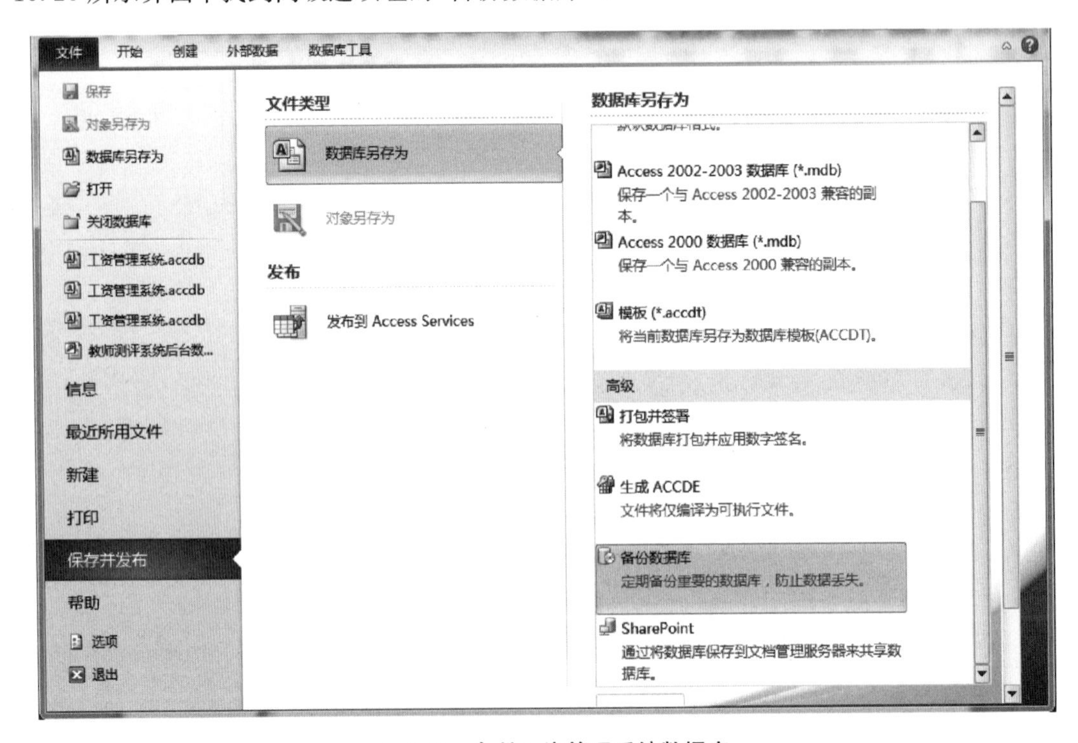

图 10.20 备份工资管理系统数据库

步骤 3:在图 10.20 所示对话框中,双击“备份数据库”,弹出“另存为”对话框,在对话框中为备份文件选择保存位置,Access 会给出默认的备份文件名,如图 10.21 所示。

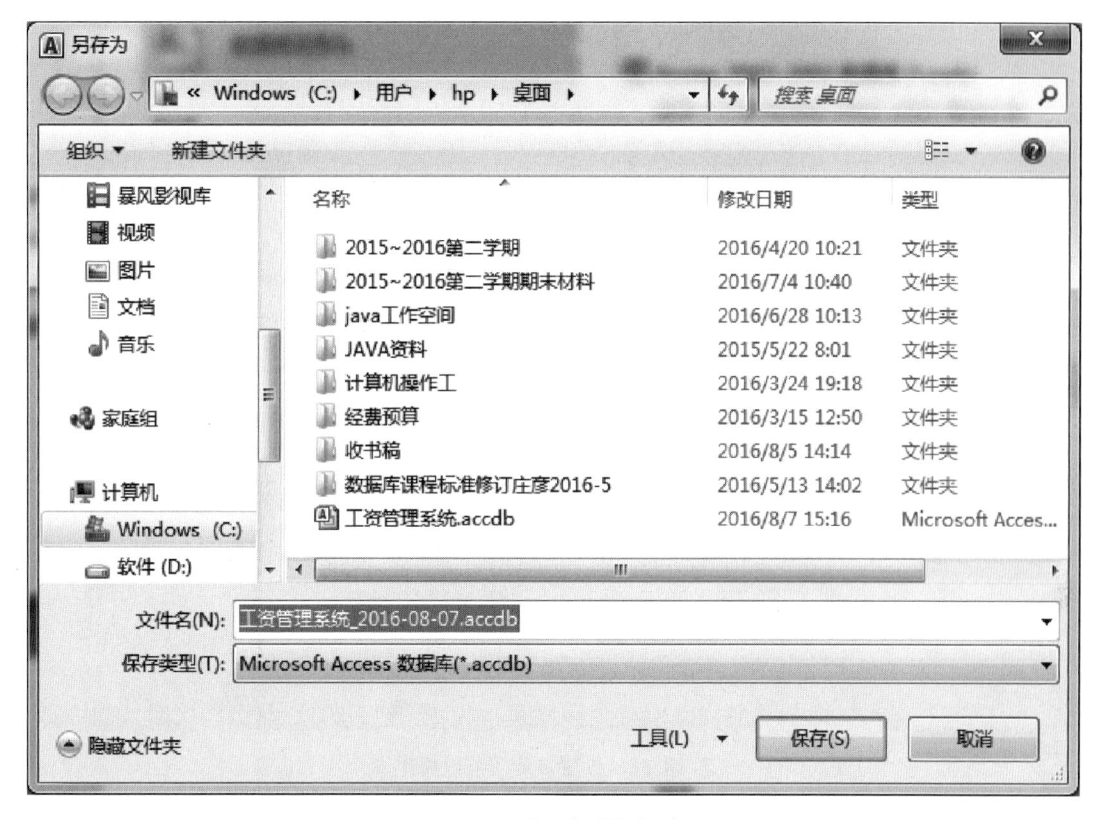

图 10.21　“另存为”对话框

步骤 4:Access 给出的备份文件名带有备份日期,在图 10.21 所示对话框中单击“保存”按钮即完成数据库的备份。

【课堂案例 10.7】　设置工资管理系统数据库为自动压缩。

解决方案:

步骤 1:打开工资管理系统数据库。

步骤 2:选择“文件”选项卡下的“选项”选项。

步骤 3:在弹出的图 10.22 所示的 Access 选项界面中,选择“当前数据库”,再在右侧选中“关闭时压缩”复选框,最后单击“确定”按钮即可。

【课堂案例 10.8】　手动压缩工资管理系统数据库。

解决方案:

步骤 1:打开工资管理系统数据库。

步骤 2:选择“文件”选项卡下的“信息”选项。

步骤 3:在弹出的图 10.23 所示的界面中,单击“压缩和修复数据库”即可。

图 10.22　设置自动压缩数据库

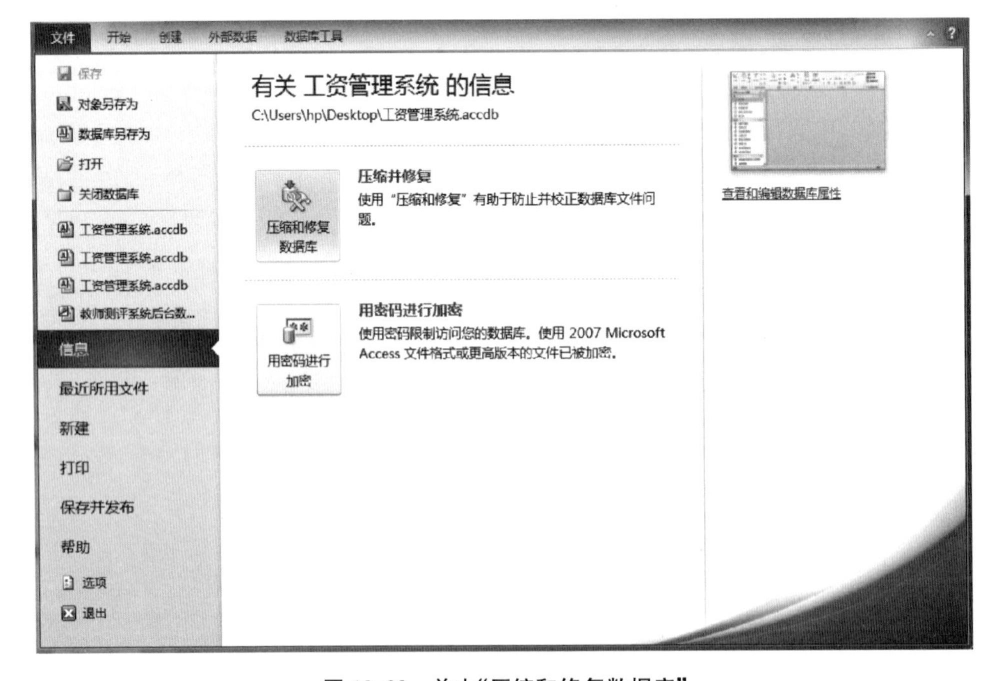

图 10.23　单击"压缩和修复数据库"

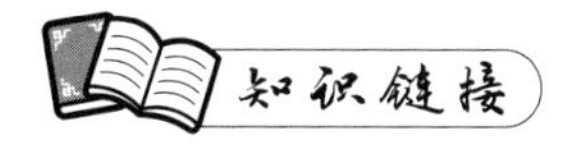

10.3.1　数据库备份

为了防止数据的损坏和丢失，数据备份是最有效的措施之一。Access 2010 数据库管理系统提供了备份数据库的功能，当我们对数据库进行了比较重要的操作后，一般都要进行备份，数据库备份操作见课堂案例 10.6。其实数据库备份也可以通过数据库“另存为”进行，不过使用“另存为”方法备份数据库时用户需要自己对备份文件命名，没有“备份数据库”功能简单方便。

10.3.2　用备份副本还原数据库

当数据库系统遭到破坏后，用户可以使用数据库备份文件进行数据恢复。最常用的方法是将数据库备份文件直接复制粘贴到数据库所在的文件夹里，也可以使用 Windows 的备份及故障恢复工具还原数据库。

10.3.3　压缩和修复数据库

用户如果经常对数据库进行数据更新操作，数据库文件的存储空间就有可能会出现碎片，进而影响磁盘的使用效率，使文件操作响应时间变长。另外，当用户删除数据库对象时，系统不会自动回收该对象所占的磁盘空间，为了提高磁盘空间的利用率，缩短响应时间，用户需要对数据库进行压缩操作。Access 2010 压缩数据库的方式有自动压缩和手动压缩两种方式。

如果将数据库设置为自动压缩，那么每次关闭数据库文件时，Access 系统都会自动压缩当前数据库，设置数据库自动压缩的操作见课堂案例 10.7。压缩数据库和修复数据库是同时完成的，所以压缩数据库的同时可以修复数据库的一般错误。另外，数据库的压缩和修复应该是经常性的工作，对数据库进行频繁操作后，都需要压缩数据库，手动压缩数据库的操作见课堂案例 10.8。

任务 4　生成 .accde 文件

【课堂案例 10.9】　把工资管理系统数据库生成 .accde 文件。

解决方案：

步骤 1：打开工资管理系统数据库。

步骤 2:选择“文件”选项卡下的“保存并发布”,进入如图 10.24 所示界面。

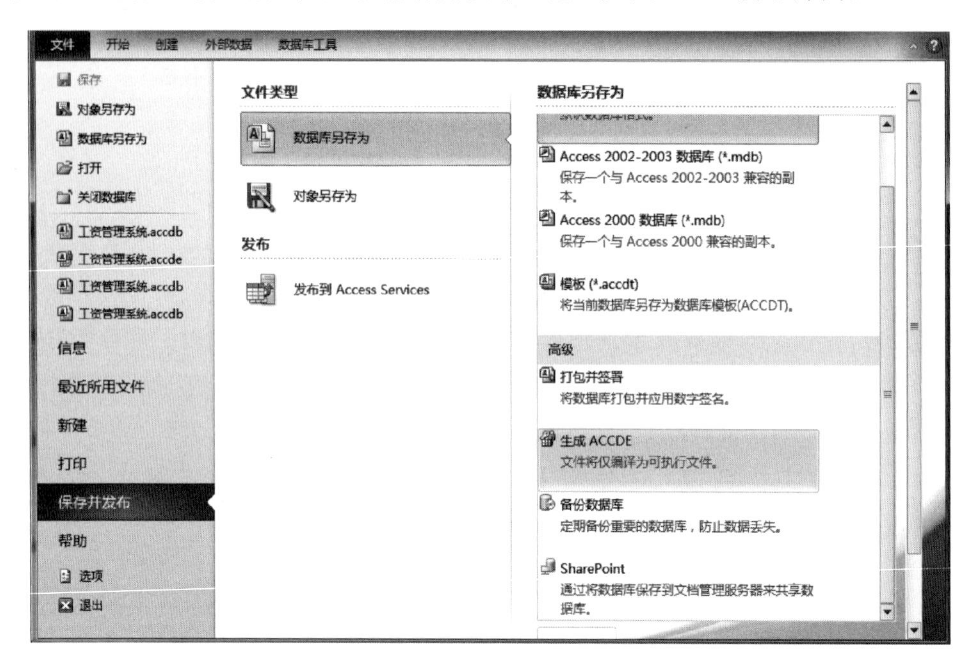

图 10.24　生成 .accde 文件

步骤 3:在图 10.24 所示界面中双击高级选项组下的“生成 ACCDE”,进入如图 10.25 所示的“另存为”对话框。

图 10.25　“另存为”对话框

步骤 4:在图 10.25 所示对话框中设置好 .accde 文件的保存位置和文件名称,单击“保存”按钮即可。这里可以打开工资管理系统数据库的.accde 文件,会发现如图 10.26 所示界面,报表和窗体的设计视图、复制、删除、重命名等均不可用。

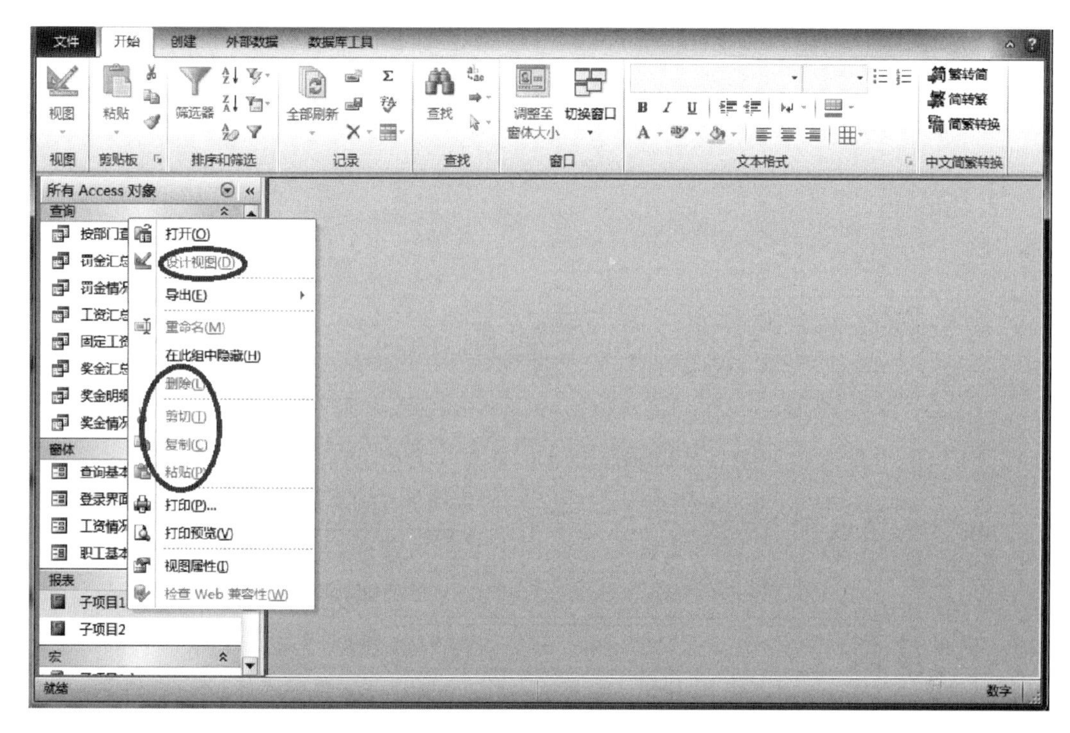

图 10.26　工资管理系统数据库的.accde 文件视图

.accde 文件是编译为原始.accdb 文件的“锁定”或“仅执行”版本的 Access 2010 桌面数据库的文件扩展名，具有与可执行文件相似的功能。如果 .accdb 文件包含任何 VBA 代码，.accde 文件中将仅包含编译的代码。因此用户不能查看或修改 VBA 代码。而且，使用 .accde 文件的用户无法更改窗体或报表的设计，无法添加、删除或更改数据库、对象库的引用，生成.accde 文件的操作见课堂案例 10.9。

任务 5　创建切换面板

【课堂案例 10.10】　为工资管理系统数据库创建切换面板，并将控制面板设置为启动窗体。

解决方案：

步骤 1：打开工资管理系统数据库，单击“文件”→“选项”→“自定义功能区”，进入如图 10.27 所示的 Access 选项界面。

步骤 2：在图 10.27 所示界面右侧区域的“从下列位置选择命令”下拉列表框中选择“不在功能区中的命令”选项。

图 10.27 Access 选项界面-1

步骤 3:在图 10.27 所示界面右侧区域的“自定义功能区”下方列表框中单击“数据库工具”,然后单击 “新建组”命令按钮,再对新建的组重命名为“切换面板”,如图 10.28 所示。

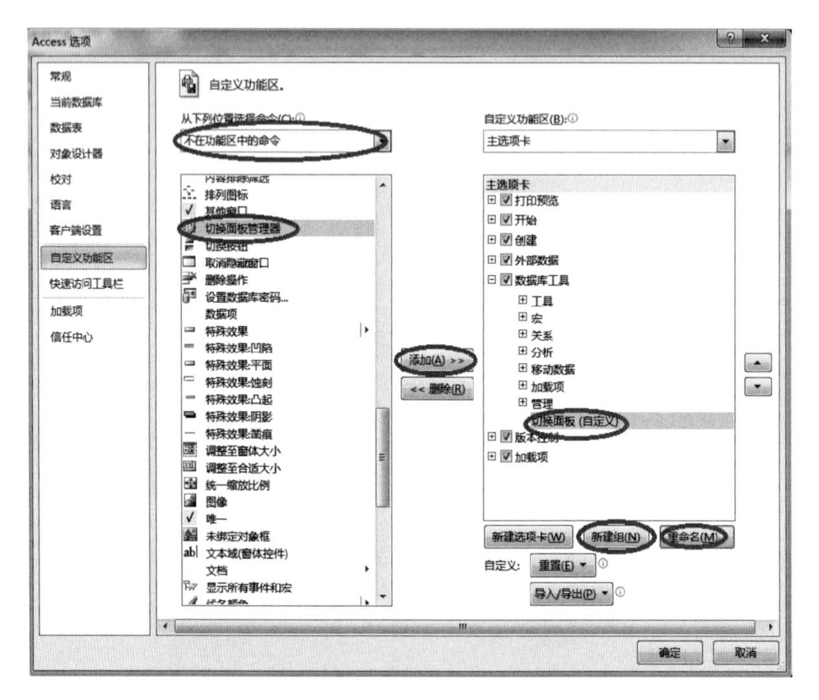

图 10.28 Access 选项界面-2

步骤 4:在图 10.27 所示界面右侧区域的“从下列位置选择命令”下方的列表框中选择“切换面板管理器”,然后单击“添加”按钮,最后单击“确定”按钮,如图 10.28 所示,即可把

“切换面板管理器”添加到“数据库工具”中，如图 10.29 所示。

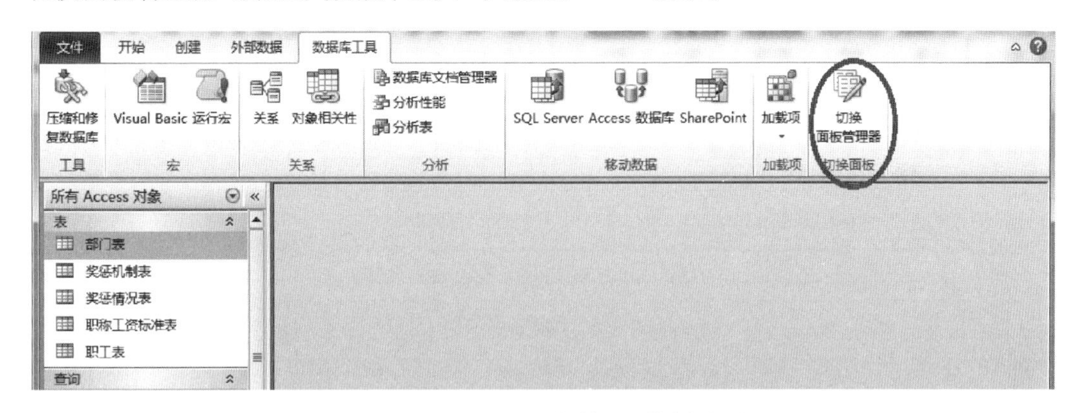

图 10.29　添加了“切换面板管理器”的数据库界面

步骤 5：在图 10.29 所示界面中，单击“切换面板管理器”，如果是第一次使用切换面板管理器，则会出现如图 10.30 所示的提示界面。

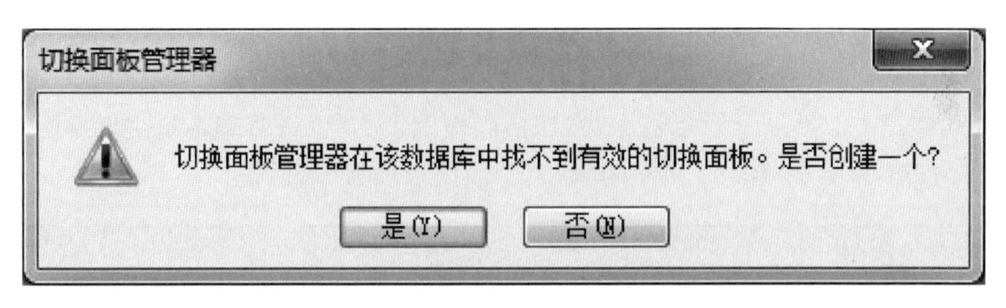

图 10.30　“切换面板管理器”提示界面

步骤 6：单击图 10.30 所示对话框中的“是”命令按钮，进入如图 10.31 所示的切换面板创建界面。

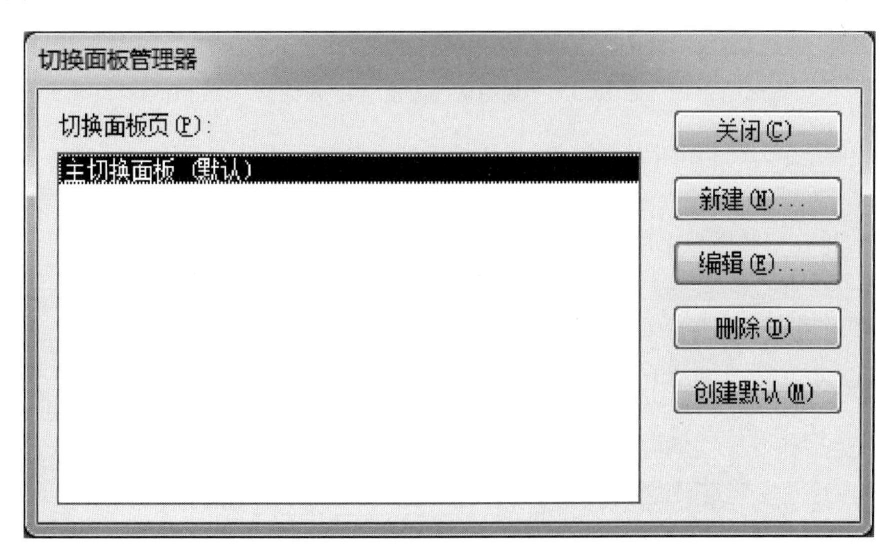

图 10.31　创建切换面板界面

步骤 7：在图 10.31 所示对话框中单击“编辑”命令按钮，进入图 10.32 所示的“编辑切换面板页"对话框。

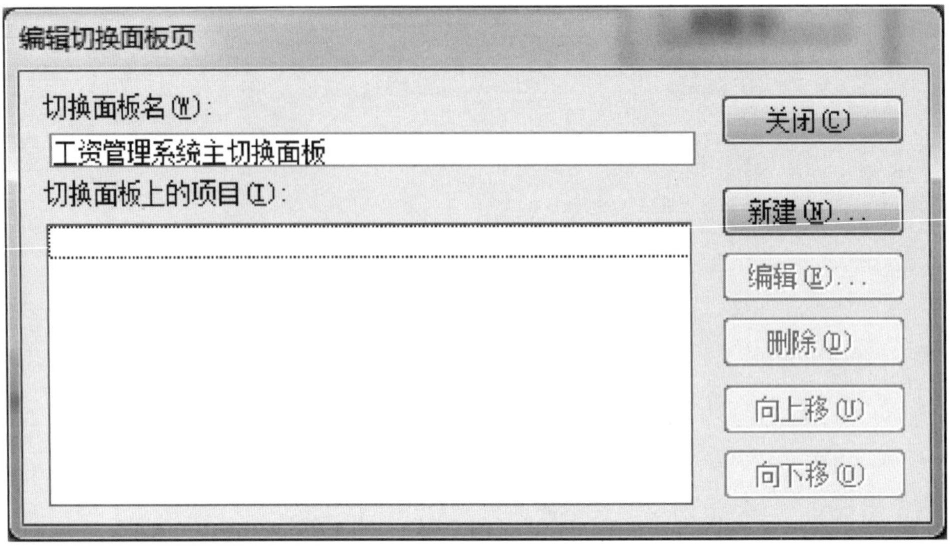

图 10.32　"编辑切换面板页"对话框

步骤 8:在图 10.32 所示对话框中,将切换面板取名为"工资管理系统主切换面板",然后单击"新建"按钮,进入图 10.33 所示的"编辑切换面板项目"对话框。

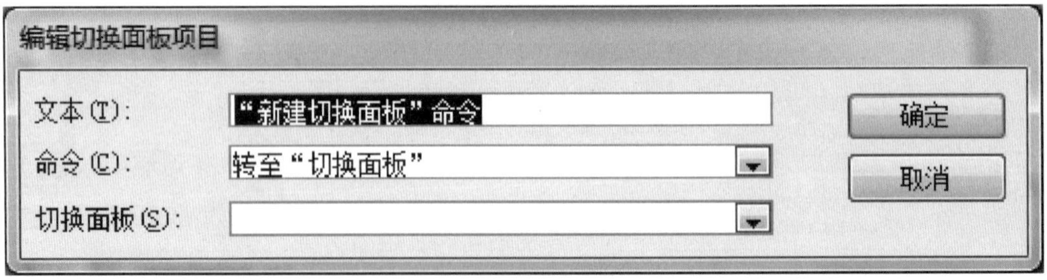

图 10.33　"编辑切换面板项目"对话框

步骤 9:在图 10.33 所示对话框中,为切换面板上的每一个项目设置显示文本、命令及面板,如图 10.34 所示,设置查看职工基本信息项目,最后单击"确定"按钮即成功添加该项目,需要注意的是在切换面板中用到的窗体和报表需要提前创建好。

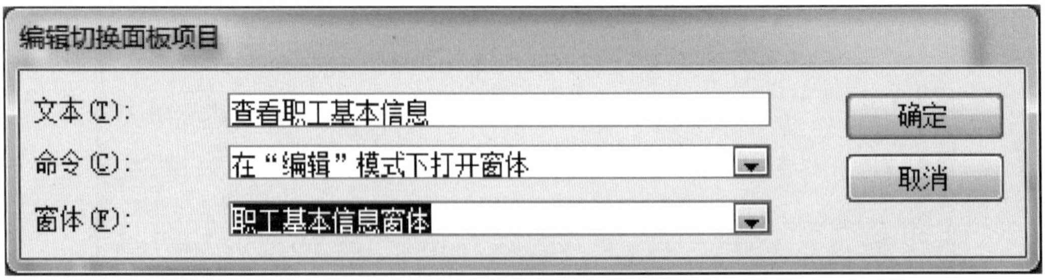

图 10.34　设置切换面板项目

步骤 10:重复步骤 7～9 即可添加切换面板的其他项目,图 10.35 为"添加职工基本信息”项目。

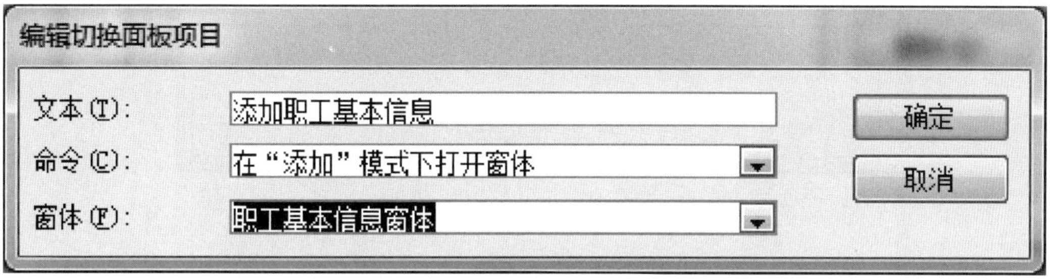

编辑切换面板项目

文本(T):　添加职工基本信息　确定

命令(C):　在“添加”模式下打开窗体　取消

窗体(F):　职工基本信息窗体

图 10.35　添加职工基本信息项目

步骤 11:单击“文件”→“Access 选项”→“当前数据库”,进入图 10.36 所示界面,在右侧“显示窗体”下拉列表框中选择切换面板,设置切换面板为启动窗体。

图 10.36　设置切面面板为启动窗体

步骤 12:在图 10.36 所示窗口中单击“确定”按钮,系统会给出如图 10.37 所示的“Access 重启提示”对话框,只有重启 Access,启动窗体设置才会生效。

步骤 13:将工资管理系统数据库关闭后重新打开,即可看到如图 10.38 所示的切换面板界面。用户通过切换界面上的选项即可向数据库添加或读取一些数据信息。

图 10.37 Access 重启提示

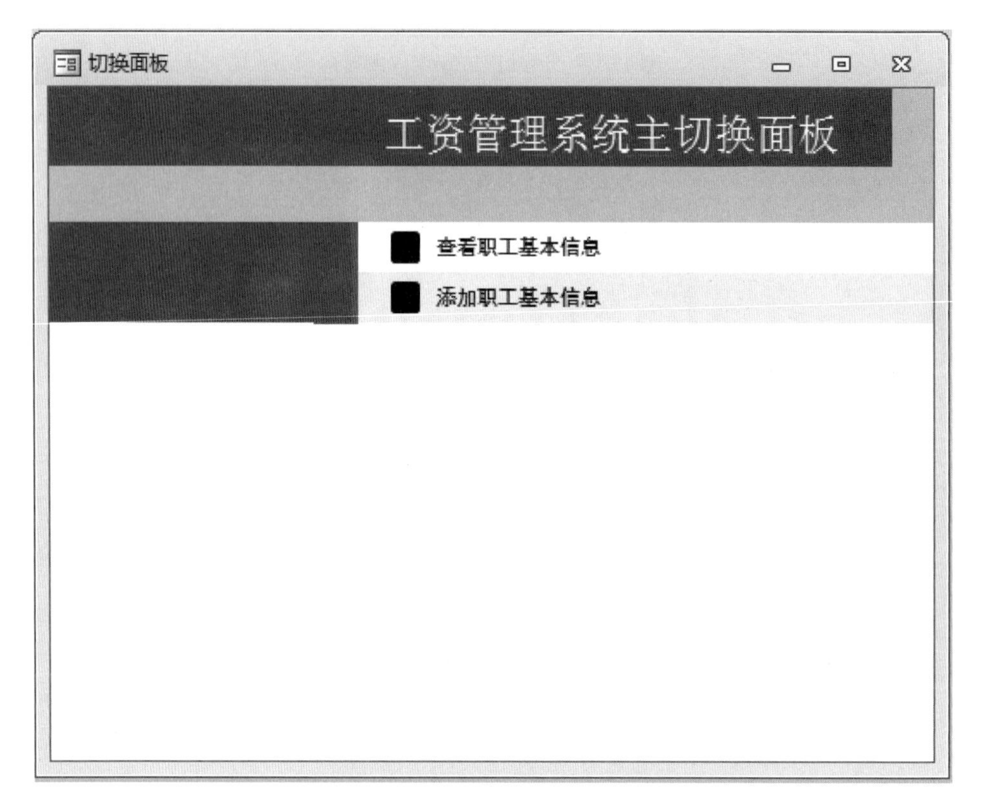

图 10.38 工资管理系统切换界面

普通用户在使用数据库时，往往不能直接在表格中进行数据操作，而是借助于窗体或者报表获得数据库中的数据信息。为了方便普通用户更好的使用数据库，可以借助切换面板对窗体和报表进行更好的组织，切换面板的创建见课堂案例 10.10。

切换面板是一个窗体，可以作为窗体对象存放，创建切换面板后系统会自动创建一个 Switchboard Items 表，尽量不要对该表格做修改。利用切换面板管理器建立的切换面板具有固定的格式，用户可以在设计视图中对其进行修改。切换面板窗体一般在系统启动时第一个运行，所以可以将切换面板窗体设置为启动窗体。

实训 1　数据库安全设置。

(1) 设置计算机 D 盘为信任的位置,并将工资管理系统数据库放置受信任的位置中。

(2) 压缩和修复工资管理系统数据库。

(3) 为工资管理系统数据库设置密码。

(4) 将工资管理系统数据库生成 . accde 文件,并验证 . accde 文件和 . accdb 文件的区别。

实训 2　创建主切换面板。

(1) 为工资管理系统数据库创建如图 10.39 所示的切换面板。

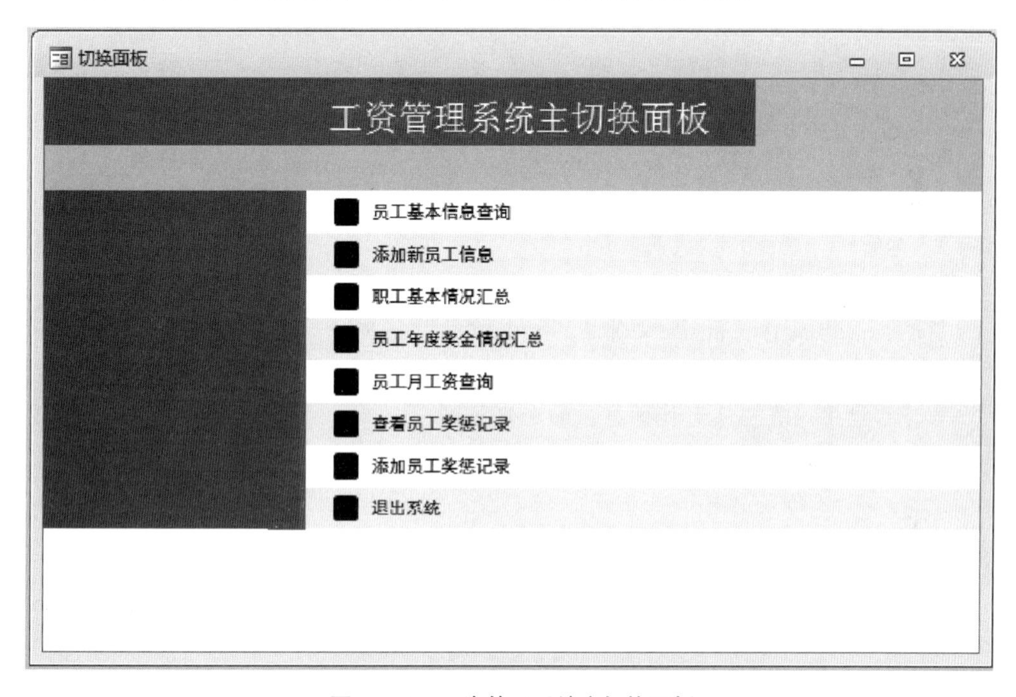

图 10.39　工资管理系统主切换面板

具体要求如下:

① 单击“员工基本信息查询”选项,能够打开包含员工基本信息的窗体,根据提供的职工编号进行基本信息查询。

② 单击“添加新员工信息”选项,能够通过窗体录入员工信息。

③ 单击“职工基本情况汇总”选项,能够通过报表预览各部分职工情况。

④ 单击“员工年度奖金汇总”选项,能够通过报表预览本年度各员工的奖金汇总情况。

⑤ 单击“员工月工资查询”选项,能够通过窗体查询出指定时间的员工工资情况。

⑥ 单击“查看员工奖惩记录”选项,能够通过窗体查询出指定时间员工的奖惩记录。

⑦ 单击“添加职工奖惩记录”选项,能够通过窗体添加职工的奖励或惩罚记录。

⑧ 单击“退出系统”选项,能够关闭数据库,退出该系统。

(2) 创建工资管理系统数据库主窗体,通过命令按钮实现切换面板上各选项的功能。

小　结

本学习情境主要介绍了在 Access 2010 中对数据库进行安全设置,包括设置受信任位置、数据库的打包、签名和分发、设置数据库密码、数据库的压缩与备份、生成 .accde 文件、创建主切换面板等。为了保障数据的安全,用户需要对数据库适时进行维护,数据库维护是一项长期性的工作,只有数据安全得到保障,系统才能更好地运行。

练　习　题

一、选择题

1. 为数据库设置密码或修改密码时,数据库应该以(　　)打开。

A. 只读方式　　B. 独占方式　　C. 共享方式　　D. 独占只读方式

2. 切换面板是数据库的(　　)对象。

A. 报表　　B. 窗体　　C. 表　　D. 模块

3. 数据库的副本可以用来(　　)数据库。

A. 加密　　B. 提高效率　　C. 恢复　　D. 添加访问的权限

二、简答题

1. 简述 .accdb 文件、.accdc 文件及 .accde 文件的区别。
2. 简述数据库切换面板的作用。
3. 为什么经常对数据库文件进行压缩和修复?

学习情境 11　综合项目

通过前面的学习，小明已经掌握了创建企业工资管理系统的所有知识模块，现在需要将该系统进行系统的梳理和构建。建立一个数据库应用系统项目需要进行系统分析、系统构建、后台数据库创建、前台界面开发等多个步骤，企业工资管理系统的创建步骤在本学习情境中将通过多个课堂案例逐一完成。

教学目标

◇ 了解数据库应用系统创建步骤。

◇ 理解系统设计构建。

◇ 理解系统数据库设计。

◇ 理解系统前台界面开发。

任务 1　企业工资管理系统的构建

【课堂案例 11.1】 设计企业工资管理系统。

解决方案：

步骤 1：系统需求分析。

随着社会经济的发展，越来越多的中小型企业走向市场，各企业在对职工基本信息及工资信息管理中采用的策略各有不同，但传统的人工管理数据的方式工作效率低，并且容易出错，使用信息化技术对企业各类数据进行管理是必然趋势。本案例讨论的企业工资管理系统适用于一般的中小型企业，在该系统中主要对企业职工的基本信息及工资信息进行管理。

企业职工基本数据系统主要包括员工的个人数据信息、部门数据信息、企业发放工资的标准数据信息、企业的奖惩制度信息、员工的奖惩记录信息等。主要涉及的实体有部门、职工、企业奖惩机制和企业工资发放标准等四个实体，其中企业奖惩机制和企业工资发放标准属于概念上的实体。职工实体属性包含职工的姓名、性别、年龄、婚否、家庭住址等基本信息；部门实体属性包括部门编号、部门名称、部门电话等信息，每个企业都有各自固定工资的发放标准及奖惩机制,员工每个月拿到的总工资应该是固定工资加上奖金减去罚金后的结果。该系统中员工固定工资模块根据员工职称进行发放,所以企业工资发放标准实体的主要属性有职称编号、职称名称、基本工资、津贴、公积金等;奖惩制度是各企业激励员工工作的主要手段,在奖惩机制实体中包含奖惩制度编号、奖惩名称、金额等属性。

步骤 2:系统功能描述。

此系统主要面向的是中小型企业工资管理,设计相对比较简单,主要考虑后台管理员模块和前台普通用户模块,本系统将实现如下基本功能:

(1) 系统具有使用简便、页面简洁大方、友好的错误操作提示。

(2) 管理员用户具有用户账号管理、职工基本信息管理、部门信息管理、工资发放标准信息管理、奖惩制度信息管理、奖惩记录信息管理、工资核算管理、系统公告管理、用户留言管理等功能。

(3) 普通用户具有在线登录、个人工资查询、奖惩记录查询、查阅个人信息、在线留言等功能。

(4) 系统安全性较强,能有效避免用户的恶意操作。

管理员用户和普通用户的用例图如图 11.1、图 11.2 所示。

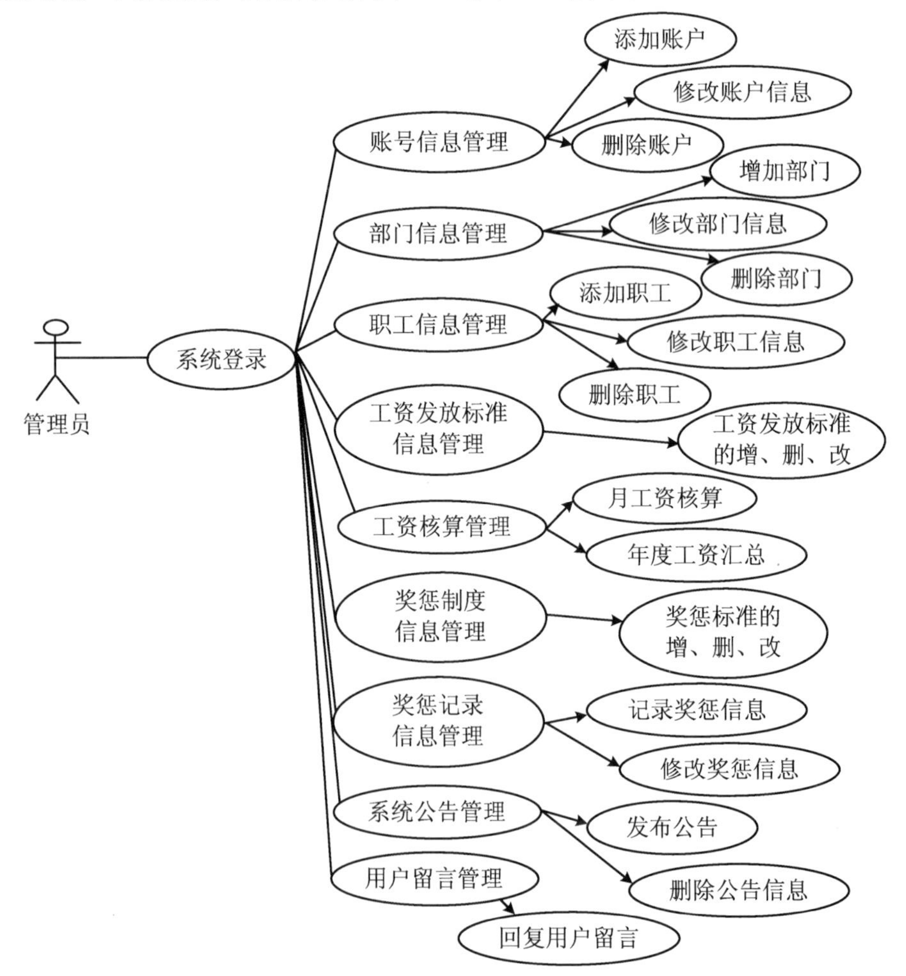

图 11.1 系统管理员用例图

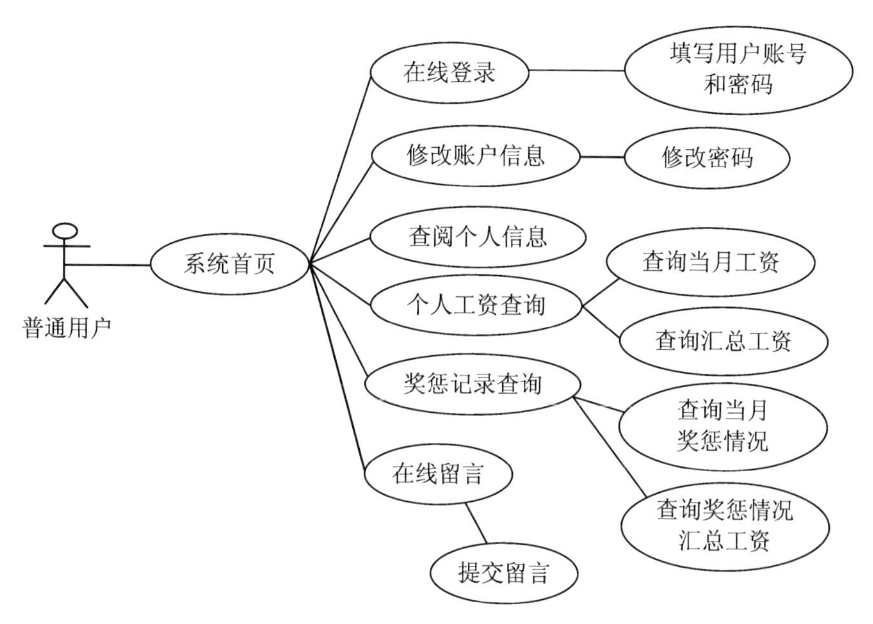

图 11.2 普通用户用例图

步骤 3:系统功能模块划分。

企业工资管理系统主要功能模块包含基本信息管理、工资核算汇总、奖惩金额的核算汇总、系统管理等四个功能模块。

(1) 基本信息管理功能模块

企业工资管理系统中的基本信息包括企业部门基本信息、员工基本信息、工资发放标准信息和奖惩机制信息以及日常奖惩记录信息。基本信息管理模块主要实现以下功能:

① 职工基本信息的增加、修改和删除。

② 部门基本信息的增加、修改和删除。

③ 职称工资标准的增加、修改和删除。

④ 奖惩制度信息的增加、修改和删除。

⑤ 日常奖惩记录的增加、修改和删除。

(2) 工资核算汇总功能模块

在工资核算汇总功能模块,系统能够根据职工的职称及企业职称工资发放标准核算出职工的固定工资模块,再根据系统中的日常奖惩记录核算出对应时间段的奖金和罚金,最终有固定工资、奖金、罚金,综合计算出员工应得工资,该模块主要实现的功能如下:

① 员工月工资核算。

② 员工月工资查询。

③ 员工年度工资汇总。

(3) 奖惩金额的核算汇总模块

奖惩金额的汇总模块主要是对指定时间段内各员工的奖金和罚金进行分别核算,系统可以在奖惩机制表中通过奖惩类型编号来区分奖励和惩罚项目,在本系统中所有的奖励项目编号以"J"开头,所有的惩罚项目编号以"F"开头,这样就可以根据奖惩类型编号区分奖励和惩罚,以便分别计算出奖金和罚金。该模块主要实现的功能如下:

① 员工奖惩记录查询。

② 员工月奖金核算。

③ 员工月罚金核算。

④ 企业年度奖惩记录汇总。

(4) 系统管理模块

系统管理模块主要是对该系统的日常使用维护模块,该模块主要实现的功能如下:

① 系统账户管理。

② 新闻公告管理。

③ 用户留言管理。

根据以上的系统功能划分介绍,该系统实现完整的 4 个功能模块,系统功能模块图如图 11.3 所示。

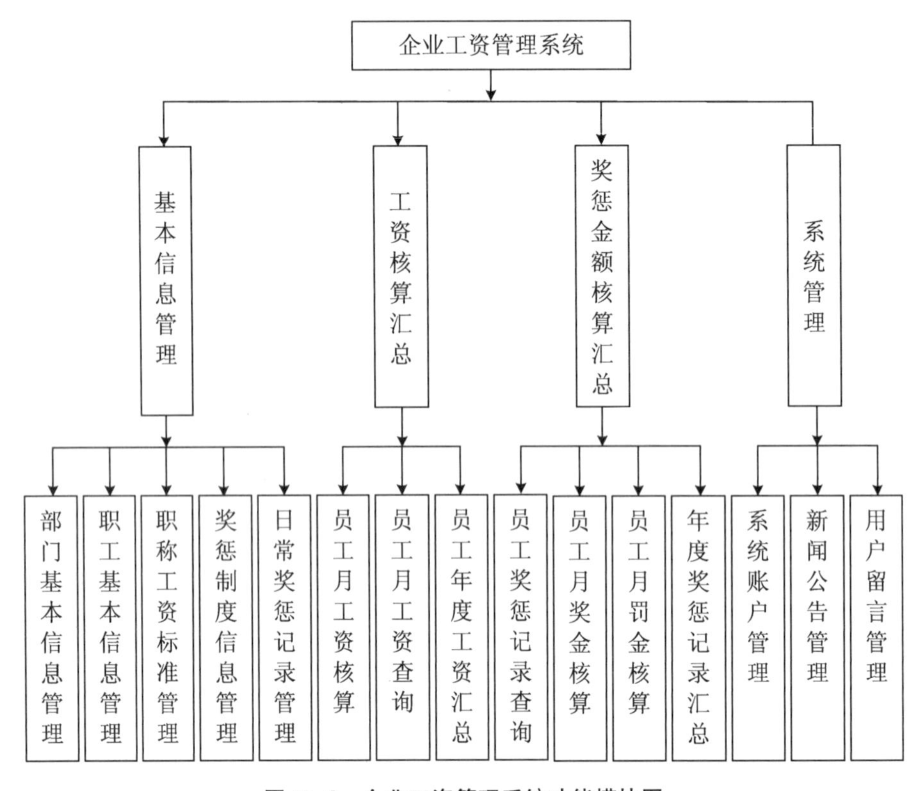

图 11.3 企业工资管理系统功能模块图

任务 2 企业工资管理系统的数据库设计

【课堂案例 11.2】 设计企业工资管理系统数据库。

解决方案:

步骤 1:对企业工资管理系统数据库进行概念设计。

根据前面需求分析，获悉企业工资管理系统数据库中需要展现部门、职工、职称工资标准、奖惩机制等四个实体的信息，其中部门和职工形成一对多的关系，职称工资标准和职工之间形成一对多的关系，奖惩机制和职工之间形成多对多的关系。设计出企业工资管理系统数据库的概念模型如图11.4所示。

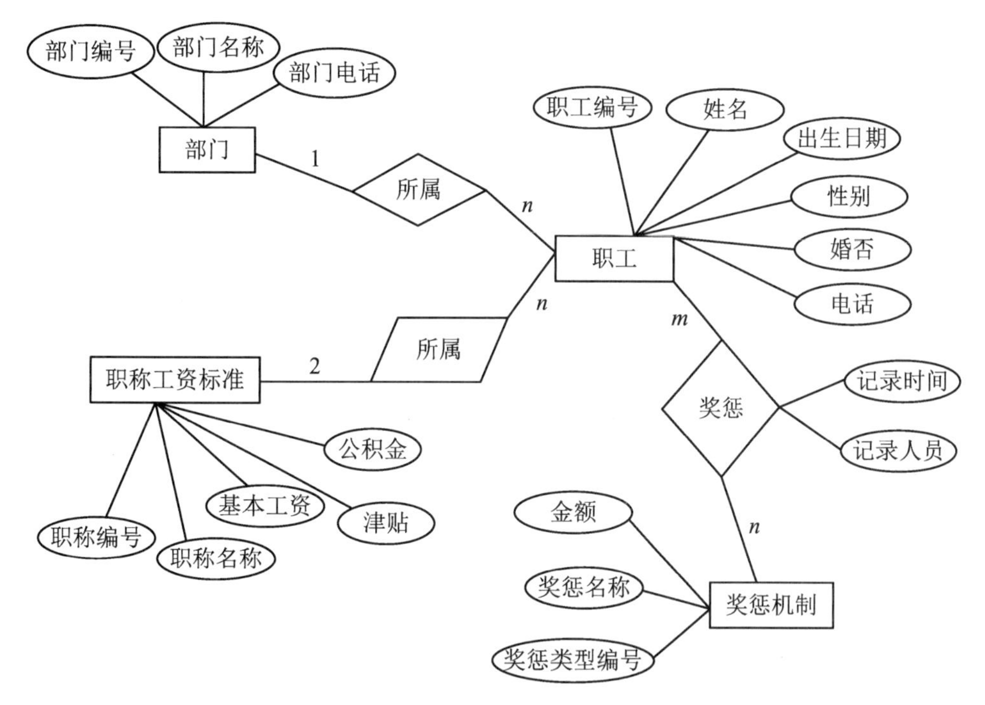

图11.4　企业工资管理系统概念模型

步骤2：对企业工资管理系统数据库进行逻辑设计。

根据上面设计出的概念模型及概念模型和关系型数据库的转换规则，企业工资管理系统数据库中共包含部门表、职工表、职称工资标准表、奖惩机制表、奖惩记录表等五个关系模式，各关系模式的结构如下：

(1) 部门表

部门表用来保存企业各部门的基本信息，包含部门编号、部门名称、部门电话等属性，表结构如表11.1所示。

表11.1　部门表结构

字段名称	数据类型	说明
部门编号	文本	主键
部门名称	文本	无重复索引
部门电话	文本	13

(2) 职工表

职工表用来保存各个员工的基本信息，包含职工编号、姓名、性别、出生日期、婚否、电话、所在部门编号、所属职称编号等属性，表结构如表11.2所示。

表 11.2 职工表结构

字段名称	数据类型	说明
职工编号	文本	主键
姓名	文本	8
出生日期	日期/时间	
性别	文本	1
婚否	是/否	
电话	文本	13
部门编号	文本	外键
职称编号	文本	外键

(3) 职称工资标准表

本系统中员工的固定工资模块由员工的职称决定,职工工资标准表中保存了不同职称所对应的工资信息,包括职称编号、职称名称、基本工资、津贴、公积金等属性,表结构如表 11.3 所示。

表 11.3 职称工资标准表结构

字段名称	数据类型	说明
职称编号	文本	主键
职称名称	文本	无重复索引
基本工资	货币	
津贴	货币	
公积金	货币	两位小数

(4) 奖惩机制表

奖惩机制表中保存的是企业的奖惩制度,包括奖惩类型编号、奖惩名称、金额等属性,表结构如表 11.4 所示。

表 11.4 奖惩机制表结构

字段名称	数据类型	说明
奖惩类型编号	文本	主键,奖惩类型编号以“F”或“J”开头
奖惩名称	文本	无重复索引
金额	货币	

(5) 奖惩记录表

奖惩记录表中保存了企业奖惩制度的实施情况,记录了每个员工获取的每一笔奖励以及每一次的惩罚,包括职工编号、奖惩类型编号、记录时间和记录人员等属性,表结构如表 11.5 所示。

表 11.5　奖惩记录表结构

字段名称	数据类型	说明
职工编号	文本	外键
奖惩类型编号	文本	外键
记录日期	日期/时间	默认为当前日期
记录人员	文本	值为负责记录人员编号

步骤 3：确定表之间的关系。

通过需求分析和概念模型设计得到企业工资管理系统数据库中五个表之间的关系如图 11.5 所示。

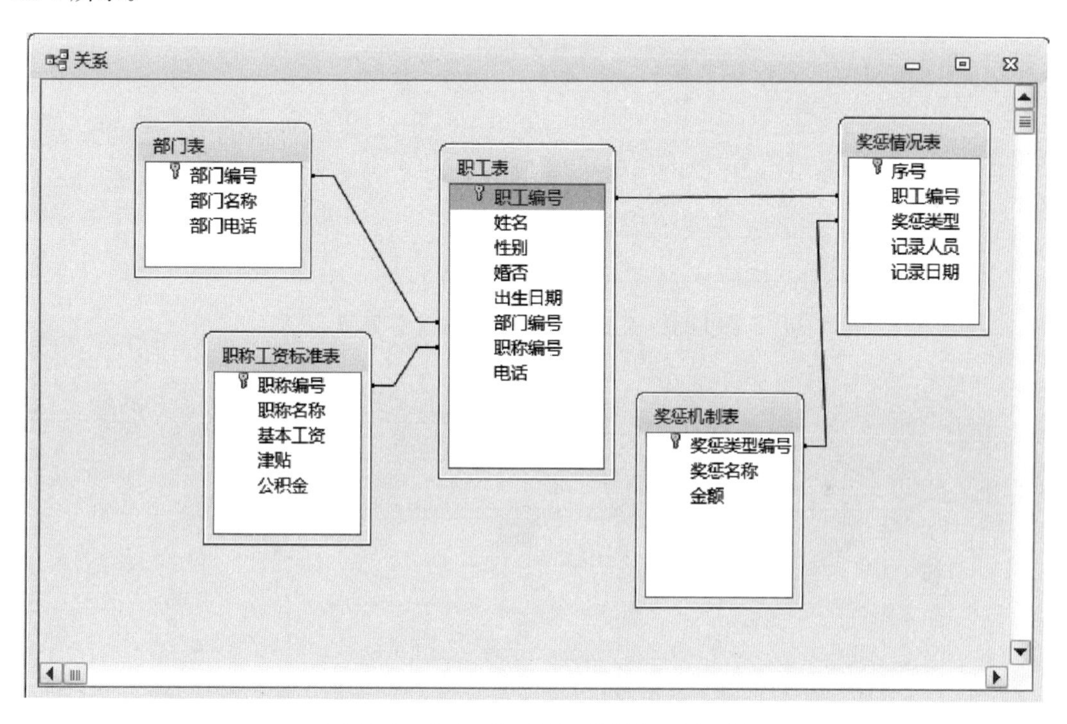

图 11.5　企业工资管理系统数据库关系图

任务 3　企业工资管理系统的详细设计

【课堂案例 11.3】　为企业工资管理系统开发前台界面并实现相关功能。

解决方案：

步骤 1：设计出如图 11.6 所示的主窗体。

步骤 2：完成职工基本信息管理功能模块(其他信息的增、删、改与职工基本信息类似)。

(1) 以职工表为数据源，创建出如图 11.7 所示界面的职工基本信息窗体，其中各个命令按钮的功能用命令按钮向导或 VBA 代码实现均可。

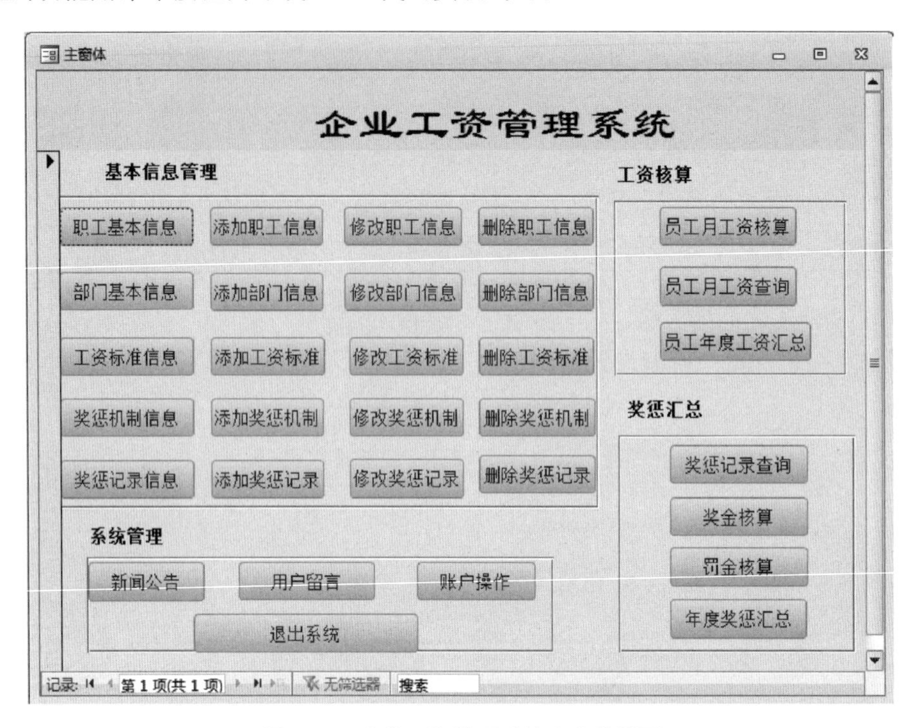

图 11.6　企业工资管理系统主窗体界面

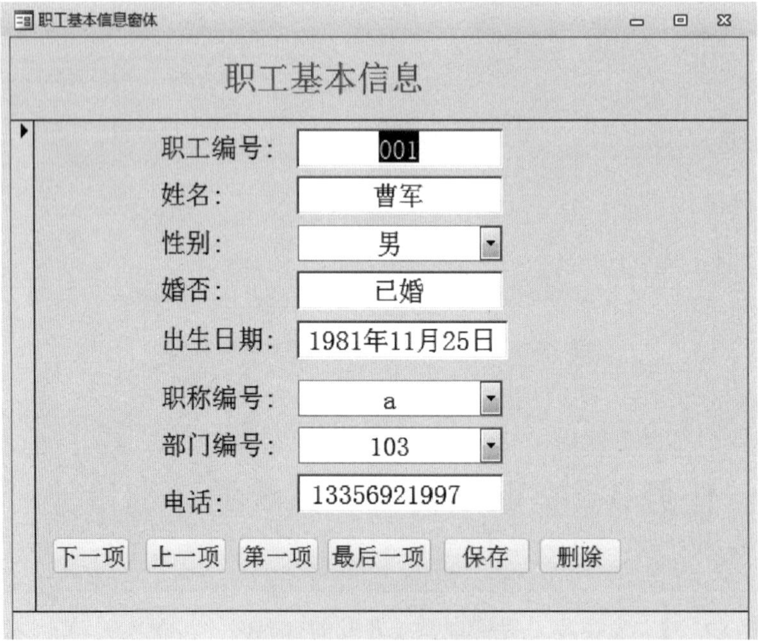

图 11.7　职工基本信息窗体

(2) 为主窗体中“职工基本信息”命令按钮添加如下单击事件代码,使单击该命令按钮时能浏览职工的基本信息。

```
Private Sub Command1_Click()
DoCmd. OpenForm "职工基本信息窗体", , , , acFormReadOnly
[Forms]! [职工基本信息窗体]! Label1. Caption = "浏览职工基本信息"
[Forms]! [职工基本信息窗体]! nextcd. Visible = True
[Forms]! [职工基本信息窗体]! priverouscd. Visible = True
[Forms]! [职工基本信息窗体]! firstcd. Visible = True
[Forms]! [职工基本信息窗体]! lastcd. Visible = True
[Forms]! [职工基本信息窗体]! savecd. Visible = False
[Forms]! [职工基本信息窗体]! deletecd. Visible = False
End Sub
```

主窗体中“职工基本信息”命令按钮功能实现后，单击该命令后能弹出如图 11.8 所示的浏览职工基本信息的界面，在该窗体中只能浏览职工基本信息，不能编辑或删除数据。

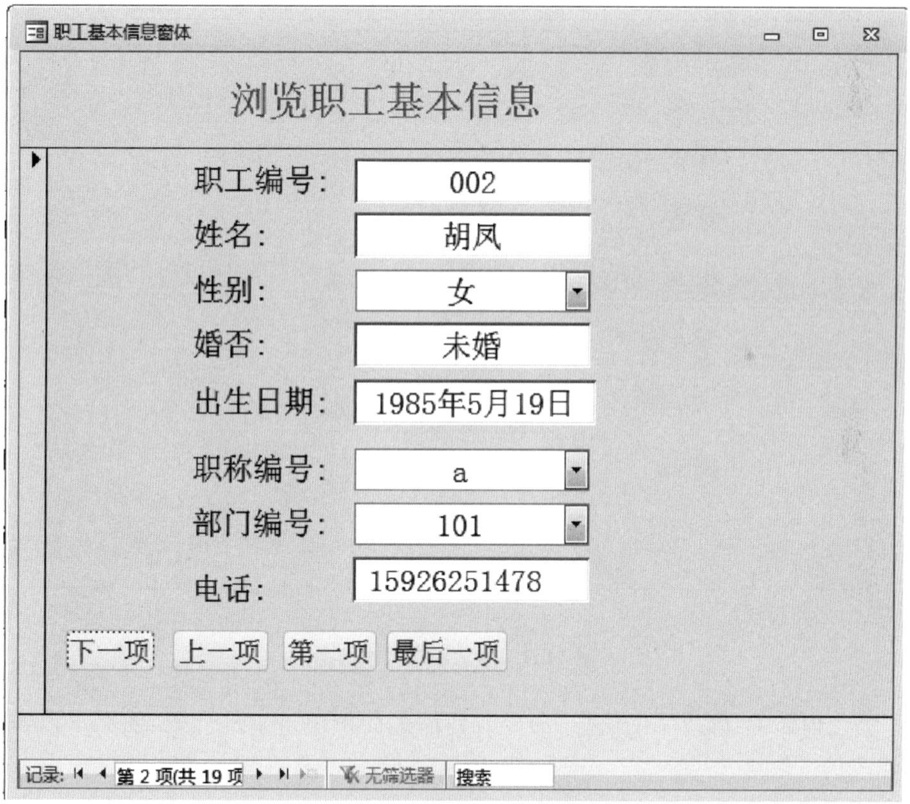

图 11.8　浏览职工基本信息

(3) 为主窗体中“添加职工信息”命令按钮添加如下单击事件代码，使单击该命令按钮时能够添加新员工信息。

```
Private Sub Command2_Click()
DoCmd. OpenForm "职工基本信息窗体", , , , acFormAdd
[Forms]! [职工基本信息窗体]! Label1. Caption = "添加职工基本信息"
```

```
[Forms]! [职工基本信息窗体]! nextcd. Visible = False
[Forms]! [职工基本信息窗体]! priverouscd. Visible = False
[Forms]! [职工基本信息窗体]! firstcd. Visible = False
[Forms]! [职工基本信息窗体]! lastcd. Visible = False
[Forms]! [职工基本信息窗体]! savecd. Visible = True
[Forms]! [职工基本信息窗体]! deletecd. Visible = False
End Sub
```

此时单击主窗体中“添加职工信息”命令按钮，弹出如图 11.9 所示的添加职工信息界面，在添加职工信息时只有“保存”命令按钮可以使用，当新职工信息录入后单击“保存”按钮可保存新添加的信息。

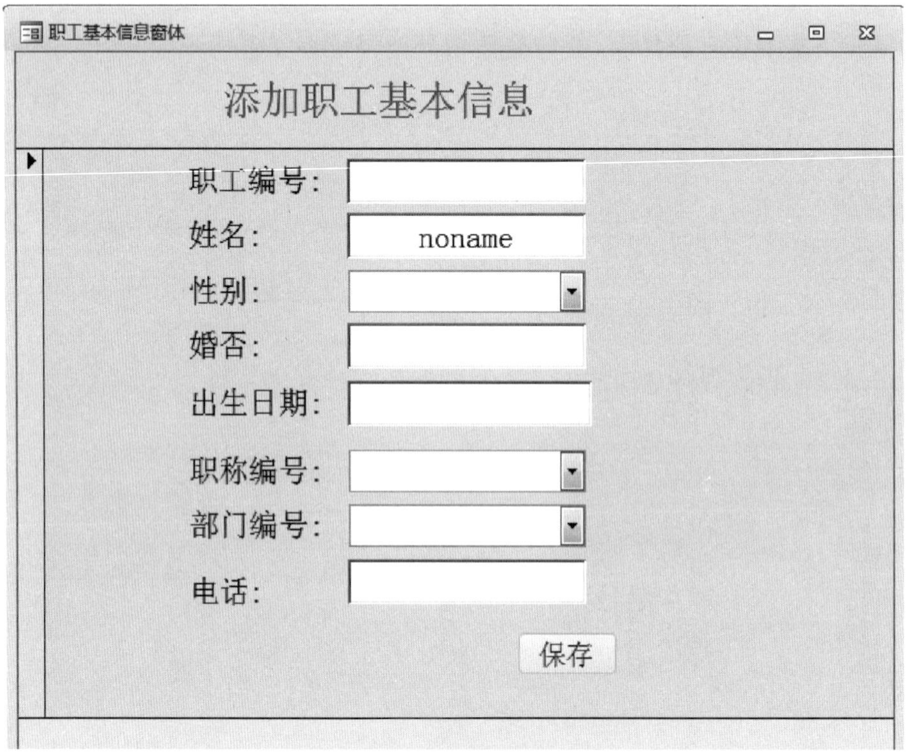

图 11.9　添加职工基本信息

(4) 为主窗体中“修改职工信息”命令按钮添加如下单击事件代码，使单击该命令按钮时能够修改员工信息。

```
Private Sub Command3_Click()
DoCmd. OpenForm "职工基本信息窗体", , , , acFormEdit
[Forms]! [职工基本信息窗体]! Label1. Caption = "修改职工基本信息"
[Forms]! [职工基本信息窗体]! nextcd. Visible = True
[Forms]! [职工基本信息窗体]! priverouscd. Visible = True
[Forms]! [职工基本信息窗体]! firstcd. Visible = True
[Forms]! [职工基本信息窗体]! lastcd. Visible = True
```

```
[Forms]! [职工基本信息窗体]! savecd. Visible = True
[Forms]! [职工基本信息窗体]! deletecd. Visible = False
End Sub
```

此时单击主窗体中“修改职工信息”命令按钮，弹出如图 11.10 所示的修改职工信息界面，通过命令按钮浏览记录信息，修改后进行保存。

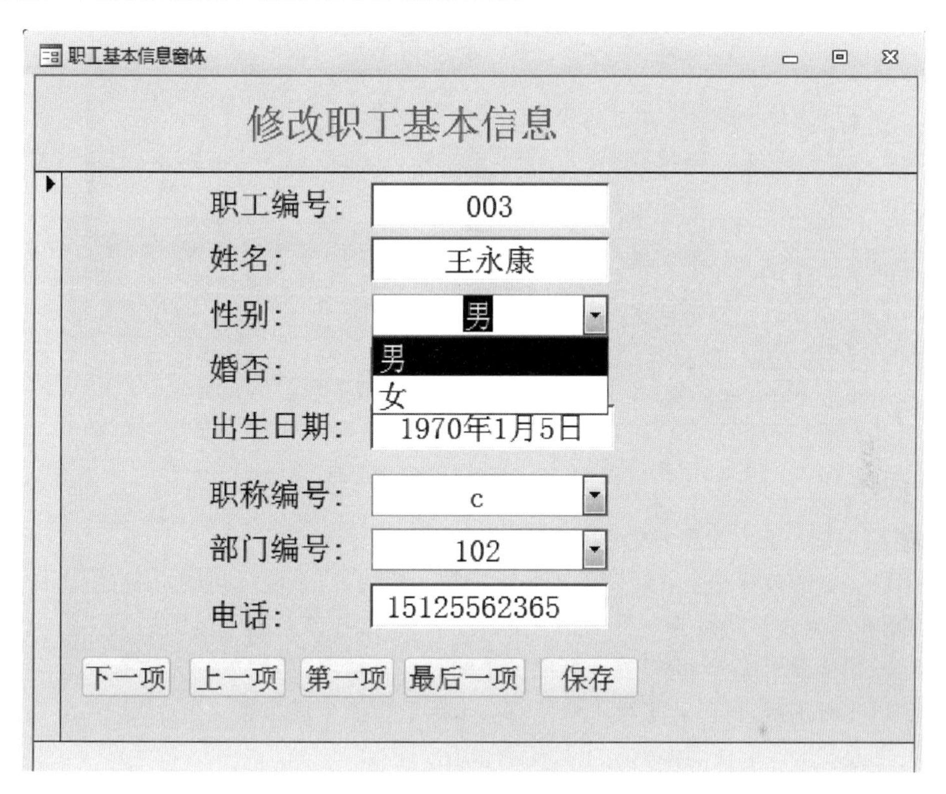

图 11.10　修改职工信息

(5) 为主窗体中“删除职工信息”命令按钮添加如下单击事件代码，使单击该命令按钮时能够删除员工信息。

```
Private Sub Command4_Click()
DoCmd. OpenForm "职工基本信息窗体", , , , acFormEdit
[Forms]! [职工基本信息窗体]! Label1. Caption = "删除职工基本信息"
[Forms]! [职工基本信息窗体]! nextcd. Visible = True
[Forms]! [职工基本信息窗体]! priverouscd. Visible = True
[Forms]! [职工基本信息窗体]! firstcd. Visible = True
[Forms]! [职工基本信息窗体]! lastcd. Visible = True
[Forms]! [职工基本信息窗体]! savecd. Visible = False
[Forms]! [职工基本信息窗体]! deletecd. Visible = True
End Sub
```

此时单击主窗体中“删除职工信息”命令按钮，弹出如图 11.11 所示的删除职工信息界面，单击“删除”按钮可以删除职工信息。

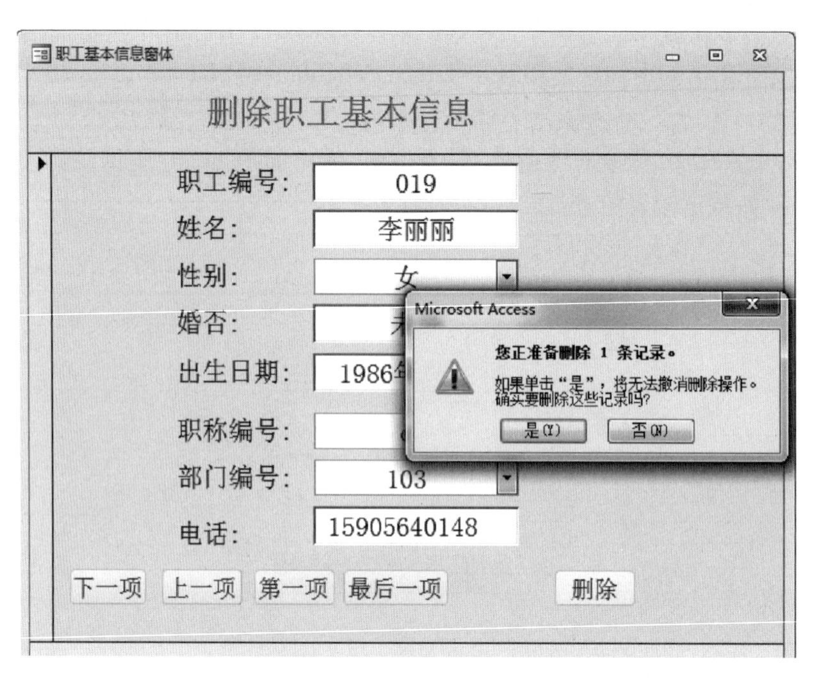

图 11.11　删除职工基本信息

步骤 3:完成员工月工资核算功能模块。

员工月工资的核算是企业工资管理系统的核心模块,当系统运行时,用户给出任意时间段,系统能够算出该时间段各个员工的工资情况。另外,在该系统中员工的月工资包含固定工资、奖金、罚金三个部分,所以要计算出员工的月工资情况,最简单的方法是通过多步计算查询得到员工月工资,再以员工月工资核算查询为数据源生成报表。

(1) 通过多步计算查询得到员工月工资情况。

① 查询 1:通过如图 11.12 所示界面的计算查询得到各员工的固定工资。

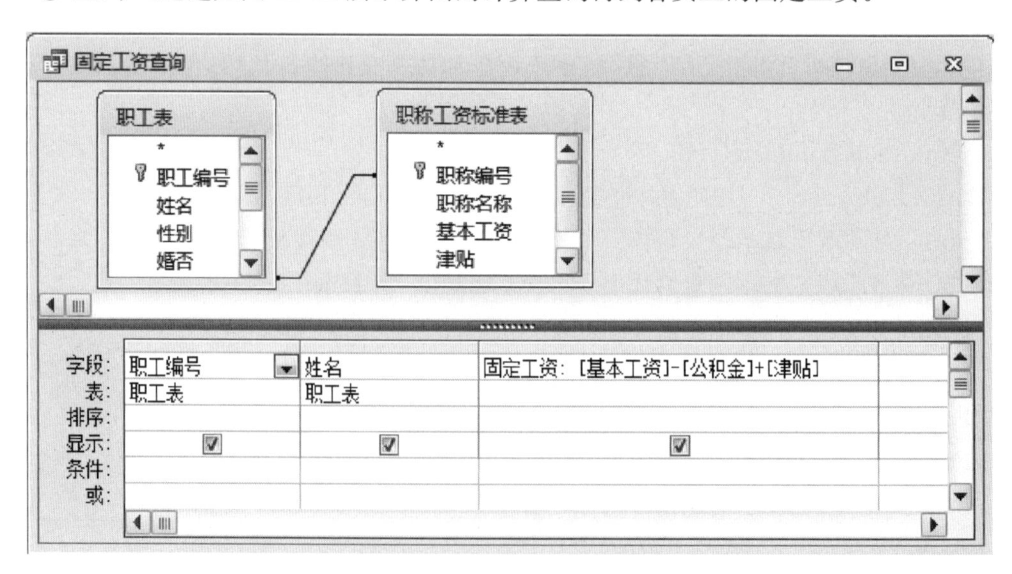

图 11.12　员工固定工资查询

运行图 11.12 所示的固定工资查询，得到图 11.13 所示的固定工资查询结果。

固定工资查询

职工编号	姓名	固定工资
001	曹军	¥2,000.00
002	胡凤	¥2,000.00
003	王永康	¥3,800.00
004	张历历	¥2,200.00
005	刘名军	¥2,000.00
006	张强	¥2,200.00
007	王新月	¥2,000.00
008	倪虎	¥2,000.00
009	魏英	¥3,800.00
010	张琼	¥2,000.00
011	吴睛	¥2,000.00
012	邵志元	¥2,000.00
013	何春	¥3,800.00
014	方琴	¥2,200.00
015	方枚	¥2,200.00
016	刘刚	¥3,800.00
017	胡志峰	¥2,000.00
018	黄兴杰	¥2,200.00
019	李丽丽	¥3,800.00

记录: 第 1 项(共 19 项　无筛选器　搜索

图 11.13　员工固定工资查询结果

② 查询 2:通过分组计算查询及参数查询，按照图 11.14 所示界面设计，查询出指定月份的奖金情况。

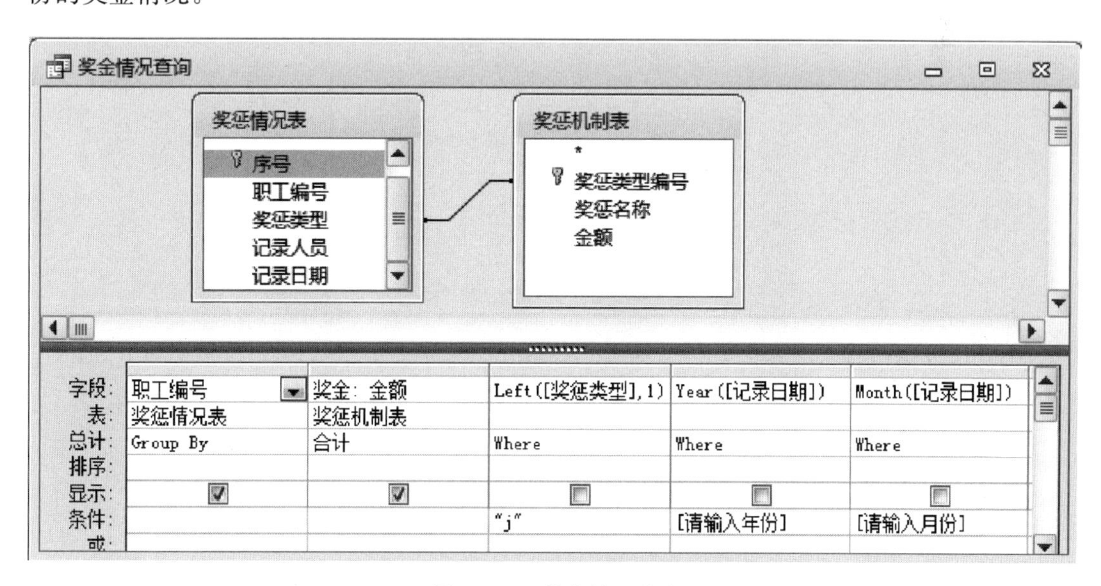

图 11.14　奖金情况查询

按照图 11.14 所示界面查询出 2016 年 3 月的奖金情况如图 11.15 所示。

奖金情况查询

职工编号	奖金
001	¥3,000.00
002	¥1,500.00
014	¥1,000.00

记录: 第 1 项(共 3 项)

图 11.15　奖金情况查询结果

图 11.15 所示的查询结果中只包含获取奖金的职工的信息,在 Access 中一个数据加上或减去 null 得到的还是 null,所以图 11.15 所示的查询结果不能和固定工资的查询结果相计算,这里需要借助左连接和 NZ 函数,进一步对奖金情况查询进行汇总,使有奖金的查询结果出现奖金数额,没有奖金的查询结果为 0,查询设计如图 11.16 所示。

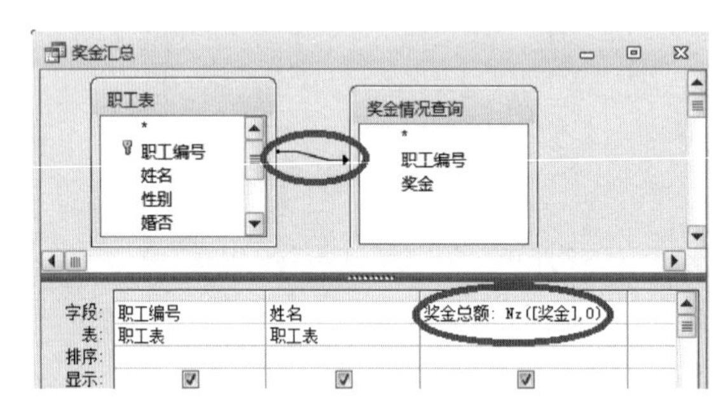

图 11.16　奖金汇总查询

通过图 11.16 所示界面对奖金汇总查询,得到 2016 年 3 月员工的奖金情况如图 11.17 所示。

奖金汇总

职工编号	姓名	奖金总额
001	曹军	3000
002	胡凤	1500
003	王永康	0
004	张历历	0
005	刘名军	0
006	张强	0
007	王新月	0
008	倪虎	0
009	魏英	0
010	张琼	0
011	吴晴	0
012	邵志元	0
013	何春	0
014	方琴	1000
015	方枚	0
016	刘刚	0
017	胡志峰	0
018	黄兴杰	0
019	李丽丽	0

记录: 第 1 项(共 19 项　无筛选器　搜索

图 11.17　奖金汇总查询结果

③ 查询 3:查询出指定月份的罚金情况。罚金查询和奖金查询步骤一样,仅仅区别所给

条件不同，这里不再重复。

④ 查询 4：利用固定工资查询结果、奖金汇总结果及罚金汇总结果，设计出如图 11.18 界面的查询，核算出员工的月工资情况。

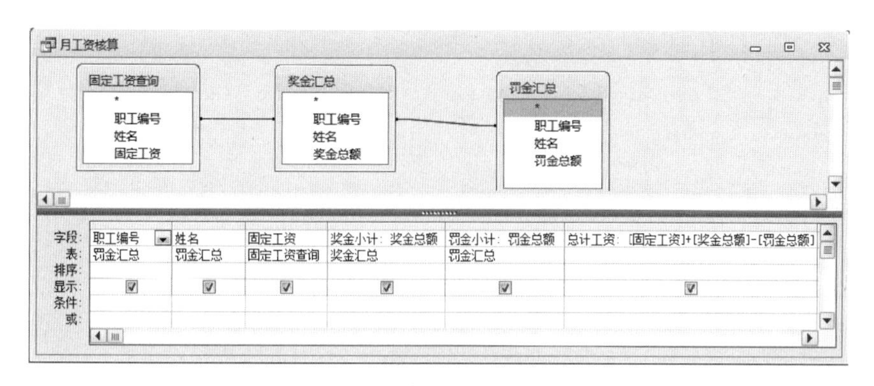

图 11.18　员工月工资核算查询

在图 11.18 所示界面中，对员工月工资核算查询，会弹出如图 11.19 和图 11.20 所示的两个“输入参数”对话框，分别在两个“输入参数值”对话框中输入年份和月份，即可查询出如图 11.21 所示的员工月工资核算结果。

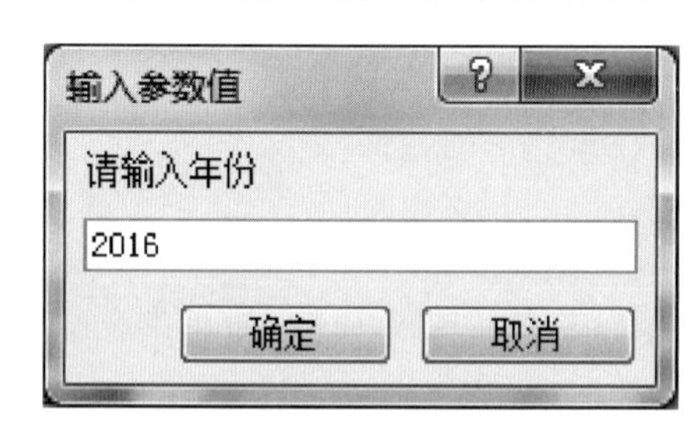

图 11.19　输入年份对话框

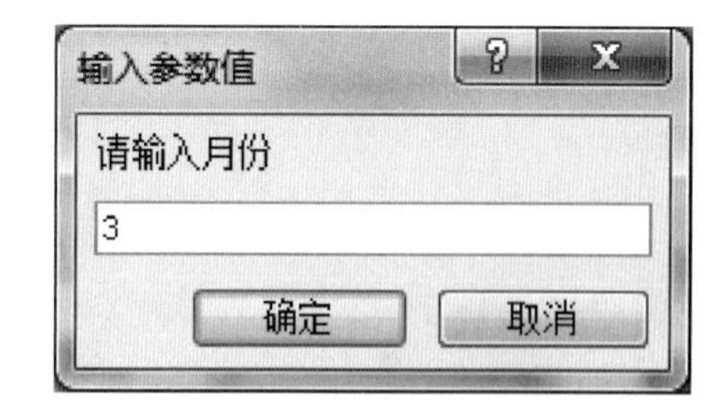

图 11.20　输入月份对话框

月工资核算

职工编号	姓名	固定工资	奖金小计	罚金小计	总计工资
001	曹军	¥2,000.00	3000	0	¥5,000.00
002	胡凤	¥2,000.00	1500	0	¥3,500.00
003	王永康	¥3,800.00	0	100	¥3,700.00
004	张历历	¥2,200.00	0	0	¥2,200.00
005	刘名军	¥2,000.00	0	100	¥1,900.00
006	张强	¥2,200.00	0	0	¥2,200.00
007	王新月	¥2,000.00	0	0	¥2,000.00
008	倪虎	¥2,000.00	0	100	¥1,900.00
009	魏英	¥3,800.00	0	0	¥3,800.00
010	张琼	¥2,000.00	0	0	¥2,000.00
011	吴晴	¥2,000.00	0	0	¥2,000.00
012	邵志元	¥2,000.00	0	0	¥2,000.00
013	何春	¥3,800.00	0	0	¥3,800.00
014	方琴	¥2,200.00	1000	0	¥3,200.00
015	方枚	¥2,200.00	0	0	¥2,200.00
016	刘刚	¥3,800.00	0	0	¥3,800.00
017	胡志峰	¥2,000.00	0	0	¥2,000.00
018	黄兴杰	¥2,200.00	0	0	¥2,200.00
019	李丽丽	¥3,800.00	0	0	¥3,800.00

记录：第 1 项(共 19 项　无筛选器　搜索

图 11.21　2016 年 3 月员工月工资核算结果

(2) 以“月工资核算”查询为数据源,创建如图 11.22 所示的员工月工资报表。

月工资核算

月工资核算

职工编号	姓名	固定工资	奖金小计	罚金小计	总计工资
001	曹军	2000	3000	0	¥5,000.00
002	胡凤	2000	1500	0	¥3,500.00
003	王永康	3800	0	100	¥3,700.00
004	张历历	2200	0	0	¥2,200.00
005	刘名军	2000	0	100	¥1,900.00
006	张强	2200	0	0	¥2,200.00
007	王新月	2000	0	0	¥2,000.00
008	倪虎	2000	0	100	¥1,900.00
009	魏英	3800	0	0	¥3,800.00
010	张琼	2000	0	0	¥2,000.00
011	吴睛	2000	0	0	¥2,000.00
012	邵志元	2000	0	0	¥2,000.00
013	何春	3800	0	0	¥3,800.00

图 11.22 员工月工资核算报表

(3) 为主窗体中“员工月工资核算”命令按钮添加如下单击事件代码,使单击该命令按钮时能预览员工月工资报表。

```
Private Sub Command21_Click()
DoCmd.OpenReport "月工资核算", acViewPreview
End Sub
```

此时单击主窗体上“员工月工资核算”命令按钮,会弹出如图 11.19 和图 11.20 所示的“输入参数值”对话框,分别输入年份和月份后就能弹出如图 11.22 所示的员工月工资核算报表。

步骤 4:完成员工月工资查询功能模块。

这里展示的是员工个人月工资查询,在查询时需要提供职工编号和时间。

(1) 以图 11.18 工资核算查询为数据源,创建如图 11.23 所示的工资情况窗体。

(2) 使用窗体设计器创建如图 11.24 所示的查询员工月工资窗体,能够根据用户输入的工号及时间查询出对应的工资。

在这里把图 11.24 所示窗体上存放职工编号的文本框命名为“xm”,并希望单击“工资查询按钮”能弹出图 11.23 所示工资情况窗体,查询出对应员工的工资,单击“退出”按钮能关闭查询员工月工资窗体,这两个命令按钮的功能可以用宏来实现。

(3) 按照图 11.25 所示界面创建宏组,再进一步设置,单击图 11.24 所示窗口中的两个命令按钮分别执行子项目 3 宏组中的子宏 q1 和子宏 q2。

图 11.23　工资情况窗体

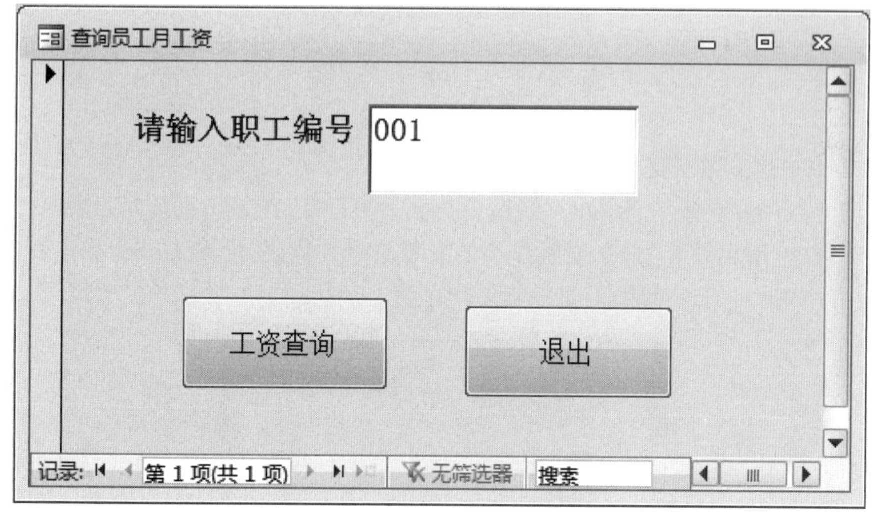

图 11.24　查询员工月工资窗体

(4) 为主窗体中"员工月工资查询"命令按钮添加如下单击事件代码,使单击该命令按钮时能够根据提供的工号和时间查询对应的工资。

```
Private Sub Command22_Click()
DoCmd. OpenForm "查询员工月工资"
End Sub
```

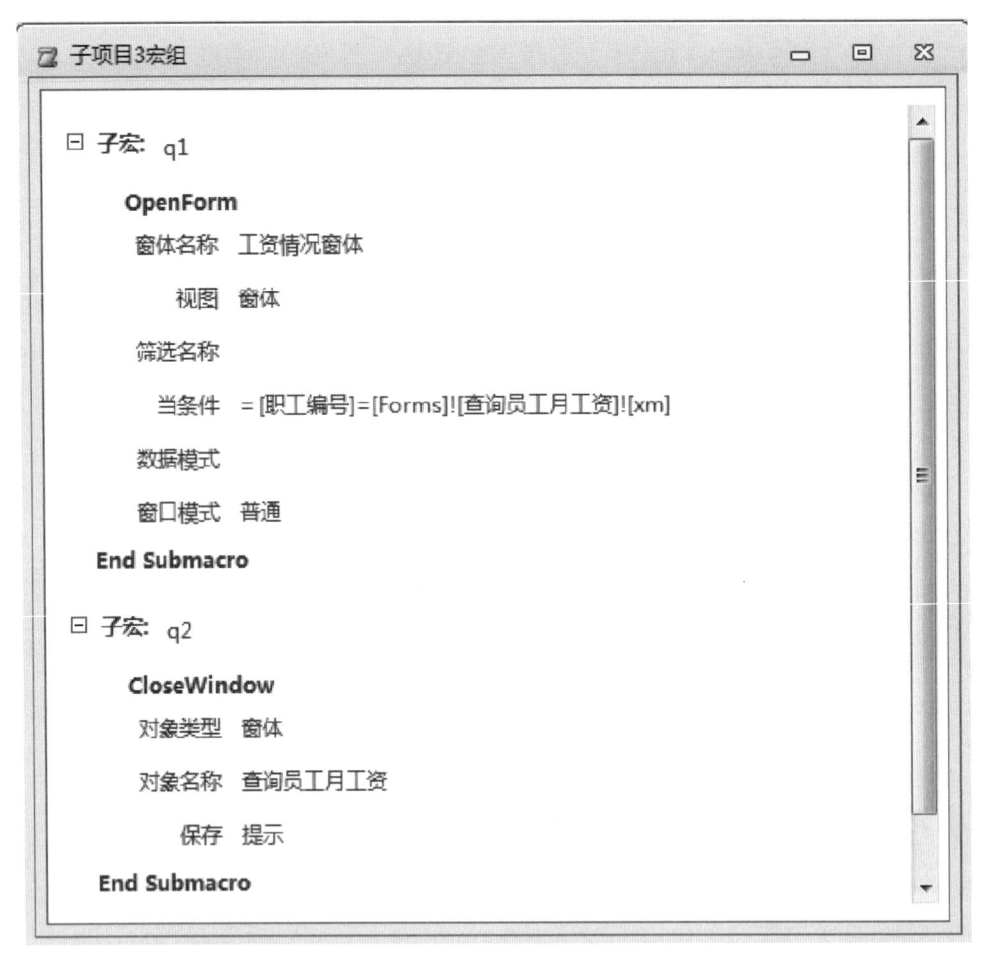

图 11.25 宏组

步骤 5:完成退出系统功能模块。

为了防止因用户误操作而退出系统造成数据丢失,可以在关闭系统时,给一个信息提示框。为主窗体中"退出系统"命令按钮添加如下单击事件代码,使单击该命令按钮时弹出如图 11.26 所示的退出信息对话框,进一步退出系统。

图 11.26 退出信息提示框

```
Private Sub Command31_Click()
If MsgBox("您确定退出系统吗?", vbDefaultButton2 + vbYesNo + vbQuestion) = vbYes Then
Quit
End If
End Sub
```

步骤 6:为企业工资管理系统设置密码。

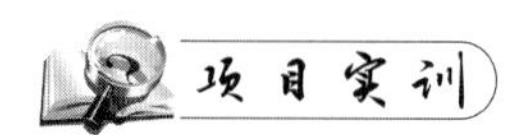

实训　完善企业工资管理系统。

(1) 完成部门信息的浏览、增加、修改、删除模块功能。

(2) 完成年度工资汇总功能模块功能。

(3) 完成奖惩记录查询功能模块功能。

(4) 完成奖惩金额核算工资模块功能。

(5) 完成企业年度奖惩汇总模块功能。

小　　结

本学习情境从企业工资管理系统的需求分析、功能模块设计与划分、后台数据库设计、前台功能模块建设等多方面系统地介绍了数据库应用系统的开发过程,并且完成了该系统的大部分功能模块。本系统的开发在使用 Access 进行数据库应用系统开发中有一定的代表性,同学们可以根据该系统的开发过程进行其他类似项目的开发。